Konrad Bauman · Herwig Lanz

Mensch-Maschine-Schnittstellen elektronischer Geräte

Springer
Berlin
Heidelberg
New York
Barcelona
Budapest
Hongkong
London
Mailand
Paris
Santa Clara
Singapur
Tokio

Konrad Baumann · Herwig Lanz

Mensch-Maschine-Schnittstellen elektronischer Geräte

Leitfaden für Design und Schaltungstechnik

Mit 311 Abbildungen

Springer

Dipl.-Ing. Konrad Baumann
Krafft-Ebing-Str. 14
A-8043 Graz
Österreich
e-mail: Konrad.Baumann@styria.com

Dipl.-Ing. Herwig Lanz
Dorf 43
I-39030 Percha
Italien
e-mail: Ing.Lanz@dnet.it

ISBN 3-540-63601-3 Springer-Verlag Berlin Heidelberg New York

Die Deutsche Bibliothek - CIP Einheitsaufnahme

Baumann, Konrad:
Mensch-Maschine-Schnittstellen elektronischer Geräte: Leitfaden für Design und Schaltungstechnik / Konrad Baumann; Herwig Lanz. - Berlin; Heidelberg; New York; Barcelona; Budapest; Hongkong; London; Mailand; Paris; Santa Clara; Singapur; Tokio: Springer, 1998
ISBN 3-540-63601-3

Einbandentwurf: Struve & Partner, Heidelberg
Satz: Datenkonvertierung: Hilmar Schlegel, Berlin; Texterfassung durch Autoren
SPIN: 10634437 62/3020 - 5 4 3 2 1 0 - Gedruckt auf säurefreiem Papier

Unseren Eltern gewidmet

Inhaltsverzeichnis

1 Der Entwurf prozessorgesteuerter Mensch-Maschine-Schnittstellen

1.1 Einleitung

Die Entwicklung von Konzepten für prozessorgesteuerte Mensch-Maschine-Schnittstellen (MMS) bringt zahlreiche Herausforderungen mit sich, wie zum Beispiel:

- Durch den Einsatz von Mikroprozessoren kann der Funktionsumfang von Geräten sehr groß werden. Trotzdem soll die MMS übersichtlich, leicht erlernbar und fehlersicher sein.
- Für die Entwicklung prozessorgesteuerter MMS gibt es noch zu wenige anwendbare Normen und Richtlinien, besonders weil die Aufgabenstellung interdisziplinär zwischen den Bereichen Hardwareentwicklung, Softwareentwicklung und Design angesiedelt ist.
- Es stehen aus Kosten- oder Platzgründen viel weniger Tasten als bei einem Computer, meist keine Maus und nur ein kleiner Bildschirm zur Verfügung.
- Die Schnittstelle soll für versierte wie auch für sehr unerfahrene Benutzer gleich gut geeignet sein.
- Das Computerprogramm ist ein fester Bestandteil des Gerätes und muß daher bereits ab der ersten Version fehlerfrei und ausgereift sein.
- Die Benutzer haben eine andere Denkweise und Fachsprache als die Entwickler. Es kann zu Kommunikationsschwierigkeiten kommen.
- Die Entwicklung konzentriert sich zunächst auf die primäre Funktion des Gerätes (z. B. Messen, Regeln, Datenübertragung). Die Entwicklung der Mensch-Maschine-Schnittstelle (MMS) leidet hingegen oft unter Zeit- oder Ressourcenknappheit.

Die Erstellung eines guten MMS-Konzeptes ist also eine komplexe, interdisziplinäre Aufgabe.

Der vorliegende Leitfaden behandelt alle Aspekte der Entwicklung von Mensch-Maschine-Schnittstellen. Er hilft in der Konzeptphase bei der Auswahl geeigneter Elemente der MMS für den speziellen Anwendungsfall. Genauso ist er aber geeignet, die Qualität fertiger MMS zu überprüfen.

Im ersten Teil des Leitfadens werden die Grundlagen und die Elemente von MMS im Hinblick auf ihre Bedienbarkeit durch den Benutzer und das damit gebildete logische und ergonomische Konzept beschrieben. Im zweiten Teil werden zu allen diesen Elementen Schaltungen und Programme zur Ansteuerung durch das elektronische Gerät gezeigt. Dabei werden oft einfache und prozessorgesteuerte Schaltungen einander gegenübergestellt.

Besonderer Wert wird darauf gelegt, sinnvolle Konventionen (Quasistandards) zu erkennen und zu beschreiben, die bei Geräten üblich sind und so bereits zur Allgemeinbildung vieler Benutzer gehören. Wenn es für Aufgaben noch keine Quasistandards gibt, werden in diesem Leitfaden auch innovative Lösungen vorgestellt.

Der vorliegende Leitfaden faßt den aktuellen Stand der Disziplinen Software- und Hardware-Ergonomie, Industriedesign und elektronische Schaltungstechnik zusammen. Er richtet sich in gleichem Maß an Praktiker aller dieser Fachrichtungen.

1.2 Ein Beispiel: Bedienkonzepte in der Mobilkommunikation

Die ersten Generationen der Mobiltelefone unterschieden sich noch stark in den primären Leistungsmerkmalen Größe, Gewicht, Empfangsempfindlichkeit, Tonqualität und Betriebszeit mit einer Akkufüllung (Gespräch / Bereitschaft).

Seit aber diese Leistungsmerkmale an natürliche Grenzen stoßen und sich daher die Geräte verschiedener Anbieter immer weniger voneinander unterscheiden, wird die MMS der Mobiltelefone neben dem Preis zum wichtigsten Wettbewerbsfaktor.

Da die Geräte sehr klein sein sollen, ist die Anzahl der Bedienelemente und die Größe der Anzeige beschränkt. Eine Erweiterung des Funktionsumfanges führt zu Menüstrukturen, die ein Teil der Benutzer als zu kompliziert empfindet.

Die folgende Liste zeigt den Funktionsumfang eines Mobiltelefones der oberen Leistungsklasse:

Telefon ein-, ausschalten / verschiedene Zugriffscodes eingeben, ändern, aktivieren / Rufnummer wählen / Wahlwiederholung / Kurzwahl gespeicherter Nummern / Lautstärke regeln / Tastatur sperren / Mikrofon abschalten / DTMF-Töne senden / zweiten Anruf annehmen, umschalten / Anruf beenden / Konferenzschaltung / Rufnummern mit Namen speichern, abrufen, bearbeiten, löschen / Rufnummernspeicher auswählen oder kopieren / Notizen speichern / zuletzt gewählte Rufnummern abrufen / Rufnummern der letzten Anrufer anzeigen / Rufnummern der letzten Anrufe in Abwesenheit anzeigen / Anrufdauer anzeigen oder beschränken / Anrufkosten anzeigen oder beschränken / Minutensignal / Anrufsperre für abgehende oder ankommende Anrufe / Anrufsperre regional selektiv bzw. rufnummernselektiv / Mailbox abhören / Kurzmitteilung, e-mail, Fax oder Datei senden oder empfangen / Kurzmitteilung lesen / Standard-Kurzmitteilung senden / Übertragungsbericht anzeigen / Rundsendung / bei Kurzmitteilung Antwort bezahlen / Geltungsdauer wählen / Anrufumleitung (alle / wenn besetzt / wenn nicht angenommen / wenn nicht erreichbar / wenn Faxanruf / wenn Datenanruf) / eigene Rufnummer übertragen / anklopfen / Rufannahme automatisch oder mit jeder Taste / Wahlwiederholung / Eintastenwahl / Beleuchtung und Farben von Anzeige und Tasten einstellen / Art und Lautstärke des Tonrufes einstellen / Tonruf komponieren oder aufnehmen / Vibrationsalarm / Blinklicht-Alarm / Tonruf nur einmal pro eingehendem Anruf / Wiederholrate der Netzsuche einstel-

Bild 1.1: Mobiltelefon (Sony ist ein eingetragenes Warenzeichen)

len / Gesprächsaufzeichnung / akustische Notizaufzeichnung / Taschenrechner-Funktion / Terminplaner-Funktion.

Ein solcher Funktionsumfang kann nur mit einer ausgereiften MMS sinnvoll bedienbar gemacht werden. Die Hersteller der Telefone verwenden bereits Konzepte wie sprachgesteuerte Bedienung, Verwendung von Wippen und Rändelrädern anstelle von Tasten, seitliche Anbringung von Bedienelementen, Trennung von Hörer und Bedieneinheit oder ausgereifte konfigurierbare Menüstrukturen.

Wie aber beginnt man eine solche Konzeptentwicklung richtig? Wie erkennt man vor Markteinführung, ob das Konzept gut ist? Was tut ein kleiner Hersteller, der nicht Telefone, sondern ein in geringerer Stückzahl zu bauendes Meßgerät mit einer guten MMS ausstatten will, dafür aber nur wenige Mannmonate an Entwicklungsaufwand zur Verfügung hat? Wie verbessert man schließlich die MMS eines bestehenden Gerätes, ohne die gesamte elektronische Schaltung von Grund auf zu ändern?

1.3 Sich ein Bild von den Benutzern machen

Zu Beginn des Entwurfs einer Mensch-Maschine-Schnittstelle (MMS) muß der Entwickler versuchen, sich ein möglichst genaues Bild von den späteren Benutzern zu machen. Die Benutzer haben mit Sicherheit spezielle Eigenschaften bezüglich ihres Bildungsgrades, ihrer Motivation und ihrer Ansprüche.

Seeger (1992) teilt die Benutzer technischer Produkte in sieben Grundtypen ein:

- obere Gruppe:
  - Prestigetyp
  - Leistungstyp
- mittlere Gruppe:
  - Neuheitentyp
  - Sicherheitstyp
- untere Gruppe:
  - Ästhetiktyp
  - Traditionstyp
  - sparsamer Typ

Je mehr Typen mit derselben MMS zufriedengestellt werden sollen, desto höher sind die Anforderungen an die MMS. Wenn die Zielgruppe für ein Gerät auf einen oder wenige Typen eingeschränkt werden kann, erleichtert das die MMS-Entwicklung ganz wesentlich.

Weiters ist eine Einteilung nach der Qualifikation der Benutzer besonders sinnvoll. Da sie sehr unterschiedlich sein kann, fällt es meist schwer, alle möglichen Benutzer gleichermaßen zu berücksichtigen. Ein elektronisches Meßgerät kann zum Beispiel in einem Forschungslabor von ausgebildeten Wissenschaftlern benutzt werden. Dasselbe Gerät kann aber auch für die Qualitätskontrolle in der Produktion eingesetzt werden, wo angelernte Hilfskräfte routinemäßig immer dieselbe Messung durchführen.

Bild 1.2 zeigt als Beispiel die national unterschiedliche Ausbildungsdauer von Busfahrern und Bild 1.3 zwei Versuche, die Instrumententafel der Qualifikation entsprechend zu gestalten. Man erkennt, daß die untere Version durch symbolhafte Darstellung selbsterklärend, die obere hingegen übersichtlicher und ruhiger gestal-

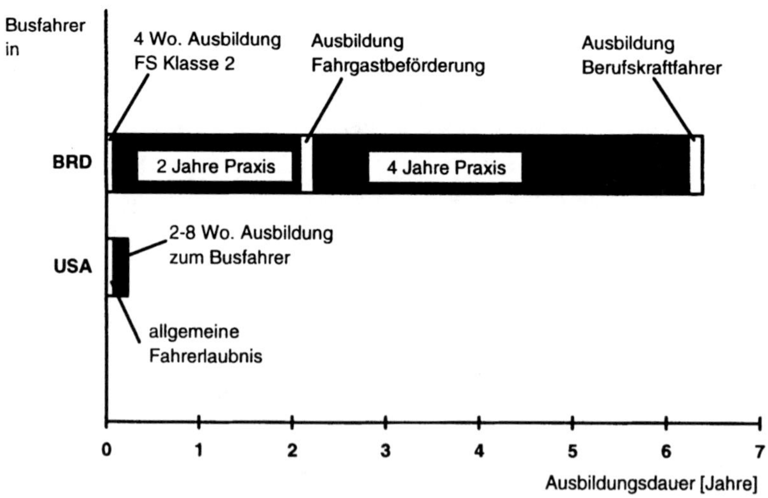

Bild 1.2: Gegenüberstellung der unterschiedlichen Ausbildung von Busfahrern (Seeger 1992)

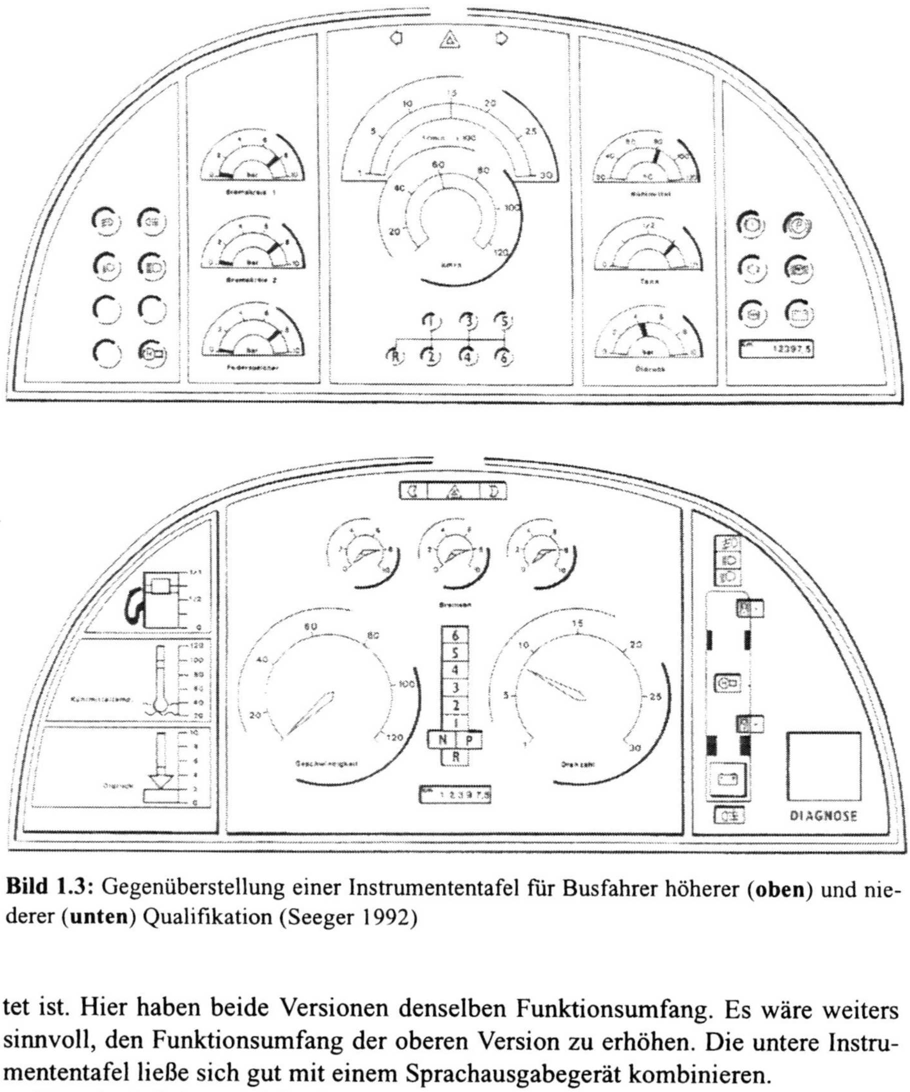

Bild 1.3: Gegenüberstellung einer Instrumententafel für Busfahrer höherer (**oben**) und niederer (**unten**) Qualifikation (Seeger 1992)

tet ist. Hier haben beide Versionen denselben Funktionsumfang. Es wäre weiters sinnvoll, den Funktionsumfang der oberen Version zu erhöhen. Die untere Instrumententafel ließe sich gut mit einem Sprachausgabegerät kombinieren.

Man darf übrigens nicht den Fehler machen, anstelle einer Einschränkung des späteren Benutzerkreises einen Durchschnittsbenutzer zu definieren. Das hätte zur Folge, daß ein Großteil der Leute mit dem Gerät unzufrieden wäre. In der ergonomischen Produktgestaltung gilt die Regel, daß die Abmessungen von Möbeln, Türen usw. für alle Menschen mit Körpergrößen zwischen der 5-perzentil-Frau und dem 95-perzentil-Mann geeignet sein müssen. Dies sind diejenigen Körpergrößen, bei denen das Integral über die entsprechende Gauß'sche Kurve der Normalverteilung 5 bzw. 95 Prozent der Gesamtheit annimmt. Eine Orientierung am Durchschnittsmensch hätte zur Folge, daß Türen für 50% der Bevölkerung zu niedrig und Sessel für alle anderen Menschen zu hoch wären. (Schmidtke 1993)

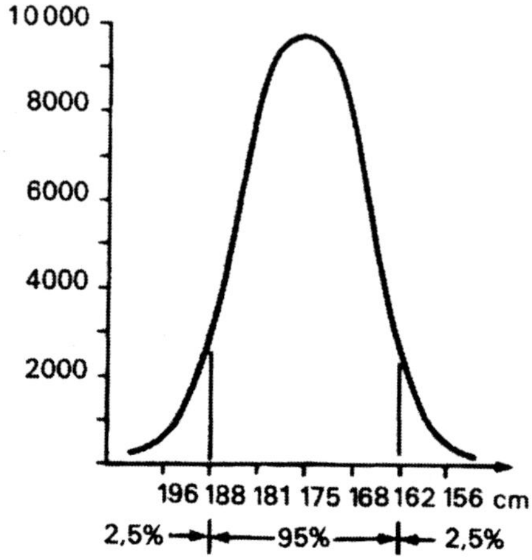

Bild 1.4: Häufigkeitsverteilung der Körpergröße amerikanischer Soldaten (Grandjean 1979)

Übertragen wir also diese Regel auf die MMS, so bedeutet das: Benutzer mit 5-perzentil-Qualifikation müssen damit zurechtkommen, aber Hochqualifizierte dürfen sich damit nicht langweilen. Unmöglich? Der Ausweg ist eine Einschränkung des Benutzerkreises, etwa durch Auswahl einer bestimmten Zielgruppe, eines Benutzertyps oder durch Festlegung eines minimalen Ausbildungsgrades.

Richtlinie: *Versuchen Sie vor Beginn der Entwicklung, den späteren Benutzerkreis genau zu definieren und wenn möglich einzuschränken.*

1.4 Auf gute Kommunikation achten

Wenn der Benutzerkreis definiert ist, sollte der Entwickler möglichst viele Informationen über die späteren Benutzer sammeln. Das Ziel dabei ist, sich deren Fachsprache und Sichtweise anzueignen und die Gestaltung der MMS danach zu orientieren, z.B. hinsichtlich verwendeter Menüoptionen, Meldungstexte, Symbole und der allgemeinen Struktur. Es ist nämlich ein typischer Fehler von Technikern bei der Softwareentwicklung, die eigene Sicht der Aufgabenstellung mit der des Anwenders zu verwechseln (Risak 1986).

Richtlinie: *Orientieren Sie sich an der fachspezifischen Sichtweise der Anwender und an ihrer Fachsprache.*

Techniker sind sicher relativ gut ausgebildete Personen. Ihre Problemlösungskompetenz im technischen Bereich verleitet sie zu der Annahme, sie könnten alle Aufgaben erfolgreich erledigen. Gerade die Kommunikation mit den Anwendern läßt jedoch oft zu wünschen übrig. Ist das ein Zufall?

Tognazzini (1990) vertritt die Ansicht, daß Techniker zu einem überwiegenden Teil introvertierte, intuitive und verstandesorientierte Charaktertypen sind. Er begründet das mit einem bei Technikern der Firma Apple durchgeführten standardisierten Myers-Briggs-Persönlichkeitstest, der Menschen einem von 16 möglichen Lagern zuordnet. Die Lager entstehen als Kombination von vier binären Variablen, den Jung'schen Grundtypen (siehe Bild 1.5).

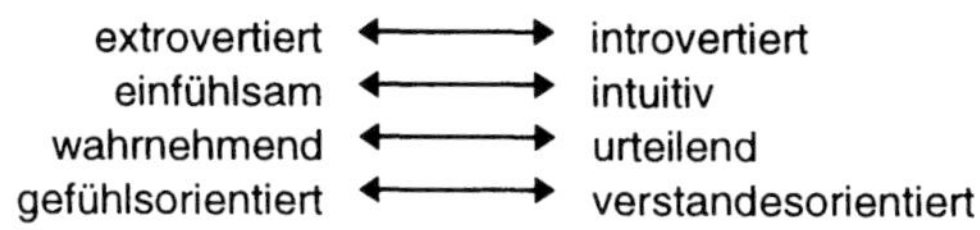

Bild 1.5: Charakterliche Grundtypen nach C. G. Jung (Tognazzini 1990)

Tognazzini bezeichnet den Test als gute Gelegenheit für jeden Techniker, sein eigenes Verhältnis gegenüber den Benutzern seiner Produkte (Hardware, Software) zu verstehen. Wenn Variablen des eigenen Charakters am äußeren Rand ihres Wertebereichs angesiedelt sind, ist es nur natürlich, daß Kommunikation und Einfühlung gegenüber extrem unterschiedlichen Menschen größere Anstrengungen erfordert (Tognazzini 1990; siehe auch: Peschanel 1990).

Der Begriff Kommunikation ist hier sehr allgemein zu verstehen. Wer introvertiert, ruhig und zurückhaltend im Umgang mit Menschen ist, erteilt der Kommunikation deshalb keine Absage. Vielmehr wählen solche Menschen meist verzögerte Formen der Kommunikation wie Malerei und Schriftstellerei. Sogar Schauspiel ist eine vor spontanen Überraschungen relativ sichere Betätigung und wird daher oft von ruhigen Charakteren ausgeübt. Geräteentwicklung und Programmieren gehören zu den allersichersten Arten der Kommunikation, weil hier die Information mit großer Zeitverzögerung und meist nur in eine Richtung fließt. Als Techniker hat man also viel Einfluß auf andere Menschen, aber man bekommt wenig Rückmeldung. Technische Entwicklung ist eine Art einseitiger Informationsfluß.

Richtlinie: *Denken Sie beim Entwurf von MMS immer an die späteren Anwender, ihre Probleme und die Art, wie Sie ihnen durch die Gerätefunktionen bei der Problemlösung behilflich sein wollen.*

Weiters sollte der Informationsfluß vom Anwender zum Techniker intensiviert werden. Es bringt dem Entwickler wertvolle Erkenntnisse, wenn er halbfertige Geräte oder Programme von jemandem ausprobieren läßt und dabei zusieht.

1.5 Simulation, Prototypen und Evaluation

Unter einem Prototypen einer Mensch-Maschine-Schnittstelle (MMS) verstehen wir ein Gerät, das sich in seinem Aussehen und Verhalten durch nichts von einem serienreifen Gerät unterscheidet. Es muß allerdings nicht funktionsfähig sein, kann also zum Beispiel mit fiktiven Daten anstelle von Meßwerten arbeiten. Trotzdem stellt der Bau eines Prototyps einen erheblichen Aufwand dar und findet, wenn überhaupt, meist erst in einem sehr späten Stadium der Geräteentwicklung statt. Das hat den großen Nachteil, daß es dann schon zu zeit- und kostenaufwendig wäre, die anhand des Prototyps festgestellten Mängel zu beseitigen. Mängel bei MMS haben ihre Ursachen im allgemeinen in falschen Annahmen, die bereits in der Konzeptphase gemacht werden. Es ist auch verständlich, wenn die Entwickler kurz vor Fertigstellung des Gerätes gar nicht mehr an Änderungen interessiert sind und daher lieber die Mängel bagatellisieren.

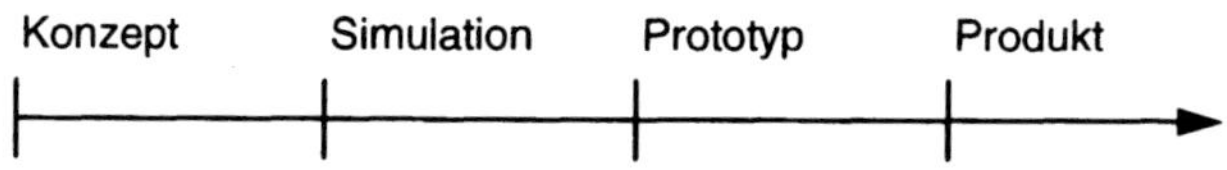

Bild 1.6: Phasen der Entwicklung von Mensch-Maschine-Schnittstellen

Es ist also von Vorteil, MMS schon in einem früheren Stadium der Entwicklung zu testen, zum Beispiel mit Hilfe der rechnergestützten Simulation. Dazu ist ein Programm notwendig, das eine Bibliothek mit möglichst vielen Bedienelementen und Anzeigeelementen zur Verfügung stellt. Diese müssen vom Programm grafisch dargestellt werden können. Zusätzlich muß ihre Funktion simuliert werden können. Im Idealfall kann die virtuelle MMS prozessorgesteuerter Geräte bereits mit demselben Programmcode betrieben werden, der im späteren, realen Gerät eingesetzt wird.

Mit einem Simulationswerkzeug können also die folgenden Schritte bei der Entwicklung der MMS gemacht werden:

- Auswahl von Bedienelementen und Anzeigeelementen
- Anordnung der Elemente auf dem Gehäuse des Gerätes
- Konzeption des Computerprogrammes im Hinblick auf Benutzerführung und Hilfsfunktionen
- Erstellung von Menübäumen
- Tests durch fachfremde Personen und Sammeln von Vorschlägen zur Verbesserung
- programmgestütztes Sammeln von Echtzeitinformation über die Bedienungsabläufe (Reaktionszeiten, Fehlerhäufigkeit, Betätigungshäufigkeiten)

Für die Erstellung von Simulationen eignet sich zum Beispiel das Softwarewerkzeug LabView, das in den Kapiteln über virtuelle Bedien- und Anzeigeelemente beschrieben ist.

Gerade wegen der Komplexität der MMS können bei jedem neuen Anwendungsfall andere unerwartete Probleme auftreten. Es genügt nicht, sich genau an Richtlinien zu halten, auch wenn diese noch so ausführlich sind. Simulation und Tests durch spätere Benutzer vermindern das Risiko von Fehleinschätzungen bei der Konzeption von MMS. Sie können entscheidend dazu beitragen, die Geräte ergonomisch zu gestalten. (Wilson, Rosenberg in: Helander 1991)

Richtlinie: *Verwenden Sie die Simulation zum Testen der MMS in einem möglichst frühen Stadium der Entwicklung, um gegebenenfalls noch Korrekturen am Konzept der MMS anbringen zu können.*

Unter heuristischer Evaluation versteht man die kritische Bewertung von MMS durch mehrere Experten. Die Evaluatoren sind also selbst MMS-Entwickler oder langjährige, engagierte Anwender mit viel Erfahrung. Die Ergebnisse der Evaluation durch rund 10 Evaluatoren sind in jedem Fall denen eines einzelnen überlegen, auch wenn dieser über dieselbe Qualifikation und Erfahrung verfügt. Nielsen und Molich (1990) haben gezeigt, daß ein einziger Evaluator zwischen 20% und 50% der Mängel einer MMS erkennt. Die Ergebnisse von 10 Evaluatoren zusammen decken aber bereits 70% bis 97% der Mängel ab. Es lohnt sich also, eine Simulation oder einen Prototyp einer MMS 5 bis 10 Experten vorzulegen. Diese sollen allein, also unbeeinflußt damit arbeiten und ihre Meinungen schriftlich darlegen.

Richtlinie: *Lassen Sie die MMS als Konzept, Simulation oder Prototyp von 5 bis 10 Experten kritisch beurteilen (heuristische Evaluation).*

1.6 Grundregeln der Dialoggestaltung

Nielsen und Molich (1990) haben 9 Grundregeln für die Dialoggestaltung aufgestellt. Ähnliche Regeln mit ausführlichen Kommentaren finden sich auch bei Shneiderman (1992). Die Regeln beziehen sich speziell auf die MMS von Computerprogrammen und lassen sich auch auf die MMS jedes prozessorgesteuerten Gerätes anwenden:

- Der Mensch-Maschine-Dialog soll einfach sein und in natürlicher Sprache geführt werden. Keine irrelevante Information darf vermittelt werden.
- Die Fachsprache des Benutzers soll verwendet werden.
- Die Gedächtnisbelastung des Benutzers soll so gering wie möglich sein.
- Die MMS soll konsistent sein. Gleiche Begriffe, Darstellungsformen und Aktionen müssen immer dasselbe bedeuten und bewirken.

- Das Verlassen des aktuellen Systemzustands bzw. Dialogschritts muß jederzeit möglich sein. Alle Aktionen müssen reversibel sein.
- Fehlermeldungen sollen höflich, genau und konstruktiv sein.
- Fehlervermeidung ist besser als Fehlerbehandlung.

1.7 Aufgabenorientierung statt Funktionsorientierung

Untersuchungen an Transferstraßen in der Automobilindustrie zeigten, daß heutige Bediensysteme sowohl in der Fehlerlokalisierung, der Fehlerdiagnose wie auch der Wiederanlaufunterstützung große Mängel haben, die im wesentlichen darauf zurückzuführen sind, daß die Bediensysteme funktionsorientiert und nicht aufgabenorientiert entwickelt wurden (Zühlke 1996).

Aufgabenorientierung ist dann gegeben, wenn die MMS Hinweise auf die Aufgaben, die der Benutzer mit Hilfe des Gerätes bewältigen will, enthält. So sollen beispielsweise Tasten oder Menüoptionen nach Benutzeraufgaben benannt sein. Es soll hingegen vermieden werden, die MMS an der technischen Implementierung dieser Aufgaben, also an den Gerätefunktionen bzw. der Maschinenlogik zu orientieren.

Dazu folgende Beispiele: Bei Telefonanrufbeantwortern und Videorecordern findet man häufig eine Taste zur Modusumschaltung. Nur in einem der beiden Modi kann das Gerät automatisch Anrufe bzw. Filme aufnehmen. Wenn sich das Gerät in diesem Modus befindet, ist die Wiedergabetaste funktionslos. „Anrufe (bzw. Filme) wiedergeben“ ist aber neben „Aufnahme“ für den Benutzer die wichtigste zu erfüllende Aufgabe, „Modus umschalten“ ist ihm hingegen zunächst fremd. Es ist also unlogisch und ein schwerer Mangel dieser Geräte, daß die Benutzer zuerst die Taste „Modus umschalten“ und dann erst „Wiedergabe“ betätigen müssen, wenn sich das Gerät im falschen Modus befindet.

Reine Aufgabenorientierung wurde hingegen beispielsweise bei Hifi-Anlagen von Bang & Olufsen verwirklicht. Auch wenn diese aus mehreren Komponenten bestehen, sind sie untereinander vernetzt, sodaß beim Betätigen der „Wiedergabe“-Taste auf einer beliebigen Komponente (z. B. Cassettenrecorder) automatisch die vorher aktive Komponente (z. B. Plattenspieler) die Wiedergabe beendet sowie der Verstärker automatisch den Cassettenrecorder als neue Programmquelle auswählt. Der Benutzer muß also nicht „Stop“-„Programmwahl“-„Wiedergabe“ sondern nur „Wiedergabe“ betätigen, was ja genau seiner Intention entspricht.

Ebenso ist es aufgabenorientiert, wenn eine computergesteuerte Produktionsmaschine eine Funktion „Wiederanlauf nach Fehler“ aufweist, die die Betätigung von Funktionen wie „Grundeinstellung fahren“-„Endschalter prüfen“-„Wechsler rücksetzen“-„In Automatik schalten“ ersetzt (Zühlke 1996). Das muß nicht bedeuten, daß diese vier einzelnen Funktionen im Menü nicht vorhanden sein dürfen. Es handelt sich dabei jedoch um reine Gerätefunktionen, wobei „Wiederanlauf nach Fehler“ eine Benutzeraufgabe ist und somit ein zentrales Element der MMS sein soll.

***Richtlinie**: Gehen Sie bei der Gestaltung des Dialoges und bei der Benennung von Bedienelementen von Benutzeraufgaben und nicht von Gerätefunktionen aus.*

1.8 Automatisierung darf kein Rückschritt sein

Die Einführung von prozessorgesteuerten Mensch-Maschine-Schnittstellen (MMS) erfolgte zuerst in Geräten für die obere Zielgruppe. Daher sind die Konsumenten gewöhnt, Geräte mit Folientastatur und Digitalanzeige als luxuriös und leistungsfähig zu betrachten. Sie kaufen sie auch dann lieber, wenn diese Modernisierung einen Verlust an Ergonomie darstellt.

Ein Beispiel dafür ist die in Bild 1.7 dargestellte Benutzeroberfläche einer Maschine in Einfach- und High-Tech-Ausführung. Die neuere, aufwendigere Variante (rechts) ist nicht selbsterklärend. Die Bedienung erfordert mehr Zeit und Konzentration. So ist das Verstellen der Parameter nur in eine Richtung möglich. Der mögliche Wertebereich der Parameter ist nicht erkennbar. Dabei wurde der Funktionsumfang gar nicht wesentlich erhöht. Hier stellt der technische Fortschritt aus ergonomischer Sicht einen Rückschritt dar.

Bild 1.7: MMS eines Spiralkneters in zwei Ausführungen (nach: Seeger 1992)

Die paradoxe Situation, daß Käufer das aufwendigere, aber schlechtere Gerät dem älteren, einfacheren vorziehen, wird aber nicht lange andauern. Es gibt neuheitsorientierte Käufer, aber bald werden gerade diesen Käufern Flüssigkristallanzeigen und Menüführung nicht mehr neu sein. Dann werden die Benutzer den Gebrauchswert dieser Geräte ebenso emotionslos vergleichen, wie sie es heute etwa bei Autos tun.

***Richtlinie:** Die Mensch-Maschine-Schnittstelle prozessorgesteuerter Geräte muß denselben ergonomischen Anforderungen (z.B. Vermittlung eines Systembilds, Selbsterklärungsfähigkeit) genügen wie die MMS ihrer Vorgängermodelle.*

1.9 Selbsterklärungsfähigkeit (Analogiebildung, Kompatibilität, Systembilder)

Bei der Gestaltung von Bedienungsvorrichtungen ist es sinnvoll, sich das Prinzip der Analogiebildung zunutze zu machen. Damit meint man die Bildung erkennbarer Beziehungen zwischen Bedienungsvorrichtungen oder Anzeigeelementen und ihrer jeweiligen Funktion. Die Nutzung äußerer Analogien und kultureller Standards führt zu unmittelbarem Verständnis durch den Benutzer (Norman 1989).

1.9.1 Analogiebildung

Ein gutes Beispiel dafür sind die in Bild 1.8 gezeigten Schalter zur elektrischen Verstellung eines Autositzes. Die Schalter bilden die Form des Sitzes nach und sind vollkommen selbsterklärend. Der Benutzer erkennt problemlos die vorhandene räumliche Analogie. Er kann die Vorrichtung richtig verwenden, ohne darüber in der Bedienungsanleitung nachzulesen.

Analogiebildung trägt wesentlich dazu bei, das Gedächtnis des Anwenders zu entlasten. Wenn über die Funktionsweise einer Mensch-Maschine-Schnittstelle (MMS) kein Zweifel besteht, kann sich der Anwender auf seine eigentliche Tätig-

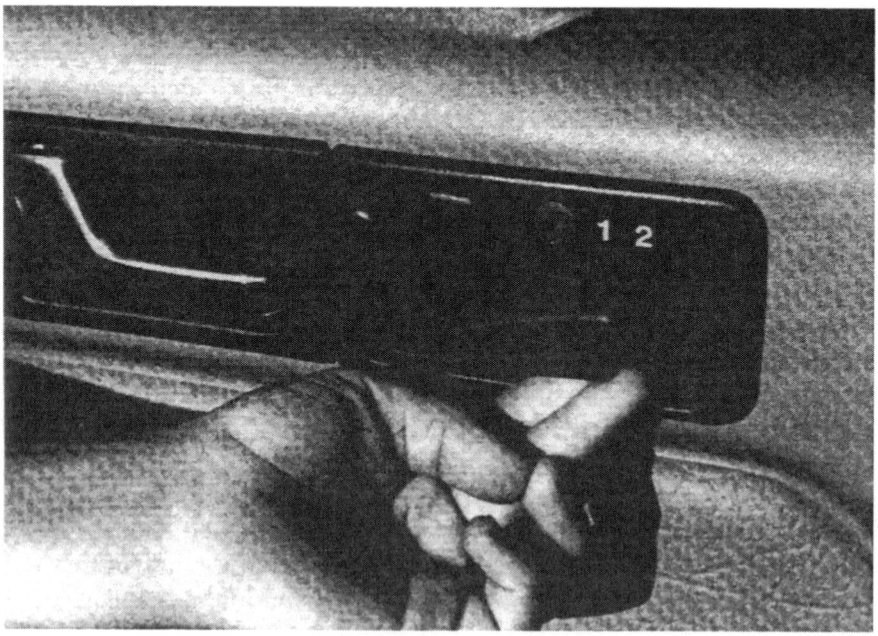

Bild 1.8: Schalter zur Sitzeinstellung (Norman 1989, Mercedes-Benz-Foto)

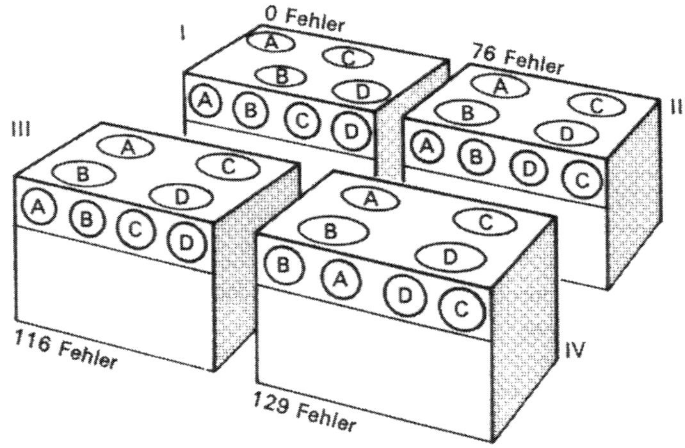

Bild 1.9: Bewertung der räumlichen Anordnung von Schaltern und Herdplatten. Die Fehlerzahlen beziehen sich auf eine Gesamtheit von 1200 Versuchen. (Grandjean 1991, nach Chapanis und Lindenbaum)

keit besser konzentrieren. Das steigert die Produktivität und ist ein wichtiger ergonomischer Faktor. Außerdem wird durch Gedächtnisentlastung die Häufigkeit von Fehlern ganz entscheidend verringert.

Für die Gestaltung eines Küchenherdes mit vier Schaltern gibt es 4! = 24 Möglichkeiten, die sicher nicht alle realistisch sind. Die Anordnungen von Bild 1.9 könnten aber durchaus vorkommen. Anhand dieser einfachen Geräte wurden die Reaktionszeiten und die Anzahl der Fehler ermittelt. Dabei mußten 15 Versuchspersonen je 80 Mal bestimmte Herdplatten einschalten. Anordnung 1, bei der zwischen den Herdplatten und den Schaltern eine erkennbare Analogie besteht, lieferte die kürzesten Reaktionszeiten und absolut keine Fehler. Bei Gerät 4 hingegen war jeder zehnte Schaltversuch ein Fehlgriff!

1.9.2 Äußere Kompatibilität

Wenn ein Bedienelement in direktem Zusammenhang mit einem Anzeigeinstrument steht, sollen die Bewegungsrichtungen beider Elemente einander entsprechen. Schmidtke (1993) bezeichnet das als äußere Kompatibilität. Zusätzlich sollen diese Bewegungsrichtungen sinnfällig sein, also mit den Konventionen der Anwender und mit dem Systembild des Gerätes übereinstimmen. Es besteht beispielsweise eine Konvention darüber, daß die Drehung eines Potentiometers nach rechts „ein" oder „mehr" bedeutet. Hingegen bedeutet die Drehung eines Wasserhahns nach rechts „aus" oder „weniger". In den USA ist es üblich, daß man elektrische Schalter zum Einschalten nach rechts oder nach oben kippt, in Europa

Bild 1.10: Äußere Kompatibilität (Burandt 1986)

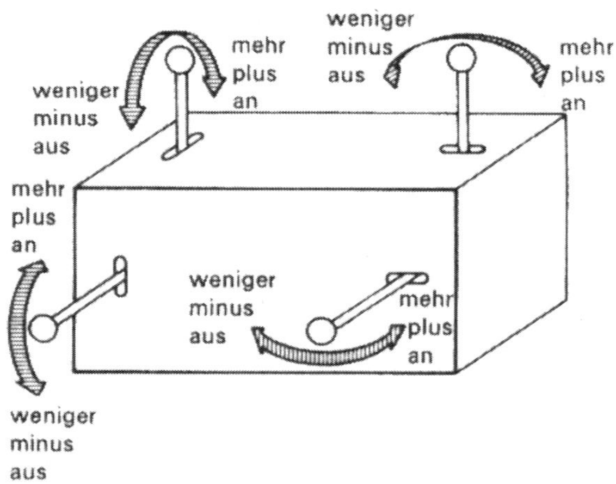

Bild 1.11: Sinnfällige Bewegungsrichtungen bei Bedienelementen (Grandjean 1991)

hingegen nach unten (Woodson 1987). Bei Unklarheiten kann man die Norm DIN 43602 „Betätigungssinn von Schaltgeräten" zu Rate ziehen.

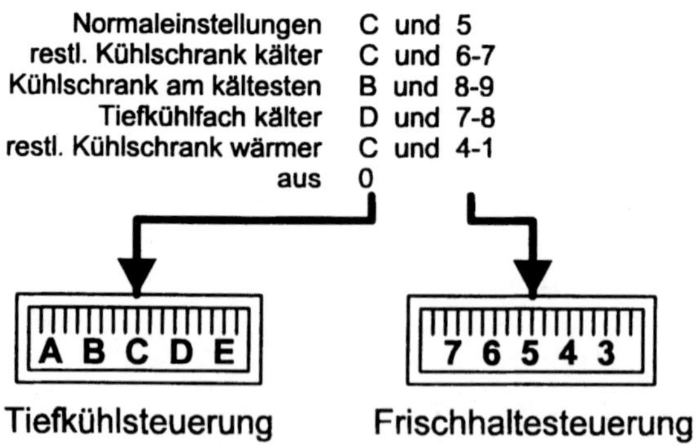

Bild 1.12: Einstellräder zur Temperaturwahl bei einem Kühlschrank mit Tiefkühlfach (nach: Norman 1989)

1.9.3 Innere Kompatibilität

Die Übereinstimmung der MMS mit dem Systembild wird als innere Kompatibilität bezeichnet. Jeder Benutzer, der glaubt, ein Gerät zu verstehen, hat von diesem ein Systembild vor Augen. Solche Systembilder können richtig oder falsch sein. Auch wenn sie nicht der wirklichen Struktur des Gerätes entsprechen, können sie zur Bedienung des Gerätes geeignet sein. Bei einfachen Geräten wie Lichtschalter und Kugelschreiber kann der Benutzer das Systembild selbst erkennen. Hersteller komplizierter Geräte bieten oft kein geeignetes Systembild an. Für die Benutzer, die keine technischen Kenntnisse haben, ist es aber besonders schwer, Bedie-

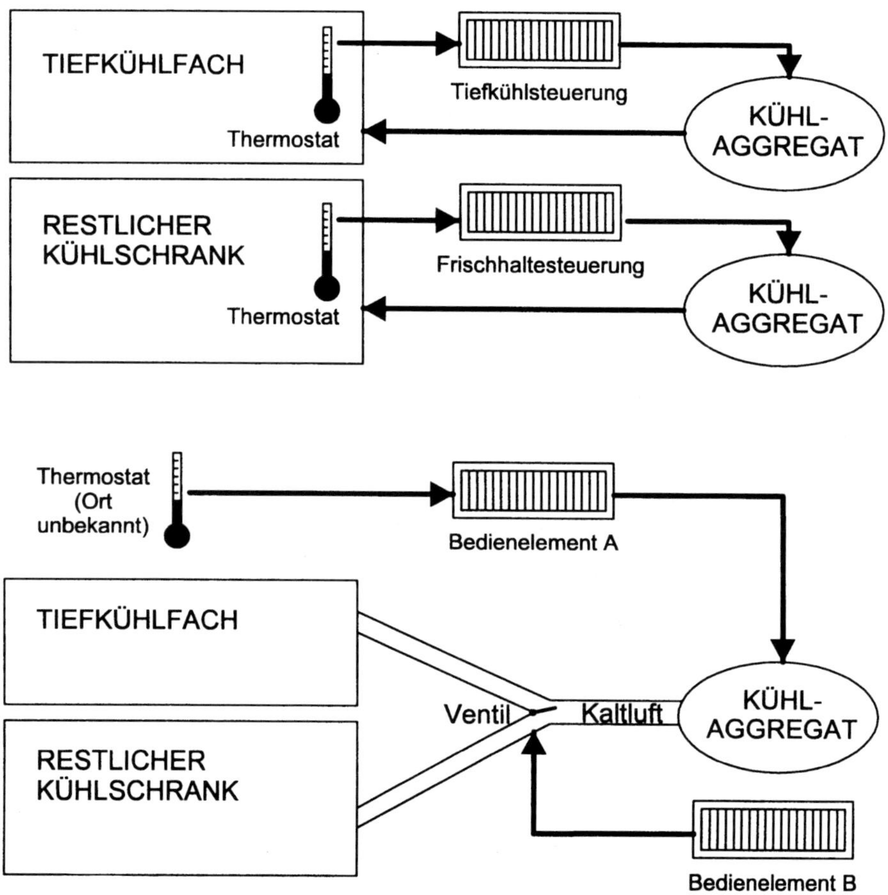

Bild 1.13: Zwei Systembilder für den Kühlschrank. Das obere entspricht dem Systembild, das man sich aufgrund der Einstellräder und Anweisungen von Bild 1.12 macht. Das untere ist das richtige Systembild. Man kann aber nicht feststellen, wo sich der Thermostat befindet und welches der beiden Einstellräder das Ventil steuert. (nach: Norman 1989)

nungsabläufe ohne Systembild auswendig zu lernen. Donald A. Norman bringt in seinem Buch „Dinge des Alltags" ein Beispiel für ein falsches und irreführendes Systembild eines Kühlschranks.

Ganz allgemein geht es bei der Analogiebildung darum, Informationen über die MMS in ihre Gestaltung zu verpacken. Eine so gestaltete MMS nennt man dann selbsterklärungsfähig. In Bild 1.7 ist ein Gerät zu sehen, bei dem die Selbsterklärungsfähigkeit mit der Einführung eines Mikroprozessors verloren gegangen ist. Bild 1.14 zeigt nun Beispiele für Neugestaltungen, die einen ergonomischen Fortschritt darstellen. Die prozessorgesteuerten MMS vermitteln ein Systembild und Information über den aktuellen Systemzustand. Sie sind übersichtlicher, ästhetischer und leistungsfähiger als die des Vorgängermodells.

Um innere Kompatibilität sicherzustellen, soll der Entwickler einer MMS dafür sorgen, daß der Benutzer folgende Beziehungen feststellen kann (Norman 1989):

- zwischen Intentionen und möglichen Handlungen,
- zwischen Handlungen und ihren Auswirkungen auf das System,
- zwischen dem wirklichen Systemzustand und dem, was man durch Sehen,

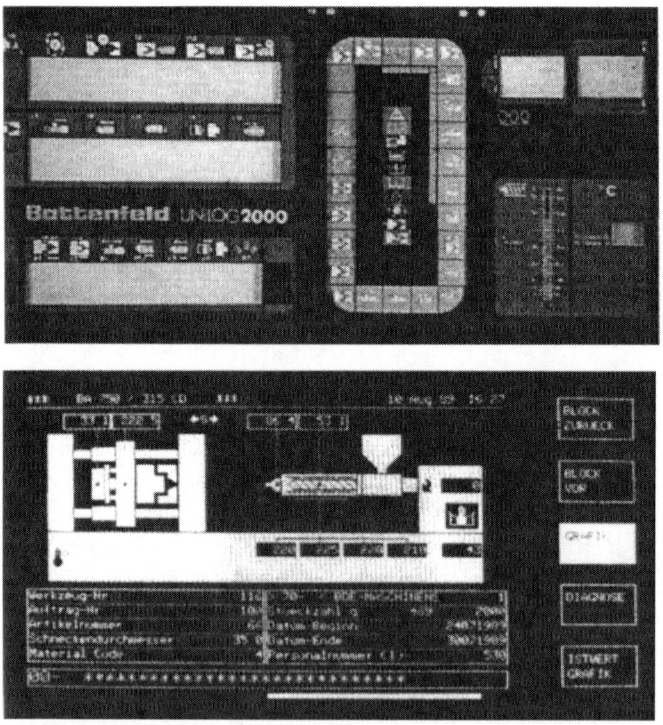

Bild 1.14: Bedienfelder verschiedener Generationen von Spritzgußmaschinen (Heufler 1987, Battenfeld). Der Kreis von Anzeigeelementen (oben) symbolisiert den Produktionszyklus. Auf dem Bildschirm (unten) ist eine Maschine symbolhaft dargestellt.

Hören oder Tasten wahrnehmen kann,

- zwischen dem wahrgenommenen Systemzustand und den Bedürfnissen, Intentionen und Erwartungen des Benutzers.

Richtlinien:

– *Strukturieren Sie die MMS so, daß sie ein leicht erfaßbares Systembild vermittelt (innere Kompatibilität).*

– *Suchen Sie mögliche Analogien zwischen den Funktionen der Ein- und Ausgabegeräte und machen Sie diese erkennbar (äußere Kompatibilität).*

1.10 Rückmeldung

Für eine funktionierende Mensch-Maschine-Interaktion ist es notwendig, daß ständig Informationen von der Maschine zum Menschen zurückfließen. Norman (1989) vergleicht eine MMS ohne Rückmeldung mit einem Gespräch, bei dem man seine eigene Stimme nicht hört.

Richtlinie: *Jeder einzelne Betätigungsvorgang durch den Benutzer muß eine unmittelbare Rückmeldung durch das Gerät hervorrufen.*

Bei Bedienelementen für mechanische Geräte ist die Rückmeldung meist eingebaut, so daß man sie gar nicht bewußt wahrnimmt. So spürt man beim Umlegen eines mechanischen Schalthebels den Schaltvorgang. Die Lage des Hebels gibt weiters Information über den aktuellen Systemzustand. Gut konstruierte Drucktasten besitzen einen Druckpunkt, der beim Betätigen eine taktile Rückmeldung liefert.

Prozessorgesteuerte Geräte besitzen hingegen oft Tasten, die von sich aus keine Rückmeldung geben und daher anfälliger für Fehlbedienung sind. Als Ausweg wird meist eine akustische oder visuelle Rückmeldung, also ein Piepsgeräusch oder ein Symbol auf einem Bildschirm erzeugt. Dabei muß aber der Zusammenhang zwischen Tastenbetätigung und Rückmeldung klar erkennbar sein. Wenn der Benutzer in einer lauten Umgebung arbeitet bzw. für kurze Zeit nicht zum Display schaut, kann die Information für ihn verlorengehen. Daher gilt:

Richtlinie: *Für die Rückmeldung verwendet man am besten den selben Informationskanal (taktil, akustisch, visuell), über den der dazugehörige Steuervorgang erfolgt.*

Das bedeutet taktile Rückmeldung für Tasten und Schalter, akustische für sprachgesteuerte MMS und visuelle für bildschirmunterstützte Systeme, also für Menüführung oder direkte Manipulation. Ein Warnsignal ist übrigens keine Rückmeldung und kann daher durchaus bei jedem Gerät akustisch sein.

Tasten und Schalter, die taktile Rückmeldung liefern, sind also eine empfehlenswerte Grundlage für eine gute MMS, auch wenn sie teurer und weniger pflegeleicht sind als Folientasten. Der taktile Informationskanal sollte auch aus dem

Grund genutzt werden, um die akustische und visuelle Wahrnehmung für andere Informationen freizuhalten.

Die aufwendigste Realisierung taktiler Rückmeldung sind sogenannte aktive Bedienelemente, die besonders in Flugsimulatoren, fly-by-wire (Schmidtke 1993) und Systemen für virtuelle Realität verwendet werden. Es gibt etwa Steuerknüppel, die vom Computer gesteuerte Rückstellkräfte auf den Benutzer übertragen und ihm somit Information über den Systemzustand liefern. Bei der Steuerung eines Flugzeuges ergaben solche Systeme aber kaum Vorteile gegenüber Joystick-Steuerknüppeln, in die ein Steuergefühl mit Masse, Dämpfung und Rückstellkraft mechanisch hineinkonstruiert wurde.

Akustische Signale als Rückmeldung müssen (im Gegensatz zu Warnsignalen) abschaltbar sein. In diesem Fall darf die mit dem Signal beabsichtigte Information nicht verlorengehen (Lauter 1987). Akustische Signale sollen innerhalb eines Dialogsystems nur mit durchgehend gleicher Bedeutung verwendet werden.

Richtlinie: *Alle Bedienelemente, besonders aber solche für Steuer- und Regelvorgänge, sollen taktile Rückmeldung aufweisen, z.B. einen Druckpunkt oder ein spürbares Steuergefühl. Akustische Signale als Rückmeldung müssen abschaltbar sein.*

1.11 Reaktionszeit

Eine charakteristische Größe jeder Rückmeldung ist die Reaktions- oder Antwortzeit. Das ist die Zeit zwischen einer Bedienungsaktion durch den Benutzer und der entsprechenden Rückmeldung durch das System. Die Reaktionszeit des Systems beeinflußt die Fehlerrate und den Streß des Benutzers sehr stark (Risak 1986). Eine zu lange Reaktionszeit erzeugt Ungeduld und überlastet das Kurzzeitgedächtnis des Benutzers. Er verliert den stetigen Fluß der Arbeit und muß sich immer wieder neu der Aufgabe zuwenden. Eine zu kurze Reaktionszeit wirkt für den Benutzer antreibend und führt zu Flüchtigkeitsfehlern.

Woodson (1987) und Gilmore (1989) empfehlen folgende Antwortzeiten: weniger als 20 ms für die Nachführung von Variablen, weniger als 0,1 s für die Anzeige alphanumerisch eingegebener Daten, ein bis drei Sekunden für Berechnungen oder andere komplexe Aufgaben und bis zu einer Minute für den Neustart des Systems. Die Mindestantwortzeit von einer Sekunde für komplexe Aufgaben soll verhindern, daß ein Wechsel der Anzeige bereits stattgefunden hat, bevor der Benutzer von der Tastatur zum Bildschirm hinsieht. Zusätzlich soll der Berechnungsvorgang während dieser Zeit angezeigt werden, z.B. visuell durch ein bewegtes Symbol.

Spinas (1983) empfiehlt weiters, daß die Antwortzeiten möglichst wenig variieren sollen. Wichtiger als kurze Antwortzeiten sind regelmäßige und damit kalkulierbare Intervalle.

Wenn sich längere Antwortzeiten nicht vermeiden lassen, soll das System ein Aktionszeichen oder Zwischenstandsmeldungen abgeben. Beispiele für Aktionszeichen sind eine blinkende Leuchtdiode, eine deutliche Veränderung der blinkenden Eingabeaufforderung (Cursor) auf einem alphanumerischen Anzeigeelement oder ein bewegtes Symbol (Sprite) an der Stelle des Cursors auf einem grafikfähigen Anzeigeelement (siehe Bild 4.34).

Zwischenstandsmeldungen können als Anzeigesäule, als Tortendiagramm oder in Form von Nachrichtenfenstern ausgeführt werden. Es ist üblich, daß solche Säulen liegend und von links nach rechts anwachsend dargestellt werden. Die 100%-Marke muß bereits zu Beginn sichtbar sein. Tortendiagramme oder Uhren beginnen bei der 12 Uhr-Position und wachsen im Uhrzeigersinn an. Zusätzlich kann eine Nachricht über den jeweiligen Stand der Aktion angezeigt werden. Reine Nachrichten müssen in Intervallen von ein bis drei Sekunden wechseln. Falls sie länger angezeigt werden, müssen sie wiederum von einem Aktionszeichen ergänzt werden.

Richtlinie: *Die Reaktionszeiten des Systems sollen für Dateneingabe unter 0,1 s, für Berechnungen zwischen 1 s und 3 s liegen. Bei längeren Reaktionszeiten müssen Aktionszeichen oder Zwischenstandsmeldungen angezeigt werden.*

1.12 Ordnung statt Komplexität

„Simple design is good design" heißt es im Kapitel über die Philosophie der Mensch-Maschine-Schnittstelle bei Apple (1989). Dieser Grundsatz gilt für die Produktgestaltung elektronischer Geräte ebenso wie für den Softwareentwurf. Bei der ständig steigenden Anzahl der Leistungsmerkmale von Geräten fällt es jedoch immer schwerer, diesem Grundsatz treu zu bleiben. Ein Programm oder Gerät kann unmöglich benutzerfreundlich, verständlich und überschaubar bleiben, wenn es eine riesige Zahl von Sonderfunktionen aufweist (Norman 1989). Die Folgen sind dicke Betriebsanleitungen, mit Tasten überladene Bedienfelder und weitverzweigte Menübäume.

Viele Käufer bevorzugen Geräte mit mehr Sonderfunktionen, auch wenn sie diese dann nur selten oder gar nie verwenden. Jede neue Funktion, die über ein eigenes Bedienelement gesteuert wird, erhöht die Komplexität der Mensch-Maschine-Schnittstelle. Wenn die Funktion aber über ein verstecktes Sub-Menü angesprochen wird, werden dadurch andere Grundregeln der Ergonomie (Sichtbarkeit, Selbsterklärungsfähigkeit) verletzt.

Donald A. Norman nennt das die „schleichende Seuche der Leistungsmerkmale", die man nur auf zwei Arten behandeln kann. Zum einen kann man versuchen, die Inflation der Leistungsmerkmale zu vermeiden oder sie jedenfalls etwas einzudämmen. Man kann schließlich auch andere zugkräftige Kaufargumente für ein Produkt finden, wie z.B. Qualität, Ästhetik, Preis oder eben Ergonomie.

Der zweite Ausweg besteht darin, die Komplexität durch Ordnung und Organisation zu überwinden. Die Komplexität eines Gerätes ist meist im Laufe mehrerer Produktgenerationen entstanden und erscheint dem Entwickler daher sinnvoll und schwer zu ändern. Eine Neuorganisation der MMS findet daher am besten auf der Basis von Kreativitätstechniken statt. „Probleme lösen heißt sich vom Problem zu lösen“ (Heufler 1987).

Eine gut geeignete Methode wird von Jiro Kawakita beschrieben (Wohinz 1991). Man beginnt damit, zum Problem (hier: zum Anwendungsbereich des Gerätes) möglichst viele Informationen zu sammeln und jede davon auf ein Kärtchen zu schreiben. Die Anzahl der Kärtchen ist offen, kann aber durchaus hundert Stück überschreiten. Anschließend werden die Kärtchen auf einem Tisch ausgebreitet. Man versucht, solche Kärtchen zu kleinen Stapeln zusammenzufassen, deren Begriffe in Beziehung zueinander stehen. Jeder Stapel erhält ein neues Deckblatt mit einem passenden Oberbegriff.

Bild 1.15: MMS einer Stereoanlage mit hoher Ordnung (JVC)

```
GRENZWERTE          PARAMETER

ALARM  =  30        KP    =  2

 WARN  =  29        TN    =  2.5    MIN

   OG  =  28        TV    =  0.3    MIN

   UG  =  25
                    A     =  0.3    %
 WARN  =  20
                    BEGRENZUNG
ALARM  =  15
                    ENDE  =  85     %
 HYST  =    1 %
                    ANF   =  32     %
```

```
GRENZWERTE              PARAMETER


ALARM = 30              KP = 2
WARN  = 29              TN = 2.5 MIN
OG    = 28              TV = 0.3 MIN

A  = 0.3 %
UG    = 25              BEGRENZUNG
WARN  = 20              ENDE = 85 %
ALARM = 15              ANF  = 32 %

HYST  = 1 %
```

Bild 1.16: Umgestaltung einer Darstellung von Kenngrößen in der Prozeßleittechnik (Geiser 1990). Siehe auch Kapitel 4 (Darstellung von Information).

Dieser Vorgang wird anschließend mit den Stapeln wiederholt, bis ihre Anzahl auf ein überschaubares Maß reduziert worden ist. In der systemanalytischen Phase der Methode werden nun Beziehungen zwischen den Stapeln untersucht und auf einen Papierbogen gezeichnet. Dabei kann man auf die Inhalte der Einzelkarten zurückgreifen. Auf diese Weise kann die Struktur eines Gerätes von Grund auf neu organisiert werden. Die Teilnahme fachfremder Personen an solchen Sitzungen ist wie beim Brainstorming sehr hilfreich und erwünscht.

Eine andere bekannte Kreativitätstechnik, die am Anfang einer Neuentwicklung stehen kann, ist das Brainstorming nach Alex Osborn (Wohinz 1991). Es ist deshalb so erfolgreich, weil die Produktivität und die Kreativität einer Gruppe von Personen immer größer als die jeder einzelnen beteiligten Person sind. Die fünf

Bild 1.17: Ein Fernbedienungsgerät von Bang & Olufsen für die Bedienung einer Stereoanlage. Die Knöpfe sind in funktionale Module gruppiert. Die Anzeige liefert Rückmeldung. Obwohl nicht einmal die Hälfte der Knöpfe unter einer Abdeckung versteckt werden kann, wird die sichtbare Komplexität bereits wesentlich verringert.

bis sieben Teilnehmer sollen verschiedene Ausbildungen besitzen. Das Brainstorming muß von einem Moderator geleitet werden, der auf die Einhaltung folgender Grundregeln achtet:

- Jede Kritik und Bewertung der geäußerten Ideen wird auf eine gesonderte, nachfolgende Phase verschoben. Verboten sind also Sätze wie „Das geht ja nicht." oder „Das haben wir schon immer (noch nie) so gemacht."
- Die Ideen anderer Teilnehmer sollen aufgegriffen und weiterentwickelt werden. Die meisten Ideen haben zumindest einige interessante Aspekte, an die man anknüpfen kann.

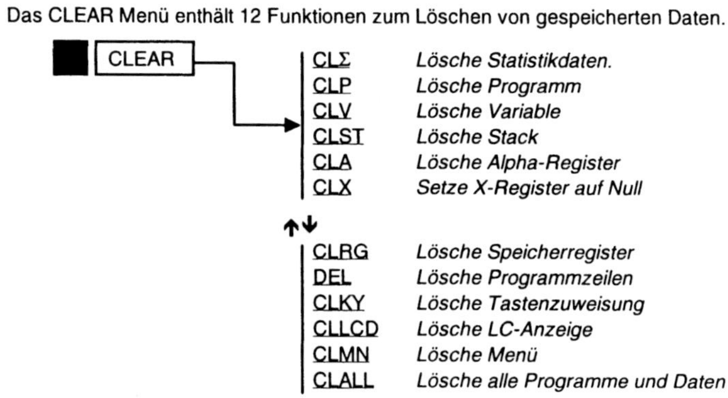

Bild 1.18: Menüführung des wissenschaftlichen Taschenrechners HP42S (Hewlett-Packard). Das Gerät besitzt 37 Doppelfunktionstasten und 17 ein- oder mehrzeilige Menüs, die über die 6 Wechselfunktionstasten unterhalb der Anzeige insgesamt 350 Funktionen ansprechen lassen. Trotzdem ist das Gerät für technisch interessierte Anwender leicht erlernbar und überschaubar.

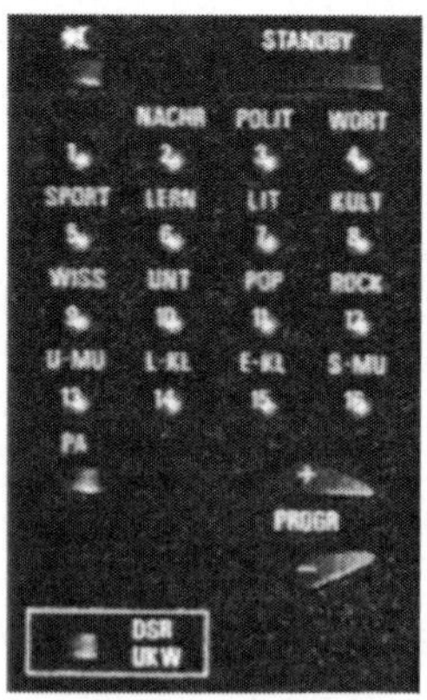

Bild 1.19: Vorverarbeitung von Information. Bei dieser Fernbedienung für ein Digitalradio (TechniSat) kann der Benutzer die Sender direkt oder über ihre Programmart auswählen. Das Signal für die Programmart wird vom Sender zur Verfügung gestellt. Dieses sinnvolle Leistungsmerkmal verlagert also eine intellektuelle Tätigkeit vom Benutzer zum Gerät.

- Die Teilnehmer sollen ihrer Phantasie freien Lauf lassen. Nur dadurch werden auch neue und originelle Ideen erzielt.
- Es sollen möglichst viele Ideen in kurzer Zeit produziert werden (15 bis 40 Minuten). Erklärungen und Diskussionen sollen nicht während des Brainstormings stattfinden.

Solche oder ähnliche Kreativitätstechniken sollen am Beginn jedes Entwicklungsprozesses stehen. Der Aufwand macht sich im weiteren Verlauf der Entwicklung mit Sicherheit bezahlt, da in späteren Phasen weniger Korrekturen notwendig werden.

Oft wird die Organisation einer Mensch-Maschine-Schnittstelle durch Modularisierung erreicht, das ist die Schaffung von nach außen hin unabhängigen funktionalen Modulen. Dadurch wird der Leistungsumfang des Gerätes für den Anwender überschaubarer. Drei Beispiele für erkennbar modularen Aufbau (Bilder 1.16 bis 1.18) sollen zeigen, daß gute Organisation bei Hardware und Software allein oder als gemeinsames Konzept sinnvoll ist.

Unausgereifte Geräte besitzen einen niederen Automatisierungsgrad. Die Benutzer erlernen dadurch auch unnotwendige Routineaufgaben bei der Gerätebedienung. Wenn später der Stand der Technik eine Automatisierung dieser Aufgabe möglich macht, wird sie von vielen Benutzern abgelehnt. Die Benutzer beherrschen die Routineaufgabe dann nämlich bereits besser als der erst unausgereifte Automat. Dadurch wird ergonomisch guten selbsttätigen Gerätefunktionen oft der kommerzielle Durchbruch erschwert.

Beispiele dafür sind das Automatikgetriebe beim Auto und die automatische Fokussierung bei Fotokameras, die sich allerdings mittlerweile durchgesetzt hat. Es ist die Aufgabe der Geräteentwickler, die automatischen Funktionen einzuführen, ohne dabei dem Benutzer das Gefühl der Unmündigkeit oder des Qualitätsverlustes beim Gerät zu geben.

Richtlinie: *Reduzieren Sie die Komplexität der MMS durch*
1.) Einschränkung des Funktionsumfanges auf das Notwendige,
2.) Organisation und Modularisierung der Bedienelemente und Anzeigeelemente sowie
3.) Automatisierung von Gerätefunktionen.

1.13 Abstraktion und Anforderungsanalyse

Ergänzend zu den beschriebenen kreativen und systemanalytischen Methoden kann man am Beginn der Entwicklung den Umfang der MMS in abstrahierter Form festlegen. Dabei versucht man, sich durch bewußte Abstraktion von den bestehenden Klischees zu lösen. Konkret bedeutet das, daß man die Elemente einer Schnittstelle nicht zuerst auswählt und dann ihre Funktionen definiert, sondern daß man zuerst die benötigten Funktionen definiert und daraus eine Menge abstrakter Bedienelemente und Anzeigeelemente ableitet.

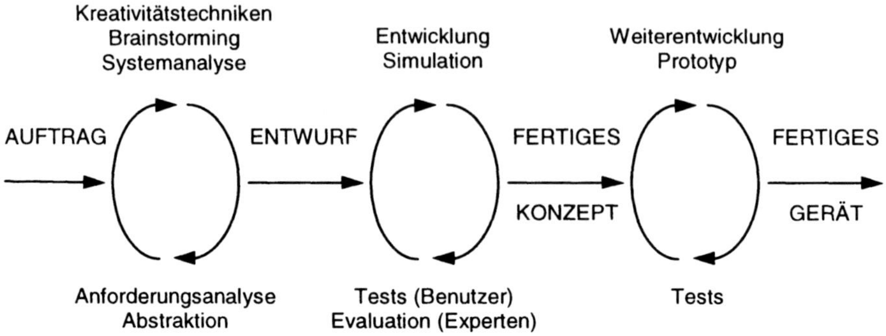

Bild 1.20: Stadien im Entwicklungsprozeß einer MMS

Man geht also nicht etwa von der Annahme aus: „Ich nehme 10 Tasten und eine Anzeige für 30 Zeichen und belege sie mit den Funktionen ...", sondern beginnt statt dessen mit dem abstrakteren Konzept: „Ich benötige eine Schnittstelle für den Austausch folgender Information: ...".

Anschließend versucht man, die Information in möglichst naheliegender, logischer Weise in Variablen einzuteilen. Man denkt dabei bewußt nicht an ein konkretes Bedienelement, sondern definiert zuerst Variablen mit Kenngrößen und Eigenschaften. Für kontinuierliche Variablen zeichnet man dazu noch eine Kennlinie, für diskrete ein Zustandsdiagramm. Man versucht nun, Bedienelemente oder Anzeigeelemente zu finden, die den so definierten Anforderungen möglichst gut entsprechen. Als Grundlage dafür eignen sich die Kapitel 2 bis 4 dieser Arbeit, die eine Übersicht über alle Elemente von Mensch-Maschine-Schnittstellen elektronischer Geräte bieten.

Bild 1.21 zeigt eine Tabelle, in die die Anforderungen an alle Elemente einer MMS eingetragen werden können, mit zwei Beispieleintragungen.

Die Anforderungsanalyse führt zu einem Geräteentwurf „von oben nach unten". Beginnend mit den wichtigsten Anforderungen an das Gerät arbeitet man sich zu den Details vor. Als sinnvolle Ergänzung dazu eignen sich die Kreativitätstechniken des vorigen Abschnitts, bei denen ein Geräteentwurf „von unten nach oben" stattfindet. Ausgehend von den Elementen setzt man dabei die Gesamtstruktur des Gerätes schrittweise zusammen.

Beim Entwicklungsprozeß einer Mensch-Maschine-Schnittstelle (MMS) sollten also alle in Bild 1.20 dargestellten Stadien zumindest einmal durchlaufen werden.

Richtlinien:

- *Definieren Sie die benötigten Funktionen und Elemente zuerst auch abstrakt, also in Form von Variablen mit bestimmten Eigenschaften.*
- *Wenden Sie am Beginn der Entwicklung abwechselnd kreative und analytische Methoden an.*

Nr.
Datum
Autor
Art

Art			Kenngrößen						weitere Eigenschaften					
Bedienelement	Anzeigelement	Variablenname	Dimension	kontinuierlich	diskret	stabile Zustände	Einstellbereich	Zustandsdiagramm / Kennlinie	Genauigkeit	Geschwindigkeit	Betätigungshäufigkeit	Fehlersicherheit	Preis	spezielle Anforderungen
		Beispiele:												
ja		***Lautstärke***	*1*	*ja*			*0..70dB*		*-*	*+*	*oft*	*-*		
ja		***Sender***	*1*		*ja*	*3*			*+*	*+*	*oft*	*+*		

Die geeigneten Bedien- und Anzeigeelemente werden durch Vergleich mit den Tabellen am Ende von Kapitel 2 oder ganz allgemein mit Kapitel 2 bis 4 ermittelt.

Bild 1.21: Anforderungsanalyse an Elemente elektronischer Mensch-Maschine-Schnittstellen. Im Anhang gibt es ein leeres Formular als Kopiervorlage.

1.14 Qualität

Man kann davon ausgehen, daß die MMS der meisten elektronischen Geräte ihre primäre Aufgabe, nämlich die fehlerfreie und relativ zuverlässige Funktion bereits erfüllen. Die im diesem Kapitel beschriebenen Ansätze zur Verbesserung von MMS können zusammenfassend als Bemühungen zur Hebung der Qualität bezeichnet werden.

Qualität läßt sich nicht allein durch den Preis der verwendeten Materialien, den Funktionsumfang oder aufwendige Gestaltung beschreiben. Es handelt sich hier um einen umfassenden Qualitätsbegriff, wie er auch in der Norm DIN 9000 definiert wird. Dabei wird das Hauptaugenmerk auf Prozesse anstelle von Produkten gerichtet. Ein Entwicklungsprozeß hat hohe Qualität, wenn er nicht zufällig und ungeordnet, sondern genau definiert und gut organisiert ist. Jede Verbesserung der Prozeßqualität verbessert dann auch die Produkte, die damit entwickelt werden.

Ein ähnlich umfassender Qualitätsbegriff wird von dem amerikanischen Philosophen Robert M. Pirsig (1979) definiert. Er beschäftigt sich besonders ausführlich mit der Ablehnung der Technik durch viele Menschen, deren Ursache er in einem Mangel an Qualität ortet. Qualität liegt gemäß Pirsig im Prozeß des Erkennens der Maschine durch den Menschen. Wenn sie vorhanden ist, findet eine harmonische und funktionierende Zusammenarbeit von Mensch und Maschine statt, was wiederum hohe Qualität der Arbeit, also des übergeordneten Prozesses, bedeutet.

Wir haben es also in beiden Fällen mit einer prozeßorientierten Sichtweise zu tun. So wie bei der Geräteentwicklung die Qualität durch Einrichtung bestimmter Entwicklungsprozesse verbessert wird, kann auch die ergonomische Qualität der MMS aus dem Prozeß der Arbeit von Mensch und Maschine heraus beurteilt werden. Der eigentliche Prüfstein für jedes Gerät ist letztlich die Zufriedenheit des Benutzers, die das Vorhandensein der Qualität am besten zum Ausdruck bringt.

Richtlinie: *Qualität läßt sich am besten anhand von Prozessen definieren. Optimieren Sie die Entwicklungsprozesse. Überprüfen Sie die Qualität einer MMS anhand des Prozesses der Mensch-Maschine-Kommunikation (MMK).*

1.15 Psychologische Aspekte der Mensch-Maschine-Kommunikation

Motivation, Feldabhängigkeit, Kontrollüberzeugung. Die Zufriedenheit des Benutzers und die Harmonie der Mensch-Maschine-Kommunikation (MMK) sind wiederum Größen, die sich nicht nur durch Befragen ermitteln lassen. Die Psychologie bietet uns auch die Möglichkeit, Aspekte der MMK durch Experimente zu erfassen.

Motivation ist die Bereitschaft eines Menschen, ohne äußeren Druck einen konstruktiven Beitrag zur Bewältigung von Aufgaben zu leisten. Zweifellos haben MMS einen großen Einfluß auf die Motivation der mit ihnen arbeitenden Menschen.

Die sogenannte Feldabhängigkeit beschreibt, in welchem Ausmaß die Motivationsstärke und das Verhalten von der augenblicklichen Situation beeinflußt wird. Feldabhängige Personen neigen zu undifferenziertem, unklar strukturiertem Denken. Schon eine kurzzeitige MMK (30 Minuten) führt zu einer signifikanten Verringerung der Feldabhängigkeit. Ausgiebige MMK kann dieses Persönlichkeitsmerkmal permanent verändern (Trimmel 1992).

Die Art, in der ein Mensch-Maschine-Dialog abläuft, kann auch Auswirkungen auf die Kontrollüberzeugung des Benutzers haben. Die Kontrollüberzeugung gibt an, ob ein Mensch die Ursachen für seine Erlebnisse und Erfahrungen primär sich selbst zuschreibt (interne K.), oder ob er sein Leben als fremdbestimmt und vom Zufall gelenkt empfindet (externe K.). Insbesondere liegt auch dann externe Kontrollüberzeugung vor, wenn die Person wegen der Komplexität der Umweltbedingungen (hier: der Maschine) diese als unvorhersehbar erlebt (Trimmel 1992). Eine ausgeprägte externe Kontrollüberzeugung verringert die Motivation, den Handlungswillen, das Selbstwertgefühl und verschlechtert schließlich auch die Befindlichkeit des Menschen.

Computeranwender, die keine technische Ausbildung besitzen, haben im Vergleich zu Computer-Nichtbenutzern die Überzeugung, daß die erfolgreiche Bewältigung einer Situation nicht von ihren Fähigkeiten oder ihrer Anstrengung abhängt, während sie sich für Mißerfolgssituationen verantwortlich fühlen (Trimmel 1992). Daher ist es besonders wichtig, mögliche Quellen von Irrtümern des Benutzers in MMS zu beseitigen, Fehlermeldungen höflich und konstruktiv zu gestalten und ganz allgemein ein konstruktives und motivierendes Klima im Mensch-Maschine-Dialog zu schaffen.

Stadien menschlichen Handelns. Die Ausführung einer beliebigen Handlung durch einen Menschen läßt sich als siebenstufiger Prozeß betrachten. Der Mensch hat für alltägliche Handlungen bestimmte Handlungsmodelle erlernt, wie zum Beispiel die Modelle „Kaffee kochen", „jemanden anrufen" oder „zur Arbeit fahren". Jede konkrete menschliche Handlung läuft wie der in Bild 1.22 gezeigte Prozeß ab.

Für viele Handlungen ist kein Durchlaufen aller sieben Stadien notwendig. Die Stadien können aber auch mehrmals durchlaufen werden oder Teil eines übergeordneten Handlungsprozesses sein. In jedem der sieben Stadien können dem handelnden Menschen Fehler unterlaufen. Oft sind bereits die Ziele unklar formuliert, oder sie werden vergessen oder modifiziert. Es können Fehler durch die Anwendung falscher Handlungsmodelle aufgrund von Gewohnheiten passieren. Ebenso leicht kann der Zustand der Umwelt nach der Handlung falsch erkannt oder gedeutet werden. (Norman 1989, Zühlke 1996)

Richtlinie: *Man muß davon ausgehen, daß jeder Bedienungsfehler, der gemacht werden kann, auch gemacht wird. Möglichkeiten für Benutzerfehler sollen bei der Entwicklung von MMS daher aufgespürt und ausgeschaltet werden.*

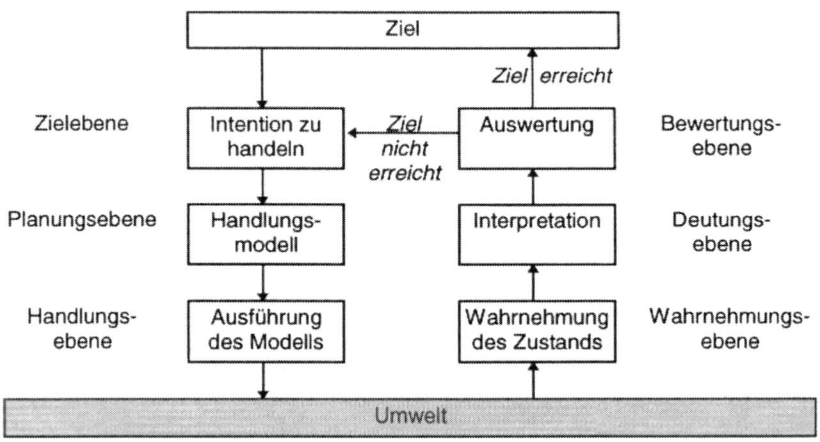

Bild 1.22: Stadien menschlichen Handelns, nach: Norman (1989) sowie Zühlke (1996)

Regulationsgrundlage	Wissensfehler		
Regulationsebenen	Schritte im Handlungsprozeß		
	Ziele / Planung	**Gedächtnis / Monitoring**	**Rückmeldung**
intellektuelle Regulationsebene	Denkfehler	Merkfehler	Urteilsfehler
Ebene der flexiblen Handlungsmuster	Gewohnheitsfehler	Unterlassensfehler	Erkennensfehler
sensumotorische Regulationsebene	Bewegungsfehler		

Bild 1.23: Übersicht der im Handlungsprozeß möglichen Fehler (Zapf et al. 1989, Heinbokel 1996)

1.16 Was umfaßt eine Mensch-Maschine-Schnittstelle?

Eine *Mensch-Maschine-Schnittstelle* ist der Teil eines elektronischen Gerätes, der zum Informationsaustausch zwischen dem Benutzer und dem Gerät dient. Sie besteht aus Bedienelementen, Anzeigeelementen und einer inneren Struktur. Wenn man den Menschen und die Maschine zusammen betrachtet, spricht man von einem *Mensch-Maschine-System.*

Die *innere Struktur* besteht meist aus Hardware und Software, also aus elektronischen Schaltungen und Computerprogrammen. Sie verbindet die sichtbaren Elemente der MMS mit den (unsichtbaren) übrigen Teilen des Gerätes.

Ein *Anzeigeelement* ist eine Vorrichtung, die Information von der Maschine zum Menschen überträgt.

Ein *Bedienelement* ist eine Vorrichtung, die Information vom Menschen (Benutzer) zur Maschine überträgt. Die Information liegt in beiden Fällen in Form von *Variablen* vor.

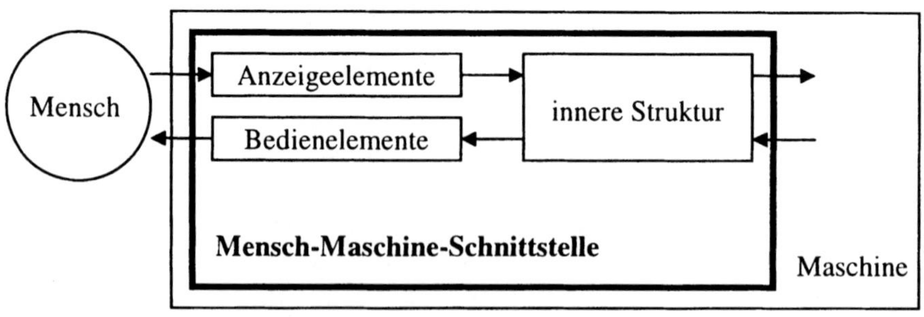

Bild 1.24: Elemente eines Mensch-Maschine-Systems

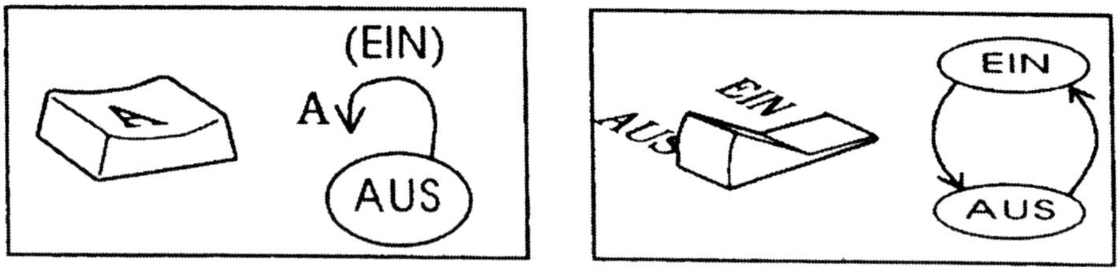

Bild 1.25: Beispiele für Bedienelemente mit den entsprechenden Zustandsdiagrammen

Der Wert dieser Variablen wird als *Zustand* des Bedienelements (des Anzeigeelements) bezeichnet. Er muß für den Benutzer jederzeit erkennbar sein. Diese Rückmeldung kann über die Position des Stellteils selbst erfolgen, über ein eigenes Anzeigeelement, das zum Bedienelement gehört, oder über ein anderes Anzeigeelement der MMS. Im einfachsten Fall dient der Stellteil gleichzeitig zur Einstellung, Speicherung und Rückmeldung der Variablen.

Eine Variable ist entweder *kontinuierlich* (analog, stufenlos einstellbar) oder *diskret* (digital, stufenweise einstellbar). Sie kann als mechanische oder elektrische Größe gespeichert werden. Die Zusammenfassung von mehreren Variablen in einem Bedienelement wird auch als *mehrdimensionale* Variable bezeichnet.

Ein Zustand einer Variable heißt *stabil*, wenn ihn die Variable nach dem Bedienungsvorgang beibehält. Andernfalls heißt er instabil oder transient. Eine Variable mit genau einem stabilen Zustand heißt *monostabil*, mit genau zwei stabilen Zuständen *bistabil*.

Für diskrete Variablen gibt es die Möglichkeit, ihre Funktion durch ein *Zustandsdiagramm* übersichtlich darzustellen. Dabei bedeutet ein Kreis einen stabilen Zustand und ein Pfeil einen möglichen Übergang von einem Zustand zum anderen. In jedem Kreis steht der entsprechende Wert der Variablen. Ein transienter Zustand wird in Klammern angegeben.

Zu jedem Zustandsdiagramm kann es mehrere mögliche Bedienelemente (Anzeigeelemente) geben. Insbesondere kann jedes Zustandsdiagramm durch ein mechanisches, elektronisches oder virtuelles Bedienelement verkörpert werden. Bei einem *mechanischen* Bedienelement entspricht jedem Zustand der Variablen eine bestimmte Position des Stellteils. Bei einem *elektronischen* Bedienelement wird der Zustand hingegen in einem elektronischen Speicher abgelegt und dem Benutzer über eine eigene Anzeige mitgeteilt.

Ein *virtuelles* Bedienelement existiert zur Gänze in einem elektronischen Speicher, hat also keine physischen Bestandteile. Der virtuelle Stellteil wird bei Bedarf auf einer Anzeige der MMS dargestellt. Nicht virtuelle Bedienelemente werden auch als *real* bezeichnet. Wenn alle drei Ausführungen des Bedienelementes durch dasselbe Zustandsdiagramm dargestellt werden können, besitzen sie auch exakt dieselbe Funktionsweise. Deshalb werden im folgenden reale und virtuelle Bedienelemente auch nach denselben Kriterien bewertet.

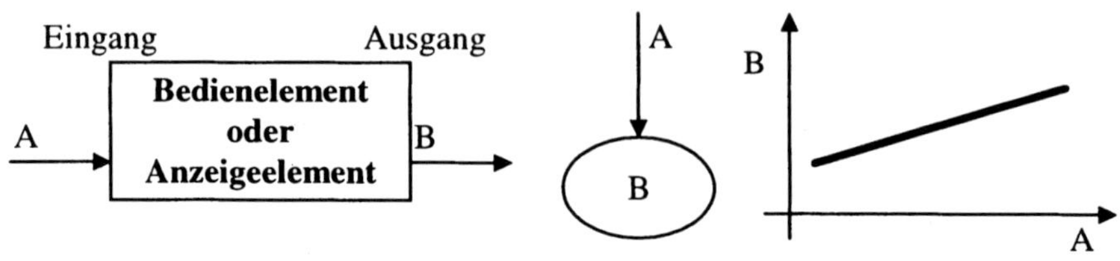

Bild 1.26: Blockschaltbild, Zustandsdiagramm und Kennlinie

Variablen, die sehr viele oder beliebig viele Zustände einnehmen können, werden als *kontinuierlich* (analog) bezeichnet. Ihr Verhalten kann nicht durch ein Zustandsdiagramm, sondern durch eine *Kennlinie* (Übertragungsfunktion) dargestellt werden. Bild 1.26 zeigt, welche Gemeinsamkeiten das Blockschaltbild, das Zustandsdiagramm und die Kennlinie besitzen.

Ein *Anzeigeelement* ist ein Bestandteil einer MMS, der zur Informationsübertragung von der Maschine zum Menschen dient. Analog zu einem Bedienelement besitzt jedes Anzeigeelement eine ein- oder mehrdimensionale Variable, die kontinuierlich oder diskret ist und sich jeweils in einem bestimmten Zustand befindet.

Zwischen Bedienelementen und Anzeigeelementen läßt sich keine genaue Trennlinie ziehen. Manche Anzeigeelemente sind zur Gänze Teil eines Bedienelements. Manche Bedienelemente werden zur Gänze auf einem Anzeigeelement dargestellt. Ein berührempfindlicher Bildschirm ist Bedienelement und Anzeigeelement zugleich. Die Bedeutung der Begriffe ist jedoch stets aus dem Zusammenhang erkennbar.

1.17 Analog oder digital – eine Grundsatzfrage?

Seit der Einführung digitaler Anzeige- und Bedienelemente ist die Frage, ob sie denn besser als die herkömmlichen analogen wären, immer Gegenstand von Diskussionen gewesen. Dabei war die analoge oder digitale Codierung von Variablen nur vordergründig der Gegenstand dieser Streitfrage – eigentlich waren es die Gegensätze alt oder neu, konservativ oder progressiv, traditionell oder innovativ, die hier aufeinanderprallten.

Da es also um Geschmacksfragen ging, konnte man auch zu keinem Ergebnis kommen. Langfristig entscheidet in solchen Fällen der Markt und damit die Konsumenten. Als erstes konnte man mitverfolgen, wie das Prinzip der Analoguhr, die von der Digitaluhr schon beinahe verdrängt worden war, den Markt wieder zurükkerobert hat. Bei Computern hat sich ein analoges Bedienelement – die Maus – eingebürgert. Bei Meßgeräten und in der Unterhaltungselektronik wurden für das Einstellen analoger Variablen zuerst Drehknöpfe, später vorwiegend (digitale) Richtungstasten und schließlich wieder die analogen Stellscheiben verwendet. Digitale Anzeigeelemente haben sich bei Meßgeräten und Rundfunkempfängern, jedoch nicht bei Geschwindigkeits- und Drehzahlanzeigen von Fahrzeugen durchgesetzt.

Es besteht also keine Konkurrenz zwischen analoger und digitaler Codierung. Vielmehr gibt es für jeden Anwendungsfall ein Prinzip, das eindeutig am besten geeignet ist. In Bild 1.27 und 1.28 werden Beispiele für die wichtigsten Anwendungsfälle mit dem jeweils geeigneten Prinzip angegeben.

Richtlinie: *Zwischen analoger und digitaler Codierung besteht keine Konkurrenz. Für jeden Anwendungsfall gibt es ein Prinzip, das eindeutig besser geeignet ist als das andere.*

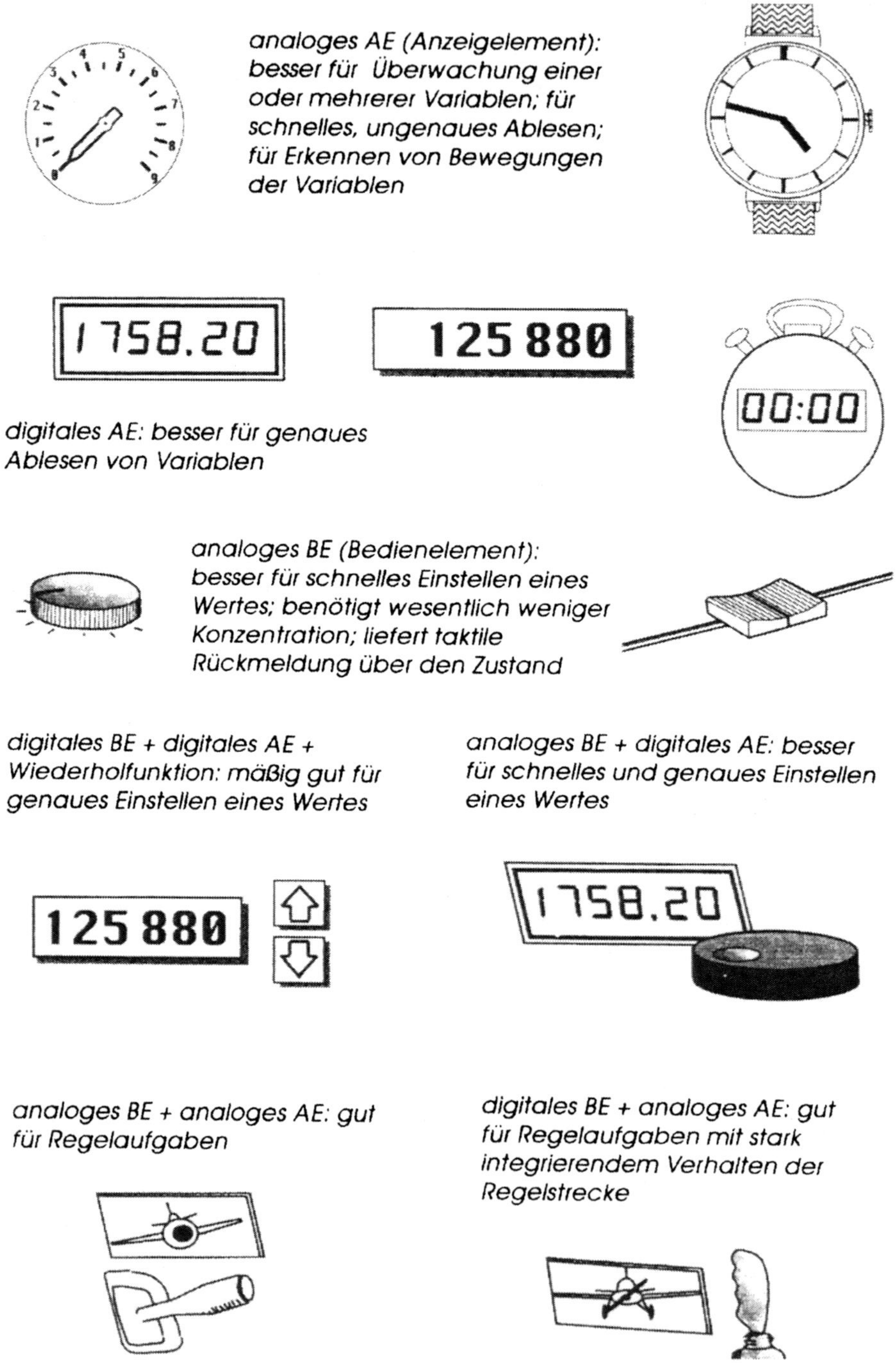

Bild 1.27: Beispiele für geeignete Anwendung analoger und digitaler Elemente in Mensch-Maschine-Schnittstellen

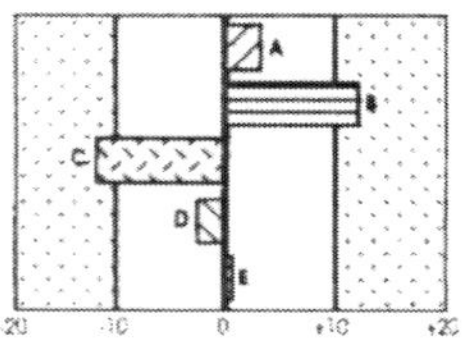

analoge Darstellung mehrerer Variablen (Diagramm): schnelleres Erfassen der Verhältnisse; bessere Möglichkeit zur Darstellung von Verhältnissen, Abweichungen usw. (Vorverarbeitung)

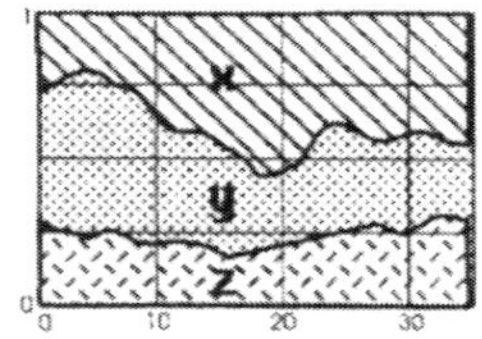

digitales BE + digitales binäres AE: für mögliche Steuerung des BE durch das Gerät

analoges BE (+ digitales binäres BE): für Bewegung eines Cursors auf einem Bildschirm; (für Auswahlvorgänge)

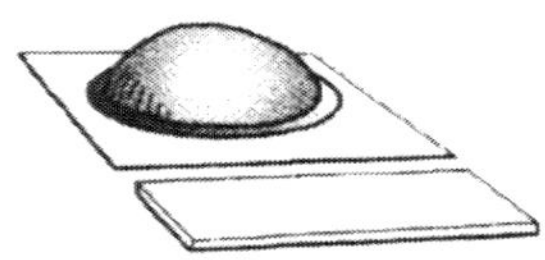

analoges BE + digitales BE, kombiniert: für flexible, dem Benutzer und der jeweiligen Aufgabe angepaßte Bedienung

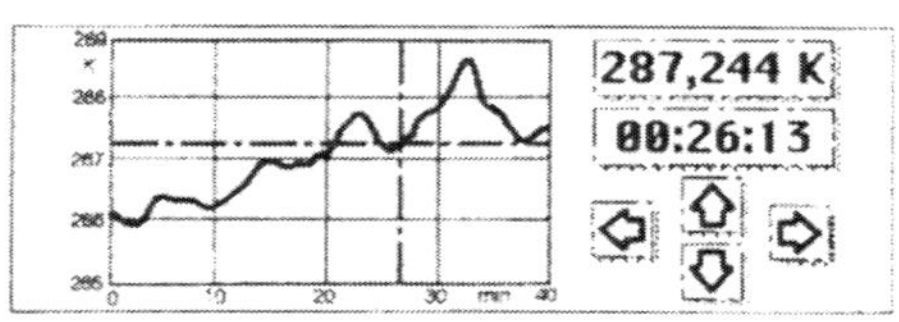

analoges AE + digitales AE, kombiniert: für maximale Flexibilität bei der Ablesung

Symbol: für schnelles Erfassen einfacher Information; gute Fehlersicherheit /Apple/

analoges AE: als Aktivitätszeichen für Vorgänge mit bekannter Dauer

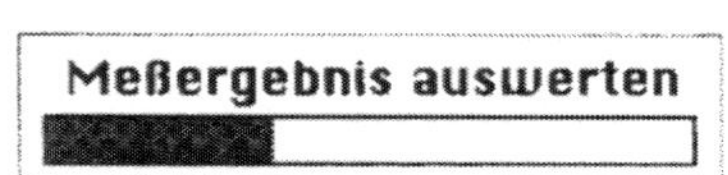

Animation: als Aktivitätszeichen für Vorgänge mit unbekannter Dauer

Bild 1.28: Beispiele für geeignete Anwendung analoger und digitaler Elemente in Mensch-Maschine-Schnittstellen

2 Bedienelemente

Die Auswahl und Gestaltung von Bedienelementen erfolgte immer vorwiegend nach technischen Gesichtspunkten. Daher war die Funktion vieler herkömmlicher Geräte an ihren Bedienelementen erkennbar. Früher besaß etwa jedes Telefon eine Wählscheibe und jeder Audioverstärker einen Drehknopf für die Lautstärkeeinstellung. Dadurch wurden die Funktionen der Geräte kulturelle Standards, also ein Teil der Allgemeinbildung der Benutzer. Die Bedienelemente waren dadurch in hohem Maß selbsterklärungsfähig und benötigten relativ wenig Zeit und Aufmerksamkeit bei der Bedienung, auch wenn sie nur einen niedrigen Automatisierungsgrad besaßen.

Geht die Vielfalt der Bedienelemente verloren? Seit der Einführung prozessorgesteuerter Mensch-Maschine-Schnittstellen droht die gewohnte Vielfalt von Bedienelementen der Uniformität von Tasten zu weichen. Wie immer hat die starke Verbreitung von Tasten bei solchen Geräten zunächst technische Gründe. Doch man will damit auch eine gewisse sichtbare Modernität erreichen und schließlich die Kosten bei der Herstellung senken. Deshalb unterstützen neben technischen auch ästhetische und wirtschaftliche Argumente den Trend zur einheitlichen Gestaltung von Bedienelementen in Form von Tasten.

Während die Selbsterklärungsfähigkeit sinkt, wächst aber der Funktionsumfang der meisten Geräte ständig. Die durch steigende Automatisierung und neue Funktionen erreichten Vorteile werden durch unübersichtliche Mensch-Maschine-Schnittstellen oft wieder zunichte gemacht. So bleiben die meisten Leistungsmerkmale, die durch die Prozessorsteuerung dazugewonnen wurden, in der Praxis unbenutzt. Sie sind allerdings für viele Kunden ein wichtiges Kaufargument.

Sobald jedoch der Neuheitswert von Prozessoren bei den Kunden nachlassen wird, werden sich die Konstrukteure auf die existierende Vielfalt von Bedienelementen und auf ihre jeweiligen Einsatzbereiche rückbesinnen müssen. In Kombination mit den heute erhältlichen hochauflösenden Anzeigen, einem gut programmierten Prozessor und gutem Industriedesign lassen sich damit Geräte bauen, die eine sichtbare ergonomische Qualität besitzen. Diese wird ein immer wichtigeres Kaufargument darstellen.

Richtlinien:

– *Nutzen Sie die Vielfalt der existierenden Formen von Bedienelementen, um die MMS unverwechselbar zu machen.*

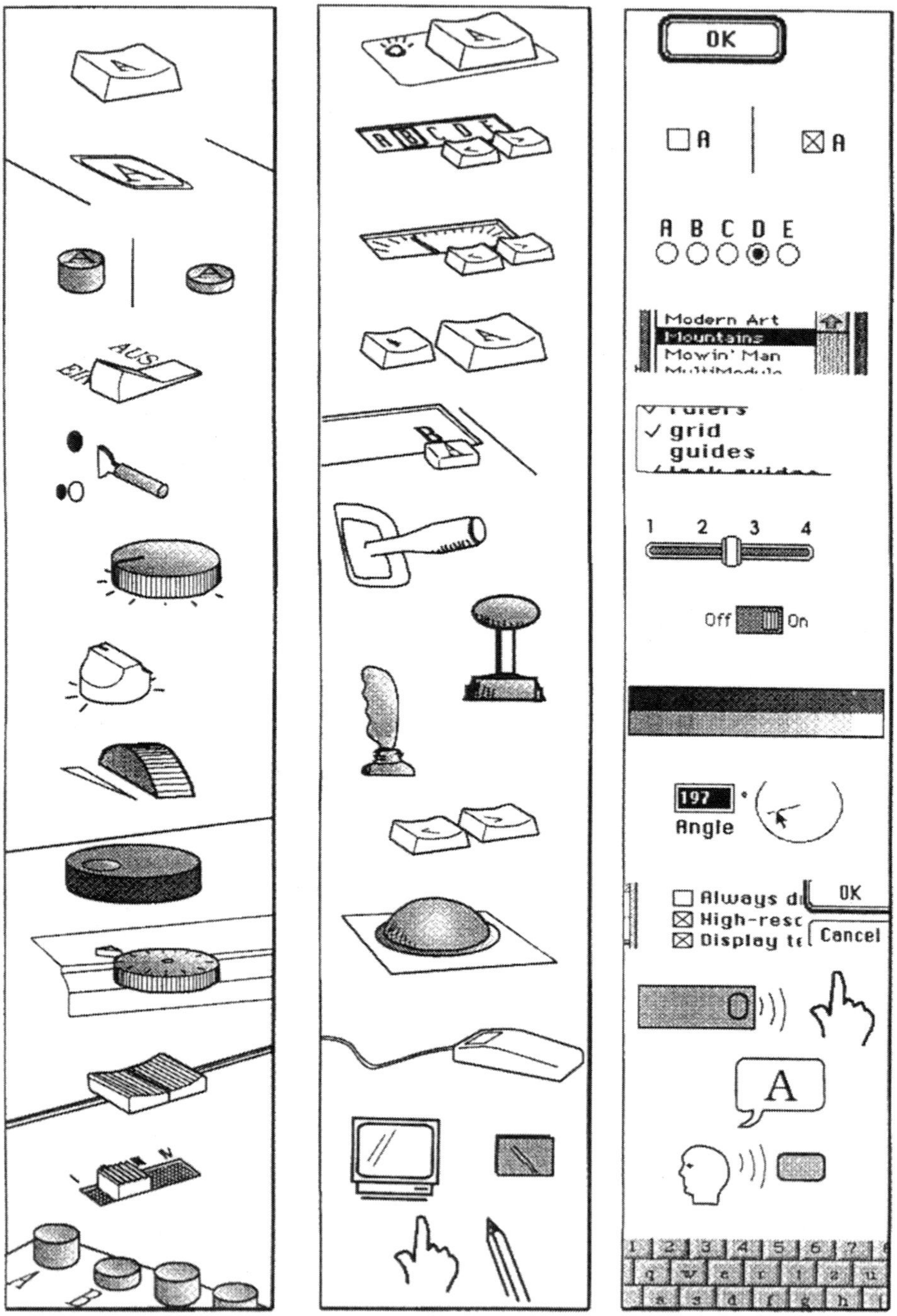

Bild 2.1: Bedienelemente, Übersicht

– *Verwenden Sie für jede MMS mindestens ein Bedienelement, das keine Taste ist, also etwa einen Drehknopf oder eine Rollkugel. Der Benutzer erhält dadurch einen Hinweis auf den Zweck des Gerätes und auf die Art der Bedienung und merkt sich diese auch leichter.*

2.1 Katalog der Bedienelemente für elektronische Geräte

Im folgenden werden die vielen für elektronische Geräte relevanten Bedienelemente genauer beschrieben und bewertet. Die Einteilung erfolgt nach der für den Benutzer erkennbaren Funktionsweise. Deshalb können Geräte mit unterschiedlichen physikalischen Funktionsprinzipien in einem Punkt zusammengefaßt sein.

Ein Baukasten für Entwickler. Dieser Katalog gibt eine vollständige Übersicht über die verwendbaren Bedienelemente und kann bei der Entwicklung neuer Mensch-Maschine-Schnittstellen als „Baukasten" und Entscheidungshilfe dienen.

2.2 Taste (monostabil, mit Weg)

Eine Taste ist ein Bedienelement, das durch Drücken mit einem Finger betätigt wird und für die Dauer der Betätigung einen Kontakt schließt. Eine Taste mit (Betätigungs-) Weg läßt sich niederdrücken und kehrt nach der Betätigung von selbst in die Ausgangslage zurück. Beim Betätigen soll die Taste einen spürbaren

Bild 2.2: Tasten mit Betätigungsweg

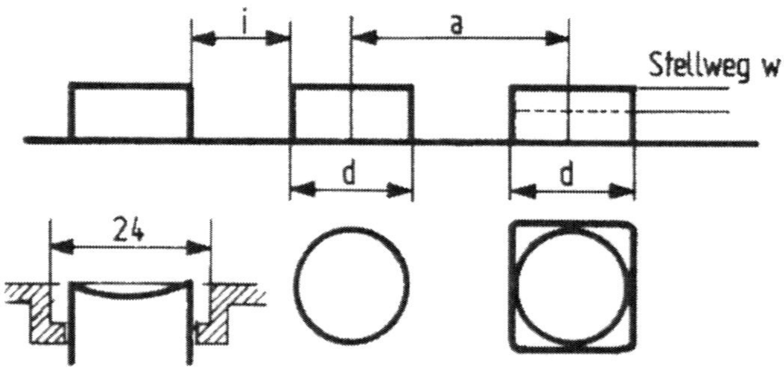

Bild 2.3: Tasten mit Weg (Burandt 1986)

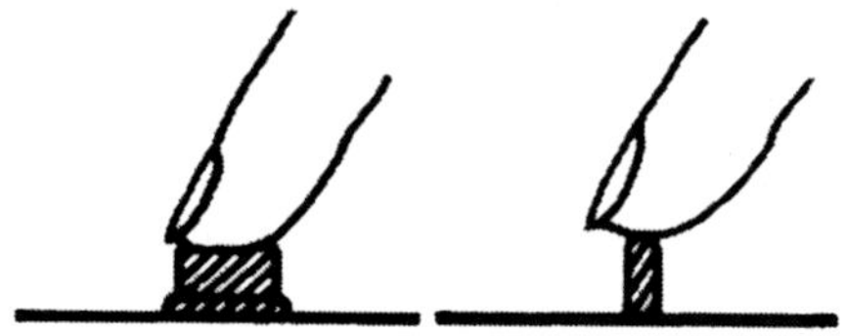

Bild 2.4: Tasten mit Weg (Grandjean 1991)

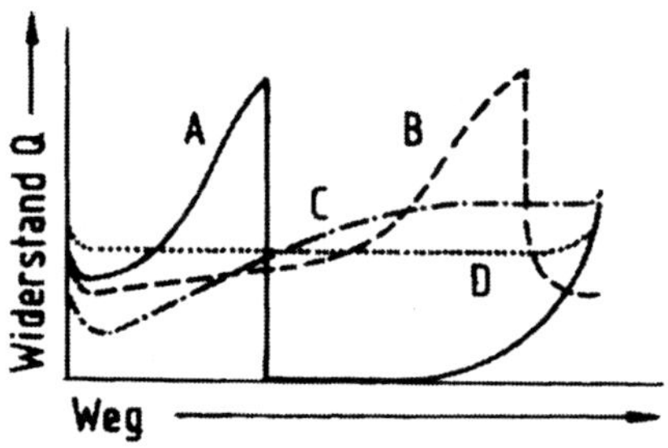

Bild 2.5: Kraft zum Niederdrücken einer Taste in Abhängigkeit vom Betätigungsweg (Burandt 1986)

Druckpunkt aufweisen und ein Geräusch erzeugen (taktile und akustische Rückmeldung).

Die Kurven A und B in Bild 2.5 stellen günstige, C und D ungünstige Kraftverläufe dar. Der Maximalwert von A und B soll zwischen 250 und 500 g liegen. Die steile Flanke rechts davon muß deutlich ausgebildet sein. Der Durchmesser oder die Seitenlänge einer Taste soll 12–20 mm, der Abstand zwischen den Mittelpunkten benachbarter Tasten 18–20 mm betragen. Der Betätigungsweg soll zwischen 1,3 und 6,4 mm liegen, wobei der optimale Wert von der Betätigungskraft abhängt. Die Oberfläche der Taste soll konkav sein. Nahe nebeneinander liegende Tasten sollen durch Stege getrennt sein. (Burandt 1986, Woodson 1987, Gilmore 1989, Grandjean 1991)

2.3 Taste (monostabil, ohne Weg)

Tasten ohne Betätigungsweg genügen nicht allen ergonomischen Anforderungen. Sie werden oft verwendet, weil sie billiger, flacher oder schöner sind und Umwelteinflüssen standhalten, sind aber vom ergonomischen Standpunkt gesehen schlecht.

Wegen der fehlenden oder schlechteren Rückmeldung verursachen sie mehr Fehlbedienungen als Tasten mit Weg. Zumindest verlangen sie vom Benutzer mehr Aufmerksamkeit, weil er auf eine Bestätigung für den Tastendruck durch

Bild 2.6: Taste ohne Weg (Folientaste, Berührungssensor)

das Gerät achten muß. Als Ersatz für den fehlenden Druckpunkt wird oft ein Piepston verwendet, der in einer Büroumgebung störend sein kann.

Folientasten werden mit wesentlich mehr Kraft betätigt als Tasten mit Weg und können bei oft wiederkehrenden Bedienungsvorgängen ein taubes Gefühl an den Fingerkuppen verursachen (Woodson 1987). Elektrisch leitende Berührungssensoren sind mit Handschuhen nicht zu bedienen und daher für öffentliche Räume (z.B. Lifte) ungeeignet, obwohl sie dort oft eingesetzt werden. Sie besitzen auch eine geringe Anzeichenfunktion und benötigen daher eine auffälligere Kennzeichnung.

2.4 Druckknopf (bistabil)

Ein Druckknopf ist ein Bedienelement, das zwei stabile Zustände besitzt und bei jeder Betätigung von einem Zustand zum anderen wechselt (Umschaltfunktion). Er muß einen Betätigungsweg besitzen, außer wenn für den Zustand ein Speicher und eine Anzeige vorhanden sind (siehe Taste mit Kontrollsignalen). Die Stellungen des Druckknopfes in den beiden Zuständen sollen erkennbar unterschiedlich sein, da sie als visuelle Rückmeldung über den aktuellen Zustand dienen. Die mehr im Gehäuse versenkte Stellung ist dem Zustand „ein“ oder „1“ zugeordnet. Für die Abmessungen, die Betätigungskraft, den Druckpunkt und das Geräusch gelten ansonsten dieselben Empfehlungen wie für eine Taste mit Weg.

Bild 2.7: Druckknopf in beiden stabilen Positionen

2.5 Wippenschalter (bistabil)

Die logische Funktion des Wippenschalters entspricht der des Druckknopfes. Der Wippenschalter besitzt aber einige große Vorteile. Der aktuelle Zustand, der dem Winkel des Schalters zur Gehäuseoberfläche entspricht, ist visuell oder taktil noch leichter erkennbar als bei einem Druckknopf. Der Betätigungsvorgang benötigt beim Wippenschalter weniger Zeit und man kann ihn auch kürzer impulsartig betätigen. In der dem Zustand „ein" entsprechenden Stellung ist der Schalter gemäß amerikanischer Konvention nach rechts, nach oben oder vom Benutzer weg gekippt, gemäß europäischer Konvention nach rechts oder nach unten. Wippenschalter eignen sich besonders für horizontale Gehäuseoberflächen und für die Anordnung in einer Reihe mit gemeinsamer Drehachse. In seltenen Fällen werden auch Wippenschalter mit einem dritten, mittleren Zustand verwendet.

Bild 2.8: Wippenschalter (links: Burandt 1986; Mitte: Woodson,W.: Human Factors Reference Guide for Electronics & Computer Professionals, 1E (1986), McGraw-Hill. Wiedergegeben mit Erlaubnis von McGraw-Hill)

2.6 Kippschalter oder -hebel (bistabil oder mit drei stabilen Zuständen)

Die logische Funktion des Kippschalters entspricht ebenfalls der des Druckknopfes. Er besitzt gegenüber dem Druckknopf dieselben Vorteile wie der Wippenschalter. Er ist aber auch für vertikale Gehäuseoberflächen gut geeignet. Er hat den Nachteil, daß die Beschriftung nicht direkt auf dem Schalter angebracht sein kann, sondern nur auf dem Gehäuse. Bei mehreren eng neben- oder übereinander angeordneten Kippschaltern können Verwechslungen vorkommen. Die Beschriftungen sollten deshalb genau den Richtlinien entsprechen.

Besondere Vorteile des Kippschalters ergeben sich aus dem größeren Hebelarm, der einen größeren Betätigungswiderstand und eine besonders deutliche taktile und akustische Rückmeldung („Klick") möglich macht. Kippschalter sind daher für tragbare elektronische Geräte besonders sinnvoll, die vom Benutzer

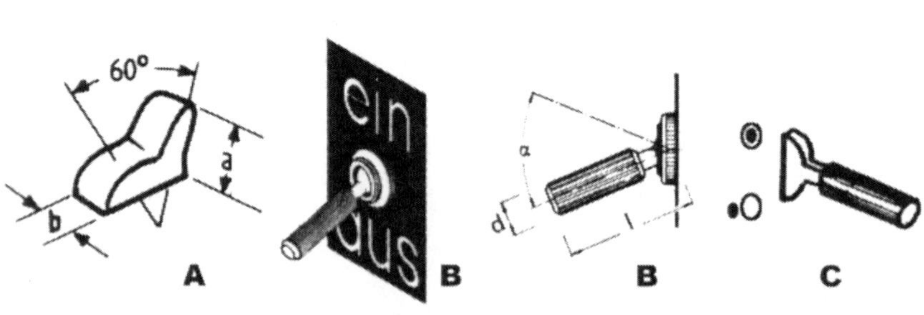

Bild 2.9: Kippschalter oder -hebel (**A:** Burandt 1986, **B:** Grandjean 1991)

während er sich bewegt und ohne hinzusehen bedient werden. Beispiele dafür sind Metallsuchgeräte und Fernbedienungen für Modellflugzeuge.

2.7 Drehknopf (kontinuierlich)

Der Drehknopf ist ein Bedienelement für die stufenlose Einstellung einer eindimensionalen Variablen. Er bietet eine Geschwindigkeit des Einstellvorgangs und eine Präzision über große Bereiche, wie sie mit keinem anderen Bedienelement gleichzeitig erreicht werden können. Der Drehknopf ist bei elektronischen Geräten meist so dimensioniert, daß man ihn mit zwei oder drei Fingern bedienen kann. Der Durchmesser und die Höhe sollen zwischen 10 und 30 mm liegen. Die Greiffläche soll besonders bei höherem Betätigungswiderstand gerillt sein. Ein Drehwinkel von bis zu 120° kann mit der Hand ohne Umgreifen durchlaufen werden. Größere oder unbegrenzte Drehwinkel können aber auch sinnvoll sein.

Die Drehrichtung im Uhrzeigersinn soll einem Anwachsen der Variable entsprechen. Der Nullpunkt oder linke Rand des Einstellbereiches soll zwischen der 6 Uhr- und der 9 Uhr-Position liegen. Am linken Anschlag oder bei einem anderen ausgezeichneten Winkel kann der Drehknopf eine Position haben, bei der er spürbar einrastet. In diesem Fall kann er einen integrierten binären Schalter besitzen, der beispielsweise das Gerät ausschaltet oder die Variable des Drehknopfes in einen definierten Zustand bringt.

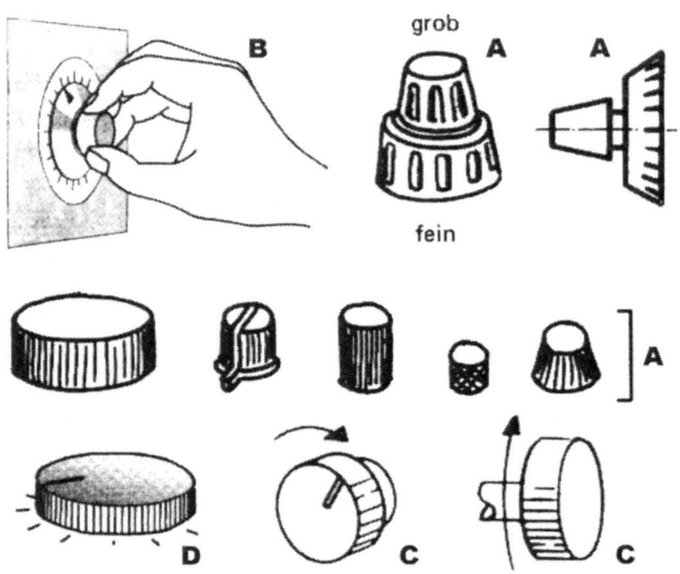

Bild 2.10: Drehknöpfe für stufenlose Einstellung (**A:** Burandt 1986, **B:** Grandjean 1991, **C:** Woodson 1987)

Als Beschriftung des Knopfes genügt der Variablenname, falls die Variable auch auf einer gesonderten Anzeige dargestellt wird. Andernfalls müssen eine beschriftete Skala und die Positionsmarke des Drehknopfes vorhanden sein. Sie dürfen auch während der Bedienung nicht von der Hand verdeckt werden. Dafür sind pfeilförmige Knöpfe oder Knöpfe mit darunterliegender Scheibe besonders geeignet. Drehknöpfe und Drehschalter mit ähnlichen Funktionen können konzentrisch übereinander geschichtet werden. Die abwechselnde Bedienung ist dann ohne Umgreifen möglich und der funktionale Zusammenhang ist klar erkennbar.

2.8 Drehknopf oder Drehschalter (diskret)

Wenn eine einzustellende Variable drei oder mehr diskrete Zustände besitzt, ist ihre Ansteuerung durch einen Drehschalter naheliegend. Dieser kann in denselben Formen ausgeführt werden wie ein Drehknopf für stufenlose Einstellung. Die Betätigungskraft soll allerdings höher sein. Dadurch werden stärker gerillte Formen oder Pfeilknöpfe bevorzugt. Zwischen zwei Schalterstellungen soll die Betätigungskraft abhängig vom Drehwinkel einen Verlauf wie in Bild 2.5 haben, was eine deutliche taktile Rückmeldung erzeugt.

Der bei einer Schaltstufe durchlaufene Drehwinkel soll mindestens 15° betragen, wenn der Schalter nur visuell abgelesen wird, oder mindestens 30°, wenn die Schaltstellung auch taktil, also ohne Hinsehen, erkannt werden soll. Die Nullpunkte oder Minimalwerte der Variablen eines Schalters sollen zwischen der 6 Uhr- und der 12 Uhr-Position liegen. Mehrere in einer Reihe liegende Drehschalter

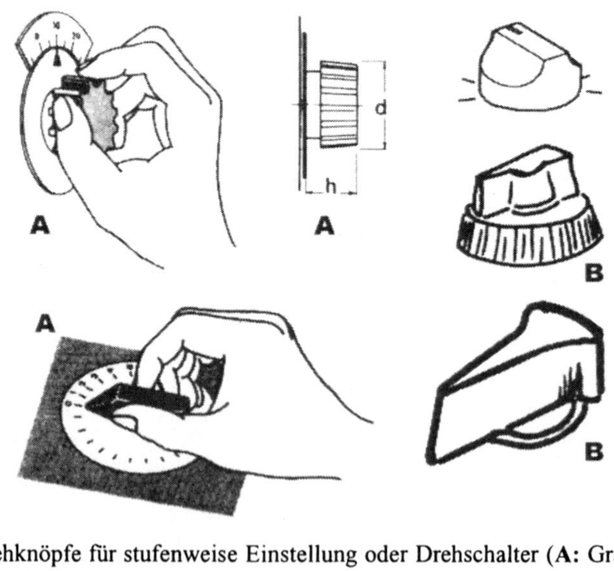

Bild 2.11: Drehknöpfe für stufenweise Einstellung oder Drehschalter (**A:** Grandjean 1991, **B:** Burandt 1986)

sollen denselben Nullpunktswinkel besitzen. Wenn möglich sollen die Schalterstellungen im ausgeschalteten Zustand alle auf der Verbindungsgeraden zwischen den Schaltern liegen oder normal dazu. Dann ist dieser Zustand auch bei vielen Schaltern auf einen Blick erkennbar („Scanline").

2.9 Rändelrad und Stellscheibe (kontinuierlich)

Ein Rändelrad ist ein Zylinder, der nur mit einem Teil seines Mantels aus dem Gehäuse ragt. Der Mantel des Zylinders muß gerändelt sein, also Rillen besitzen. Das Rad kann auch auf einer Seite des Gehäuses angebracht sein, die dem Benutzer nicht direkt zugewandt ist. Je nach Lage wird es mit der Spitze des Daumens oder Zeigefingers bedient.

Bild 2.12: Rändelrad und Stellscheibe zur stufenlosen Einstellung

Die Stellscheibe hingegen ist ein Zylinder, von dem eine Seitenfläche sichtbar ist, die mit der Gehäuseoberfläche fast bündig abschließt. Die Stellscheibe besitzt eine glatte exzentrisch liegende Vertiefung, mit der sie der Benutzer mit dem Zeigefinger drehen kann.

Rändelrad und Stellscheibe besitzen bevorzugt einen großen oder unbegrenzten Drehwinkelbereich und erfordern eine geringe Betätigungskraft. Im Gegensatz zum Drehknopf ist auf diesen beiden Bedienelementen weder eine Skala noch eine Positionsmarke angebracht. Der Zustand der Variablen muß über eine gesonderte Rückmeldung für den Benutzer erkennbar sein.

Das Rändelrad ist besonders für genaue Feineinstellung, die Stellscheibe für schnelle Einstellvorgänge über weite Bereiche geeignet. Das Rändelrad kann an

Bild 2.13: Stellscheibe in einem kombinierten Bedienelement

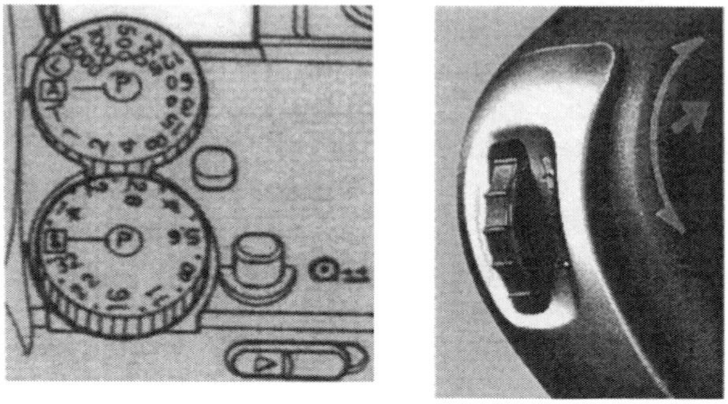

Bild 2.14: Rändelräder. **Links:** Räder zur Einstellung von Blende und Belichtungszeit des Fotoapparates Nikon F401. Beide Räder rasten in der Mittelstellung ein und können durch eine Taste entriegelt werden. **Rechts:** Rad zur Menüauswahl des Mobiltelefons Sony CMD-Z1. Das Rad hat gleichzeitig die Funktion einer Taste.

einem Ende oder in der Mitte des Einstellbereiches eine ausgezeichnete Position besitzen, an der es spürbar einrastet. In dieser Position kann ein intern mit dem Rad verbundener binärer Schalter betätigt werden. Das Anwachsen der Variablen soll beim Rändelrad der Drehrichtung nach rechts, nach oben oder vom Benutzer weg, bei der Stellscheibe der Drehrichtung im Uhrzeigersinn entsprechen.

2.10 Rändelrad (diskret)

Zur stufenweisen Einstellung diskreter Zustände kann nur ein Rändelrad verwendet werden, das eine sichtbare Skala oder Positionsmarke besitzt. Es muß daher an einer Kante des Gehäuses so angebracht sein, daß eine beschriftbare Seitenfläche sichtbar ist. Die Anbringung einer Skala auf der Mantelfläche ist nicht sinnvoll. In dem Fall wäre ja nur der eingestellte Wert, aber nicht der gesamte Wertebereich der Variablen sichtbar.

2.11 Schieber (kontinuierlich)

Schieber zur stufenlosen Einstellung haben dieselbe Funktion wie Drehknöpfe. Sie eignen sich besonders gut für die Montage auf waagrechten oder nur leicht geneigten Geräteoberflächen und mit einer zur Blickrichtung des Benutzers parallelen Schieberichtung. Seitwärts oder nach oben kann man nämlich nicht so kräftig und präzise schieben und ziehen wie vor und zurück. Die Vorteile von Schiebereglern kommen dann zur Geltung, wenn mindestens zwei von ihnen parallel angeordnet sind. Sie können dann nämlich einzeln, paarweise oder gruppenweise synchron bewegt werden. Auch gleichzeitige gegenläufige Bewegungen sind mit etwas Übung leicht möglich. Schieberegler werden deshalb besonders bei Au-

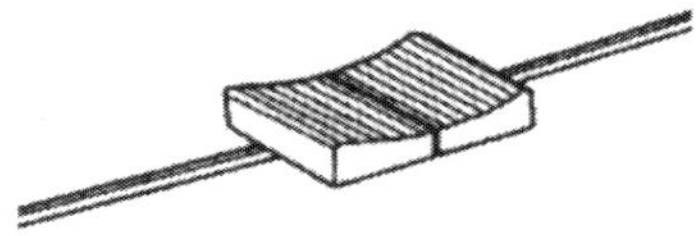

Bild 2.15: Schieber

diomischpulten verwendet. Trotz ihrer oft großen Anzahl ist eine gewisse Übersicht möglich. Reihen von Schiebern können mit Vorteil gemeinsam mit Anzeigen eingesetzt werden, die Balkendiagramme darstellen (Analogiebildung).
Gashebel bei Schiffen und Flugzeugen sind auch oft paarweise parallel angeordnet und können mit einer Hand gleichzeitig bewegt werden. Es handelt sich dort allerdings um drehbare Hebel und nicht um Schieber.

2.12 Schiebeschalter (diskret)

Schiebeschalter zur stufenweisen Einstellung haben dieselbe Funktion wie Drehschalter. Die Einstellung ist aber mit ihnen nicht so zielsicher und präzise möglich wie bei drehbaren Bedienelementen. Positionen können auch nicht so schnell visuell oder taktil erkannt werden. Beim Einstellen diskreter Werte muß der Benutzer hinsehen oder mitzählen, während ein Drehschalter mit Stufen von 30° von geübten Benutzern blind bedient werden kann.

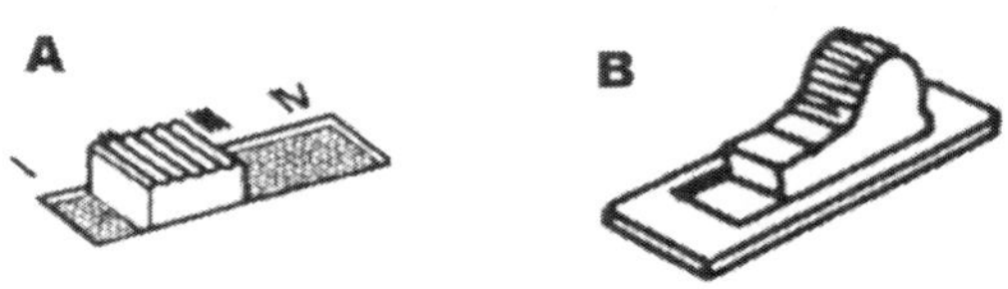

Bild 2.16: Schiebeschalter (**B:** Burandt 1986)

2.13 Tastenreihe (alternierende bistabile Tasten)

Eine Tastenreihe aus n Tasten mit Einfachauswahl ist ein Bedienelement mit n diskreten Zuständen. Die Anzahl der Tasten entspricht also der Anzahl der Zustände. Es kann immer nur eine Taste gedrückt sein, also den Zustand „ein" haben. Bei Betätigung einer Taste wird der Zustand der zuletzt betätigten Taste automatisch zurückgesetzt. Es handelt sich bei der Tastenreihe nicht um n eigenständige Bedienelemente, denen jeweils eine zweiwertige Variable zugeordnet ist, sondern um ein einziges Bedienelement mit einer Variablen mit n Werten. Tastenreihen werden häufig bei Rundfunkempfängern zur Auswahl gespeicherter Frequenzen verwendet. Der Vorteil gegenüber einem Drehschalter besteht darin, daß man zwischen zwei beliebigen Sendern (Zuständen) wechseln kann, ohne dazwischen andere Sender zu durchlaufen. Weiters kann jede Taste innerhalb einer sichtbaren funktionalen Einheit angeordnet sein (modularer Aufbau), also beispielsweise zusammen mit einem eigenen Anzeigeelement.

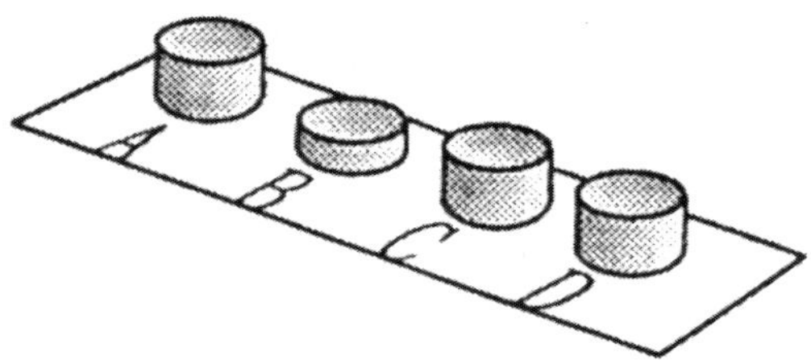

Bild 2.17: Tastenreihe mit alternierender Funktion (Einfachauswahl)

2.14 Taste (monostabil) mit Kontrollsignal

Es gibt die Möglichkeit, aus monostabilen Tasten Bedienelemente mit mehreren stabilen Zuständen zu machen, indem man sie mit einem Speicher und einem oder mehreren Anzeigeelementen kombiniert. Diese zeigen den Zustand der Variable des Bedienelementes an, die sich im Speicher befindet. Als Anzeigeelement (Kontrollsignal) eignen sich Leuchtdioden, Symbole auf Flüssigkristallanzeigen oder Glühbirnen, die die Taste selbst von innen beleuchten. Es ist besonders wichtig, daß der Zusammenhang zwischen der Taste und dem entsprechenden Anzeigeelement für den Benutzer klar erkennbar ist.

In den in Bild 2.18 und 2.19 dargestellten Beispielen wurden aus Leuchtdioden, Tasten und einer farbigen Umrandung Bedienelemente mit zwei und vier stabilen Zuständen gebildet. Sie entsprechen in ihrer Funktion einer bistabilen Taste bzw.

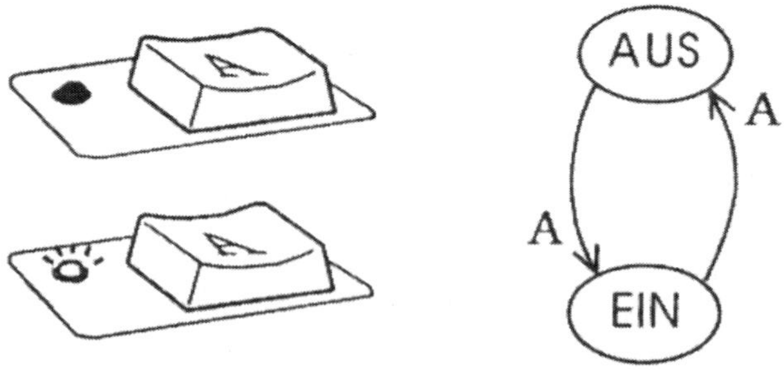

Bild 2.18: Monostabile Taste mit bistabilem Kontrollsignal in beiden Zuständen und ihr Zustandsdiagramm

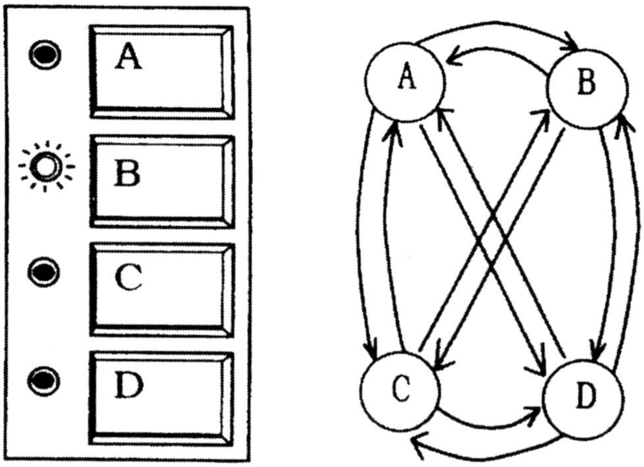

Bild 2.19: Tastenreihe aus monostabilen Tasten mit alternierenden Kontrollsignalen und das entsprechende Zustandsdiagramm

einer Tastenreihe mit alternierender Funktion (Einfachauswahl). Daher besitzen sie auch jeweils dieselben Zustandsdiagramme wie diese Bedienelemente.

Die verschiedenfarbigen Leuchtdioden müssen links oder oberhalb der Tasten angeordnet sein, da sie während der Bedienung nicht durch die rechte Hand verdeckt werden dürfen. Diese elektronisch gesteuerten Bedienelemente bieten den Vorteil, daß sie auch vom Gerät selbst umgeschaltet werden können. Die Anzeigeelemente können auch zusätzliche Funktionen übernehmen. So kann etwa die Leuchtdiode durch Blinken zusätzlich ein Warnsignal darstellen.

2.15 Richtungstaste(n) mit alternierenden Kontrollsignalen

Mit monostabilen Tasten, einem Speicher und Anzeigeelementen kann man die Funktion eines Drehschalters nachbilden. Ein Drehschalter wird ja durch wiederholtes Weiterdrehen in einen benachbarten Zustand bedient. Den beiden Drehrichtungen des Drehschalters entsprechen hier die zwei Richtungstasten; den stabilen Schalterstellungen entsprechen die Zustände der Anzeigeelemente, hier zum Beispiel der Leuchtdioden.

Das Bedienelement kann ebenso wie ein Drehschalter ein zyklisches Zustandsdiagramm besitzen, also einen geschlossenen Kreis aneinandergereihter Zustände. In diesem Fall reicht auch eine einzige Richtungstaste aus. Beim Übergang vom Schalter zu Tasten sowie bei der Einsparung von Tasten steigt jedoch der für die Bedienung notwendige Aufwand. Zum Durchlaufen mehrerer Zustände muß der Benutzer eine Taste mehrmals betätigen. Es kann aber auch eine Wiederholfunktion eingebaut sein, die bei längerem Tastendruck aktiv wird. Trotzdem benötigen Richtungstasten durchwegs mehr Zeit und Aufmerksamkeit bei der

Bedienung als Drehschalter. Taktile Rückmeldung über den eingestellten Zustand ist nicht möglich. So muß der Benutzer während des Einstellvorganges ständig den aktuellen mit dem gewünschten Zustand vergleichen.

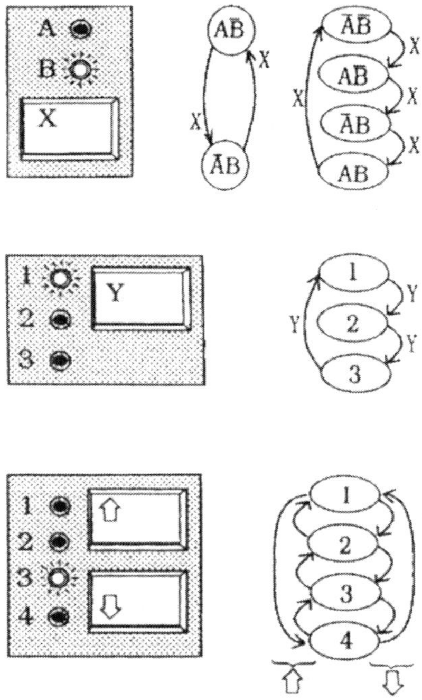

Bild 2.20: Möglichkeiten der Nachbildung umschaltbarer Bedienelemente mit Tasten und Leuchtdioden sowie damit realisierbare Zustandsdiagramme

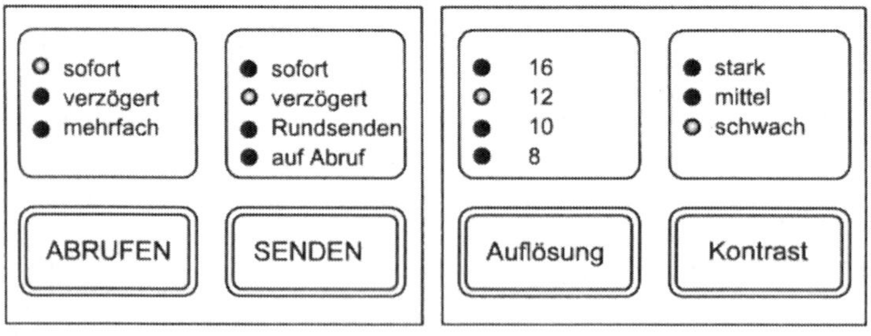

Bild 2.21: Handhabungsfeld eines Fernkopierers mit Folientastatur, Ausschnitt (nach: Bocher 1989)

2.16 Richtungstasten mit Anzeigeelement

Richtungstasten, die eine kontinuierliche oder näherungsweise kontinuierliche Variable steuern, besitzen dieselbe Funktion wie ein Drehknopf oder ein Schieber. Wenn sie eine Variable mit diskreten Werten steuern, gleichen sie einem Dreh- oder Schiebeschalter. Die Vor- und Nachteile der jeweils elektronischen Ausführung des Bedienelementes sind die selben, wie die im vorigen Absatz genannten. Die elektronischen Bedienelemente sind flexibler, billiger und vom Gerät steuerbar, während die mechanischen Ausführungen schneller, fehlersicherer und komfortabler sind. Ergonomische Gesichtspunkte sprechen also eher für die herkömmlichen Bedienelemente.

Die Vorteile beider Varianten werden bei solchen Drehknöpfen oder Schiebern vereint, die einen Schrittmotor zur (Fern-) Steuerung besitzen und bei Mischpulten und Audioverstärkern verwendet werden.

Richtungstasten mit Anzeigeelementen haben bereits eine prinzipielle Ähnlichkeit mit virtuellen Bedienelementen, die im letzten Teil des Kapitels beschrieben werden. Mit Richtungstasten wird nicht direkt der Zustand der Variable, sondern dessen Änderungsgeschwindigkeit gesteuert. Die geeignete Wahl der Änderungsgeschwindigkeit wird später noch betrachtet.

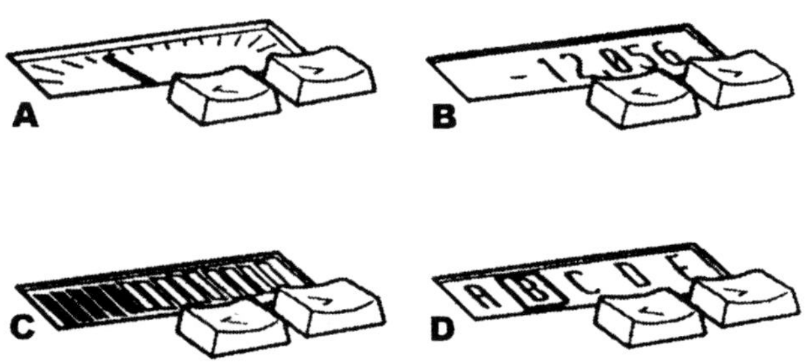

Bild 2.22: Richtungstasten mit (**A**) analogem, (**B**) digitalem, (**C**) pseudo-analogem und (**D**) alternierendem Anzeigeelement

2.17 Taste mit Mehrfachfunktion und Umschalttasten

Monostabile Tasten mit Mehrfachfunktion werden vorwiegend in Tastaturen verwendet. Sie wirken mit mindestens einer Umschalttaste zusammen, die die Funktion mehrerer Tasten zugleich umschaltet. Ein Beispiel dafür sind Schreibmaschinentastaturen mit mono- und bistabiler Umschalttaste für Großschreibung und eventuell Steuerungs- und Alternativ-Umschalttaste, sowie Taschenrechner mit meist farbig beschrifteten doppelt oder dreifach belegten Tasten.

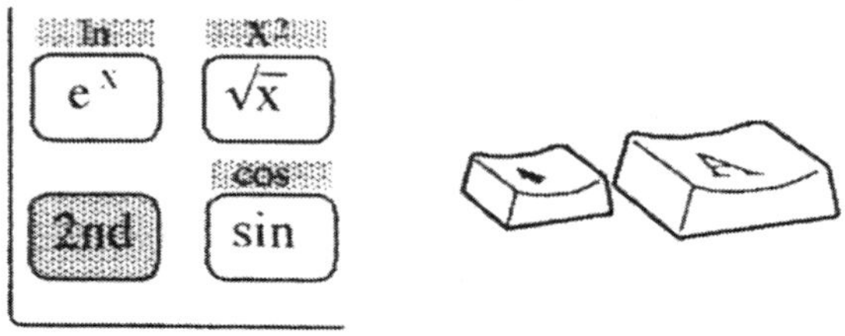

Bild 2.23: Doppelt belegte Tasten und Umschalttaste

Mehr als drei beschriftete Funktionen pro Taste sind nicht empfehlenswert, weil die Tastatur dadurch unübersichtlich würde. Eine Mehrfachfunktion ohne Beschriftung widerspricht dem Prinzip der Selbsterklärungsfähigkeit. Sie kann jedoch zur Beschleunigung oft verwendeter Abläufe vorgesehen sein („Hotkey"). Die selbe Funktion muß dann allerdings auch auf andere Weise, etwa über ein Menü, ansprechbar sein.

2.18 Menütaste (programmgesteuert)

Eine Menütaste ist ein halbvirtuelles Bedienelement. Die Beschriftung und die Funktion der monostabilen Taste existieren nämlich nicht gegenständlich. Sie sind kein Teil der Hardware, sondern gehören zur Software des Gerätes und können programmgesteuert verändert werden.

Ein Menü ist eine Gruppe gleichzeitig auf einer Anzeige dargestellter Funktionen. Eine Menütaste ist eine Taste, die eine in einem Menü dargestellte Funktion ausführt. Menütasten werden bevorzugt neben oder unter einer Anzeige angeordnet, damit der Zusammenhang zwischen dem auf der Anzeige dargestellten Menü und den Tasten deutlich erkennbar ist. Für den Fall, daß kein Menü aktiv ist, können Menütasten auch andere, fest beschriftete Funktionen besitzen.

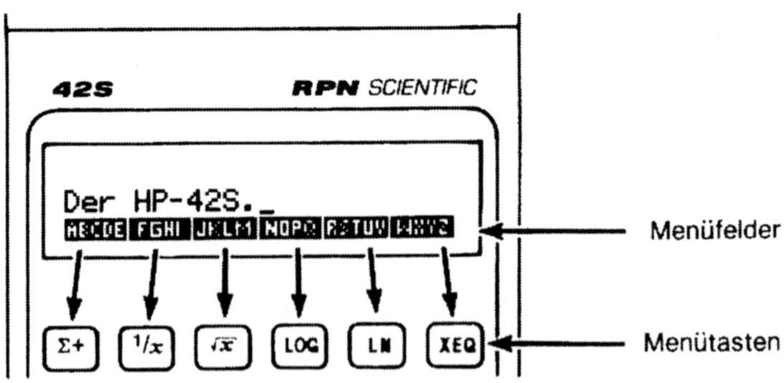

Bild 2.24: Menütasten als oberste Reihe einer Tastatur (Hewlett-Packard)

2.19
Isotonischer Steuerknüppel oder Wegaufnehmer (ein- oder zweidimensional)

Ein isotonischer Steuerknüppel „ist ein Bedienelement in Form eines Hebels, der in der Ausgangslage senkrecht steht und der nach verschiedenen Richtungen ausgelenkt werden kann“ (Geiser 1990). Er liefert eine oder zwei kontinuierliche Variablen und kehrt selbsttätig in die Ausgangslage zurück. Die Werte der Variablen sind proportional zum Winkel zur vertikalen Lage. Die Bezeichnung isotonisch deutet darauf hin, daß die rücktreibende Kraft bei jeder Auslenkung ungefähr gleich groß ist. Der isotonische Steuerknüppel ist ein besonders schnell einstellbares, aber nicht sehr genaues Bedienelement. Seine Vorteile sind der geringe Platzbedarf, die leicht und intuitiv erlernbare Handhabung und gute taktile Rückmeldung über den Zustand der Variablen.

Er ist für Steuerungs- und Nachregelaufgaben geeignet, wie beispielsweise für die Steuerung von Flugzeugen, Modellflugzeugen, computersimulierten Flugzeugen, Kränen und Hebebühnen. Sein Einsatz ist besonders dort sinnvoll, wo die Bewegung des Steuerknüppels in unmittelbarer Analogie zur Bewegung eines Geräteteils oder einer optischen Anzeige steht.

2.20
Isometrischer Steuerknüppel oder Kraftaufnehmer (ein- oder zweidimensional)

Ein isometrischer Steuerknüppel ist ein analoges, selbstzentrierendes Bedienelement, das die darauf angewendeten Kräfte mißt und bis zu drei kontinuierliche Variablen liefert. Seine Eigenschaften entsprechen denen des isotonischen Steuerknüppels. Die Bezeichnung isometrisch deutet darauf hin, daß er nur eine vernachlässigbare Auslenkung besitzt. Die dritte Variable wird bevorzugt aus der Drehung um die Hebelachse gewonnen. Der Kraftaufnehmer wird nicht so häufig verwendet wie der Wegaufnehmer, weil er kein rein mechanisch arbeitendes Gegenstück hat. Maximal kann man mit einem isometrischen Steuerknüppel sechs Variablen steuern, nämlich drei translatorische und drei durch Rotation. Mit einem

Bild 2.25: zweidimensionale isotonische Steuerknüppel, (**links**) Trackpoint in einer alphanumerischen Tastatur, (**rechts**) Steuerknüppel einer Fernsteuerung für Modellflugzeuge

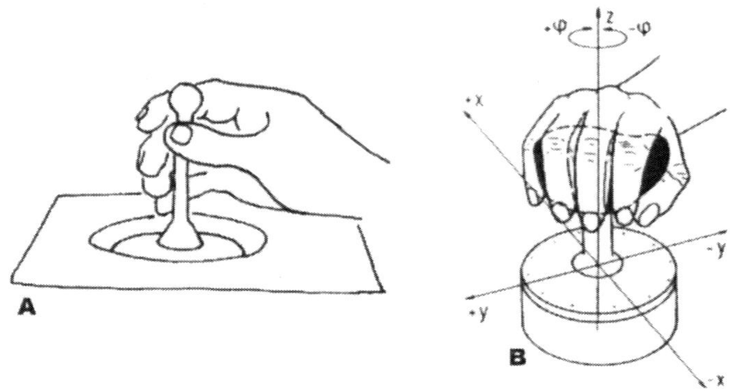

Bild 2.26: Zwei- und dreidimensionaler isometrischer Steuerknüppel (**B:** Schmidtke 1993)

Bild 2.27: Sechsdimensionales Bedienelement zur Steuerung eines Industrieroboters. Für jede der drei Achsen kann die lineare Bewegung sowie die Drehung gesteuert werden. Das Bedienelement ist auf einer Fernsteuereinheit mit Bildschirm und Tasten angebracht (nach: Kuka Roboter).

solchen Bedienelement läßt sich der Arm eines Industrieroboters gut steuern (Analogiebildung).

2.21 Steuerknüppel (diskret)

Bei einem digitalen Steuerknüppel ist jeder Dimension eine dreiwertige Variable zugeordnet, die einen mittleren und zwei ausgelenkte Zustände besitzt. Ohne Betätigung befinden sich die Variablen im mittleren Zustand. Bei einer Betätigung

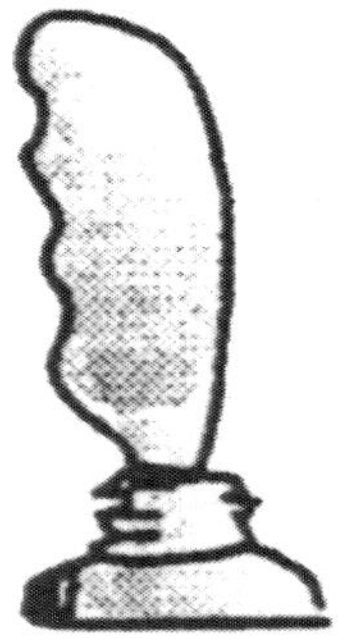

Bild 2.28: Zweidimensionaler Steuerknüppel mit diskreten Variablen

wird ein Schalter geschlossen, der akustische und taktile Rückmeldung („Klick") liefert. Diese Art eines Steuerknüppels kann man als diskretisierten Wegaufnehmer oder als diskretisierten Kraftaufnehmer betrachten.

Seine zwei dreiwertigen Variablen sind extrem viel ungenauer als die kontinuierlichen Variablen anderer Steuerknüppel. Dennoch gibt es Anwendungen, bei denen die Verwendung digitaler Steuerknüppel ein Vorteil ist. Bei Regeltätigkeiten mit mehrfach integrierenden Regelstrecken (z.B. große Massenträgheit bei einem Beschleunigungsvorgang) ist ein stabiles Systemverhalten nur möglich, wenn der Benutzer den zeitlichen Verlauf des Bediensignals in Gedanken ein- oder mehrfach integriert. Das ist durch Mitzählen von Steuerimpulsen wesentlich leichter möglich als durch Multiplikation von Dauer und Wert einer kontinuierlichen Variable (Schmidtke 1993).

Die Bilder 2.29 und 2.30 vergleichen analoge und digitale Bedienelemente im Prinzip und anhand eines Beispiels.

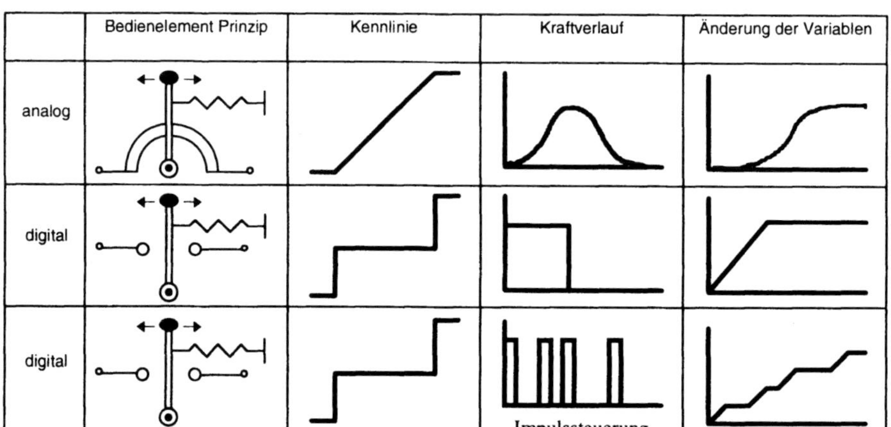

Bild 2.29: Regelstrategie mit analogen und digitalen Bedienelementen (Schmidtke 1993)

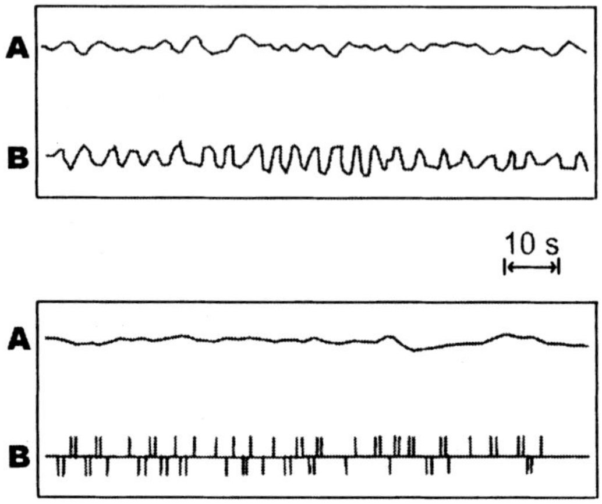

Bild 2.30: Regelfehler- (**A**) und Steuerkraftverlauf (**B**) bei einem Beschleunigungssystem mit einem analogen (**oben**) und einem digitalen (**unten**) Bedienelement (Schmidtke 1993)

2.22 Richtungstasten (ein- oder zweidimensional)

Eine Richtungstaste ist eine mit einem Pfeil gekennzeichnete monostabile Taste. Die Verwendung von einer, zwei oder vier Richtungstasten ist sinnvoll. Die Richtungstasten sollen zueinander so angeordnet sein, daß die nach rückwärts verlängerten Pfeile sich in einem Punkt schneiden. Das aus der Kombination von zwei oder vier Richtungstasten gebildete Bedienelement entspricht in seiner Funktion einem ein- oder zweidimensionalen diskreten Steuerknüppel.

Bild 2.31: Richtungstasten

Richtungstasten besitzen keine so guten ergonomischen Eigenschaften wie der diskrete Steuerknüppel (Eingabegeschwindigkeit, Fehlersicherheit), sind aber für dieselben Aufgaben einsetzbar wie dieser. Aus Kosten- oder Platzgründen werden Richtungstasten oft auch als Ersatz für Rollkugel oder Maus verwendet. Dies ist allerdings nur mit einem erheblichen Verlust an Eingabegeschwindigkeit oder Genauigkeit möglich und erfordert vom Benutzer mehr Zeit und Aufmerksamkeit bei der Bedienung. Nur wenn die Anzahl der Zustände der gesteuerten Variablen oder ihre Änderungsgeschwindigkeit aus anderen Gründen stark beschränkt ist, reicht die Verwendung von Richtungstasten für die Steuerung aus.

Die Verarbeitung der Eingangsvariablen durch das Gerät ist bei Richtungstasten besonders entscheidend (Wiederholfunktion, Rückmeldung). Sie wird genauer im Kapitel über Tastaturen beschrieben.

2.23 Rollkugel

Eine Rollkugel ist ein zweidimensionales, kontinuierliches Bedienelement, das aus einer frei drehbaren Kugel und zwei Sensoren besteht. Die Sensoren messen Bewegungen der Kugel in zwei um 90° gegeneinander verdrehten Richtungen und bilden daraus eine zweidimensionale kontinuierliche Variable. Die Kugel hat einen Durchmesser zwischen 2 cm und 10 cm und ragt etwa zu einem Drittel aus einer Gehäuseoberfläche heraus. Masse und Reibung sollen so gewählt werden, daß die Kugel bei normaler Bewegung nach dem Loslassen sofort stehenbleibt, aber bei schneller Bewegung kurz (bis 1 s) nachrollt.

Die zweidimensionale Variable einer Rollkugel kann sehr genau und in einem begrenzten Bereich auch sehr schnell eingestellt werden. Im Gegensatz zu einem Steuerknüppel ist die Rollkugel nicht selbstzentrierend und kann in jedem eingestellten Zustand verharren. Der zweidimensionale Einstellbereich ist unbegrenzt.

Die Rollkugel braucht relativ wenig Platz und kann in jede beliebig geneigte Gehäuseoberfläche integriert werden.

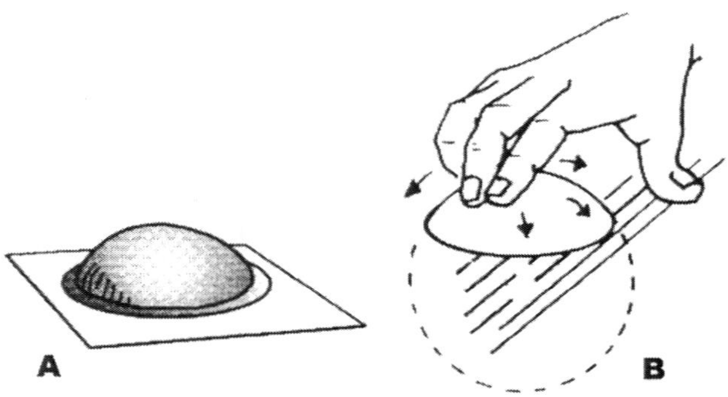

Bild 2.32: Rollkugel (**B**: Woodson 1987)

2.24 Maus

Eine Maus ist ein zweidimensionales, kontinuierliches Bedienelement, das die Bewegung relativ zu einer glatten Oberfläche, z.B. einer Tischplatte, mißt und daraus eine zweidimensionale kontinuierliche Variable bildet. Dazu können mechanische oder optische Sensoren verwendet werden. Die optische Maus ist ge-

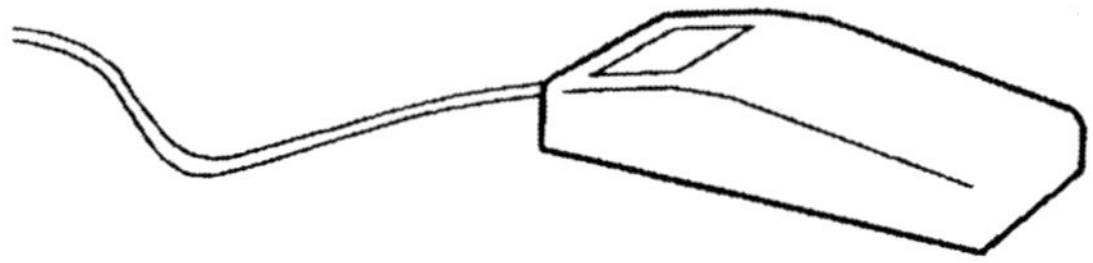

Bild 2.33: Maus

nauer und zuverlässiger als die mechanische, funktioniert aber nur auf einer speziellen Unterlage und in korrekter Ausrichtung.

Die Maus ist ein schnelles und genaues Bedienelement, das in jedem Zustand des unbegrenzten Einstellbereichs verharren kann. Nachteile sind die Notwendigkeit einer Tischoberfläche sowie die Möglichkeit, die Maus vom Gerät zu trennen. Die Maus ist meist mit zumindest einer monostabilen Taste kombiniert und eignet sich daher gut für Zeige- und Auswahlvorgänge auf einem Bildschirm.

Bei Rollkugel und Maus besteht die Möglichkeit, die Variable geschwindigkeitsabhängig zu verarbeiten. Bei schneller Bewegung ändert sich dann die Variable mehr pro zurückgelegter Wegstrecke als bei langsamer Bewegung.

Die Maus benötigt so wie die Rollkugel ein Anzeigeelement zur Darstellung ihrer Variablen. Das ist im Idealfall ein grafikfähiger Bildschirm in Verbindung mit einem Cursor oder Fadenkreuz.

Ein Problem bei der mechanischen Maus sowie bei der Rollkugel stellt die Verschmutzung der Kugel dar. Sie sind deshalb für den Einsatz in Büro- und Laborumgebung besser geeignet als in Produktionsstätten.

2.25 Eingabefläche und Positionsanzeiger

Ein Positionsanzeiger und eine dazugehörige Eingabefläche bilden zusammen ein zweidimensionales Bedienelement. Die Rückmeldung über den Eingabevorgang muß über ein Anzeigeelement erfolgen. Die Eingabefläche ist ein Tablett oder eine Bildschirmoberfläche, die bei Berührung durch den Positionsanzeiger eine zweidimensionale Variable, also ein Koordinatenpaar, erzeugt. Der Positionsanzeiger kann je nach Ausführung ein spezieller Griffel oder ein Finger des Benut-

		Positionsanzeiger:	
		Finger	*Griffel*
Eingabefläche:	*auf dem Anzeigeelement*	Touchscreen	Touchscreen mit Griffel
	getrennt vom Anzeigeelement	Trackpad	Grafiktablett

Bild 2.34: Einteilung der Eingabeflächen nach ihren Merkmalen

zers sein. Es gibt zahlreiche Methoden zur Realisierung solcher Eingabegeräte, die elektrischen Widerstand, Kapazität, Licht oder Schall für die Erfassung der Position verwenden.

Die Eingabefläche ist primär zur Koordinateneingabe, also zum Zeichnen und zum Bedienen virtueller Bedienelemente, mit entsprechenden Programmen auch zur handschriftlichen Eingabe geeignet. Die Bedienbarkeit ist davon abhängig, welcher der vier folgenden Grundformen das Bedienelement entspricht.

2.25.1 Berührempfindlicher Bildschirm (Touchscreen)

Ein Touchscreen ist die vollkommenste Synthese aus Bedien- und Anzeigeelement. Er eignet sich besonders für Geräte mit wechselnden, ungeübten Benutzern und bietet maximale Flexibilität auf begrenztem Raum.

Da das Funktionsprinzip praktisch nicht erkennbar, also nicht selbsterklärungsfähig ist, muß die Bedienung mit dem dazugehörigen Programm deutlich gemacht werden. Wenn der Benutzer einmal das Prinzip verstanden hat, kann er dafür während der Bedienung die hervorragende optische Rückmeldung genießen. Der Touchscreen ist schnell, aber relativ ungenau. Er eignet sich gut für Auswahlvorgänge mit Hilfe virtueller Bedienelemente, Menüs und Symbole.

Wenn der Bildschirm vertikal in Augenhöhe angebracht ist, kann bei längerer Bedienung Ermüdung des Armes auftreten. Auch kann die Hand des Benutzers leicht Teile des Bildschirms verdecken. Bei horizontal angeordneten Bildschirmen

Bild 2.35: Fernbedienung für eine Audio/Video-Anlage von Bang & Olufsen mit berührempfindlichem Bildschirm, der zum Teil mit einem LCD, zum Teil mit Leuchtdioden ausgeführt ist.

im Bereich eines Arbeitsplatzes besteht wiederum die Gefahr der versehentlichen Betätigung. Da berührempfindliche Bildschirme keine beweglichen Teile besitzen, werden sie oft bei Geräten für öffentliche Räume, wie Geldautomaten oder öffentliche Datenbanken, eingesetzt.

Bild 2.36: Bedienteil für industrielle Anwendungen mit Touchscreen. Ein solches Gerät ist zum Beispiel der Siemens Simatic Operator Panel HMI TP 37 mit 10,4 Zoll-TFT-Bildschirm und integriertem lüfterlosem Pentium-Prozessor, der besonders unempfindlich gegen Umwelteinflüsse ist.

2.25.2
Berührempfindlicher Bildschirm (Touchscreen) mit Griffel

Dieses Bedienelement ist wesentlich genauer als ohne Griffel, hat also eine wesentlich höhere Auflösung. Dafür muß sichergestellt sein, daß der Griffel nicht leicht verlorengehen kann. Der Touchscreen mit Griffel eignet sich neben Auswahlvorgängen auch sehr gut zum Zeichnen oder für die Eingabe von Handschrift.

Die ersten Griffel wurden als Lichtgriffel in Verbindung mit einem CRT-Bildschirm ausgeführt, wobei die Erkennung der Position von der Grafikkarte übernommen wurde. Heute wird dieselbe Technologie wie beim berührempfindlichen Bildschirm in Verbindung mit einem billigen Griffel verwendet.

2.25.3
Eingabefläche (Trackpad)

Ein Trackpad ist eine von der Anzeige getrennte Eingabefläche, die wie ein Touchscreen mit dem Finger bedient wird. Sie kann auch vom Gerät selbst getrennt und in Form eines Tabletts ausgeführt sein. Das dazugehörige Programm kann die Variable des Bedienelementes auf verschiedene Arten steuern (Helander 1991):

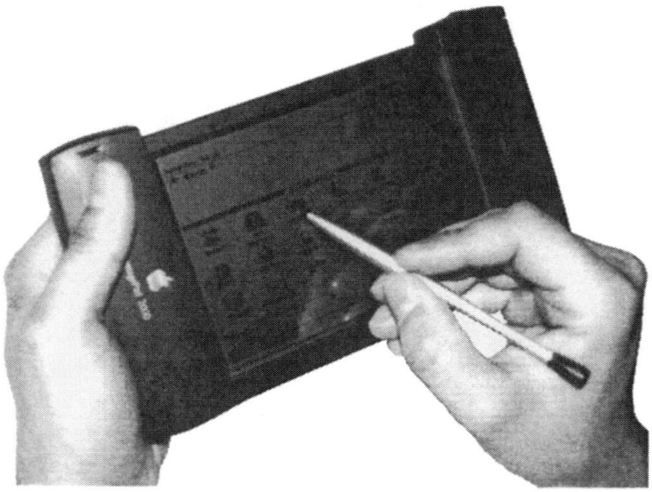

Bild 2.37: Apple Newton (das Apple Logo und Newton sind eingetragene Warenzeichen der Apple Computer, Inc.)

Im *absoluten Modus* des Bedienelementes entsprechen die Koordinaten des Bildschirms denen der Eingabefläche oder einem Ausschnitt davon. Eine Berührung der Fläche mit dem Finger setzt die Variable auf die absoluten Koordinaten des Berührungspunktes. Die Variable setzt dann meistens den Cursor auf der Anzeige auf die entsprechende Position. Der absolute Modus bildet also die Funktion eines Touchscreens nach.

Im *relativen Modus* hingegen ändert eine anfängliche Berührung der Eingabefläche die Variable nicht. Erst eine Bewegung des Fingers über die Fläche bewegt die Variable in die entsprechende Richtung. Der relative Modus bildet also die Funktion einer Maus oder einer Rollkugel nach.

Steuerknüppel-Modus: Schließlich kann die Eingabefläche auch die Funktion eines isotonischen Steuerknüppels nachbilden. Eine Berührung der Fläche entspricht einer Auslenkung des Steuerknüppels an die jeweilige Position. Die Mitte der quadratischen oder runden Eingabefläche entspricht der Ruhestellung des Steuerknüppels. Ohne Berührung geht die Variable der Eingabefläche in diese Ruhestellung zurück, wodurch die Variable des imitierten Steuerknüppels gleichbleibt.

Die letzten beiden Modi eignen sich gut für kleine Eingabeflächen, während der absolute Modus eine größere Fläche voraussetzt. Für Auswahlvorgänge muß das Bedienelement mit einer bistabilen Taste kombiniert sein. Diese Taste wird vorzugsweise unterhalb bzw. auf der dem Benutzer zugewandten Seite der Eingabefläche angebracht. So kann die Fläche mit dem Zeigefinger und die Taste mit dem Daumen derselben Hand oder mit dem Zeigefinger der anderen Hand bedient werden.

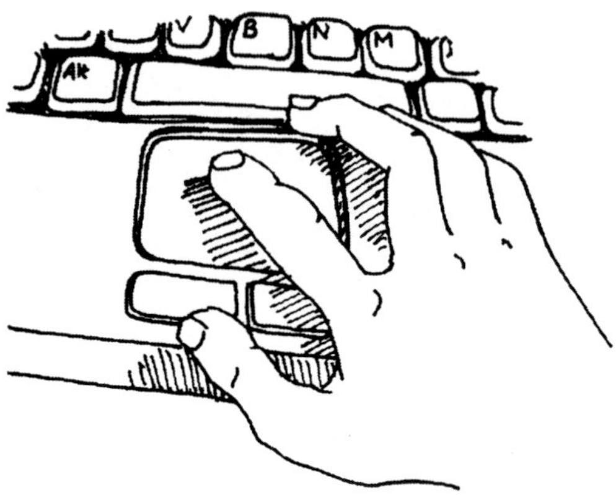

Bild 2.38: Berührempfindliche Eingabefläche (Trackpad)

Bei druckempfindlichen Eingabeflächen kann der Druck eine dritte Dimension der Variablen steuern. Die Unterscheidung zwischen den drei diskretisierten Werten „keine Berührung / Druck / starker Druck“ kann die gesonderte bistabile Taste bei Auswahlvorgängen ersetzen.

Die Eingabefläche kann auch bedruckt sein, etwa mit einem Koordinatennetz, Tasten oder Symbolen. Bedruckte Eingabeflächen schränken jedoch die Flexibilität des Bedienelementes ein und sind eine gewisse Konkurrenz zu ihrem eigenen Bildschirm. Klarer und weniger fehleranfällig sind nicht bedruckte Eingabeflächen, mit denen man einen Cursor auf dem Bildschirm und damit wiederum virtuelle Bedienelemente ansteuert.

Die visuelle Rückmeldung über den aktuellen Zustand der Variablen (also zum Beispiel über den Ort des Cursors) ist bei der Eingabefläche wesentlich wichtiger als beim berührempfindlichen Bildschirm. Bei Verwendung einer Eingabefläche ist es daher sinnvoll, den Cursor während der Betätigung auffälliger zu gestalten. Bei einem Touchscreen hingegen ist der Cursor gerade während der Betätigung unwichtig, da er hinter dem Positionsanzeiger (Hand oder Griffel) verschwindet, und man soll vielmehr die ausgewählten Symbole und Menüoptionen hervorheben.

Eine kleine Eingabefläche ist wegen der relativen Größe des Fingers relativ ungenau. Zudem kann es beim Abheben des Fingers von der Fläche zu einer kleinen Verschiebung der Variablen kommen, die das Programm wenn notwendig korrigieren muß.

2.25.4 Eingabefläche mit Positionsanzeiger (Grafiktablett)

Ein Grafiktablett ist eine Eingabefläche mit relativ großen Abmessungen, auf der die Variable mit Hilfe eines Positionsanzeigegerätes eingegeben wird. Der Ort des Positionsanzeigers wird vom Grafiktablett meist durch induktive Kopplung ge-

Bild 2.39: Positionsanzeiger eines Grafiktabletts

messen. Der Positionsanzeiger sieht ähnlich wie eine Maus aus und besitzt mindestens eine Taste. Die Eingabe der Koordinaten erfolgt absolut, also durch Positionsmessung und nicht durch Verschiebung auf der Fläche.

Das Grafiktablett besitzt die größte Genauigkeit aller Eingabeflächen. Es wird deshalb vor allem zum Zeichnen (CAD) verwendet. Ein Teil der Eingabefläche kann dabei der Koordinateneingabe dienen, ein anderer Teil mit virtuellen Tasten belegt sein. Weiters können auf dem Positionsanzeiger auch zusätzliche Tasten, zum Beispiel eine numerische Tastatur, angebracht sein.

Zur Bedienung eines Grafiktabletts ist aber auch eine längere Einarbeitungszeit notwendig als für die anderen Eingabeflächen oder für eine Rollkugel oder Maus.

2.26 Virtuelle Bedienelemente

Virtuelle Bedienelemente werden vom Rechner erzeugt und auf einem Bildschirm dargestellt. Ihre Funktion entspricht der eines beliebigen realen Bedienelementes.

2.26.1 Übergang von realen zu virtuellen Bedienelementen

Bild 2.40 zeigt in jeder Zeile drei Bedienelemente, die dieselbe Funktion haben und daher demselben Zustandsdiagramm zugeordnet werden können. Beim jeweils linken Bedienelement ist jeder Zustand der Variablen durch eine bestimmte Lage der mechanischen Teile definiert und erkennbar. Bei der jeweils mittleren Version wird die Variable elektronisch gespeichert und durch eine zum Bedienelement gehörende Anzeige (also Leuchtdioden oder Flüssigkristallanzeige) dargestellt.

Rechts ist die virtuelle Ausführung des jeweiligen Bedienelementes zu sehen. Hier wird die Variable ebenfalls elektronisch gespeichert. Das gesamte Bedienelement existiert nicht physisch, sondern wird auf einem Bildschirm dargestellt. Es wird mit Hilfe eines Cursors, der den virtuellen Zeigefinger des Benutzers darstellt, betätigt. Dazu braucht man außer dem Bildschirm und dem Rechner

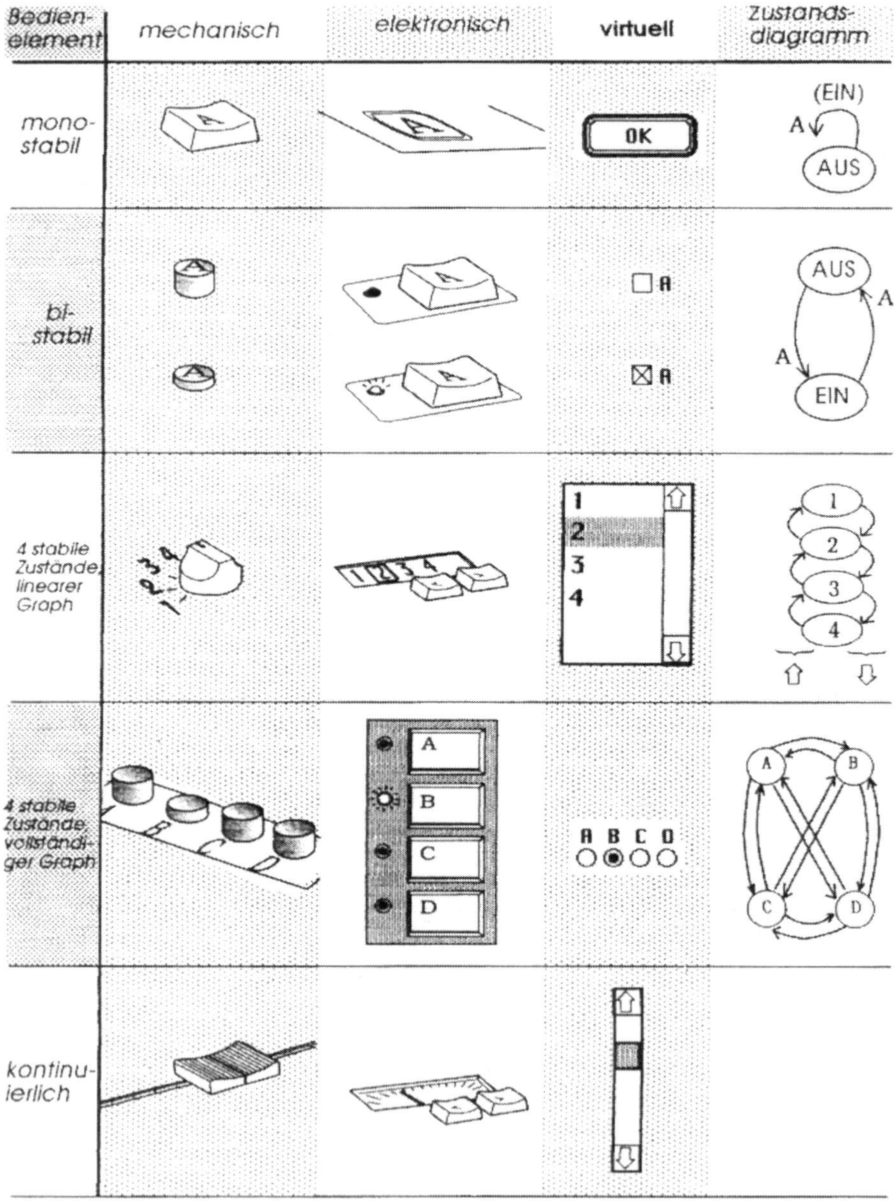

Bild 2.40: Übergang von realen zu virtuellen Bedienelementen anhand von fünf Beispielen

auch zwei reale Bedienelemente (zum Beispiel eine Rollkugel und eine monostabile Taste): eines für die Auswahl des virtuellen Bedienelementes auf der Anzeige, das andere für die Betätigung selbst.

Vorteile virtueller Bedienelemente. Bild 2.41 zeigt eine Übersicht der wichtigsten virtuellen Bedienelemente. Gegenüber realen Bedienelementen haben virtuelle zwei besondere Vorteile. Sie sind nur bei Bedarf sichtbar und tragen dadurch zu einer übersichtlichen Gestaltung der Mensch-Maschine-Schnittstelle bei. Besonders Geräte mit einem sehr hohen Funktionsumfang lassen sich damit leicht bedienen, ohne daß sich der Benutzer viel auswendig merken muß.

Flexibilität virtueller Bedienelemente. Der zweite Vorteil besteht darin, daß virtuelle Bedienelemente mehrere Arten der Bedienung als Alternativen anbieten können. So läßt sich ein Rollbalken beispielsweise direkt an der Markierung, durch die Pfeiltasten mit konstanter Geschwindigkeit oder schrittweise durch Anklicken der Balkenfläche verschieben. Auch die Kombination von analogen und digitalen virtuellen Bedienelementen erlaubt dem Benutzer verschiedene Arten der Bedienung, also etwa gleichzeitig Eingabe über den analogen und Rückmeldung über den digitalen Teil.

Durch die Flexibilität virtueller Bedienelemente kann man das Problem der unterschiedlichen Qualifikation verschiedener Benutzer zufriedenstellend lösen. Im Idealfall gibt es für jeden möglichen Benutzer eine geeignete Art der Bedienung. Ähnlich ist es mit der Selbsterklärungsfähigkeit. Eine gute virtuelle Schnittstelle kann ohne Bedienungsanleitung durch Probieren erlernt werden.

Ein Beispiel für ein Gerät, das nur durch virtuelle Bedienelemente und Schrifterkennung mit Hilfe einer Eingabefläche bedient wird, ist der Apple „Newton".

Standards für virtuelle Bedienelemente. Die virtuellen Bedienelemente in Bild 2.40 sind den Apple Human Interface Guidelines (1989) entnommen. Es ist zu beachten, daß Apple hinsichtlich ihrer Funktion genaue Vorgaben gemacht hat. So soll etwa die runde Form der virtuellen Tastenreihe an die Reihe alternierender Stationstasten bei einem Rundfunkempfänger erinnern. Die eckige Form der virtuellen bistabilen Tasten gleicht den Kästchen zum Ankreuzen bei einem Formular. Die so gebildeten Standards sind dem Großteil der Benutzer bereits bekannt und sollen daher eingehalten werden, damit eine intuitive Bedienung der Schnittstelle möglich ist.

Richtlinien:

- *Gerade weil virtuelle Bedienelemente neu sind und sehr viel Freiheit bei der Gestaltung erlauben, ist bei ihnen die Einhaltung von Standards und Konventionen wichtig, um den Benutzern das Gefühl der Vertrautheit zu geben.*
- *Erlauben Sie bei virtuellen Bedienelementen möglichst mehrere Arten der Bedienung als Alternativen. (Beispiele: Bedienung eines Menüs mit Cursor und Maus / mit Tastaturkürzel / mit Richtungstasten; digitale / analoge Steuerung einer virtuellen Stellscheibe.)*

– *Verwenden Sie auf einem grafikfähigen Bildschirm möglichst Symbole und direkte Manipulation anstelle von Namen und Befehlen.*

Virtuelle monostabile Taste. Die innere Fläche wird während der Betätigung invertiert. Bei mehreren Tasten ist die am häufigsten verwendete doppelt eingerahmt und kann auch von der Return-Taste betätigt werden.

Virtueller Druckknopf in seinen zwei stabilen Zuständen. Er kann durch Anklicken des Namens oder des Quadrats betätigt werden.

Virtuelle Tastenreihe mit fünf Tasten und alternierender Funktion. Es kann immer nur eine Taste gedrückt sein.

Menü mit alternierenden Wahlmöglichkeiten.

Es klappt herunter, wenn ein Begriff auf der Titelleiste ausgewählt wird. Es ist auch für die Betätigung mittels Richtungstasten gut geeignet. Der Rollbalken (rechts) ist fakultativ und verschiebt den sichtbaren Teil der Wahlmöglichkeiten.

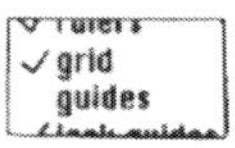

Menü mit Mehrfachauswahl. Es handelt sich um eine Kombination aus mehreren bistabilen virtuellen Druckknöpfen.

Virtueller kontinuierlicher Schieber. Er kann direkt verschoben werden.

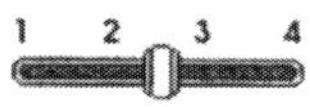

Durch Anklicken der Schiebefläche auf einer der beiden Seiten kann er schrittweise versetzt werden.

Rollbalken. Zusätzlich zur Funktion des virtuellen Schiebers sind hier noch zwei Richtungstasten integriert, die eine Verschiebung mit konstanter Geschwindigkeit erlauben. Beide Bedienelemente können auch vertikal stehen.

Virtueller Schiebeschalter mit zwei stabilen Zuständen. Durch Anklicken des mittleren Feldes wird die Variable umgeschaltet. Anklicken der beiden Namen schaltet den jeweiligen Wert ein.

Virtuelle Eingabefläche. Jeder Punkt des Bedienelements entspricht einem möglichen Wert der Variable. Wird oft zur Auswahl von Farben verwendet.

Virtuelle Stellscheibe, hier kombiniert mit einem digitalen Eingabefeld. Beide Bedienelemente ändern sich synchron. Digitale und analoge Eingabe werden hier als Alternativen angeboten.

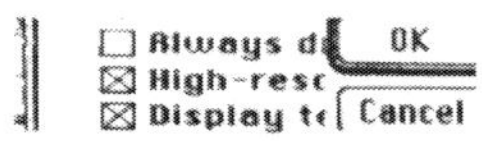

Dialogbox. Dieses kombinierte Bedienelement besteht aus mehreren virtuellen Tasten und Druckknöpfen, die in einem logischen Zusammenhang stehen. Es trägt ähnlich wie ein Menü einen Namen und kann aufgerufen oder vom Rechner selbst aktiviert werden.

Eine Palette ist ein Menü, bei dem Symbole anstelle von Begriffen als Menüoptionen verwendet werden. Sie ist schneller überblickbar als ein vergleichbares Menü.

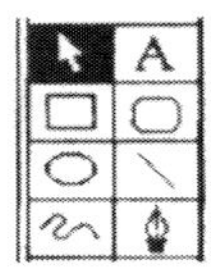

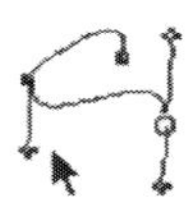

Virtuelle Griffe und Hebel dienen der direkten Manipulation mit dem Cursor.

Symbole sind Anzeigeelemente, die zusätzlich die Funktion von Bedienelementen besitzen können. Im einfachsten Fall haben sie die Funktion einer virtuellen Taste. Sie können auch zur direkten Manipulation, also zum Verschieben geeignet sein.

Bild 2.41: Virtuelle Bedienelemente aus dem Betriebssystem des Apple Macintosh und dem Programm Aldus Freehand
(Copyright Apple Computer, Inc. sowie Aldus. Alle Rechte vorbehalten)

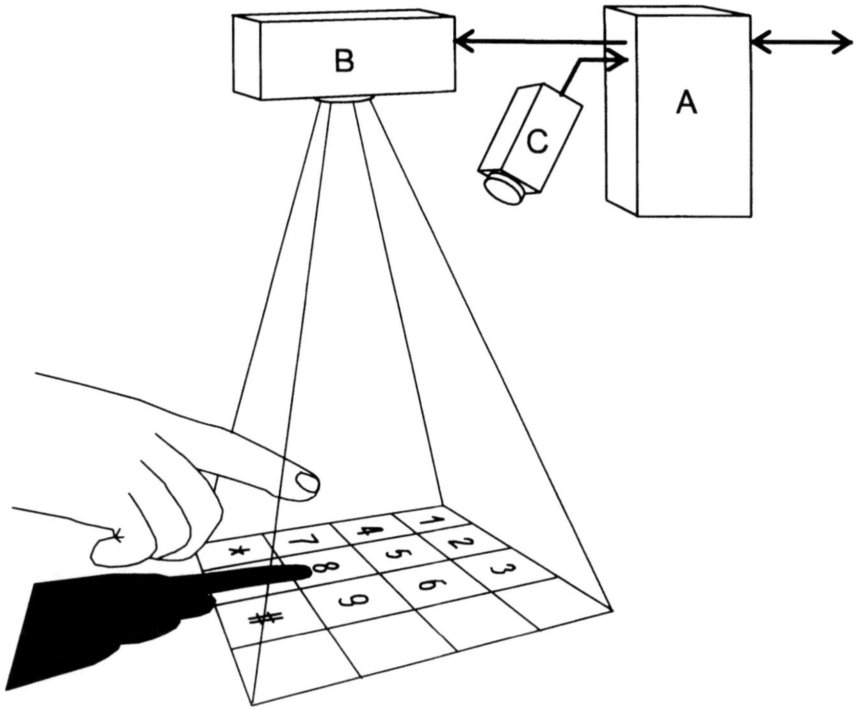

Bild 2.42: „Virtueller Touchscreen" oder Projektor-Touchscreen. (**A**) Computer, (**B**) Projektor, (**C**) Kamera. Die Bedienelemente werden auf eine beliebige Oberfläche projiziert. Über die Kamera erkennt der Computer die Hand bzw. den Schatten der Hand. Dieses Bedienelement ist besonders vandalensicher. (nach: Siemens)

2.26.2 Menüs

Da Menüs eine sehr praktische und verbreitete Art virtueller Bedienelemente sind, betrachten wir sie nochmals im Detail. Man unterscheidet permanente und flüchtige Menüs. Diese können als Klappmenüs oder als Einblendmenüs ausgeführt sein (Geiser 1990). Nach dem Inhalt unterscheidet man Menüs mit Einfach- und Mehrfachauswahl sowie Dialogboxen und Paletten. Menüs enthalten eine Reihe von Optionen zur Auswahl, die als Begriff oder als Symbol dargestellt sein können.

Ein permanentes Menü bleibt unter Umständen bis zum Ausschalten des Gerätes sichtbar. Es kann allerdings ein Schließfeld (gemäß Konvention links oben gelegen) besitzen. Beispiele für permanente Menüs sind Paletten. Das sind Menüs, die eine Anzahl von Symbolen zur Auswahl anbieten. Sie werden oft in Grafikprogrammen verwendet und enthalten virtuelle Werkzeuge (Bild 2.41). Jedes Werkzeug ist ein Bedienelement, und die Palette ist wiederum ein Bedienelement mit alternierenden Wahlmöglichkeiten. Auch die Titelzeile eines Fensters, das den gesamten Bildschirm einnimmt, ist ein permanentes Menü. Sie enthält die Wurzel des Menübaumes, also den Ausgangspunkt für die Auswahl aller möglichen Optionen.

Ein flüchtiges Menü bleibt nur für die Dauer eines Bedienungsvorganges sichtbar. Es kann sich dabei um ein Klappmenü handeln, das bei Auswahl einer Option der Titelzeile direkt unterhalb von dieser „herunterklappt". Wenn es sich um ein Menü mit Einfachauswahl handelt, ist jeweils genau eine Option davon aktiv und wird invertiert dargestellt (Bild 2.41). Bei Menüs mit Mehrfachauswahl ist jede Option ein selbständiger binärer Schalter, dessen aktiver Zustand („ein") durch einen vorangestellten Haken erkennbar ist.

Eine Dialogbox ist ein Menü, das verschiedene virtuelle Bedienelemente enthält. Sie wird üblicherweise als Einblendmenü ausgeführt, befindet sich also genau in der Mitte des Bildschirms und besitzt einen Schatten oder einen gut sichtbaren Rahmen, um sich vom Hintergrund abzuheben. Eine Dialogbox bleibt solange sichtbar, bis der Benutzer sie explizit schließt. Dies geschieht durch Betätigung einer virtuellen Taste, nämlich der „OK"-Taste oder der „Abbrechen"-Taste (beide am rechten oder unteren Rand gelegen). Die „OK"-Taste kann auch mit dem Namen einer anschließend auszuführenden Aktion gekennzeichnet sein, etwa „Messen" oder „Drucken".

Die weiteren Elemente einer Dialogbox sind oft virtuelle binäre Schalter, deren Zustand durch ein leeres oder angekreuztes quadratisches Feld angezeigt wird. Daher wird die Dialogbox auch als Formularmenü bezeichnet. Sie kann aber auch alle anderen Bedienelemente enthalten, die in Bild 2.41 zu sehen sind. Schließlich kann sie auch eine Mitteilung der Maschine an den Benutzer, also ein Anzeigeelement, kombiniert mit zumindest einer „OK"-Taste oder mehreren Bedienelementen, enthalten.

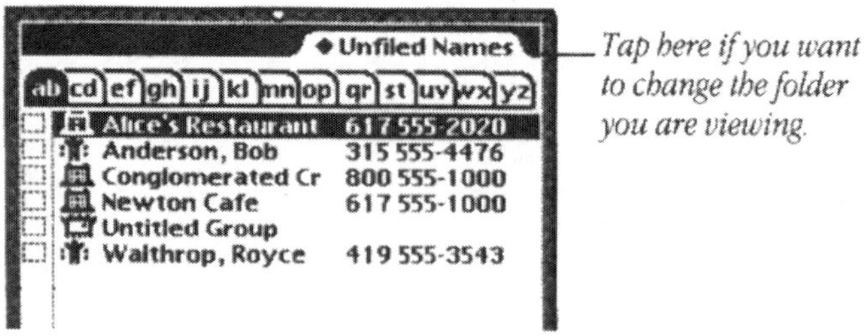

Bild 2.43: Gestaltung der Menüs beim Apple Newton in Form eines virtuellen Karteikastens. Zwei Ebenen sind gleichzeitig sichtbar.
(Copyright Apple Computer, Inc. Alle Rechte vorbehalten)

Menübäume. Große Mengen von Bedienelementen bzw. Menüoptionen lassen sich mit Hilfe von Menübäumen gut strukturieren. Ein Menübaum entsteht, wenn die Optionen von Menüs ihrerseits Menüs sind. Die entstehende organisatorische Struktur kann wie ein auf dem Kopf stehender Baum dargestellt werden (Bild 2.44). Der oberste Punkt wird Wurzel genannt und stellt das Hauptmenü dar, das meist in der Titelzeile des Hauptfensters steht. Die darunterliegende zweite Ebene enthält die Klappmenüs, die jeweils durch eine Option aus dem Hauptmenü aufgerufen werden. Die Optionen dieser Klappmenüs können wiederum Menüs sein, die nach rechts und nach unten herausklappen oder eingeblendet werden.

Es ist besonders wichtig, daß ein Menübaum übersichtlich strukturiert ist. Das geschieht durch geeignete Wahl der Menütiefe und der Menübreite und durch Gruppierung der Optionen. Die Menütiefe soll zwischen 2 und 4 liegen. Häufig gebrauchte Optionen sollen in Ebene 2, seltene in Ebene 3 liegen. Nur bei ganz großen Bäumen soll eine vierte Ebene für extrem seltene Optionen, die normalerweise nicht benötigt werden, eingerichtet werden. Die Menübreite, also die Anzahl der Optionen in einem Menü, soll zwischen 4 und 20 liegen, wobei 8 bis 10 optimal ist. (Wandmacher 1993)

Die Gestaltung eines Menübaums kann wahrscheinlichkeitstheoretisch optimiert werden, so daß die Zeit zum Aufsuchen der Optionen gewichtet nach ihren Betätigungshäufigkeiten minimal wird. Ein solcher Menübaum sollte jedoch niemals ohne Korrekturen verwendet werden. Inhaltliche Kriterien bei der Gruppierung und Zusammenfassung der Optionen zu Menüs sind hier vorrangig. Das

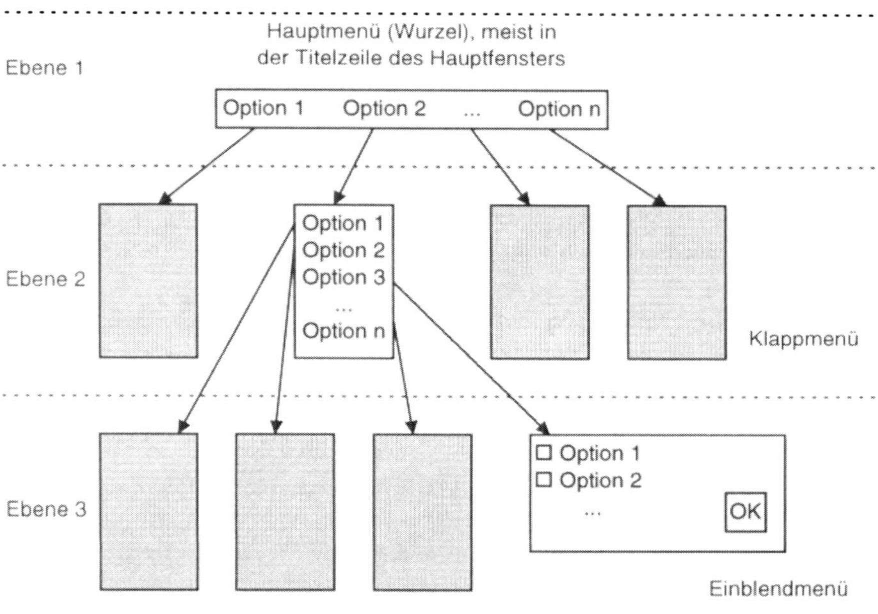

Bild 2.44: Prinzip eines Menübaumes

wichtigste Ziel eines Menübaums ist es nämlich, daß der Benutzer die Optionen dort findet, wo er sie erwartet. Jedes Menü soll also eine Zusammenfassung inhaltlich zusammengehöriger Optionen darstellen und einen aussagekräftigen Überbegriff als Namen besitzen.

Innerhalb eines Menüs sollen die Optionen nach sachlichen Kriterien gruppiert werden. Eine Gruppe kann zwischen 2 und 5 Optionen enthalten und wird durch einen waagrechten Strich (beim Klappmenü) oder durch geeignete Anordnung (beim Einblendmenü) von anderen Optionen abgegrenzt (siehe auch Kapitel 4: Gruppierung von Information). Häufig verwendete Gruppen von Optionen sollen weiter oben angeordnet werden. Ebenso soll die häufigste Option innerhalb einer Gruppe oben stehen. Alphabetische Anordnung der Optionen ist nicht so sinnvoll wie gute Gruppierung.

Die Namen der Optionen sollen kurz, aber möglichst aussagekräftig sein. Die Auswahl von Optionen kann je nach Gestaltung der Schnittstelle durch Anklicken mit dem Cursor, der von einer Rollkugel oder Maus gesteuert wird, durch Antippen mit einem Stift oder Finger, durch Eingabe des Anfangsbuchstabens der Option in eine Tastatur oder durch Verschieben eines invertierten Balkens mit Cursortasten geschehen. Alternativ dazu soll es für routinierte Benutzer bzw. für häufiger benötigte Optionen die Möglichkeit geben, diese auch durch ein Tastaturkürzel aufzurufen. Wenn es keine Tastatur gibt, kann auch eine eigene Wiederholmöglichkeit der jeweils letzten Aktion(en) sinnvoll sein, oder ein zusätzliches permanentes Menü, das der Benutzer selbst mit Kopien von Optionen nach Wunsch anfüllen kann.

Die Vorteile von Menübäumen liegen besonders in der geringen Gedächtnisbelastung für den Benutzer und der geringen Fehlerhäufigkeit bei einer gleichzeitig sehr übersichtlichen Gestaltung der Mensch-Maschine-Schnittstelle. Ein weiteres sinnvolles Gestaltungsmerkmal von Menüs ist die betriebsphasenabhängige Filterung. Dabei sind nur die jeweils sinnvollen Optionen aktivierbar (Schmidtke 1993). Alle anderen werden zwar am gewohnten Platz dargestellt, aber in anderer Farbe, schwächerer Intensität oder kursiver Schrift. Dadurch werden Fehlermeldungen beim Betätigen einer im Moment sinnlosen Option unnötig. Zudem bekommt der Benutzer schneller eine Vorstellung von den Möglichkeiten des Gerätes.

Gut gestaltete Menübäume sind auch in hohem Maß selbsterklärungsfähig. Sie bilden gleichsam ihre eigene Lernumgebung. Der Benutzer kann sie ziellos durchstreifen und erkunden. Um dieses explorative Verhalten zu fördern, sollen alle Optionen problemlos wieder rückgängig gemacht werden können. Die Optionen „letzte Aktion rückgängig“ und „Standardeinstellungen wiederherstellen“ sollen in Ebene 2 des Baums vorhanden sein. Wenn somit nicht die Gefahr besteht, Schaden anzurichten, macht sich der Benutzer gerne selbst mit der Menge der verfügbaren Optionen vertraut. Diese Art des Lernens ist viel effektiver und schöner als das Lesen von Betriebsanleitungen.

Zusätzlich sollte zumindest eine der folgenden Arten von Hilfe angeboten werden:

1. Eine Fußzeile am unteren Ende des Bildschirms, in der eine Kurzinformation über die Option angeboten wird, auf der sich der Cursor gerade befindet.
2. Ein ausführlicherer Hilfetext zur jeweiligen Option, der durch eine Hilfetaste aktiviert wird.
3. Eine digitalisierte Betriebsanleitung im Gerät, die in Form einer Datenbank mit Inhaltsverzeichnis, also selbst als Baumstruktur aufgebaut ist.
4. Eine selbstlernende Hilfefunktion, die das Verhalten des Benutzers anhand von Reaktionszeiten und Fehlerhäufigkeit mißt und gegebenenfalls selbsttätig verschiedene Arten von situationsbezogener Hilfe anbietet.

Richtlinien (Menüs):

- *Verwenden Sie Menüs, sobald die MMS wegen der Vielzahl von Funktionen unübersichtlich zu werden droht.*
- *Die Menütiefe soll zwischen 2 und 4 liegen. Häufig gebrauchte Optionen sollen in Ebene 2, seltene in Ebene 3 und nur extrem seltene in Ebene 4 stehen.*
- *Die Menübreite soll zwischen 4 und 20 liegen.*
- *Jedes Menü soll eine Zusammenfassung inhaltlich zusammengehöriger Optionen darstellen und einen aussagekräftigen Überbegriff als Namen besitzen.*
- *Bei mehr als vier Optionen in einem Menü sollen diese sinnvoll gruppiert werden. Häufig verwendete Gruppen sollen oben stehen. Häufige Optionen sollen in ihrer Gruppe oben stehen. (Keine alphabetische Anordnung.)*
- *Die Auswahl von Optionen soll je nach MMS durch Anklicken mit dem Cursor, Antippen mit dem Finger oder Anwählen mit Cursortasten erfolgen. Alternativ dazu soll es für häufige Optionen ein Tastaturkürzel, eine Wiederholmöglichkeit oder ein frei konfigurierbares permanentes Menü geben.*

Richtlinien (Lernen, Fehler und Hilfe bei Menüs):

- *Kennzeichnen Sie die momentan sinnvollen Optionen und lassen Sie nur diese aktiv sein (betriebsphasenabhängige Filterung).*
- *Um das Ausprobieren durch den Benutzer zu ermöglichen und als sinnvolle Fehlerbehandlung müssen alle Aktionen problemlos rückgängig gemacht werden können.*
- *Implementieren Sie eine der vier Arten von Hilfe: Fußzeile mit Kurzinformation, Hilfe-Text mit Taste, Hilfe-Datenbank, selbsttätige und selbstlernende Hilfe-Funktion.*

2.27
Bewegungssensor (zur Gestik- und Mimikeingabe)

Ein Bewegungssensor dient zur Erfassung von Position oder Bewegungen von Händen, Kopf, Augen, Augenbrauen oder Lippen. Die gewonnene Variable kann diskret oder kontinuierlich und ein- bis dreidimensional sein. Bewegungssensoren können zur willkürlichen oder unwillkürlichen Betätigung von Geräten verwendet werden. Sie ersparen dem Benutzer Handgriffe und das Abwenden des Blickes von der betrachteten Anzeige.

Die verwendete Technologie kann mechanisch wie beim Datenhandschuh, optisch, akustisch oder elektromagnetisch sein. Entweder wird Licht oder Schall direkt vom menschlichen Körper reflektiert, oder der Sensor erfaßt die Position eines reflektierenden oder Strahlung aussendenden Zusatzgerätes, das der Benutzer am Körper trägt oder in der Hand hält (Helander 1991, Geiser 1990).

Bewegungssensoren sind meist ungenau und fehleranfällig, aber schnell. Sie werden bevorzugt für die Ansteuerung wenig kritischer diskreter Gerätefunktionen verwendet, wie das Einschalten einer Lampe oder einer Anzeige, das Ausschalten eines Weckers, das Öffnen einer Tür. Zur Ansteuerung kontinuierlicher Variablen werden sie oft bei Geräten für Piloten und Körperbehinderte eingesetzt.

Bewegungssensoren werden derzeit beispielsweise zur Bedienung von Weckern (Braun), Lampen (Steinel) und Türen sowie zur Aktivierung von Kamerafunktionen und zur Messung der Fokussierung des Auges (Minolta) verwendet.

2.28
Spracheingabe

Spracheingabe in ein elektronisches Gerät kann zu drei Zwecken dienen, nämlich zur Sprachübertragung (Telefon), Sprachspeicherung (Anrufbeantworter) oder Sprachverarbeitung (Geiser 1990). Nur bei der Verarbeitung ist der Bedeutungsgehalt für die Maschine relevant. Man teilt sie wiederum ein in Spracherkennung und Sprechererkennung.

Bei der Spracherkennung kann das Gesprochene als Befehl an die Maschine oder zur Text- oder Dateneingabe dienen. Die Qualität eines Spracherkennungsgerätes hängt von der Größe des Wortschatzes, von der Erkennungsrate und vom Grad der Sprecherabhängigkeit ab. Es ist derzeit noch nicht möglich, bei allen drei Qualitätsmerkmalen gleichzeitig gute Ergebnisse zu erzielen. Für Geräte mit großem Wortschatz ist eine individuelle Lernphase notwendig, in der das Gerät die Eigenschaften der Stimme des Benutzers speichert. Sprachliche Auswahl aus Menüs ist bereits bei der Steuerung von Geräten über Telefon verbreitet.

Für den Benutzer bedeutet Spracheingabe eine ihm maximal angepaßte Art der Mensch-Maschine-Kommunikation, die mit geringem Lernaufwand verbunden ist und Hände und Augen für andere Aufgaben, wie etwa Autofahren, freihält.

Spracheingabe wird derzeit bereits in der Textverarbeitung (IBM, Philips) sowie zur Auswahl aus dem elektronischen Telefonbuch bei Mobiltelefonen (Philips) verwendet.

2.29 EEG (gedankliche Eingabe)

Das Elektroencephalogramm (EEG), das die Gehirnaktivität mißt, kann als Eingabegerät verwendet werden. Dazu werden am Kopf mehrere Elektroden befestigt. Die Signale der einzelnen Meßpunkte bilden zusammen ein Muster. Der angeschlossene Rechner vergleicht die Meßwerte laufend mit den ihm bekannten Mustern. Bild 2.45 zeigt einige der charakteristischen Muster, die vor und während bestimmter Ereignisse auftreten. Ein Ereignis kann eine Bewegung, eine geplante Bewegung, ein Gedanke oder ein Sinneseindruck sein.

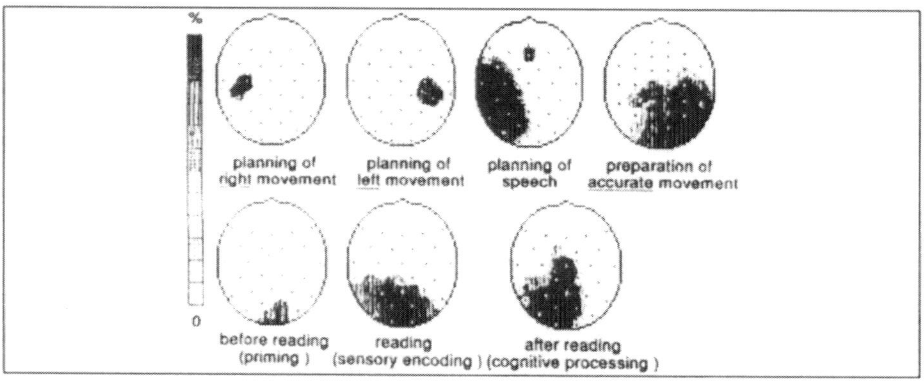

Bild 2.45: Aktivierungsmuster bei verschiedenen bewußten Hirnleistungen (Pfurtscheller et al. 1993)

Die Schwingungen des EEG-Signals bestehen aus drei Frequenzanteilen, die in Bild 2.46 dargestellt sind. Die meßbaren Phänomene bestehen in Amplitudenschwankungen der Frequenzanteile, wie sie zum Beispiel Bild 2.47 zeigt.

Da die Auswertung der Signale in Echtzeit erfolgen muß, ist der technische Aufwand für eine Gehirn-Computer-Schnittstelle relativ groß. Derzeit ist sie erst als eindimensionales Bedienelement realisierbar, also zur Steuerung einer einzigen Variablen.

Die Schnittstelle erkennt die Gehirnaktivität, die den Vorstellungen der Begriffe „nach rechts“ und „nach links“ entspricht, und steuert damit einen Cursor auf einer Anzeige. Für das Training des Auswertegerätes, das aus einem künstlichen neuronalen Netzwerk bestehen kann, sind derzeit noch einige Tage notwendig.

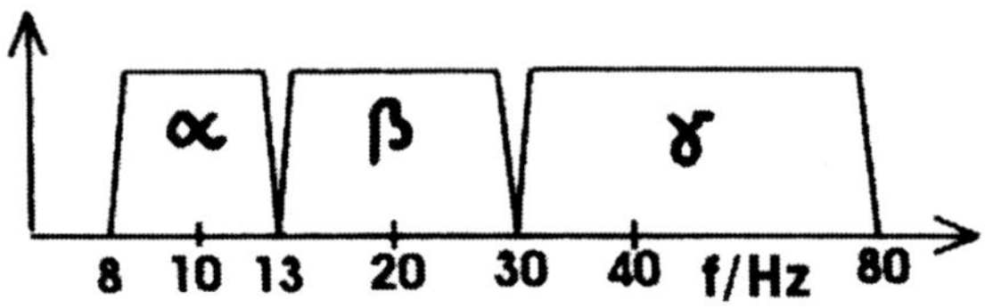

Bild 2.46: Frequenzbänder des EEG

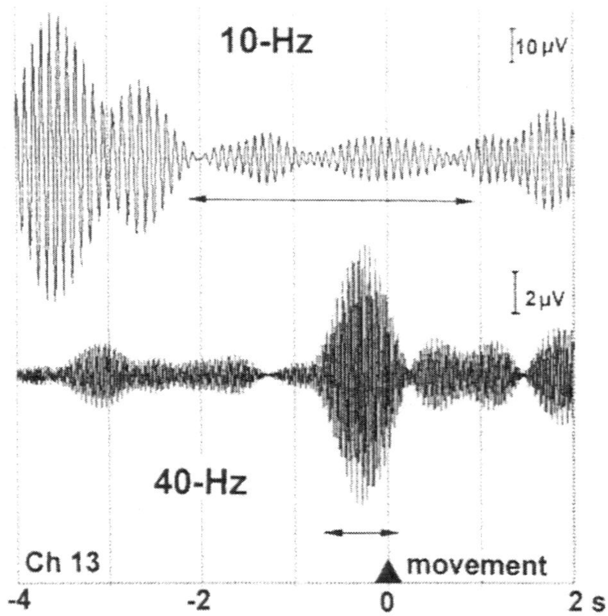

Bild 2.47: Beispiel für bei einer Bewegung auftretende EEG-Amplitudenschwankungen in zwei Frequenzbändern (Pfurtscheller et al. 1993)

Auch jetzt schon kann ein solches Gerät für schwer körperbehinderte Personen eine Verbesserung ihrer Kommunikationsfähigkeit bedeuten.

Jede der wenigen Gehirn-Computer-Schnittstellen, die es derzeit gibt, hat ein eigenes Konzept und charakteristische Eigenschaften. Bei einer anderen, die die EEG-Signale von Gehirn sowie Hals- und Schultermuskulatur gemeinsam mißt, werden bereits bessere Ergebnisse erzielt. Die leichter auswertbaren Muskel-EEG-Signale erlauben mit heutiger Technologie bereits die Steuerung von Rollstühlen, Musikinstrumenten und VR-Systemen (virtuelle Realität). Diese Schnittstelle kann aber nicht wie die oben beschriebene von völlig bewegungsunfähigen Personen verwendet werden.

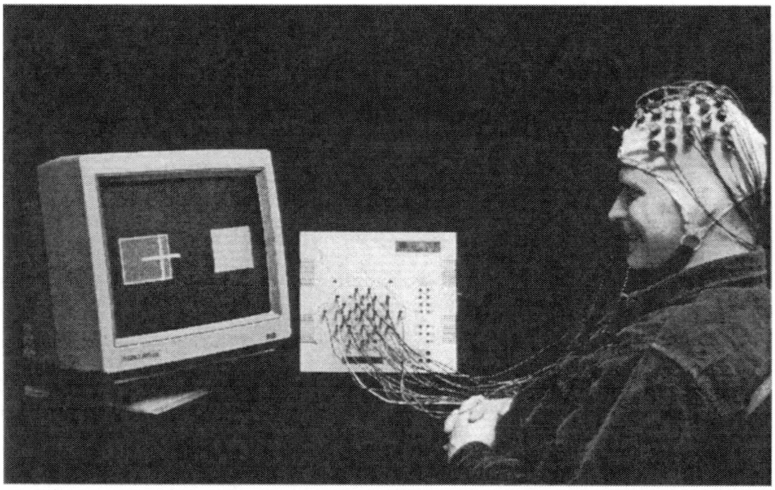

Bild 2.48: Gehirn-Computer-Schnittstelle zum Bewegen eines Cursors auf einer Anzeige in zwei Richtungen (Pfurtscheller 1997)

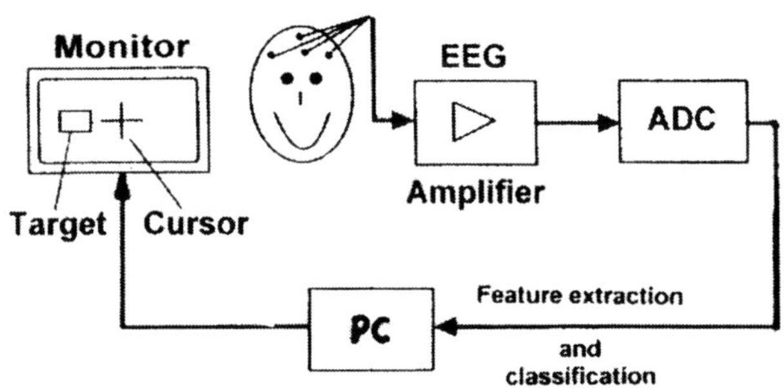

Bild 2.49: Prinzipschaltbild für die eindimensionale Gehirn-Computer-Schnittstelle von Bild 2.48 (Pfurtscheller 1993)

2.30 Übersicht der behandelten Bedienelemente

Die folgenden drei Tabellen zeigen eine Übersicht über die bisher in Kapitel 2 behandelten Bedienelemente. Tastaturen und spezielle, mit Anzeigen kombinierte Bedienelemente werden anschließend noch genauer behandelt und sind in den Tabellen nicht enthalten.

Aus der Sicht des Benutzers gibt es keinen wesentlichen Unterschied zwischen realen und virtuellen Bedienelementen. Daher werden hier beide in derselben Weise angeführt und nach denselben Kriterien bewertet.

Die Tabellen sollen es den Entwicklern von Mensch-Maschine-Schnittstellen erleichtern, aus der existierenden Vielfalt von Bedienelementen die geeigneten auszuwählen. Die Ziele bei der Entwicklung sind, eine möglichst selbsterklärungsfähige, fehlersichere, komfortable und gegenüber anderen Produkten unverwechselbare Schnittstelle zu entwerfen. Daher ist es sinnvoll, zuerst die benötigte Anzahl von Eingabevariablen und ihren stabilen Zuständen zu ermitteln und sich erst dann anhand der Tabellen auf die Typen der Bedienelemente festzulegen.

Für kreative Entwicklungsprozesse kann es sinnvoll sein, die Tabellen zu kopieren, zu zerschneiden und dann mit den einzelnen Bedienelementen verschiedene Varianten von Schnittstellen entstehen zu lassen.

BEDIENELEMENT	PRINZIPSKIZZE	KONTINUIERLICH/DISKRET, MAX. DIMENSION (1)	STABILE ZUSTÄNDE	GENAUIGKEIT, FEHLERTOLERANZ	GESCHWINDIGKEIT
Taste, monostabil, mit Weg		D 1	1	+	+
Taste, monostabil, ohne Weg		D 1	1	–	+
Druckknopf, bistabil		D 1	2	+	o
Wippenschalter, bistabil		D 1	2	+	+
Kippschalter / -hebel, bistabil oder 3 stabile Zustände		D 1	2..3	+	+
Drehknopf, kontinuierlich		K 1	∞	+	o
Drehknopf, diskrete Zustände oder Drehschalter		D 1	2..10	+	o
Rändelrad, kontinuierlich		K 1	∞	+	–
Stellscheibe, kontinuierlich		K 1	∞	–	+
Rändelrad, diskrete Zustände		D 1	2..20	o	–
Schieber, kontinuierlich		K 1	∞	o	+
Schiebeschalter, diskrete Zustände		D 1	2..5	o	+
Tastenreihe mit alternierenden bistabilen Tasten		D 1	2..10	+	+

(1) maximale Dimension = größte mögliche Anzahl von Variablen des Bedienelements	K = kontinuierliche (analoge) Funktion D = diskrete (digitale) Funktion	+ gut o mittel - schlecht

Bild 2.50: Übersicht über alle behandelten Bedienelemente mit Prinzipskizze, Angabe der wichtigsten Parameter und Bewertung, erster Teil

BEDIENELEMENT	PRINZIPSKIZZE	MAX. DIMENSION KONTIN./DISKRET	STABILE ZUSTÄNDE	GENAUIGKEIT FEHLERSICHERUNG	GESCHWINDIGKEIT
Taste (monostabil) mit Kontrollsignal (bistabil oder alternierend)		D 1	2	+	+
Richtungstaste(n) mit alternierenden Kontrollsignalen		D 1	2..5	+	–
Richtungstasten mit kontinuierlicher Anzeige		K 1	30..∞	–	–
Taste (monostabil) mit Mehrfachfunktion und Umschalttaste(n)		D 3	1	O	–
Menütaste, monostabil, programmierbar		D n	1	O	O
isotonischer Steuerknüppel oder Wegaufnehmer, selbstzentrierend		K 2	1	O	+
isometrischer Steuerknüppel oder Kraftaufnehmer, selbstzentrierend		K 3	1	O	+
Steuerknüppel mit diskreten Zuständen, selbstzentrierend		K 2	1	O	+
Richtungstasten		D 2	1	–	–
Rollkugel		K 2	∞	+	O
Maus		K 2	∞	+	O
Eingabefläche und Positionsanzeiger: (A) berührempfindl. Anzeige		K 2	0	–	+
(B) berührempfindliche Anzeige und Griffel		K 2	0	O	O
(C) Eingabetablett		K 2	0	–	O
(D) Eingabetablett und Griffel		K 2	0	+	–

Bild 2.51: Übersicht über alle behandelten Bedienelemente mit Prinzipskizze, Angabe der wichtigsten Parameter und Bewertung, zweiter Teil

BEDIENELEMENT	PRINZIPSKIZZE	MAX. DIMENSION KONTIN./DISKRET	STABILE ZUSTÄNDE	GENAUIGKEIT FEHLERTOLERANZ	GESCHWINDIGKEIT
virtuelle Bedienelemente: virtuelle Taste, monostabil	OK	D 1	1	+	+
virtueller Druckknopf, bistabil	☐ A ☒ A	D1	2	+	+
virtuelle Tastenreihe mit alternierenden Tasten	A B C D E	D1	2..10	+	+
Menü mit alternierenden Wahlmöglichkeiten	Modern Art / Mountains / Mowin' Man	D 1	2..30	+	O
Menü mit Mehrfachauswahl (kombiniertes Bedienelement)	✓ grid / guides	D n	je 2	+	O
virtueller Schieber, kontinuierlich	1 2 3 4	K 1	∞	O	+
virtueller Schiebeschalter	Off On	D 1	1	+	+
virtuelle Eingabefläche (z.B. Farbpalette)		K 2	0	O	+
virtuelle Stellscheibe	197 Angle	K/D 1	∞	+	+
Dialogbox (kombiniertes Bedienelement)	☐ Always d / ☒ High-res / ☒ Display t / OK / Cancel	D n	je 1..2	+	+
Bewegungssensor	0	K 3	0	–	+
Spracheingabe	A	K 2	0	–	–
elektromagnetischer Sensor		K	0	–	–
Tastatur (kombiniertes Bedienelement)	1 2 3 4 5 6 7 / q w e r t z u / a s d f g h j	siehe eigenes Kapitel			

Bild 2.52: Übersicht über alle behandelten Bedienelemente mit Prinzipskizze, Angabe der wichtigsten Parameter und Bewertung, dritter Teil

	Touchscreen	Touchscreen mit Griffel	Grafiktablett	Maus	Rollkugel	Steuerknüppel
Auge-Hand-Koordination	+	+	o	o	o	o
freie Sicht auf die Anzeige	-	-	+	+	+	+
gemeinsames Gehäuse	+	o	+	o	+	+
keine Parallaxenprobleme	-	-	+	+	+	+
Auflösung (Genauigkeit)	-	-	+	+	+	+
flexible Aufstellung	-	-	o	o	+	+
geringer Platzbedarf	+	+	-	-	+	+
geringe Anlernzeit	+	o	o	o	o	o
bequemer Dauergebrauch	-	-	o	o	+	+
absolute Koordinateneingabe	+	+	+	-	-	o
relative Koordinateneingabe	-	-	+	+	+	o
kann andere Bedienelemente nachbilden	-	-	+	-	-	-
geeignet zum:						
- Zeigen	+	+	+	+	+	-
- raschen Zeigen	+	+	o	o	o	-
- Zeigen mit Bestätigung	-	o	o	+	o	-
- Zeichnen	-	-	+	o	-	-
- exakten Zeichnen	-	-	+	-	-	-
- Nachführen langsamer Ziele	o	o	+	+	+	-
- Nachführen schneller Ziele	-	-	o	o	o	+

Bild 2.53: Vor- und Nachteile von Bedienelementen, die in Kombination mit Anzeigeelementen eingesetzt werden können. + vorteilhaft, o mittel, - schlecht.
(Übersetzung aus: Greenstein/Arnaut: Input Devices, in: Helander 1988)

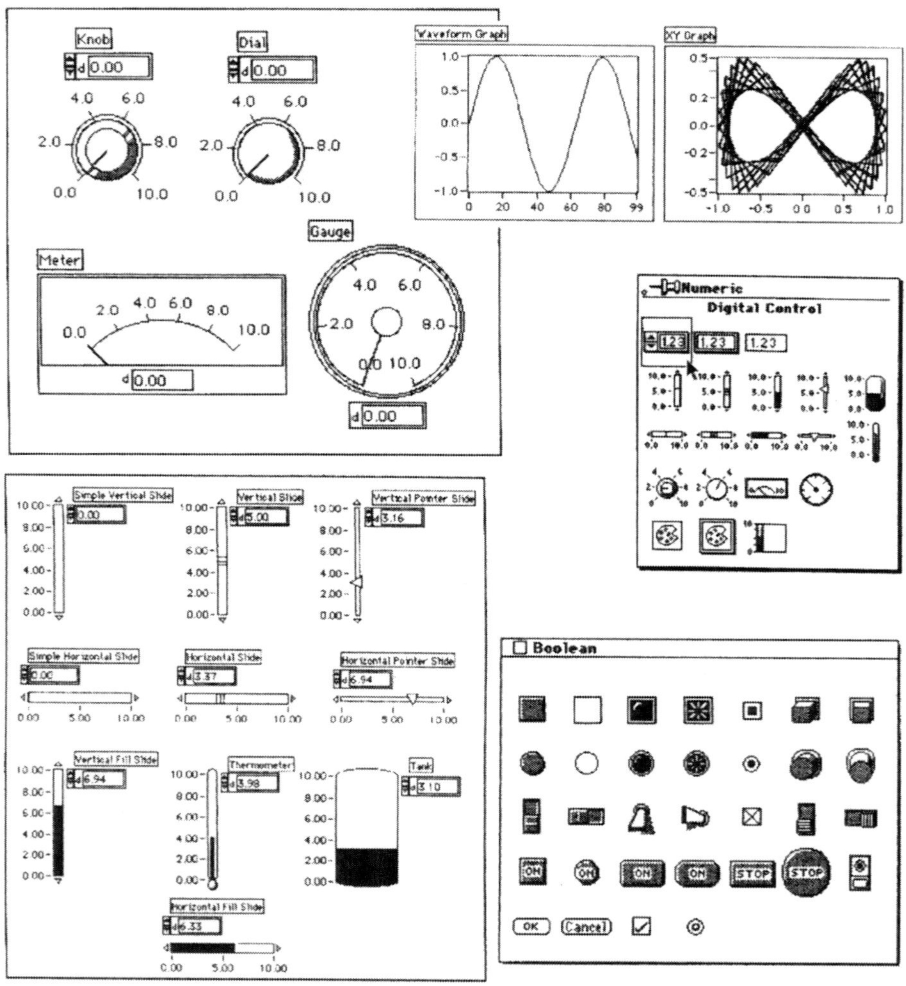

Bild 2.54: Virtuelle Bedien- und Anzeigeelemente des Softwarepaketes LabVIEW („Laboratory Virtual Instrument Engineering Workbench" von National Instruments). Mit diesem oder ähnlichen Programmen lassen sich relativ schnell ganze Benutzeroberflächen planen und testen (siehe auch Kapitel 1.5: Simulation und Prototypen). Weiters kann die Steuerung industrieller Geräte und Anlagen über einen PC mit einem solchen Anwendungsprogramm erfolgen.

3 Tastaturen

3.1 Ziffern-, alphanumerische und alphabetische Tastaturen

Eine Tastatur ist mehr als nur eine Ansammlung gleichartiger Tasten. Die Tasten einer Tastatur besitzen einen äußeren und meist auch einen inneren Zusammenhang. Der äußere Zusammenhang ist durch die Größen der Tasten, ihre Abstände zueinander und ihre Anordnung gegeben. Ein innerer Zusammenhang besteht dann, wenn die Funktion einzelner Tasten von der Reihenfolge ihrer Betätigung oder von gleichzeitiger Betätigung anderer Tasten abhängig ist.

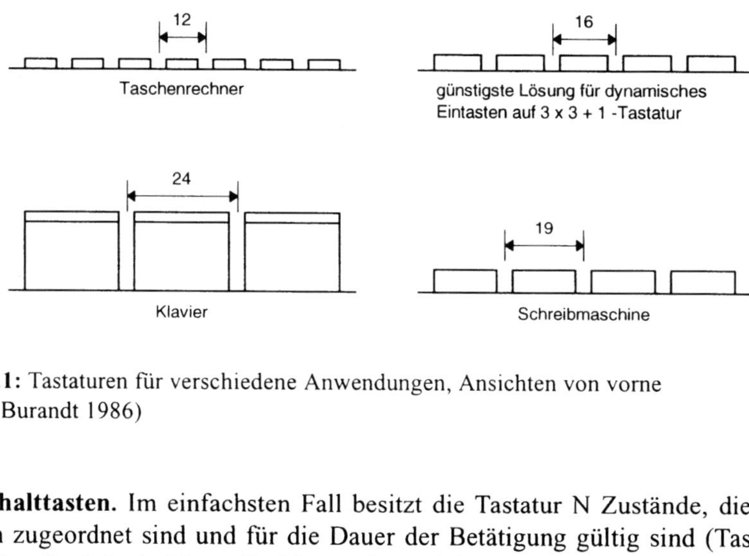

Bild 3.1: Tastaturen für verschiedene Anwendungen, Ansichten von vorne (nach: Burandt 1986)

Umschalttasten. Im einfachsten Fall besitzt die Tastatur N Zustände, die den N Tasten zugeordnet sind und für die Dauer der Betätigung gültig sind (Tasten mit einfacher Funktion). Wenn die Menge der Zeichen oder Signale, die die Tastatur erzeugen soll, größer als die Anzahl der Tasten ist, müssen Tasten mit mehrfacher Funktion verwendet werden. Zum Umschalten dienen monostabile, bistabile oder temporäre Umschalttasten. Eine monostabile Umschalttaste ändert für die Dauer ihrer Betätigung die Funktion anderer Tasten. Eine bistabile Umschalttaste schaltet die Funktion anderer Tasten bis zu einer erneuten Betätigung dauerhaft um. Beispiele dafür sind die beiden Umschalttasten für Großschreibung bei einer alphanumerischen Schreibmaschinentastatur. Weiters gibt es temporäre Umschalttasten, die nach ihrer Betätigung die Funktion anderer Tasten genau für einen Eingabevorgang ändern. Bistabile und temporäre Umschalttasten sind als monostabile Taste mit bistabilem Kontrollsignal (wie oben beschrieben) oder als bistabiler Druckknopf auszuführen. Bistabile Umschalttasten können überall verwendet werden, während sich monostabile Umschalttasten nur für Tastaturen für beidhändige Bedienung (Schreibmaschine) eignen, temporäre Umschalttasten hingegen nur für Einfingerbedienung (Taschenrechner)

Für häufig verwendete Tastaturtypen gibt es folgende standardisierte Anordnungen:

3.1.1 Zifferntastaturen

Die Anordnung der Zifferntasten bei numerischen Tastaturen ist in der Form 3 × 3 + 1 üblich. Diese Anordnung eignet sich für Blindbetätigung, besonders wenn die Tastatur waagrecht angebracht ist und eine Handballenauflage, Tasten mit Betätigungsweg und ungefähr die Abmessungen aus Bild 3.1 besitzt. Von den zwei Arten der Tastenbelegung, die in Bild 3.2 dargestellt sind, wird die (1, 2, 3)-Anordnung durchwegs als die bessere bezeichnet (Spinas 1983, Gilmore 1989, Burandt 1986, Helander 1991). Geübte Benutzer erreichen mit beiden die gleiche Eingabeleistung, aber durchschnittliche Benutzer arbeiten mit der Telefontastatur schneller und machen deutlich weniger Fehler. Die Anordnung der Ziffer „0“ am Ende der Ziffernfolge wird nicht mehr als Widerspruch betrachtet und ist bereits wie bei der Schreibmaschinentastatur zu einer Konvention geworden. Wenn weniger als 10 Tasten verfügbar sind, ist Ziffereingabe auch mit Funktions- und Richtungstasten in Verbindung mit einer Anzeige möglich.

Bild 3.2: Zwei gebräuchliche numerische Tastenbelegungen. **Links:** Telefontastatur, **rechts:** numerische Rechnertastatur

3.1.2 Alphanumerische Tastaturen (Schreibmaschinentastaturen)

QWERTY-Tastatur. Die Anordnung der Tasten bei der Schreibmaschinentastatur („QWERT...“) ist bis auf einzelne Buchstaben und die Sonderzeichen international einheitlich. Sie ist eine amerikanische Entwicklung aus der Zeit um 1870. Bei mechanischen Schreibmaschinen war es notwendig, daß hintereinander auftretende Buchstaben möglichst auf verschiedenen Seiten der Tastatur liegen. Man ver-

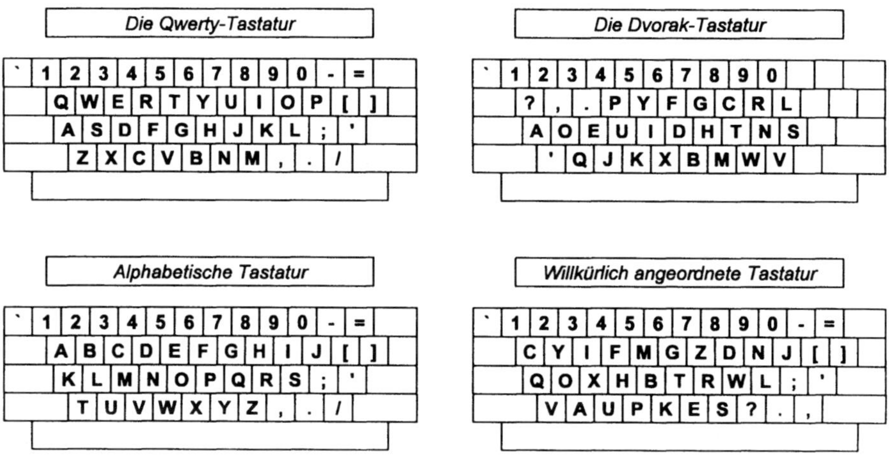

Bild 3.3: Gebräuchliche Formen von Schreibmaschinentastaturen: „QWERTY“-, Sholes- oder amerikanische Tastatur; Dvorak-, ASK- oder vereinfachte amerikanische Tastatur; liniear-alphabetische Tastatur; willkürlich angeordnete Tastatur (alle nach Norman 1989)

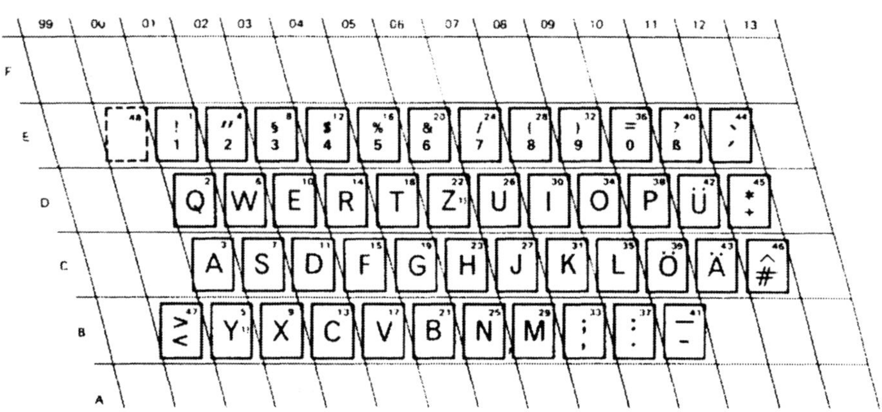

Bild 3.4: Belegung der alphabetischen Tastatur mit Schriftzeichen nach DIN 2137 (ältere Fassung). Wiedergegeben mit Erlaubnis des DIN Deutsches Institut für Normung e.V. Maßgebend für das Anwenden der Norm ist deren Fassung mit dem neuesten Ausgabedatum, die bei der Beuth Verlag GmbH, Burggrafenstraße 6, 10787 Berlin, erhältlich ist.

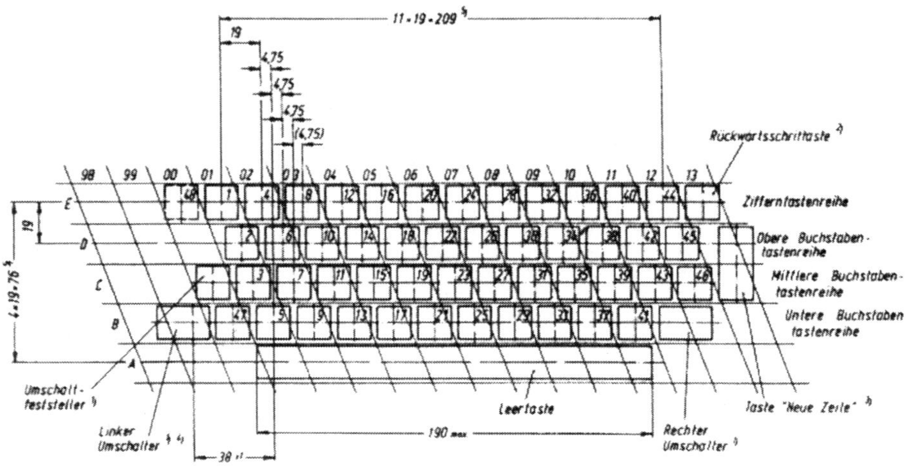

Bild 3.5: Tastenanordnung der alphabetischen Tastatur nach DIN 2139 (ersetzt durch DIN 2137-6). Wiedergegeben mit Erlaubnis des DIN Deutsches Institut für Normung e.V. Maßgebend für das Anwenden der Norm ist deren Fassung mit dem neuesten Ausgabedatum, die bei der Beuth Verlag GmbH, Burggrafenstraße 6, 10787 Berlin, erhältlich ist.

hinderte damit ein Zusammenstoßen der Typenhebel beim schnellen Schreiben. Da diese technisch bedingte Anordnung auch für den Benutzer vorteilhaft ist (ein seltenes Phänomen!), hat sich die Sholes-Tastatur bis ins Zeitalter der Computer behauptet.

Dvorak-Tastatur. Die Dvorak-Tastatur ist nach rein ergonomischen Gesichtspunkten entworfen worden. Sie ist leichter zu lernen und ermöglicht um rund 10 % schnelleres Schreiben als die übliche Tastatur, aber diese Vorteile waren für eine Umstellung offenbar nicht groß genug.

Alphabetische Tastaturen. Alphabetische Tastaturen haben keine ergonomischen Vorteile. Für geübte Benutzer sind Sholes- und Dvorak-Tastaturen viel besser als alphabetische. Aber auch Anfänger schreiben mit einer alphabetischen Tastatur nur etwa gleich schnell wie mit einer völlig willkürlich angeordneten! (Norman 1989) Allen Versuchen zum Trotz kann also nur empfohlen werden, die übliche Tastaturbelegung („QWERT...") für möglichst alle Rechner zu verwenden.

3.1.3 Buchstabentastaturen (hochformatige Matrixanordnung)

Besonders bei kleinen und hochformatigen Geräten ist es oft nicht möglich, eine übliche Schreibmaschinentastatur anzubringen. Die Entwickler verwenden daher alle Arten von alphabetischen Anordnungen, obwohl sie zu den schlechtesten denkbaren Tastaturbelegungen gehören (siehe Bild 3.6 und 3.7 links).

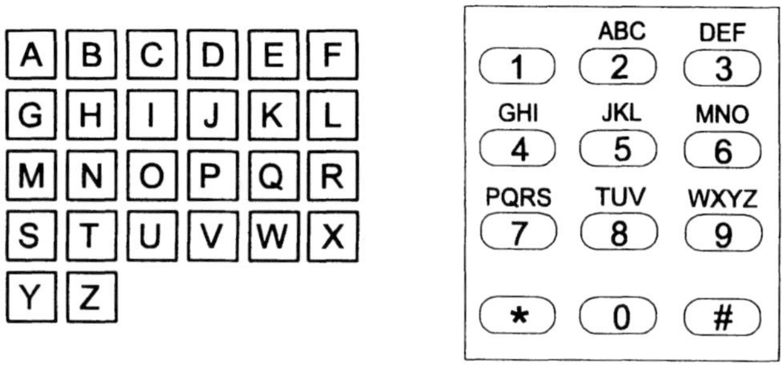

Bild 3.6: Verschiedene Buchstabentastaturen, wie sie für tragbare Geräte (Organiser, Barcode-Leser, Mobiltelefone etc.) verwendet werden. Bei der Tastatur mit mehrfach belegten Tasten (rechts) werden die Buchstaben durch mehrmaliges Drücken einer Taste im Texteingabemodus ausgewählt

Als neue Alternative wird hier eine Tastaturbelegung (Bild 3.7 rechts) vorgeschlagen, die besonders für kleine Abmessungen und für die Bedienung mit nur einem Finger ausgelegt ist. Der Anordnung liegen die Buchstabenhäufigkeiten im Deutschen zugrunde. Häufige Buchstaben sind rund um die zentrale Leertaste plaziert, wo man sie am schnellsten findet. Daher wird sie „häufigkeitszentrierte Tastaturbelegung“ genannt. Die Schreibgeschwindigkeit ist ohne Übung um rund 15 % höher als bei alphabetischer Anordnung, mit einiger Übung um bis zu 25 %. Die Details dieser Tastaturbelegung werden im folgenden genauer behandelt.

Entwicklung einer Buchstabentastatur für Einfingerbedienung (häufigkeitszentrierte Tastatur). Die häufig verwendeten alphabetisch geordneten Tastaturbelegungen (Bilder 3.6, 3.7 links und 3.8) besitzen keine guten ergonomischen Eigenschaften. Ihre Bedienung ist nicht einmal leichter zu erlernen als die anderer Tastaturformen, wie Norman (1989) feststellt:

„Da die Buchstaben in Reihen angeordnet werden müssen, reicht es nicht aus, einfach nur das Alphabet zu kennen. Man muß auch wissen, wo die Reihen umbrechen. Und selbst wenn es möglich wäre, das zu lernen, wäre es immer noch

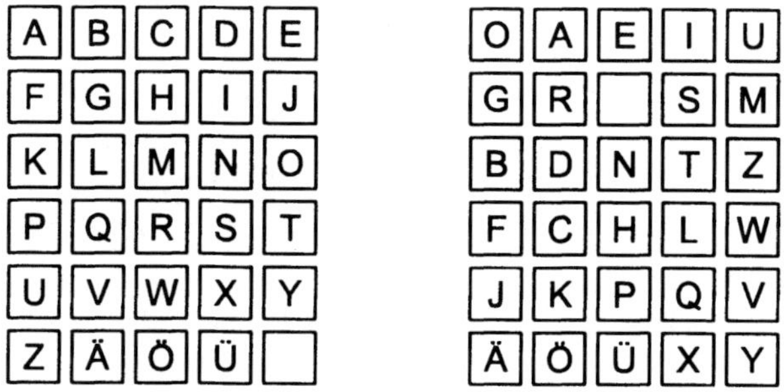

Bild 3.7, links: Alphabetische Tastaturbelegung, **rechts:** Empfohlene häufigkeitszentrierte Tastaturbelegung für die deutsche Sprache

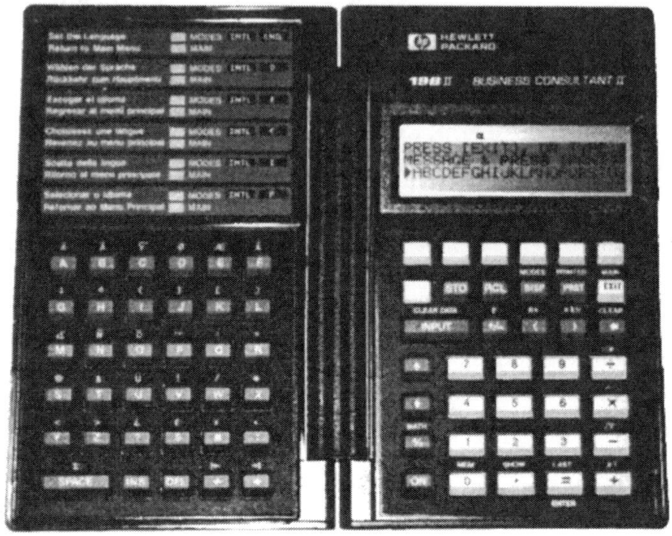

Bild 3.8: Taschenrechner mit alphabetischer Tastatur (Hewlett-Packard ist ein eingetragenes Warenzeichen)

einfacher, die Tastatur abzusuchen, als auszurechnen, wo nun eine bestimmte Taste liegen könnte. In dem Fall ist man besser dran, wenn häufig benutzte Buchstaben dort plaziert sind, wo man sie durch Absuchen noch am ehesten findet.“ Norman empfiehlt daher die Verwendung von alphanumerischen Tastaturbelegungen nach Sholes („QWERT…“) und – noch besser aber nicht üblich – nach Dvorak (Bild 3.3).

Voraussetzungen. Für Geräte, die für den Einbau einer Schreibmaschinentastatur zu klein sind oder eine hochformatige Frontalansicht haben, muß aber eine andere Alternative gefunden werden, wobei folgende Kriterien ausschlaggebend sind: Solche Geräte werden nur mit einem Finger, meist mit dem rechten Zeigefinger, bedient. Der Benutzer schaut beim Schreiben gleichzeitig auf die Tastatur und auf die Anzeige, die deshalb nahe nebeneinander liegen sollen.

Der typische Benutzer gibt keine großen Datenmengen in solche Geräte ein und kann daher die Tastaturbelegung nicht auswendig. Er/Sie blickt aus ungefähr 30 cm Entfernung auf die Tastatur und sucht sie nach den benötigten Buchstaben ab. Deshalb ist es vorteilhaft, wenn sich die häufiger benötigten Buchstaben alle in einem möglichst gut überblickbaren und zentralen Bereich befinden.

Anordnung der Tasten. Wie Bild 3.9 zeigt, besitzen die einzelnen Buchstaben und Zeichen im Deutschen ganz unterschiedliche Häufigkeiten. An erster Stelle steht das Leerzeichen. Die Leertaste besitzt ja auch bei der Schreibmaschinentastatur eine ausgezeichnete Form und Lage. Da die hier betrachetete Tastatur für Ein-

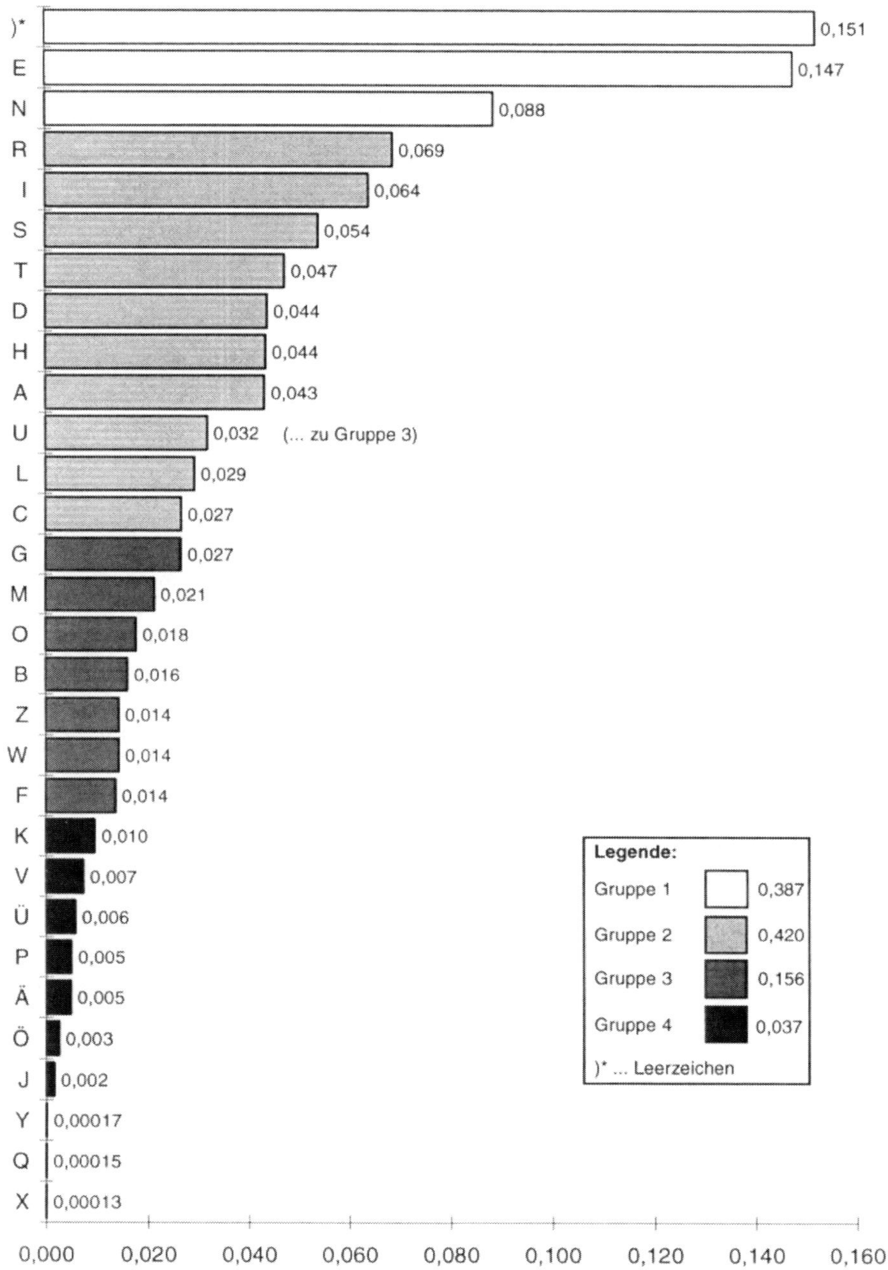

Bild 3.9: Buchstabenhäufigkeiten im Deutschen und Einteilung der Buchstaben in vier Gruppen (Häufigkeitsklassen) (nach: Steinbuch, Rupprecht)

fingerbedienung ohne Auflage des Handballens gedacht ist, besteht kein Grund für eine Anordnung der Leertaste am unteren Rand des Tastenfeldes. Sie wird vielmehr in der Mitte des Gerätes plaziert, wo der Blick des Benutzers am häufigsten ruht. Diese zentrale Position liegt in diesem Fall in der zweiten Zeile der 5×6 Tasten umfassenden Tastatur, da eine zwei- bis dreizeilige Anzeige, die über der Tastatur liegt, in das betrachtete Feld einbezogen wird.

Zonen der Tastatur. Die Tasten um den zentralen Blickpunkt werden nun gemäß Bild 3.10 in Zonen eingeteilt. Dann werden die Zonen vom Zentrum aus mit den häufigsten Buchstaben beginnend angefüllt. Die einzige Einschränkung dabei ist, daß Vokale nur in der ersten und letzten Zeile angeordnet werden. Der Unterschied zwischen Vokal und Konsonant ist das einzige Kriterium, das vom Benutzer auch neben seiner konzentrierten Tätigkeit (an den Text denken, Buchstaben suchen und tippen, die Anzeige kontrollieren) noch beachtet werden kann. Wenn im Text ein Vokal auftritt, weiß der Benutzer, daß dessen Taste in der ersten oder letzten Zeile liegt. Diese Anordnung ist leicht erkennbar und daher selbsterklärungsfähig, bedarf also keiner Einschulung. Nötigenfalls können die Vokaltasten farblich hervorgehoben werden (Bild 3.11). Außer der Taste „U" befinden sich trotz der Einführung der Vokalzeilen alle Tasten in der ihrer Häufigkeit entsprechenden Zone. Der seltenste Buchstabe (X) liegt jedoch nicht ganz regelkonform in der letzten Zeile.

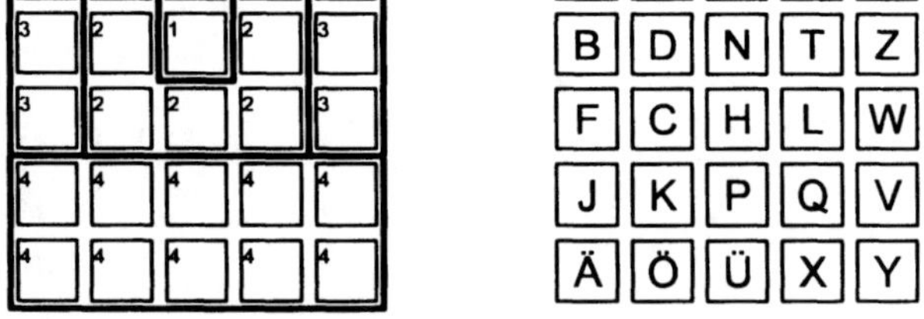

Bild 3.10, links: Einteilung der Tastenmatrix in Zonen (*1* häufig benutzte, *4* selten benutzte Tasten, ⊕ zentraler Blickpunkt des Benutzers), **rechts:** Belegung der Tasten mit den Buchstaben entsprechend ihren Häufigkeiten im Deutschen (häufigkeitszentrierte Tastaturbelegung)

Die zentrale Leertaste bildet eine Art Blickfang. Von dort entfernt sich der Blick des Benutzers meist nur wenig, da im Deutschen 80 % der Buchstaben in

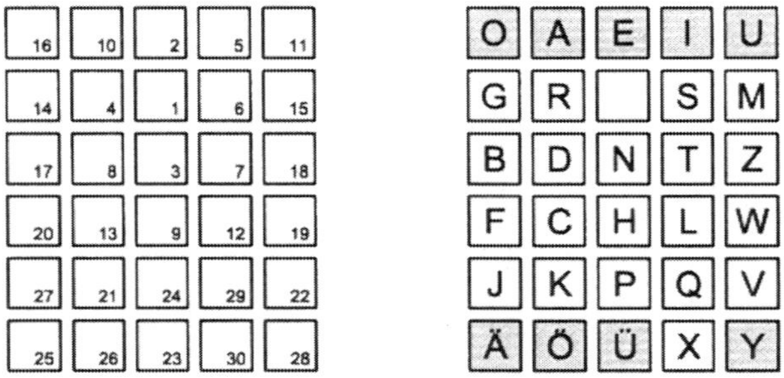

Bild 3.11, links: Reihung der Tasten von Bild 3.10 nach der Betätigungshäufigkeit von *1* Leertaste bis *30* Taste „X", **rechts:** wie Bild 3.10, aber mit farblicher Kennzeichnung der Vokaltasten

den Zonen 1 und 2 der Tastatur enthalten sind. Die Zonen 1 und 2 zusammen entsprechen in ihrer Größe und Tastenzahl genau einer numerischen Telefontastatur.

Die Bilder 3.9–3.11 zeigen die Entwicklung einer häufigkeitszentrierten Tastaturbelegung ausgehend von den Buchstabenhäufigkeiten im Deutschen und der Einteilung der Tastenmatrix in Zonen (1–4) und die Reihenfolge der Betätigungshäufigkeiten von 1 (Leertaste) bis 30 (Taste „X"). Bild 3.13 zeigt eine nach demselben Prinzip für die englische Sprache entwickelte Tastaturbelegung.

Schema der Entwicklung. Im folgenden wird die Vorgangsweise bei der Entwicklung einer häufigkeitszentrierten Tastaturbelegung beschrieben:

1. Zuerst werden die Buchstabenhäufigkeiten aus einer repräsentativen Textmenge in der jeweils verwendeten Sprache oder Programmiersprache bestimmt. Wenn die Tastatur für mehrere Sprachen geeignet sein soll, werden deren Buchstabenhäufigkeiten gemittelt.
2. Die Buchstaben und das Leerzeichen werden nach der Häufigkeit gereiht.
3. Die Buchstaben werden auf der Tastatur angeordnet, beginnend mit den häufigsten in Zone 1 bis zu den seltensten in Zone 4. Das Leerzeichen liegt immer in der Mitte der zweiten Zeile, darüber der häufigste Vokal, darunter der häufigste Konsonant. Die fünf häufigsten Vokale liegen in der ersten Zeile, auch wenn dies zu einzelnen Verletzungen der Zoneneinteilung führt.
4. Nun können die Buchstaben noch umgeordnet werden, sodaß die früher im Alphabet vorkommenden Buchstaben in jeder Zeile möglichst weiter links liegen. Außerdem sollen in den Zeilen oder Spalten keine lesbaren Wörter gebildet werden. Zum Umordnen können zwei Zeichen an der vertikalen Achse der Matrix gespiegelt werden, oder man kann zwei Zeichen mit sehr ähnlichen Häufigkeiten vertauschen.

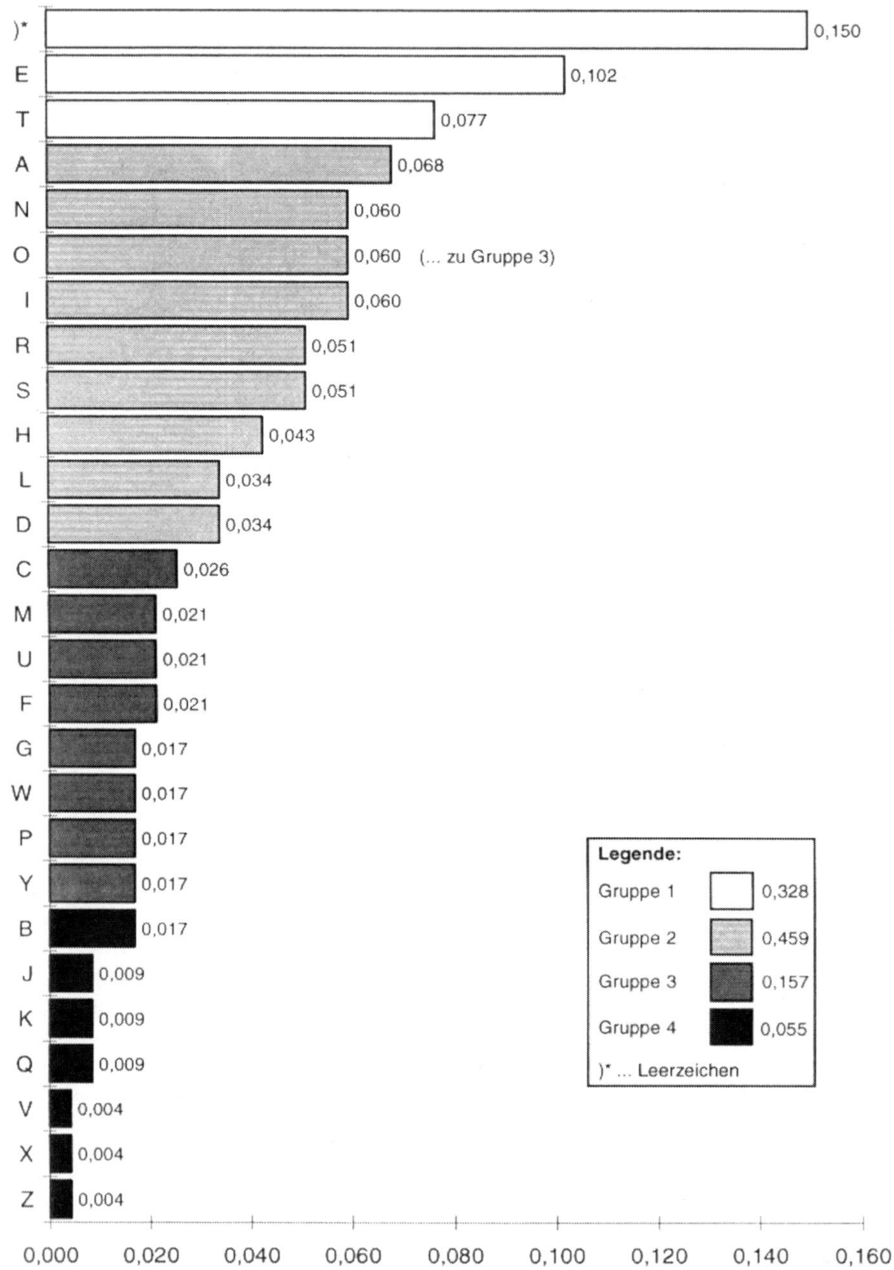

Bild 3.12: Buchstabenhäufigkeiten im Englischen und Einteilung der Buchstaben in vier Gruppen (Häufigkeitsklassen)

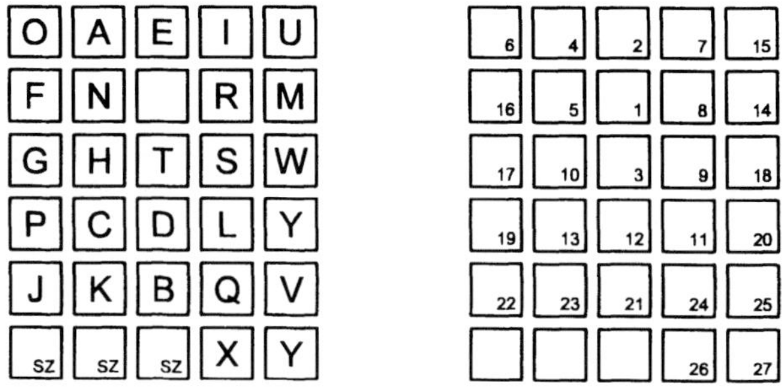

Bild 3.13, links: Belegung der Tasten mit den Buchstaben entsprechend ihren Häufigkeiten im Englischen (häufigkeitszentrierte Tastaturbelegung), *SZ* frei für Sonderzeichen, **rechts:** Reihung der Tasten nach der Betätigungshäufigkeit (*1* am häufigsten, *27* am seltensten betätigt)

5. Weitere Tasten für Satz- und Sonderzeichen sind vorzugsweise in einer eigenen Zeile unter den Buchstaben (z.B. Funktionsumschalter, Löschtaste, zwei Richtungstasten, Eingabetaste), über den Buchstaben (z.B. Menütasten in Kombination mit der Anzeige), oder in einer zusätzlichen Spalte rechts von den Buchstaben anzuordnen. Wenn die Buchstabentasten eine zweite oder dritte umschaltbare Funktion besitzen, muß man darauf achten, daß trotzdem die Buchstaben optisch dominant sind. Mehr als bei anderen Tastaturbelegungen spielen hier die gute Lesbarkeit der Buchstaben und die Übersichtlichkeit des Gesamtbildes eine Rolle.

Beispiele. Als Beispiele dienen hier häufigkeitszentrierte Tastaturen für die deutsche und für die englische Sprache. Obwohl die Reihung der Buchstaben in den beiden Sprachen relativ unterschiedlich ist, befinden sich viele Buchstaben in beiden Fällen in derselben Zone. Daher können die beiden Tastaturen auch für die jeweils andere Sprache relativ gut verwendet werden. Da diese Tastaturen für die Einfingerbedienung, also nicht für blinde Bedienung konstruiert sind, ist eine Standardisierung der Tastaturbelegung nicht unbedingt wichtig. Durch Übung oder genaue Kenntnis der Belegung kann die Schreibgeschwindigkeit nicht so stark gesteigert werden wie bei Schreibmaschinentastaturen. Ungeübte Benutzer können mit jeder häufigkeitszentrierten Tastatur sofort gut arbeiten. Es gibt mehrere mögliche Belegungen für jede Sprache. Daher ist der oben angeführte Entwicklungsprozeß die eigentliche Definition dieses Tastaturtyps, und nicht die zwei als Beispiel damit entwickelten Belegungen.

Schreibgeschwindigkeit. Der Gewinn an Schreibgeschwindigkeit durch den Übergang von alphabetischer (Bild 3.7 links) zu der oben beschriebenen häufigkeitszentrierten Tastaturbelegung beträgt bereits ohne jede Eingewöhnungszeit 15 %. Dieser Wert wurde anhand eines 200 Buchstaben langen Textes mit 10

Versuchspersonen ermittelt, die mit keiner der beiden Tastaturen Erfahrung hatten. Die Verbesserung resultiert also aus der kürzeren Zeit zum Suchen einer Taste sowie aus der kürzeren vom Zeigefinger zurückgelegten Strecke. Die Versuchspersonen äußerten sich auch durchwegs positiv über die häufigkeitszentrierte Tastaturbelegung, und meinten, daß sich ihre Schreibgeschwindigkeit bei längerem Schreiben weiter steigern ließe.

3.1.4 Texteingabe mit Worterkennung

Die bisher gezeigten Buchstabentastaturen hatten mindestens 26 Tasten. Texteingabe mit nur 12 Tasten (Telefontastatur, siehe Bild 3.6 rechts) ist ein sehr zeitaufwendiges Verfahren, da zur Auswahl bestimmter Buchstaben Tasten mehrfach betätigt werden müssen. Weiters muß es eine Taste geben, die man zwischen der Eingabe von zwei derselben Taste zugeordneten Buchstaben betätigt.

Ein besseres Eingabeverfahren kann mit Hilfe der Worterkennung realisiert werden, wie sie der Organiser Avigo von Texas Instruments besitzt. Die Texteingabe erfolgt dabei über eine virtuelle Tastatur mit 16 Tasten. Davon sind 8 Tasten ähnlich wie in Bild 3.6 (rechts) mit je 3 oder 4 Buchstaben belegt, die restlichen als Leertaste und Sonderfunktionen (Umschalttaste für Großbuchstaben, Rückschritt, Satzzeichen, Ziffernmodus, Symbole, Akzent und Wortauswahl).

Eine Taste wird für jeden Buchstaben nur einmal betätigt. Das Gerät vergleicht gleichzeitig die eingegebene Tastenfolge mit mehreren tausend ihm bekannten Wörtern und erstellt Vorschläge für das Wort, das der Benutzer gerade schreiben will. Mit der Taste „Wählen“ wird das richtige Wort in den Text übernommen.

Dieses Verfahren funktioniert natürlich nur in der Sprache, für die das Gerät vorbereitet ist. Tasten für Umlaute oder andere sprachspezifische Buchstaben sind nicht vorgesehen. Diese Buchstaben werden aber dennoch vom Gerät erkannt, sofern sie in einem gespeicherten Wort vorkommen. Man tippt also etwa A anstelle von Ä.

Es wäre für den Benutzer natürlich vorteilhaft, auch für diese Tastatur eine häufigkeitszentrierte anstelle der alphabetischen Buchstabenanordnung zu verwenden. Damit der Worterkennungsalgorithmus gut funktioniert, müßte aber jeder Taste ein häufiger sowie zwei oder drei weniger häufige Buchstaben zugeordnet sein, sodaß die Betätigungshäufigkeiten aller Tasten ungefähr gleich sind.

Richtlinien:

- *Für die Eingabe größerer Mengen von Text verwenden Sie die herkömmliche Schreibmaschinentastatur, also insbesondere keine alphabetisch angeordnete Tastatur.*
- *Für die Eingabe geringerer Mengen von Text und bei Platzmangel verwenden Sie eine häufigkeitszentrierte Tastatur, wie sie in Kapitel 2 beschrieben wird.*

3.2 Eingabe von Ziffern mit Richtungstasten

Auch bei Geräten, die keine numerische Tastatur besitzen, kann die Eingabe von Ziffern oder die Einstellung numerischer Variablen notwendig sein. Dazu gibt es mehrere Möglichkeiten, von denen einige in Bild 3.14 dargestellt sind.

Allgemein gilt, daß der Aufwand bei der Bedienung umso höher ist, je weniger Tasten verwendet werden. Naturgemäß steigt dieser Aufwand auch mit der Anzahl der einzugebenden Ziffern.

In Bild 3.14 lassen sich zuerst zwei Gruppen mit grundsätzlich verschiedenen Eingabeverfahren erkennen: Bei den ersten vier Verfahren (a–d sowie l) werden die einzelnen Ziffern oder Dezimalstellen getrennt verstellt, während bei den übrigen Anordnungen die Variable nur als Ganzes größer oder kleiner gemacht werden kann. Bei 3.14i–l werden andere eindimensionale Bedienelemente, die eine kontinuierliche Variable haben, anstelle der Tasten mit diskreter Variable verwendet. Grob gesprochen stellt a die technisch einfachste, l die technisch aufwendigste Art der Eingabe dar. Hingegen ist für den Benutzer a die aufwendigste und l die einfachste und am leichtesten erlernbare Anordnung.

Zu 3.14a (Prinzip Digitaluhr). Hier werden sechs Ziffern mit nur zwei Tasten bedient. Man benötigt dazu einen Cursor (Positionsanzeiger), der hier als Strich unterhalb der Ziffer ausgeführt ist. Die rechte Taste bewegt den Cursor bei jeder Betätigung um eine Stelle nach rechts. Die untere Taste vergrößert die Ziffer, unter der der Cursor steht, um 1. Auf die Ziffer 9 folgt wieder die 0. Beide Tasten besitzen eine Wiederholfunktion. Die Position der beiden Tasten in Bild 3.14a ist nicht willkürlich gewählt, sondern besitzt ein gewisses Maß an Selbsterklärungsfähigkeit.

Die Anordnung ist in ähnlicher Form oft bei Uhren zu finden. Sie ist relativ zeitaufwendig bei der Bedienung und ist nur dort gerechtfertigt, wo aus Platzgründen sehr wenige Tasten verfügbar sind und zudem kein sehr häufiges Verstellen der Variablen notwendig ist.

Zu 3.14b (Sequenztastatur). Hier gibt es für jede Ziffer eine Taste, welche die Ziffer um 1 vergrößert. Diese Anordnung hat den Vorteil, daß sie blind betätigt werden kann. Vor dem Eingabevorgang muß dazu die Variable auf 00...0 zurückgesetzt werden. Dann können die einzelnen Ziffern durch wiederholte Betätigung der Tasten und Mitzählen eingegeben werden.

Die Sequenztastatur wird daher in Autos und Flugzeugen eingesetzt. Im Vergleich mit der Telefontastatur verdoppelt sich die Eingabezeit. Die Auswertung der Blickbewegungen während der Fahrt zeigt allerdings eine deutlich kürzere Dauer der Blicke zur Tastatur. Die Anzahl der freiwilligen Blindbetätigungen beträgt 60 % gegenüber 15 % bei der Telefontastatur (Geiser 1990).

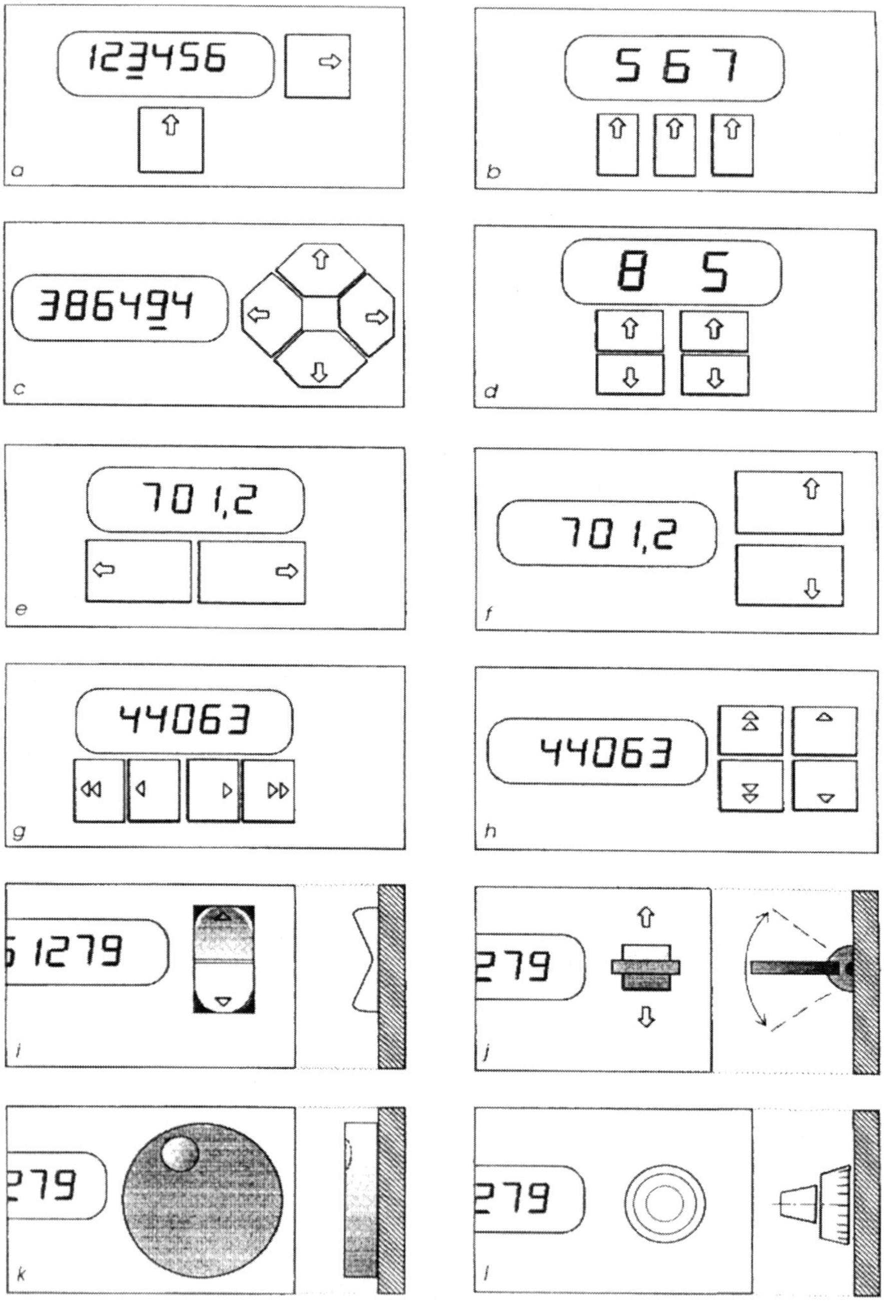

Bild 3.14: Eingabe von Ziffern mit Richtungstasten und anderen eindimensionalen Bedienelementen

Zu 3.14c (vier Richtungstasten). Diese Anordnung entspricht der von 3.14a, allerdings werden jeweils zwei Richtungstasten für die Einstellung der Ziffern und für die Cursorbewegung verwendet. Dadurch verringert sich die Eingabezeit um 36 %, wie in Bild 3.15 erkennbar ist. Die Bedienung von vier Richtungstasten erfordert am wenigsten Aufmerksamkeit und Blickbewegungen, wenn sie wie in diesem Beispiel ein auf der Spitze stehendes Quadrat bilden. Die Tasten und der Mittelpunkt des Quadrats sollten mit den Fingerspitzen fühlbare und unterscheidbare Oberflächen oder kantige Ränder besitzen, so daß Blindbetätigung möglich ist.

Zu 3.14d. Diese Anordnung entspricht der von 3.14b, besitzt aber zwei Richtungstasten für jede Dezimalstelle. Dadurch verringert sich gegenüber 3.14b die Eingabezeit um 45 %. Um richtig zugeordnet zu werden, müssen die Richtungstasten genau unter der jeweiligen Ziffer liegen. Das kann besonders kleine Tasten oder besonders große Ziffern notwendig machen.

Zu 3.14e (zwei Tasten). Diese und alle weiteren Anordnungen sind so ausgelegt, daß nicht einzelne Ziffern, sondern die Variable als Ganzes verändert wird. Die Richtungstasten wirken also auf die niedrigstwertige Dezimalstelle, und bei einem Überlauf (9 → 10) wird die nächsthöhere Stelle weitergezählt.

Die einfachste mögliche Anordnung, nämlich die mit nur einer Taste, wurde hier nicht aufgenommen. Sie wäre auch nur für Variablen mit einer einzigen Ziffer sinnvoll.

Die hier gezeigte Anordnung erlaubt es also, die Variable in beide Richtungen zu verstellen. Um die Eingabezeit in Grenzen zu halten, muß die Anordnung eine Wiederholfunktion mit mehreren Frequenzen besitzen, wie sie im folgenden beschrieben wird. 3.14e wird oft zur Frequenzeinstellung bei Rundfunkempfängern oder ähnlichen Anwendungen verwendet. Es ist hier besonders sinnvoll, zusätzlich Speicher für die Variable zu verwenden.

Zu 3.14f (zwei Tasten). Diese Anordnung entspricht 3.14e, allerdings sind die Richtungstasten übereinander angeordnet und mit um 90° verdrehten Pfeilen beschriftet. Diese Anordnung wird seltener verwendet als 3.18e, wohl weil die meisten MMS-Entwickler sich die Zahlen entlang einer Zahlengeraden vorstellen und daher mit der Analogie zwischen „größer – kleiner“ und „rechts – links“ vertraut sind. Die meisten Benutzer kennen jedoch nur die Analogie von „auf – ab“ und „größer – kleiner“ und kommen daher mit 3.14f viel besser zurecht.

Zu 3.14g (vier Tasten). Wenn die Variable mehr als vier Dezimalstellen besitzt, ist die hier gezeigte Anordnung sinnvoll. Für jede Richtung gibt es zwei Richtungstasten, von denen eine auf die Einerstelle und eine auf die Hunderterstelle wirkt. Die langsamer wirkenden Tasten haben jedoch dieselbe Funktion wie die Tasten aus 3.14e, können also durch einen Überlauf auch die Hunderterstelle ändern. Alle Tasten von 3.14g besitzen eine Wiederholfunktion, wobei die schnellste Schaltfrequenz der langsameren Tasten halb so groß wie die langsamste der schnellen Tasten ist. Beide Wiederholfunktionen sollten je drei Frequenzen besitzen.

Die Anordnung ist selbsterklärend, kann also ohne Anleitung intuitiv bedient werden. Geübte Benutzer können damit relativ schnell arbeiten.

Eine Anordnung mit drei verschieden schnell wirkenden, also insgesamt sechs Tasten, ist nicht mehr sinnvoll. Mit demselben konstruktiven Aufwand läßt sich nämlich mit 3.14i oder mit einer Telefontastatur eine höhere Eingabeleistung erzielen.

Zu 3.14h (vier Tasten). Diese Anordnung entspricht 3.14g, allerdings sind die Richtungstasten übereinander angeordnet und mit um 90° verdrehten Pfeilen beschriftet. Wie bei 3.14f wird hier die Analogie von „auf – ab" und „größer – kleiner" für eine bessere Selbsterklärungsfähigkeit genutzt.

Zu 3.14i und j (analoge Bedienelemente). Die vier letzten Anordnungen i–l besitzen Bedienelemente mit kontinuierlicher Funktion anstelle von Richtungstasten. Bei i und j ist die Änderungsfrequenz der Variablen proportional zur Auslenkung des Bedienelements aus der Ruhelage. Die Ruhelage befindet sich in der Mitte des Einstellbereiches und das Bedienelement kehrt selbsttätig in diese zurück (selbstzentrierend). Es handelt sich bei beiden Bedienelementen also im Prinzip um eindimensionale Steuerknüppel, die aber eine unterschiedliche äußere Form haben.

Die Verstellung der Variablen über größere Bereiche ist mit den analogen Bedienelementen leichter und schneller möglich als mit den bisher gezeigten Anordnungen. Die Einstellung der niedrigstwertigen Dezimalstelle erfordert jedoch etwas mehr Aufmerksamkeit als bei digitalen Richtungstasten, weil das Bedienelement für die Eingabe von Einzelschritten sehr vorsichtig bewegt werden muß. Diese vorsichtige Bewegung ist bei 3.14j leichter möglich als bei 3.14i.

Beide Anordnungen besitzen eine Kennlinie anstelle einer Wiederholfunktion (Bild 3.15). Die Kennlinie beschreibt die Änderungsgeschwindigkeit der Variablen als Funktion der Auslenkung des Bedienelements aus der Ruhelage. Um die Feineinstellung zu erleichtern, ist die Steigung der Kennlinie nahe der Ruhelage relativ flach, entspricht also etwa einer Änderung der niedrigstwertigen Stelle mit 2 Hz. Im Bereich der maximalen Auslenkung ist die Kennlinie so steil, daß für den Durchlauf des halben Einstellbereiches der Variablen maximal 10 s benötigt werden. Dazwischen verläuft die Kennlinie wie eine Kurve zweiter Ordnung.

Wie bei einer Wiederholfunktion kann die Anzeige ruhiger gemacht werden, indem Dezimalstellen mit einer Änderungsfrequenz von mehr als 5 Hz auf den Wert 0 gesetzt werden.

Zu 3.14k (Stellscheibe). Auch eine Stellscheibe kann die Funktion der Richtungstasten für die Einstellung einer Variablen übernehmen. Wie bereits in Kapitel 2 festgestellt wurde, ermöglicht die Stellscheibe sehr schnelle, aber nicht sehr genaue Eingabe. Diese Schwäche kann durch eine Kennlinie wie bei 3.14i ausgeglichen werden. Hier ist die Änderungsgeschwindigkeit der Variablen allerdings eine Funktion der Drehgeschwindigkeit der Stellscheibe. Eine Drehung im Uhrzeigersinn entspricht einem Anwachsen der Variablen.

Die Charakteristika der empfohlenen Kennlinie sind folgende: Die langsamste Änderungsfrequenz der Variablen (2 Hz) findet bei einer Drehung der Stellscheibe im Bereich bis zu 0,2 Hz statt. Die schnellste Änderung der Variablen, die ein Durchlaufen des halben Einstellbereichs in 10 s ermöglichen muß, findet ab drei Umdrehungen der Stellscheibe pro Sekunde statt. Dazwischen verläuft die Kennlinie wie eine Kurve zweiter Ordnung.

Die Stellscheibe rechtfertigt den höheren konstruktiven Aufwand durch fehlersichere, komfortable und schnelle Bedienung und eine höhere sichtbare Produktqualität als bei Richtungstasten.

Zu 3.14 l (zwei konzentrische Drehknöpfe). Diese Anordnung wird in der Luftfahrt zum Einstellen von Koordinaten durch den Piloten verwendet. Ebenso findet man diese Art der Eingabe bei Meßinstrumenten. Jeder Drehknopf wirkt auf eine Dezimalstelle bzw. eine Gruppe von Dezimalstellen der Variablen. Wenn notwendig, kann eine Kennlinie wie für 3.14k verwendet werden.

Speicher für Variablen. Wenn die Variable einige Werte häufig annimmt, ist die zusätzliche Verwendung von Speichern für diese Werte besonders sinnvoll. Jeder Speicher besitzt in dem Fall eine eigene Taste. Kurze Betätigung einer Speichertaste kopiert den gespeicherten Wert in die Variable des Bedienelementes, so daß er auf der Anzeige erscheint. Längere Betätigung derselben Taste speichert den vorher gültigen Wert der Variable.

Es kann auch eine weitere Taste geben, die vor dem Speichern zu betätigen ist. Sie ist vorzugsweise als monostabile Taste mit zeitlich begrenztem bistabilem Kontrollsignal auszuführen. Das bedeutet, daß nach einer Betätigung der Taste „Speichern“ ein auffälliges Kontrollsignal einige Sekunden lang aktiv ist. Wenn während dieser Zeit eine der Speichertasten gedrückt wird, wird der Wert der Variable in diesen Speicher übernommen. Anschließend bzw. nach dem Verlöschen des Kontrollsignals ist aus Gründen der Datensicherheit die Funktion „Speichern“ nicht mehr aktiv.

Richtlinien:

- *Für die Einstellung eines beliebigen Wertes dürfen maximal rund 10 Sekunden benötigt werden.*
- *Um die Variable optisch ruhiger zu machen, sollen Dezimalstellen mit einer Änderungsfrequenz von mehr als 5 Hz nicht ständig aufgefrischt bzw. auf den Wert 0 gesetzt werden. Frequenzen von mehr als 5 Hz können nicht mehr mitgelesen werden.*
- *Analoge Bedienelemente (Steuerknüppel, Wippe, Stellscheibe) anstelle binärer Tasten rechtfertigen den höheren Aufwand durch bessere ergonomische Eigenschaften.*

3.3 Wiederholfunktion

Allen Anordnungen von Bild 3.14 ausgenommen 3.14k und l ist gemeinsam, daß die Bedienelemente eine Wiederholfunktion besitzen sollten. Bei jeder Betätigung einer Taste wird die entsprechende Variable also um den kleinsten möglichen Wert geändert; bleibt die Taste daraufhin gedrückt, so beginnt die Variable nach einer bestimmten Zeit T_V in einer bestimmten Frequenz f zu „laufen". Die Frequenz kann nach weiteren Zeitintervallen erhöht werden. Bild 3.15 zeigt einige Abläufe der Wiederholfunktion, die für die angeführten Anordnungen aus Bild 3.14 geeignet sind.

Zur Dimensionierung von T und f können folgende Richtwerte verwendet werden:

Anfängliche Wiederholfrequenz. Die anfängliche Wiederholfrequenz f_1, die nach der Tastenbetätigung als erste auftritt, soll immer rund 2 Hz (also zwei Zählimpulse pro Sekunde) betragen (Geiser 1990).

Das Intervall T_V zwischen der Tastenbetätigung und dem Auftreten der Wiederholfunktion soll zwischen 0,5 s und 2 s betragen.

Bei mehrstufigen Wiederholfunktionen, die also verschiedene Frequenzen besitzen, soll die jeweils nächsthöhere Frequenz nach ca. 4 s auftreten. Die zweite Frequenz f_2 soll zwischen 4 Hz und 10 Hz liegen; gut geeignet ist 5 Hz.

Höchste Frequenz einer Stelle. Gleichzeitig gilt, daß eine Dezimalstelle vom Benutzer nur mitgelesen werden kann, wenn die Frequenz höchstens 5 Hz beträgt. Die höchstwertige (linke) Dezimalstelle sollte sogar nur maximal mit 2 Hz weiterlaufen.

Dezimalstellen, die bei mehrstufigen Wiederholfunktionen mit mehr als 5 Hz weitergezählt werden, ändern sich also zu schnell, um vom Benutzer berücksichtigt und bei einer bestimmten Ziffer angehalten zu werden. Durch ihre rasche Bewegung lenken sie aber die Aufmerksamkeit des Benutzers unnötigerweise auf sich. Deshalb kann es sinnvoll sein, während der Änderung einer Dezimalstelle um mehr als 5 Hz diese auf 0 zurückzusetzen. Der Benutzer stellt dann zuerst die höherwertigen Stellen ein, läßt die Taste kurz los und drückt sie erneut für die niederwertige(n) Stelle(n). Daher ist darauf zu achten, daß die schnellste Frequenz nicht früher auftritt, als die niederwertigen Stellen für einen ganzen Durchlauf benötigen.

Eine andere Möglichkeit, Änderungsfrequenzen von mehr als 5 Hz bei niederwertigen Dezimalstellen zu vermeiden, besteht darin, sie ab dieser Frequenz nur gemeinsam mit der nächsthöheren Stelle, also mit einer Frequenz von 2–5 Hz in größeren Schritten auf der Anzeige zu ändern.

Die in den vorigen Absätzen beschriebene mehrstufige Wiederholfunktion läßt sich ebenso durch die Verwendung von vier Richtungstasten (3.14g und h) erzielen. Diese Anordnungen sind bei mehr als dreistelligen Variablen leichter zu handhaben.

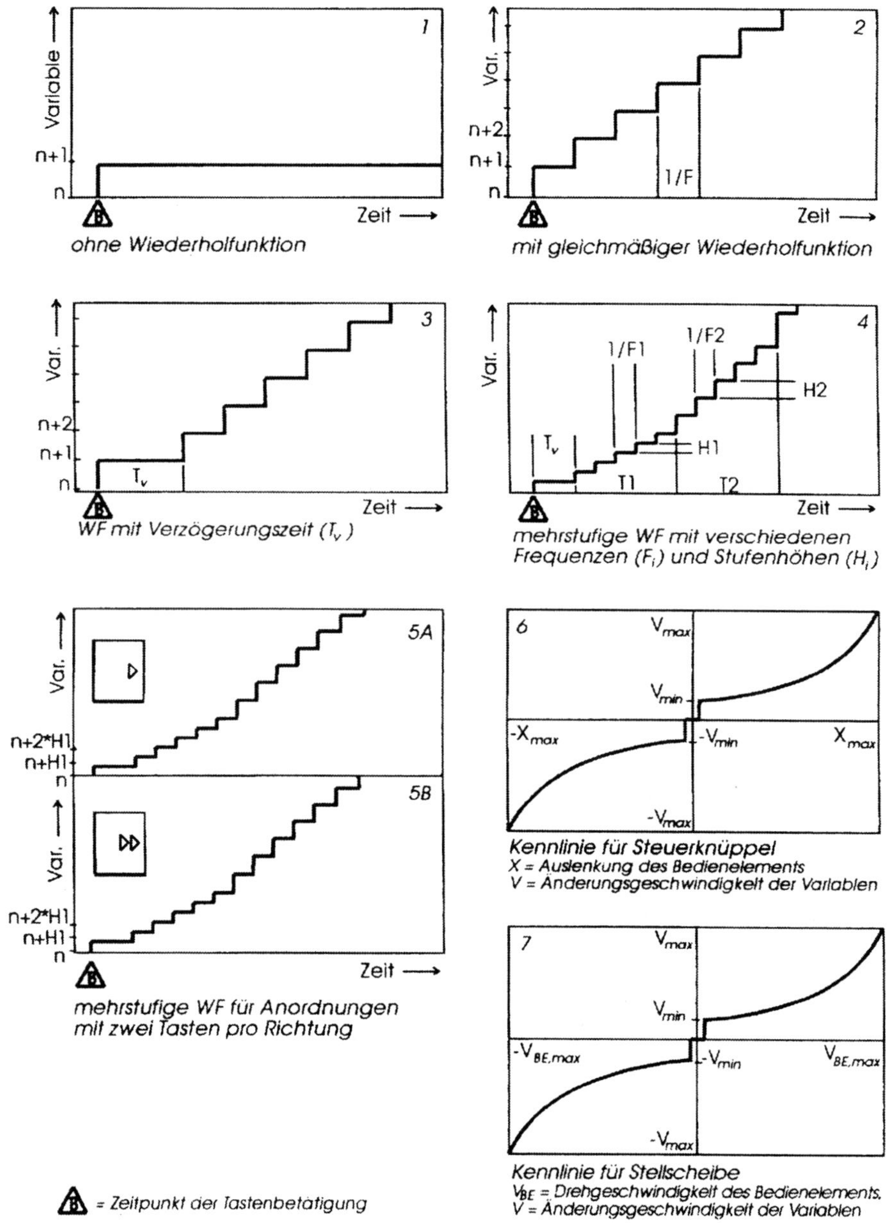

Bild 3.15: Wiederholfunktionen (*WF*) und Kennlinien für die Anordnungen aus Bild 3.14

Höchste Frequenz. Die höchste Frequenz jeder Wiederholfunktion soll so gewählt werden, daß jeder Wert der Variablen innerhalb von ca. 10 s eingestellt werden kann. Bei Anordnungen mit nur einer Richtungstaste muß daher in 10 s ein kompletter Durchlauf des Einstellbereiches möglich sein, bei zwei Richtungstasten nur ein halber Durchlauf. Die höchste Frequenz soll spätestens rund 10 s nach dem Beginn der Tastenbetätigung auftreten.

Zwischen der anfänglichen Frequenz von 2 Hz und der höchsten Frequenz ist die Frequenz in gleichen Zeitintervallen (T_1, T_2, ...) von rund 4 s zu erhöhen. Der Faktor, um den die Frequenz bei jedem Wechsel erhöht wird, soll mindestens 2 und höchstens 10 betragen. Der zeitliche Verlauf der Wiederholfunktion soll einer quadratischen Kurve ähnlich sein.

Die Diagramme von Bild 3.15 zeigen Beispiele für den zeitlichen Verlauf von Wiederholfunktionen.

Zu 3.15/1. Keine Wiederholfunktion. Bei jeder Tastenbetätigung wird der Wert der Variable um 1 erhöht. Geeignet nur für die Anordnungen 3.14b und d, wenn Blindbetätigung unbedingt notwendig ist, also etwa im Auto.

Zu 3.15/2. Gleichmäßige Wiederholfunktion. Die Frequenz ist konstant und beträgt idealerweise 2 Hz. Die Stufenhöhe H beträgt konstant 1. Geeignet für die Anordnungen 3.14c und d. Für einen ganzen Durchlauf des Einstellbereichs jeder Ziffer werden somit 5 s benötigt.

Zu 3.15/3. Wiederholfunktion mit Verzögerungszeit T_V, die zwischen 0,5 s und 2 s betragen soll. Man wählt also etwa $T_V = 1$ s und $F = 2$ Hz. Gut geeignet für die Anordnungen 3.14a–d. Insbesondere für Anordnungen mit nur einer möglichen Einstellrichtung (3.14a und b) sollte es unbedingt eine Verzögerungszeit geben, da nach einer versehentlichen Betätigung der Wiederholfunktion ein ganzer Durchlauf des Einstellbereichs notwendig ist.

Zu 3.15/4. Wiederholfunktion mit verschiedenen Frequenzen (f_i) und Stufenhöhen (H_i). Die Variable beginnt hier langsam zu laufen und wird dann immer schneller. Die Verzögerungszeit und der Verlauf im Intervall T_1 sind gleich wie beim vorigen Beispiel. Das Intervall T_1 dauert idealerweise 4 s. Anschließend wird entweder die Frequenz oder die Stufenhöhe oder beides erhöht. Falls die Änderungsgeschwindigkeit dann noch nicht ausreicht, um den Einstellbereich der Variablen in 10 s zu durchlaufen, kann nach einem weiteren Zeitintervall T_2 noch eine Erhöhung stattfinden.

Die Frequenz jeder, insbesondere der niedrigstwertigen (rechten) Dezimalstelle, darf nicht höher als 5 Hz sein.

Wiederholfunktionen dieses Typs sind für die Anordnungen in Bild 3.14e und f geeignet. Die Anzahl der verschiedenen Frequenzen und ihre Werte hängen besonders vom Einstellbereich der Variablen ab. Dieser muß – wie etwa bei Uhren und Rundfunkempfängern – ja nicht unbedingt von 00...0–99...9 reichen. Daher lassen sich nur Richtlinien, aber keine allgemein gültigen Empfehlungen zur Dimensionierung aufstellen.

In Bild 3.16 werden 6 Beispiele für die Dimensionierung von 3.15/4 angegeben. Bei den Beispielen r, s und t von Bild 3.16 beträgt die Frequenz f_2 = 5 Hz. Bei den Beispielen u, v und w betragen alle Frequenzen 2 Hz. Als Ausgleich müssen bei diesen größere Stufenhöhen (H_2 und H_3) gewählt werden.

Die Bedeutung der Abkürzungen ist in Bild 3.15/4 definiert. Für einen Einstellbereich von 100 Schritten (00–99, wie bei r und u) genügt es, die Frequenz oder Stufenhöhe einmal zu erhöhen. Für Einstellbereiche zwischen 200 (s und v) und 1000 Schritten (t und w) muß man drei verschiedene Frequenzen oder Stufenhöhen verwenden. Wesentlich mehr als 1000 Schritte können mit nur zwei Richtungstasten und Wiederholfunktion nicht mehr komfortabel eingestellt werden. Dazu sollte eine der Anordnungen gemäß Bild 3.14g–l verwendet werden.

Zu 3.15/5. Wiederholfunktionen für die Anordnungen nach Bild 3.14g und h. Den beiden Paaren von Richtungstasten sind im Prinzip identische Wiederholfunktionen mit verschiedenen Stufenhöhen zugeordnet. Bei den Tasten für niedere Geschwindigkeit ist die Wiederholfunktion (5A) gleich wie in 3.15/4 ausgeführt. Für die Tasten mit höherer Geschwindigkeit wird eine Wiederholfunktion (5B) mit denselben Parametern T_i und f_i wie bei 5A verwendet. Die anfängliche Stufenhöhe H_1 von 5B wird so gewählt, daß sie um den Faktor 2–10 größer als die größte Stufenhöhe von 5A ist. Das Verhältnis der Stufenhöhen H_1, H_2 und H_3 von 5B zueinander muß gleich wie bei 5A sein, da der Benutzer von zwei auf dieselbe Variable wirkenden Wiederholfunktionen gleiches Verhalten erwartet.

Parameter	Beispiel					
	r	s	t	u	v	w
T_V	1 s	1 s	1 s	1 s	1 s	1 s
T_1	4 s	3 s	3 s	3 s	4 s	3 s
H_1	1	1	1	1	1	1
f_1	2 Hz	2 Hz	2 Hz	2 Hz	2 Hz	2 Hz
läuft von – bis	2–9	2–7	2–7	2–7	2–9	2–7
T_2	∞	3 s	3 s	∞	4 s	3 s
H_2	1	1	3	2	2	5
f_2	5 Hz	5 Hz	5 Hz	2 Hz	2 Hz	2 Hz
läuft von – bis	10–	8–22	10–52	9–	11–25	12–37
H_3	-	2	9	-	5	25
f_3	-	5 Hz	5 Hz	-	2 Hz	2 Hz
ΔV in 10 s	50	100	450	40	100	500
Einstellbereich	00–99	000–199	000–999	00–99	000–199	000–999

Bild 3.16: Beispiele für die Dimensionierung von Wiederholfunktionen nach Bild 3.15/4. (T_i) und (H_i) werden in Bild 3.15/4 definiert; (ΔV) maximale Änderung der Variablen.

Die Anordnungen mit zwei Paaren von Richtungstasten sind für Variablen mit einem Einstellbereich zwischen 1 000 und 100 000 Schritten geeignet. Auch bei weniger als 1 000 Schritten können sie gut eingesetzt werden und ermöglichen dann eine Verkürzung der durchschnittlichen Eingabezeit gegenüber Anordnungen mit nur einem Paar von Richtungstasten.

Zu 3.15/6 – Kennlinie für die Eingabe von Variablen mit einem Steuerknüppel. Diese Kennlinie stellt das Übertragungsverhalten der Bedienelemente von Bild 3.14i und j dar. Bei diesen Bedienelementen handelt es sich, auch wenn man es nicht auf den ersten Blick erkennt, um eindimensionale selbstzentrierende analoge Steuerknüppel. Ihr Verhalten wird daher mit Hilfe einer Kennlinie (Übertragungsfunktion) beschrieben. Die Kennlinie zeigt den Verlauf der Änderungsgeschwindigkeit der Variablen (vertikale Achse) in Abhängigkeit von der Auslenkung des Bedienelements aus der Ruhelage (horizontale Achse).

Der Bereich um die Ruhelage in der mittleren Position des Steuerknüppels ist eine tote Zone, bewirkt also keine Änderung der Variablen. Damit soll vermieden werden, daß bei ungenauer Zentrierung des Bedienelements die Variable von selbst zu laufen beginnt. Wenn die tote Zone verlassen wird, beginnt die Variable mit der Geschwindigkeit V_{MIN} zu laufen. Ein günstiger Wert für V_{MIN} ist 2 Hz, also zwei Änderungen um je einen Schritt pro Sekunde. V_{MIN} darf nicht 0 sein, da eine Änderung einer diskreten Variable um weniger als einen Schritt pro Sekunde nicht mehr deutlich genug wahrnehmbar ist. Der weitere Verlauf der Kennlinie entspricht einer quadratischen Funktion, die definiert ist durch

$$V = k \times X^2 + V_{\mathrm{MIN}} \tag{3.1}$$

$$k = \frac{V_{\mathrm{MAX}} - V_{\mathrm{MIN}}}{X_{\mathrm{MAX}}} \tag{3.2}$$

Man erreicht damit, daß bei geringem Ausschlag des Bedienelements eine Feineinstellung möglich ist, gleichzeitig aber bei maximalem Ausschlag X_{MAX} eine rasche Verstellung der Variablen. Die Geschwindigkeit V_{MAX} muß so gewählt werden, daß damit ein Durchlauf des halben Einstellbereichs innerhalb von rund 15 s möglich ist. (Bei den vorher besprochenen Wiederholfunktionen beträgt diese Zeit nur 10 s, da die höchste Änderungsgeschwindigkeit bei einer Wiederholfunktion nicht sofort zur Verfügung steht.)

Die Stellscheibe (Bild 3.14k) ist ein Bedienelement mit kontinuierlicher Funktion, das bereits beschrieben wurde. Auch hier ist es sinnvoll, eine nichtlineare Kennlinie zu verwenden. Anders als bei 3.15/6 beschreibt die Kennlinie hier den Verlauf der Änderungsgeschwindigkeit der Variablen (vertikale Achse) in Abhängigkeit von der Änderungsgeschwindigkeit des Bedienelements (horizontale Achse).

Die Kennlinie ist ansonsten identisch mit 3.15/6. V_{MIN} soll ebenfalls 2 Hz betragen. Die Geschwindigkeit V_{MAX} muß so gewählt werden, daß damit ein Durchlauf des halben Einstellbereichs innerhalb von rund 15 s möglich ist. Die Drehgeschwindigkeit VBE_{MAX} der Stellscheibe, bei der V_{MAX} erreicht wird, soll abhängig von der Größe der Stellscheibe rund 3 Umdrehungen pro Sekunde betragen. Die tote Zone soll alle Drehgeschwindigkeiten der Stellscheibe von weniger als einer Umdrehung in 10–15 s umfassen.

Die in Bild 3.14 gezeigten Anordnungen für die Eingabe von Ziffern können nicht bewertet werden, ohne die verwendete Wiederholfunktion in die Bewertung einzubeziehen. Trotzdem sollen abschließend ihre wichtigsten Eigenschaften zusammengefaßt werden.

Nr	n	BE	m
a	5,5 * m	2	3–8
b	4,5 * m	n	1–4
c	3,5 * m	4	4–10
d	2,5 * m	2 * n	1–3
e	$0{,}5 * 10^m$	2	2–4
f	$0{,}5 * 10^m$	2	2–4
g	$0{,}5 * 10^m$	4	3–6
h	$0{,}5 * 10^m$	4	3–6
i	kontinuierlich	1	3–7
j	kontinuierlich	1	3–7
k	kontinuierlich	1	3–8
l	kontinuierlich	2	2–6
Telefontastatur	m	10	1–∞

Bild 3.17: Übersicht zu den Eigenschaften in Bild 3.14
(**a–k**) Bildnummern aus Bild 3.14, (**n**) Anzahl der notwendigen Tastenbetätigungen, die ohne Wiederholfunktion durchschnittlich zum Einstellen einer Variablen notwendig sind, (**m**) Anzahl der Dezimalstellen, welche die Variable besitzt, (**BE**) Anzahl der Bedienelemente (Tasten). Die Werte gelten für Variablen, deren Stellen einen Wertebereich von 0–9 annehmen können.

Richtlinien:

- *Die anfängliche Wiederholfrequenz sofort nach der Betätigung soll rund 2 Hz betragen.*
- *Bei mehrstufigen Wiederholfunktionen soll die jeweils nächsthöhere Frequenz nach rund 4 s auftreten. Die zweite Frequenz soll zwischen 4 Hz und 10 Hz, optimal bei 5 Hz liegen. Eine mehrstufige Wiederholfunktion soll einer quadratischen Kurve ähnlich sein.*

4 Anzeigeelemente

4.1 Allgemeines

Die Auswahl und Gestaltung der Anzeigeelemente für ein elektronisches Gerät ist viel einfacher als die der Bedienelemente. Das liegt daran, daß es bei den Anzeigeelementen nur eine relativ überschaubare Anzahl unterschiedlicher Arten gibt. Meist muß für eine gegebene Variable nur die Entscheidung zwischen der digitalen und der analogen Darstellung getroffen werden. Die Hauptarbeit liegt dann in der Optimierung der Darstellung, da bei Anzeigeelementen große Qualitätsunterschiede bestehen.

Variablen. Anzeigeelemente dienen zur Übermittlung von Information von der Maschine zum Menschen. Wie schon bei den Bedienelementen sprechen wir davon, daß diese Information als Wert einer Variablen vorliegt. Eine Variable kann diskret, also mit einer Anzahl möglicher Zustände, oder kontinuierlich, also stufenlos veränderlich sein.

Daten. Man darf dabei nicht übersehen, wie komplex und vielgestaltig diese Werte sein können. Die häufig in diesem Zusammenhang verwendete Bezeichnung „Daten" verleitet zu der Annahme, daß sich Information grundsätzlich am besten numerisch, also in Form von Zahlenwerten auffassen läßt. So spricht man etwa von Datenbanken, Datenverarbeitung und Datenübertragung. Aus diesen Bezeichnungen läßt sich das jedoch nur mit einer ganz wesentlichen Einschränkung ableiten: nämlich daß Information *für die Maschinen* am besten in Form numerischer Daten geeignet ist.

Bei der Gewinnung von Daten gilt daher heute im Bereich der Technik der Grundsatz, daß man Daten aller Art möglichst schnell digitalisieren, also in Zahlenwerte umwandeln soll. Bei der darauffolgenden Speicherung, Verarbeitung oder Übertragung der Daten, also bei allen rein technischen Vorgängen, lassen sich Probleme auf diese Weise am besten vermeiden.

Man kann heute beispielsweise numerische Daten so codieren, daß sie fehlerlos und abhörsicher übertragen werden können. Die Gewinnung numerischer Daten aus der in der Natur vorliegenden Information kann jedoch prinzipiell nicht mit beliebiger Genauigkeit erfolgen. Weiters ist die Einteilung dieser Information in Variablen, die dazu ja notwendig ist, nicht ohne Kompromisse möglich.

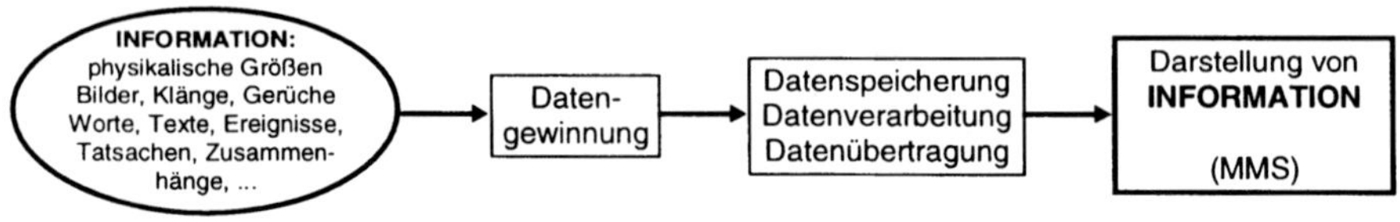

Bild 4.1: Die Problematik bei der Anzeige von Daten

Darstellung von Daten. Fehler oder einschränkende Voraussetzungen bei der Gewinnung und Digitalisierung der Daten werden erst dann zum Problem, wenn der Mensch mit ihnen in Berührung kommt, also bei der Darstellung mittels einer Mensch-Maschine-Schnittstelle. Hier muß also versucht werden, die Daten so darzustellen, daß der Mensch die Einschränkungen richtig erkennt und sich ein möglichst richtiges Bild von der ursprünglich vorliegenden Information macht.

Was ist nun alles unter der in der Natur bzw. in unserer Umwelt vorkommenden Information zu verstehen? Bild 4.1 versucht einen sicher unvollständigen Überblick darüber zu vermitteln:

Die Problematik besteht also darin, daß die Mensch-Maschine-Schnittstelle (MMS) mit Daten beliefert wird, gleichzeitig aber Information darstellen soll.

Dabei können natürlich keine Wunder vollbracht werden. Information, die bei der Gewinnung verlorengegangen ist, kann nicht regeneriert werden. Trotzdem muß sich der Entwickler der MMS immer bewußt sein, daß das Gerät primär *nicht die Aufgabe hat, Daten darzustellen.* Die für den Benutzer am besten geeignete Darstellung der eigentlichen, ursprünglichen Information kann mehr, aber auch weniger umfassen als die reine Darstellung der vorhandenen Daten.

Datenbanken. Die Bezeichnung „Datensichtgerät" zeugt von einer falschen Einstellung zum Gerät, das dann auch seiner Aufgabe nicht gerecht werden kann. Das hat zum Beispiel dazu geführt, daß die meisten Datenbanken sich „zu Datenfriedhöfen entwickelt haben", wie der Umwelt- und Systemwissenschafter Frederic Vester (1984) meint. Das Ablagern von Daten, das sehr gut funktioniert, wird als ihre Hauptaufgabe betrachtet. Die enthaltene Information wird jedoch im Verhältnis zum Aufwand kaum genutzt. Vester fordert daher eine „etwas intelligentere und auf den Benutzer abgestimmte Informatik", sowie eine dynamische, fächerübergreifende und aufgabenorientierte Verwaltung der Daten.

Man muß nicht nur den Zugang zu der gespeicherten Information erleichtern, sondern auch die Möglichkeiten des Rechners zur Gewinnung neuer Information über Systemzusammenhänge nutzen. Der Entwurf einer guten MMS kann sich also nicht auf die Gestaltung der Benutzeroberfläche beschränken. Er setzt bereits bei der Verarbeitung, Kombination und Auswahl der Daten an, um die spätere Darstellung der Information optimal vorzubereiten.

Andere Geräte. Welche Anzeigeelemente soll aber ein elektronisches Gerät besitzen, dessen Hauptaufgabe nicht das Vermitteln von Information ist? Bei der Reduzierung von Anzeigeelementen „verlagert sich die Zustandsüberwachung auf

- optische
  - analoge
  - digitale
  - bildhafte (symbolische)
  - situationsanaloge
  - virtuelle
- akustische
- taktile

} Anzeigeelemente

Bild 4.2: Grundtypen von Anzeigeelementen

die Merkfähigkeit des Menschen, die ohnedies den Engpaß der MMS darstellt" (Seeger 1992). Andererseits wirkt ein mit Anzeigeelementen überladenes Gerät unübersichtlich. Der Benutzer soll also nur die für ihn im Moment wichtige Information angeboten bekommen. Überwachungsaufgaben sollen so weit als möglich automatisiert werden.

Gleich wie bei den Bedienelementen gilt auch hier, daß für qualitativ unterschiedliche Variablen auch verschiedene Darstellungsformen verwendet werden sollen. Im folgenden werden die Kriterien beschrieben, nach denen für jede Variable das geeignete Anzeigeelement ausgewählt werden kann.

Information kann vom Menschen unter anderem in optischer, akustischer und taktiler Weise aufgenommen werden. Entsprechend stehen für jeden dieser Sinne Anzeigeelemente (AE) zur Verfügung. Wir unterscheiden nach der Art der Darstellung zwischen den in Bild 4.2 dargestellten Grundtypen.

4.2 Analoge Anzeigeelemente

Analoge Anzeigeelemente sind solche, bei denen der Wert der Variablen (also etwa eine physikalische Größe) auf eine Strecke oder einen Winkel abgebildet wird. Jeder mögliche Wert wird einem bestimmten Punkt oder Winkel zugeordnet, wobei der Zusammenhang durch eine bestimmte Funktion (linear, quadratisch, logarithmisch) festgelegt ist.

Analoge Anzeigeelemente besitzen entweder einen beweglichen Zeiger oder eine bewegliche Skala.

4.2.1 Anzeigeelemente mit beweglichem Zeiger

Bei Anzeigeelementen mit einem beweglichen Zeiger wird ein Anwachsen der Variable durch eine Bewegung des Zeigers nach rechts, nach oben oder im Uhrzeigersinn dargestellt. Die häufigsten Formen sind in Bild 4.3 zusammengefaßt.

Der Zeiger. Der Zeiger soll schlank und einfach geformt sein. Die Spitze muß sich vom nicht anzeigenden Ende deutlich unterscheiden. Ihre Breite entspricht

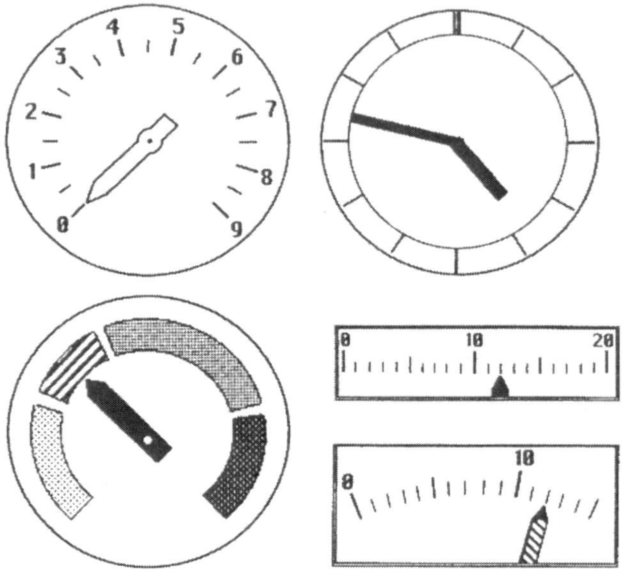

Bild 4.3: Analoge Anzeigeelemente mit beweglichem Zeiger, übersichtliche Gestaltung nach den Richtlinien aus Bild 4.4

der eines Teilstrichs (Burandt 1986). Der Zeiger kann am nicht anzeigenden Ende über die Achse hinausragen. Dieser Teil soll aber höchstens 1/3 der Länge des anzeigenden Teils haben. Durch die größere Gesamtlänge sind kleine Zeigerbewegungen leichter erkennbar (Woodson 1987).

Die Skala. Die Schwelle, bei der eine Winkelabweichung sicher erkannt wird, liegt bei über 10 Grad. Auf einem Vollkreis lassen sich somit 36, besser nur 30 unterscheidbare Klassen bilden. Zum schnellen und absolut zuverlässigen Ablesen sollte die vertraute 12er-Teilung mit 30°-Schritten verwendet werden (Burandt 1986).

Es ist besonders wichtig, daß weder die Teilstriche der Skala noch die Bezifferung von der Zeigerspitze überdeckt werden. Daraus folgt zwingend, daß bei einem Rundinstrument die Bezifferung außerhalb der Teilstriche liegt (Woodson 1987).

Die Teilstriche der Skala. Für die Gestaltung einer numerischen Skala gibt es in der Literatur sehr genaue und fast übereinstimmende Richtlinien. Die bezifferten Hauptteilstriche der Skala sollen bei ganzzahligen Vielfachen von 1 oder von 10 liegen.

- Gut sind also: 0, 1, 2, 3, ...
  0, 10, 20, 30, ...
- eventuell auch: 0, 100, 200, ...

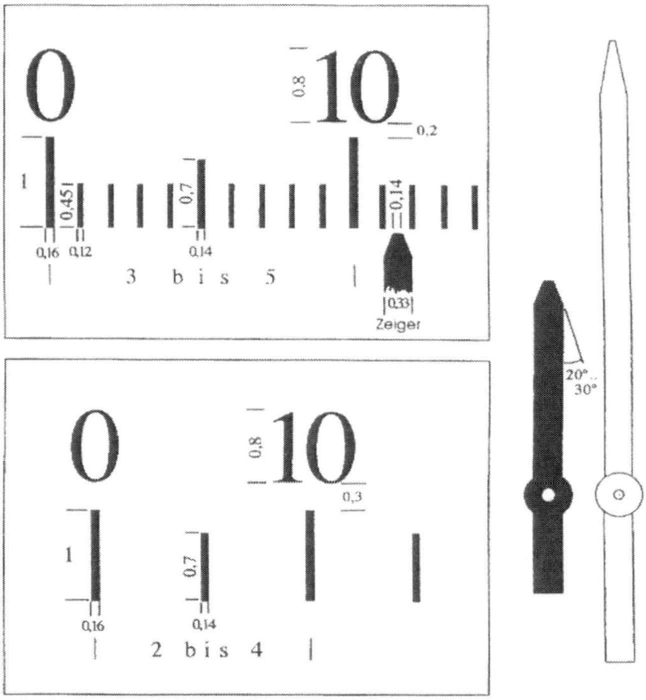

Bild 4.4: Dimensionierung von Skalen und Zeigern für analoge Anzeigeelemente. Die Werte sind Vielfache von $H = A/P$ (Formel 4.1) mit $90 < P < 150$ und A = Ableseentfernung. Sie entsprechen weitgehend Vorschlägen von Burandt (1986), Woodson (1987) und Grandjean (1991). Andere Skaleneinteilungen werden nicht empfohlen.

- Abgelehnt werden Skalen wie 0, 2, 4, 6, ...

Abgelehnt werden auch solche, bei denen keine ganzzahlige Werte vorkommen. Sie benötigen mehr Zeit zum Ablesen und verursachen mehr Fehler. Die einzigen erlaubten Ausnahmen sind Skalen für Zeit und Winkel, die mit Vielfachen von 3 bzw. 15, 30 oder 45 beziffert sind.

Zwischen zwei bezifferten Hauptteilstrichen liegen entweder ein mittelgroßer oder ein mittelgroßer und acht kleine Teilstriche. Andere Teilungen wie etwa vier Teilstriche (in Intervallen von 0,2) sind nicht empfehlenswert. Wenn nur der mittelgroße Teilstrich in der Mitte des Intervalls vorhanden ist, kann der Benutzer trotzdem auf 1/10 des Intervalls genau durch Schätzung der Proportionen ablesen.

Der Faktor *P*. Die Höhe der Hauptteilstriche H wird aus der Ableseentfernung A mit Hilfe eines Proportionalitätsfaktors P berechnet:

$$H = \frac{A}{P} \tag{4.1}$$

Die empfohlenen Werte sind $P = 90$ (Grandjean), $P = 130$ (Woodson), und $P = 150$ (Burandt). Alle anderen Abmessungen der Skala lassen sich dann aus dem Wert für H ableiten. Sie können aus Bild 4.4 entnommen werden.

Bei der Festlegung des Faktors P soll berücksichtigt werden, ob das Anzeigeelement unter ungünstige Bedingungen, also etwa in einem Fahrzeug, unter Zeitdruck, bei schlechter Beleuchtung oder von schwachsichtigen Benutzern verwendet wird. Dann ist ein eher kleinerer Wert von P zu wählen.

Der Kontrast. In jedem Fall aber soll die Skala möglichst kontrastreich sein. Schwarze Striche auf weißem Grund lassen sich besser ablesen als eine invers dargestellte Skala. Wenn dennoch ein dunkler Hintergrund notwendig ist, wie in einem Fahrzeug bei Nacht, sind doppelt so breite Teilstriche, Zeiger und Ziffern zu verwenden.

Der Beginn der Skala. Der kleinste Wert („Beginn") der Skala von runden Anzeigeelementen soll zwischen der 6 Uhr- und der 9 Uhr-Position liegen. Diese Konvention ist besonders dann wichtig, wenn das Anzeigeelement aus größerer Entfernung kontrolliert wird und der Benutzer nur mehr die Zeigerstellung, aber nicht mehr die Skala erkennen kann.

Bereichsmarkierungen. Zusätzlich zu oder anstelle einer Skala können farbige Bereichsmarkierungen, Symbole oder Beschriftung mit Text verwendet werden. Um die Komplexität des Anzeigeelementes klein zu halten, sollen nur dort Skalen und Ziffern verwendet werden, wo es wirklich darum geht, Werte abzulesen. Für reine Überwachungsaufgaben kann ein Anzeigeelement besser geeignet sein, das nur Bereiche wie zum Beispiel „normal, warm, heiß" mit farbigen Feldern anzeigt. Dadurch werden die Ablesezeit und die Fehlerrate verringert. Für die Farben der Bereichsmarkierungen gibt es die in Bild 4.5 gezeigten Standards.

Die Symbolik der Farben kann natürlich auch bei anderen Gelegenheiten wie bei der Farbgebung von Bedienelementen oder Kontrolleuchten verwendet werden.

Farbe	Bedeutung	RAL-Kennzahl
rot	aktuelle Gefahr, Alarm	3000
gelb	drohende Gefahr, Vorsicht	1004
grün	Freigabe, Sollverhalten	6001
schwarz	Information, Hinweis	9005

Bild 4.5: Farben für Bereichsmarkierungen von analogen Anzeigen (Burandt 1986, DIN VDE 0199)

Blickwinkel. Anzeigeelemente sollen auch abgelesen werden können, wenn der Benutzer nicht senkrecht auf ihre Oberfläche blickt. Zur Vermeidung von Parallaxfehlern kann der Zeiger in der gleichen Ebene wie die Skala angebracht wer-

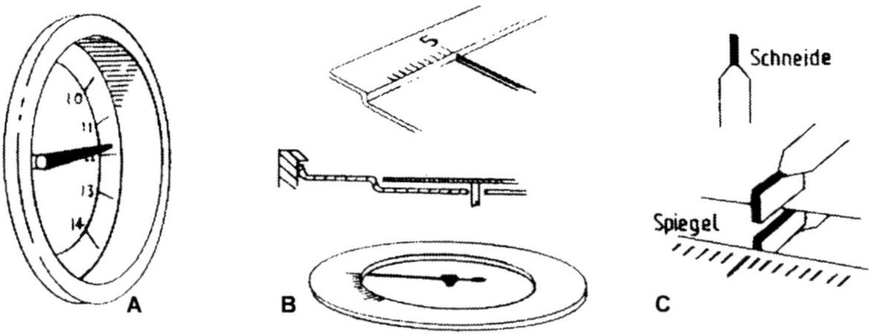

Bild 4.6: Gehäuseform, die schräges Ablesen unmöglich macht; **A, B**: Skala und Zeiger in einer Ebene (Woodson 1987); **C:** Spiegelskala (Burandt 1986)

den. Es kann auch eine Schneide und eine Spiegelskala verwendet werden (Bild 4.6). Das Anzeigeelement soll bei schräger Betrachtung auch nicht von seinem eigenen Gehäuse verdeckt werden. Dieser Fehler kann besonders häufig auch bei digitalen Anzeigeelementen beobachtet werden.

Symmetrie. Bei der Anordnung und Bezifferung der Skalen muß keine Symmetrie erzeugt werden. Wie Bild 4.3 (unten) zeigt, kann eine Skala durchaus den Bereich von 0–15 darstellen, ohne daß die Zahl 15 explizit angeschrieben ist.

Die Anzeigeelemente aus Bild 4.3 sind nach den in Bild 4.4 dargestellten Richtlinien gestaltet. Die Verkürzung der Ablesezeit durch übersichtliche Anzeigeelemente ist beträchtlich und nicht leicht experimentell zu überprüfen.

Form. Noch schneller ablesbar und fehlersicherer sind runde Anzeigeelemente. Bei ihnen ist der Zeiger vollständig sichtbar und seine Stellung oder Bewegung kann auch aus größerer Entfernung gut erkannt werden. Ergonomisch gute – auch virtuelle – analoge Skalen sollten daher rund sein, auch wenn modische Überlegungen dagegen sprechen.

4.2.2 Anzeigeelemente mit beweglicher Skala

Bei Anzeigeelementen mit einer beweglichen Skala wird ein Anwachsen der Variable durch eine Bewegung der Skala nach links, nach unten oder bei runden Skalen in jedem Fall gegen den Uhrzeigersinn dargestellt.

Das Fenster. Für die Gestaltung der Skala und des Zeigers gelten hier ebenfalls die Richtlinien aus Bild 4.4. Die Skala kann auf einer Scheibe oder auf einem Zylinder angebracht sein. Im Gehäuse ist ein Fenster, durch welches die Skala auf einer Länge von mindestens dem doppelten Abstand zwischen zwei bezifferten Teilstrichen sichtbar ist. Dadurch sind stets mindestens zwei bezifferte Teilstriche sichtbar. Wenn nur einer sichtbar wäre, könnte der Benutzer nicht zweifelsfrei feststellen, ob der angezeigte Wert größer oder kleiner als der bezifferte Wert ist.

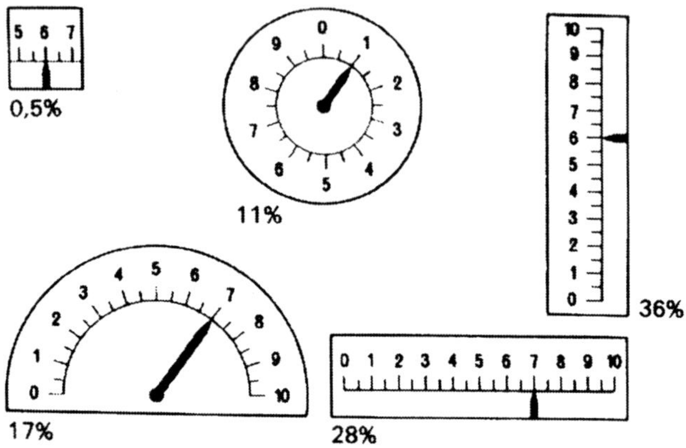

Bild 4.7: Fehlablesungen bei einer Expositionszeit von 0,12 s in Abhängigkeit von der Form des Anzeigeelements (Grandjean 1991, nach Sleight). Die geringste Rate von Fehlablesungen (0,5 %) weist das Anzeigeelement mit beweglicher Skala auf (**links oben**).

Der Zeiger. Der Zeiger ist fest in der Mitte des Fensters montiert. Neben dem geringeren Platzbedarf ist das der große Vorteil dieser Anzeigeelemente. Bei sehr schnellem Ablesen geht keine Zeit zur Lokalisierung des Zeigers verloren. Solche Fenster-Anzeigeelemente weisen daher bei Versuchen mit begrenzter Expositionszeit die geringste Rate von Fehlablesungen auf (Bild 4.7).

Die Skala. Bei horizontal laufenden Zylinderskalen befindet sich der Zeiger am unteren Rand des Fensters, bei vertikal laufenden rechts. Bei Scheibenskalen, deren Teilstriche außen weiter auseinander liegen, ist der Zeiger immer am äußeren Rand des Fensters angebracht, die Bezifferung daher immer innen. Das Fenster zeigt meist einen Ausschnitt der Scheibenskala bei der 12 Uhr-Position (wie in Bild 4.8 Mitte), es kann aber auch bei der 3-, 6-, und 9 Uhr-Position liegen.

Das Walzenzählwerk (Bild 4.8 rechts) nimmt eine Sonderstellung zwischen analogen und digitalen Anzeigeelementen ein. Die Ziffern sollten sich nicht kontinuierlich, sondern annähernd schrittweise bewegen, sodaß sie meistens alle in

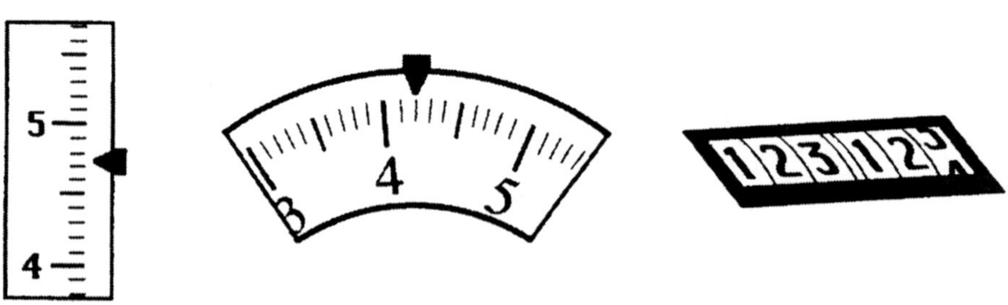

Bild 4.8: Anzeigeelemente mit beweglicher Skala: von links Zylinderskala, Scheibenskala, pseudo-digitale Skala (Zähler)

einer Reihe stehen. Zwischen Gruppen von jeweils drei Ziffern ist ein größerer Abstand vorzusehen. Links von der höchstwertigen nichtverschwindenden Ziffer sollen Leerstellen statt Nullen angezeigt werden (Burandt 1986).

4.2.3 Vergleich analoger Anzeigeelemente

Alle Anzeigeelemente mit beweglicher Skala haben den Nachteil, daß sie aus größerer Entfernung nicht so gut ablesbar sind wie solche, bei denen die Richtung der Zeigerstellung sichtbar ist. Seit der Entwicklung digitaler Anzeigeelemente werden bewegliche Skalen von diesen verdrängt. Ähnliches gilt für die linearen Skalen mit beweglichem Zeiger. Daher kann man zusammenfassend sagen:

Wenn aus ergonomischen Gründen analoge Anzeigeelemente verwendet werden, kommen dafür nur die drei runden, in Bild 4.3 unten dargestellten Formen mit Dreiviertel- oder Vollkreisskala in Betracht.

Beschriftung. Die Beschriftung der Anzeigeelemente soll klar und übersichtlich sein. Jedes Anzeigeelement muß mit der zur angezeigten Größe gehörigen Dimension (z. B. kg, °C, A, V) versehen werden. Die Dimension wird mit dem jeweiligen standardisierten Kürzel in derselben Farbe und Schrift wie die Skala angegeben.

Über oder unter dem Anzeigeelement auf dem Gehäuse soll zudem noch eine kurze anschauliche Bezeichnung der angezeigten Größe angegeben werden. Diese soll im Gegensatz zur Dimension nicht abgekürzt werden. Auch eine im Computerprogramm oder beim Hersteller intern verwendete Kurzbezeichnung ist hier meist nicht sinnvoll. Die Bezeichnung soll dem unerfahrenen Benutzer bei der Bildung eines Systembilds helfen und daher möglichst selbsterklärungsfähig sein.

Die Art der Bezeichnungen aller Elemente der Mensch-Maschine-Schnittstelle soll untereinander konsistent sein. Analogien zwischen Anzeige- und Bedienelementen sollen durch sie sichtbar gemacht werden.

Richtlinien:

- *Zwischen zwei bezifferten Hauptteilstrichen liegen entweder ein mittelgroßer oder ein mittelgroßer und acht kleine Teilstriche. Andere Skalenteilungen werden nicht empfohlen.*
- *Die Höhe der Hauptteilstriche H wird aus der Ableseentfernung A und dem Proportionalitätsfaktor P mit $90 < P < 150$ berechnet ($H=A/P$).*
- *Der Zeiger darf die Skalenteilstriche und die Ziffern nicht überdecken.*
- *Der Beginn der Skala von runden Anzeigeelementen soll zwischen der 6 Uhr- und der 9 Uhr-Position liegen.*
- *Anzeigeelemente sollen auch abgelesen werden können, wenn der Benutzer nicht senkrecht auf ihre Oberfläche blickt.*

4.3 Digitale Anzeigeelemente

Digitale Anzeigeelemente sind solche, deren Variable eine bestimmte Zahl unterschiedlicher Werte annehmen kann. Das einfachste ist das binäre Anzeigeelement (Signal), das zwei Zustände kennt. Sie werden zum Beispiel durch die zwei Betriebszustände („Ein“, „Aus“) einer Glühlampe, einer Leuchtdiode oder eines Flüssigkristall-Segmentes dargestellt.

4.3.1 Binäres Anzeigeelement

Nur der Betriebszustand „Ein“ ist fehlersicher interpretierbar, das heißt, daß der Benutzer sich auf die Richtigkeit verlassen kann. Das Gerät muß so konstruiert sein, daß ein Fehler oder Systemausfall nie zum unkontrollierten Aufleuchten eines Signals führt. Anders ist das beim Betriebszustand „Aus“, der grundsätzlich drei Ursachen haben kann:

1. Das Gerät ist ausgeschaltet.
2. Das Anzeigeelement funktioniert nicht.
3. Das Anzeigeelement zeigt wirklich „Aus“.

Eigentlich ist ein binäres Signal nur dazu geeignet, um einen einzigen Zustand bzw. ein Ereignis anzuzeigen. Es gibt binäre Variablen, bei denen beide Zustände etwa gleich wichtig sind und dem Benutzer gleichermaßen auffallen sollen.

In diesem Fall wählt man besser ein aus zwei alternierenden Lampen (Dioden) bestehendes binäres Anzeigeelement. Ein Beispiel für redundante, dafür aber fehlersicher interpretierbare Darstellung finden wir bei Verkehrsampeln.

Redundanz. Mit einem Anzeigeelement aus N binären Signalen können 2^N verschiedene Zustände dargestellt werden. Wie schon das Beispiel des binären Signals zeigt, wird die Darstellung fehlersicherer und entlastet den Benutzer, wenn diese Zustände nicht alle zur Informationsdarstellung verwendet werden. Wie in der Nachrichtentechnik gilt hier der Grundsatz: Je mehr Redundanz, das heißt je weniger Information übertragen wird, desto fehlersicherer ist die Übertragung.

In unserem Fall bedeutet das, daß ein Zustand des Gerätes, den der Benutzer nur aus der Kombination der Zustände mehrerer binärer Signale herauslesen kann, von diesem leicht übersehen wird. Es handelt sich dabei oft um Dinge, die dem Entwickler des Gerätes ganz offensichtlich erscheinen („Wenn A leuchtet während B nicht aktiv ist, dann kann nur C eingetreten sein.“). Solche Zusammenhänge sind jedoch dem Benutzer oft völlig fremd, weil er sich von dem Gerät noch kein Systembild oder nur ein völlig unzutreffendes Systembild gemacht hat (siehe Kapitel 1).

Wenn hingegen redundante, also überflüssige Signale zu den notwendigen hinzugefügt werden, um ein solches Ereignis anzuzeigen, kann es auch von einem ungeübten oder abgelenkten Benutzer nicht so leicht übersehen werden.

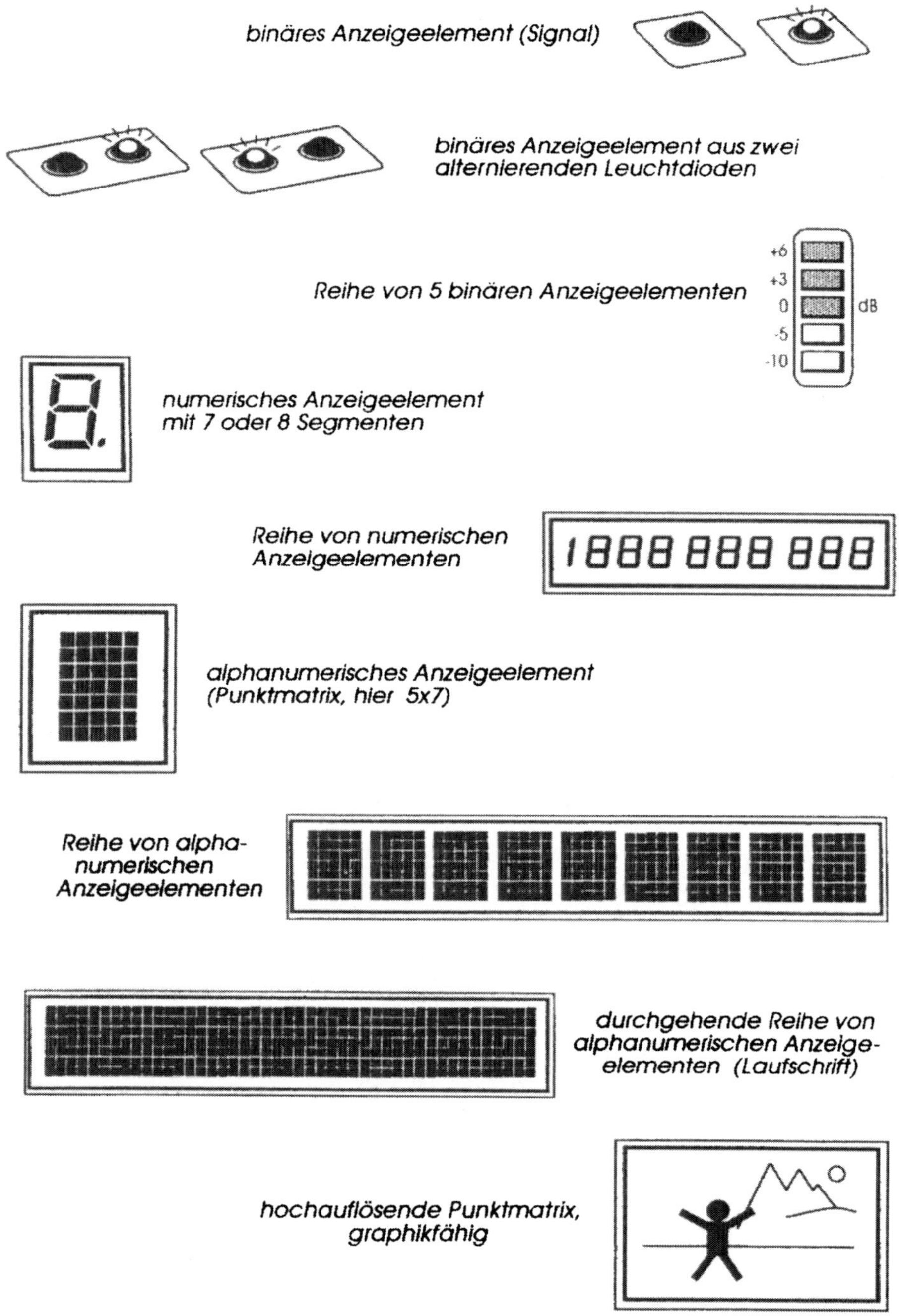

Bild 4.9: Digitale Anzeigeelemente

Charakteristika von binären Anzeigeelementen. Bei der Verwendung von Leuchtdioden und Glühlampen müssen weiters eine Reihe von Charakteristika festgelegt werden: Größe, Form, Farbe, eventuell Blinkfrequenz, Helligkeit, Beschriftung und Anordnung.

Es ist wünschenswert, daß sich binäre Anzeigeelemente, die völlig verschiedenartige Variablen anzeigen, auch in ihrer Größe, Form und Farbe, eventuell auch durch Blinken voneinander deutlich unterscheiden. Eine Reihe gleichförmiger und nur verschiedenfarbiger Leuchtdioden mag zwar wohlgeordnet und ästhetisch aussehen, jedoch wird darin ein nur selten aktives Fehlersignal zwischen anderen, die routinemäßig aufleuchten, leicht zu übersehen sein.

Größe. Die Größe von binären Anzeigeelementen hängt von der Distanz ab, aus der sie der Benutzer wahrnehmen können muß. Als Richtwert gilt die einfache bis doppelte Größe der Großbuchstaben eines Textes, den man in derselben Entfernung bequem lesen kann. Signale, die die Aufmerksamkeit eines Benutzers erregen sollen müssen vier- bis achtmal so groß wie Text sein.

Form. Als Form können klare, einprägsame Grundformen, aber auch symbolhafte Formen verwendet werden. Wichtig ist, daß gleich geformte Anzeigeelemente vergleichbare Variablen darstellen. Auch zu Bedienelementen können Analogien hergestellt werden. Gleichzeitig soll aber auf den ersten Blick erkennbar sein, ob es sich um ein Anzeige- oder Bedienelement handelt (Bild 4.10).

Der Querschnitt soll zusammen mit der Form des umgebenden Gehäuses einen Blickwinkelbereich von rund 180 Grad vertikal und horizontal erlauben. Insbesondere Glasabdeckungen und Vertiefungen können diesen stark einschränken. Gut sichtbar sind hingegen Kugelsegmente, die aus dem Gehäuse herausragen und

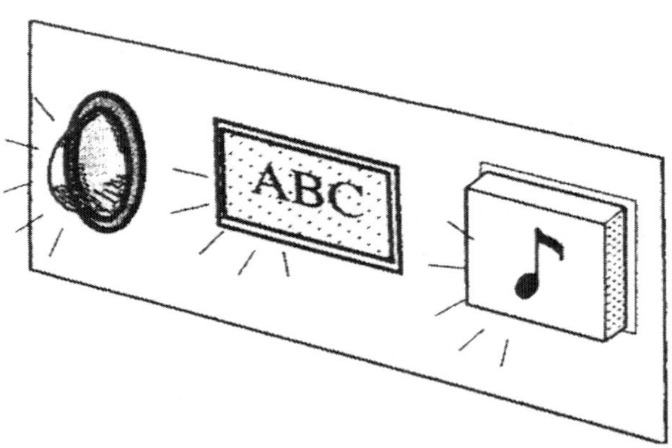

Bild 4.10: Drei von innen beleuchtete Elemente in einer Gehäusefront. Das linke ist eindeutig als binäres Anzeigeelement zu erkennen. Beim rechten handelt es sich zweifellos um eine Taste mit Betätigungsweg, also ein Bedienelement, das gedrückt werden muß. Sie leuchtet, um Rückmeldung über den Zustand der Variablen („Ein") zu geben. Was aber ist das Element in der Mitte? Falls es sich um eine Taste handelt, in welchem Zustand ist sie?

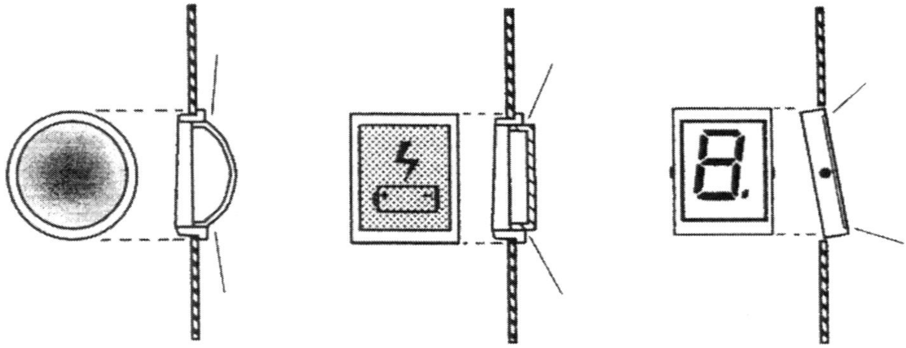

Bild 4.11: Drei Anzeigeelemente in Aufsicht und Querschnitt. Links und in der Mitte wird ein großer Blickwinkelbereich durch die Form des Elements ermöglicht. Das numerische Anzeigeelement rechts, das selbst keinen großen Blickwinkelbereich erlaubt, ist dafür um die horizontale Achse schwenkbar.

dreh- oder schwenkbare Gehäuseteile (Bild 4.11). Bei stapelbaren Gehäusen kann es vorkommen, daß der Benutzer vor einem solchen Stapel stehend auf das unterste Gerät oder sitzend auf das oberste Gerät blickt. Bei flachen Tischgeräten kann die Blickrichtung wiederum eine große seitliche Komponente haben.

Für die Wahl der Farbe können die Richtlinien von Bild 4.5 verwendet werden.

Blinkfrequenz. Die Blinkfrequenz kann zwischen 3 und 10 Hz liegen, wobei 4 Hz optimal ist (Burandt 1986). Frequenzen von 5–10 Hz wirken aufgeregt und alarmierend. Nur solche Signale sollen blinken, die selten und kurzzeitig auftreten und eine sofortige Reaktion vom Benutzer verlangen.

Helligkeit. Die Helligkeit von Anzeigeelementen ist ein wichtiger ergonomischer Faktor. Für die Wahl der Helligkeit ist die Farbe des umgebenden Gehäuses, besonders aber die Umgebungshelligkeit maßgebend. Da das Auge sich an diese anpaßt, kann dieselbe Leuchtdiode bei Tag fast unsichtbar, in der Nacht jedoch viel zu hell wirken. Eine Möglichkeit zum Einstellen der Helligkeit der Anzeigeelemente ist eine Mindestanforderung, die von jedem Gerät erfüllt werden muß. Komfortabler ist eine zusätzliche automatische Anpassung an die Umgebung mit Hilfe eines lichtempfindlichen Bauelements.

Beschriftung. Die Beschriftung (siehe auch 4.2.3) soll übersichtlich sein und gleichzeitig mit dem Gesamtkonzept der Anordnung aller (Bedien- und Anzeige-) Elemente der MMS gestaltet werden. Beschriftungen werden meist oberhalb der Elemente angeordnet, da die Augenhöhe des Benutzers höher als das Gerät liegt. Andernfalls liegen die Beschriftungen unterhalb, jedenfalls aber alle auf der gleichen Seite. Beschriftungen dürfen nie gleich nahe bei zwei Elementen liegen. Ihre Zuordnung muß also eindeutig möglich sein.

Anordnung. Die Anordnung der Elemente soll nicht monoton, sondern charakteristisch und einprägsam sein. Sie soll dazu beitragen, ein Systembild zu vermitteln. Elemente, die in einem inneren Zusammenhang stehen, sollen in einer Gruppe angeordnet werden oder auf einer gemeinsamen Farbfläche oder innerhalb einer Umrandung liegen. Symmetrie wirkt im allgemeinen nicht einprägsam. Sie erschwert das Wiedererkennen einzelner Elemente und ist daher zu vermeiden.

4.3.2 Digitale Anzeigeelemente für mehr als 1 Bit Information

Digitale Anzeigeelemente zur Darstellung von mehr als einem Bit Information bestehen aus einer Reihe oder aus einer matrixförmigen Anordnung von Elementen (z.B. Glühbirnen, Leuchtdioden oder Flüssigkristall-Segmenten).

Reihe von Anzeigeelementen. Eine Reihe von 1-Bit-Elementen (Bild 4.12) ist die einfachste digitale Nachbildung eines analogen Anzeigeelements. Auch wenn sie mit analogen elektronischen Bauelementen gebaut werden kann, ist die Art der Darstellung für den Benutzer diskretisiert, also digital. Die Reihe muß aus mindestens 4–5 Elementen bestehen. Der Wert einer kontinuierlichen Variablen wird damit als Säule näherungsweise dargestellt. Nur Änderungen der Variablen mit einer Signalamplitude, die größer als die Schrittweite zwischen zwei Elementen ist, sind darstellbar.

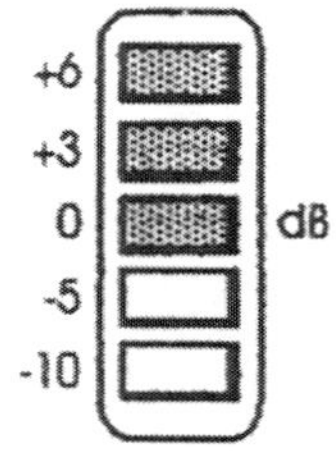

Bild 4.12: Reihe von 5 Anzeigeelementen

Die Elemente stellen nicht ein beliebiges Muster dar, sondern eine Säule von einem Ende der Reihe bis zu einem bestimmten Element. Daher beträgt der Informationsinhalt einer Reihe mit N Elementen nicht N Bit, sondern nur $\mathrm{ld}\,(N+1)$ Bit. Man kann auch sagen, daß nur das oberste Element der jeweils angezeigten Säule Information darstellt, während alle links oder unterhalb gelegenen „automatisch" leuchten.

Gegenüber einem analogen Anzeigeelement hat die Reihe Vor- und Nachteile. Der Nachteil ist das durch die Schrittweite begrenzte Auflösungsvermögen. Der Vorteil ist die wesentlich größere maximale Änderungsgeschwindigkeit. Daher kommt auch die Bezeichnung „Spitzenwertanzeige", weil die in der Audiotechnik auftretenden Signalspitzen in Echtzeit angezeigt werden können. Ein Zeigerinstrument hat hingegen integrierendes Verhalten.

Man kann aber mit einer Reihe von Elementen gleichzeitig zum Momentanwert eine Näherung an die Intensitätshüllkurve anzeigen. Das wird erreicht, indem nach einem Spitzenwert das oberste Element aktiv bleibt, auch wenn die Säule schon abgesunken ist, und erst nach einiger Zeit (2–4 s bei Audiosignalen) wieder auf die Säule „hinunterfällt".

Mit mehreren Reihen nebeneinander kann man ein dynamisches Balkendiagramm bilden. Wenn auch eine einzelne Reihe für genaues Ablesen von Werten schlecht geeignet ist, kann man sich mit einem Balkendiagramm schnell ein Bild über die Größenverhältnisse mehrerer Variablen bilden, z. B. über die Intensitätsverteilung eines Audiosignals über verschiedene Frequenzbereiche.

4.3.3 Numerisches Anzeigeelement

Ein numerisches Anzeigeelement bildet mit meist sieben Segmenten (binären Anzeigeelementen) ein eckiges Abbild der Ziffer „8" nach. Alle anderen Ziffern werden dadurch dargestellt, daß nur einzelne Segmente aktiv sind. Auch wenn die eckigen Ziffern anfangs ungewohnt und futuristisch gewirkt haben, haben sich die Benutzer an diese inzwischen weitverbreiteten Anzeigeelemente gewöhnt. Die Form der Segmente (Bild 4.9), die leicht nach rechts geneigte Anordnung und natürlich die Art, in der die Ziffern gebildet werden, sind zu einem Standard geworden.

Für größere Zahlen werden Reihen von solchen Anzeigeelementen verwendet. Ähnlich wie bei Walzenzählwerken wäre ein größerer Abstand zwischen Gruppen von je drei Ziffern wünschenswert. Leider werden meist vorgefertigte numerische Elemente verwendet, die dieser ergonomischen Forderung nicht gerecht werden. Links von der höchstwertigen nichtverschwindenden Ziffer sollen Leerstellen und keine Nullen angezeigt werden.

Auch 13 der 26 Buchstaben können mit numerischen Anzeigeelementen leserlich dargestellt werden (ACEFHIJLOPSUY). Das kann genügen, um einige Hinweise oder Menüpunkte zu schreiben, ist aber nicht sehr gut leserlich. Wo oft Text angezeigt werden muß, soll unbedingt eine Punktmatrix verwendet werden.

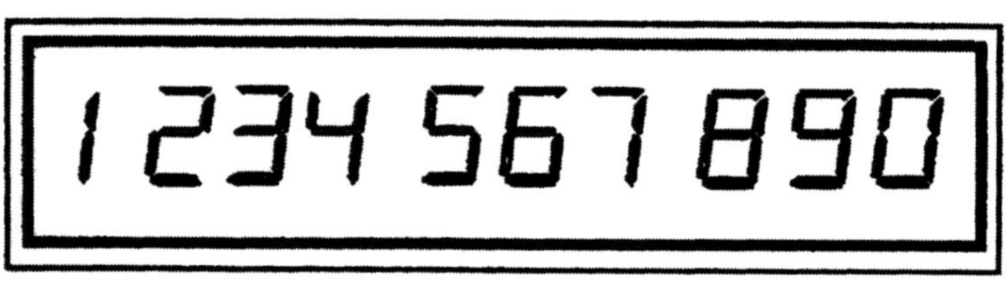

Bild 4.13: Darstellung von Ziffern auf einem Anzeigeelement mit 7 Segmenten

4.3.4
Alphanumerisches Anzeigeelement

Ein alphanumerisches Anzeigeelement besteht aus einer Matrix von mindestens 5×7 Punkten. Mit so einer Matrix lassen sich bereits alle Buchstaben, Ziffern und Sonderzeichen gut leserlich darstellen. Die folgenden zwei Seiten zeigen einen Vorschlag für einen Zeichensatz einer 5×7-Matrix. Beim Entwurf bzw. bei der Auswahl der Zeichen wurde auf folgende Eigenschaften geachtet:

- Die Zeichen sollen auch aus der Ferne gut leserlich sein.
- Jedes Zeichen soll sich von allen anderen deutlich unterscheiden.
- Die Zeichen sollen formschön sein und nicht rechts- oder linkslastig wirken.

Obwohl oder gerade weil so wenig Bildpunkte pro Matrix zur Verfügung stehen, ist der Entwurf eines Zeichensatzes keine einfache Angelegenheit. Man sollte ihm genug Zeit widmen. Das Hauptproblem ist die konstante Breite der Matrizen. Manche Buchstaben lassen sich kaum unterbringen (M, m, W, w), andere wieder müssen verbreitert werden, um nicht verloren zu wirken (i, j, f, l, t, r, I). Dazu verwendet man bei den letzteren Serifen, also kleine Querstriche als Abschluß mancher Linien.

Die konstante Breite und zusätzlich sehr geringe Auflösung der Matrizen erfordert also eine Schrift, die aus Buchstaben mit ganz unterschiedlichem Stil zusammengesetzt ist. Das Problem besteht nun darin, wie man trotzdem ein relativ ansprechendes und fehlerfrei lesbares Schriftbild erhält. Der folgende Vorschlag (Bilder 4.14 und 4.15) besteht zum Großteil aus Buchstaben und Ziffern, die einem von drei existierenden Zeichensätzen entnommen sind. Auch diese haben untereinander sehr viele gemeinsame Zeichen, da eine 5×7-Matrix keinen großen formalen Spielraum zuläßt.

Invertierte Zeichen. Wenn ein Zeichen besonders hervorgehoben werden soll, besteht die Möglichkeit, es invers darzustellen. Dabei wird aber die Lesbarkeit deutlich schlechter, da den Zeichen ja Rechtecke überlagert werden, die sich deutlicher vom Hintergrund abheben als von den Zeichen. Man erkennt, daß die Inversion nicht sehr sinnvoll ist. Die Lesbarkeit von nicht invertierten Zeichen ist dann am besten, wenn die nicht aktiven Bildpunkte die gleiche Farbe wie der Hintergrund haben, also möglichst unsichtbar sind.

Bild 4.14: Vorschlag für einen alphanumerischen Zeichensatz zur Darstellung auf einer 5×7-Matrix. Einige Zeichen sind einem der folgenden Zeichensätze entnommen: TechniSat 5001 DSR-UKW, Hewlett-Packard HP42S, Apple Geneva Bildschirmschrift (Copyright Apple, Inc.), Tietze-Schenk (1994)

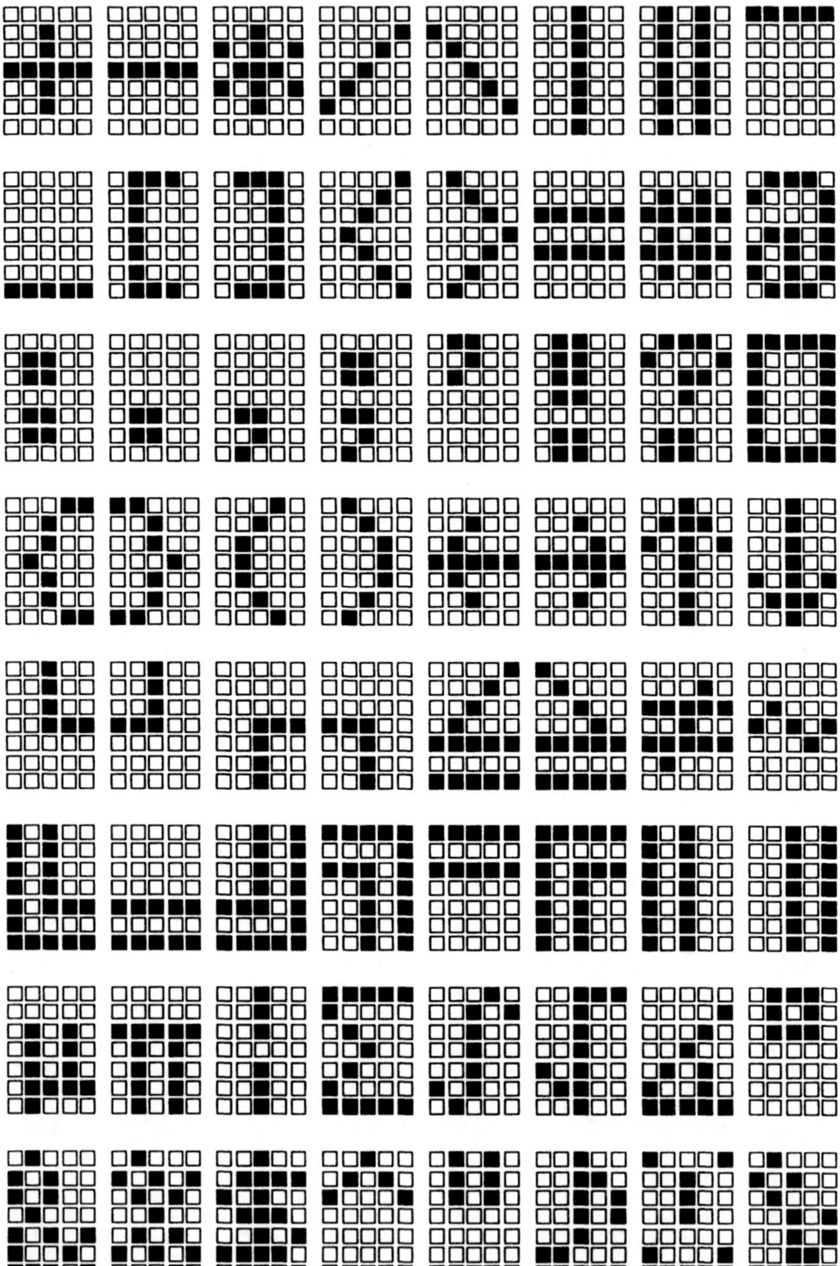

Bild Bild 4.15: Vorschlag für einen alphanumerischen Zeichensatz zur Darstellung auf einer 5×7-Matrix. Einige Zeichen sind einem der folgenden Zeichensätze entnommen: TechniSat 5001 DSR-UKW, Hewlett-Packard HP42S, Apple Geneva Bildschirmschrift (Copyright Apple, Inc.), Tietze-Schenk (1994)

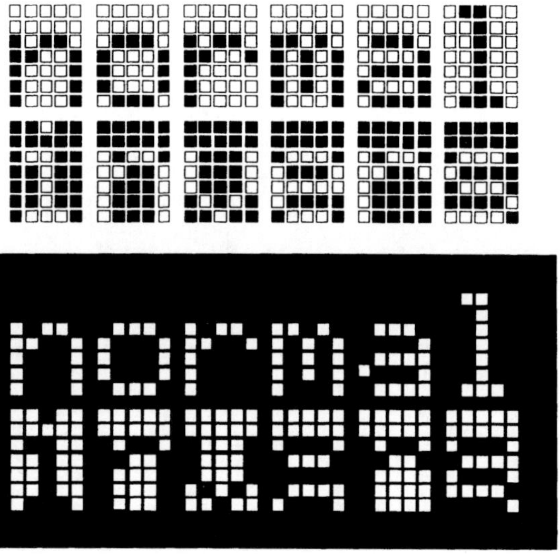

Bild 4.16: Normale und inverse Darstellung von Zeichen auf einer 5×7-Matrix

Großschreibung. Da also die inverse Darstellung zu schlecht lesbar ist, bleibt bei dieser Art von Anzeigeelementen nur noch die Großschreibung zum Hervorheben von Zeichen. Im allgemeinen wird Großschreibung nicht empfohlen, weil dadurch alle Wörter einen rechteckigen Umriß bekommen. Nur bei Verwendung von Groß- und Kleinbuchstaben hat der Benutzer die Möglichkeit, ganze Wörter aufgrund ihrer Umrisse auf einen Blick zu erkennen. Die Umrisse werden durch den Anfangsbuchstaben sowie die Ober- und Unterlängen und Punkte der Kleinbuchstaben geprägt. Da aber unsere 5×7-Matrizen ohnehin keine Unterlängen zulassen, ist Großschreibung in diesem Fall noch die geeignetste Art der Hervorhebung.

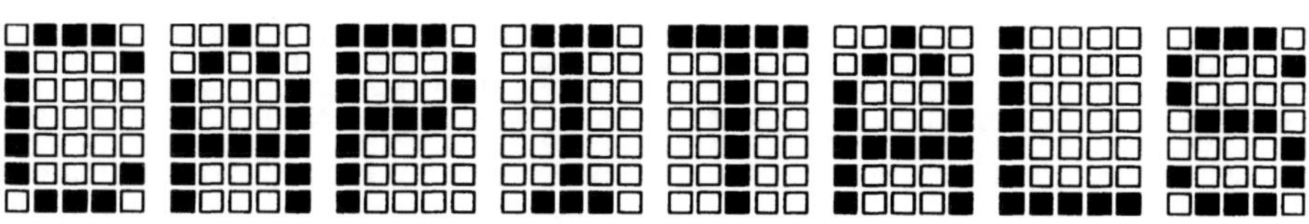

Bild 4.17: Großschreibung zur Hervorhebung von Wörtern bei 5×7-Matrizen

Eine deutlich verbesserte Lesbarkeit gegenüber der 5×7-Matrix läßt sich durch die Verwendung einer Matrix aus 5×8 Punkten erzielen. Das Anzeigeelement wird also um eine Punktreihe am unteren Ende erweitert. Dadurch wird die Darstellung von Zeichen mit Unterlänge ermöglicht. Nicht nur diese Zeichen, sondern auch ganze Worte werden dadurch leichter auf einen Blick erfaßbar. Eine Erweiterung

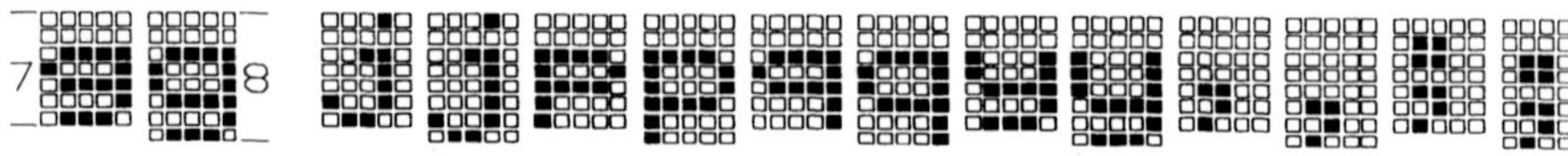

Bild 4.18: Zeichen für eine 5×8-Matrix, die von Bild 4.14 und 4.15 abweichen

um noch eine Zeile auf 5×9 Punkte wäre ebenso sinnvoll, ist hier aber nicht eigens dargestellt.

Für eine 5×8-Matrix läßt sich fast derselbe Zeichensatz wie für 5×7 verwenden. Bild 4.18 zeigt die wenigen Zeichen mit Unterlänge, die sich bei der Erweiterung der Matrix ändern. Bei allen anderen bleibt die unterste Zeile leer.

Zusammenhängende Matrix. Wenn die 5×7-Matrizen in einem alphanumerischen Anzeigeelement nicht voneinander isoliert, sondern zusammenhängend als $N{\times}M$-Matrix ($N > 25$, besser $N > 50$, und $M = 7$–9) ausgeführt sind, werden dadurch die Möglichkeiten des Elements wesentlich erweitert. Es eignet sich nämlich zur Darstellung von Proportionalschrift, Laufschrift und in gewissem Maß auch Grafik (Bild 4.9). Wenn auch der sichtbare Teil des Anzeigeelements fast gleichbleibt, ist damit ein erhöhter Schaltungs- und Programmieraufwand verbunden.

Die Vorteile der $N{\times}M$-Matrix kommen dem Benutzer unmittelbar zugute: Sie erlaubt es nämlich, die wesentlich besser lesbare Proportionalschrift zu verwenden. Als Proportionalschrift bezeichnet man einen Zeichensatz, bei dem für jedes Zeichen je nach dessen Form eine unterschiedlich breite Fläche zur Verfügung steht. Eine solche Schrift ist leserlicher, braucht gleichzeitig aber weniger Platz.

Es ist bei Proportionalschrift auch sinnvoll, verschiedene Zeichensätze, Fettschrift und Schrägschrift zu verwenden. Die geringste Höhe, bei der das möglich ist, beträgt 8–9 Bildpunkte. (Da die Breite der Zeichen variabel ist, gibt man hier nur mehr die Höhe der Zeichen an.) 9 Bildpunkte ist gleichzeitig die kleinste übliche Höhe von derzeit verwendeten Bildschirmschriften.

Maßeinheit für Schriftgröße. Die Maßeinheit „Punkt", die bei Bildschirmen und beim Schriftsetzen üblich ist, entspricht 1/72 Inch oder 0,3528 mm. Auch die Bildpunkte von Flüssigkristall-Computerbildschirmen sind oft in genau diesem Rastermaß angeordnet. Aus einer Entfernung von rund 30 cm kann man eine Schrift noch gut lesen, die 3 mm hoch ist. Eine einigermaßen schöne Schrift braucht weiters eine mindestens 8–9 Bildpunkte hohe Matrix. Diese Anforderungen können erfüllt werden, da die Höhe von 9 Punkt umgerechnet 3,175 mm entspricht.

Wir kehren nun zur Betrachtung von Anzeigeelementen zurück, die eine mindestens 8 Bildpunkte hohe, zeilenweise zusammenhängende Matrix besitzen. Das Rastermaß der Bildpunkte kann hier wesentlich größer sein als bei Computerbildschirmen. Trotzdem ist es sinnvoll, die bereits bestehenden 9 Punkt-Bildschirmschriften auch in diesem Maßstab zu verwenden. Sie sind von guten Designern gestaltet, lange erprobt und eigentlich nicht verbesserungsfähig.

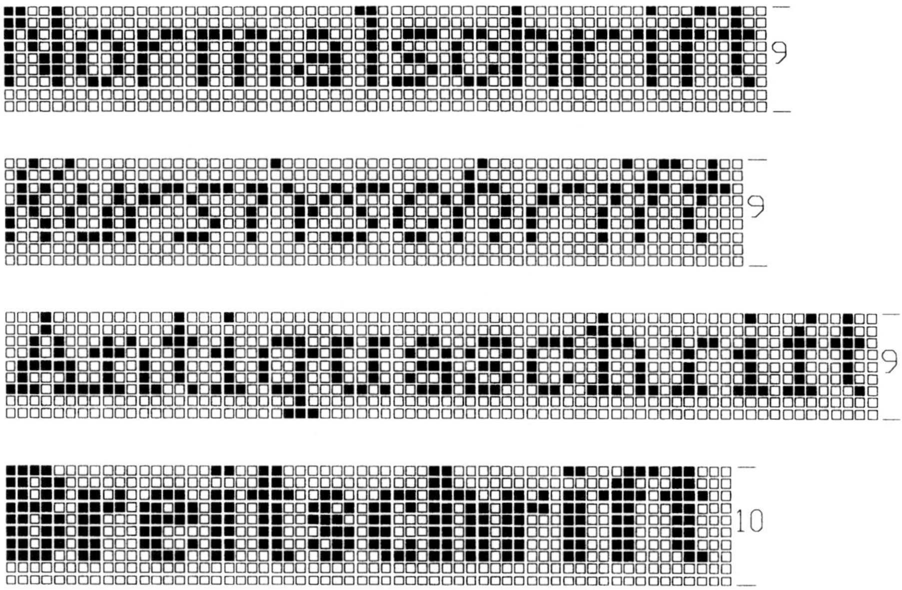

Bild 4.19: Vier Beispiele für Proportionalschriften, die sich bereits bei geringer Auflösung leserlich darstellen lassen; (von oben) Geneva, Geneva kursiv, New York, Chicago (Copyright Apple Computer, Inc. Alle Rechte vorbehalten)

Ausgewählte Proportionalschriften. Bild 4.19 zeigt je ein Beispiel für vier ausgewählte Proportionalschriften, nämlich „Geneva 9 Punkt", „Geneva kursiv 9 Punkt", „New York 9 Punkt" und „Chicago 10 Punkt". Wie man in Bild 4.20 sieht, kann man Texte mit solchen einfachen Schriftarten dadurch darstellen, daß

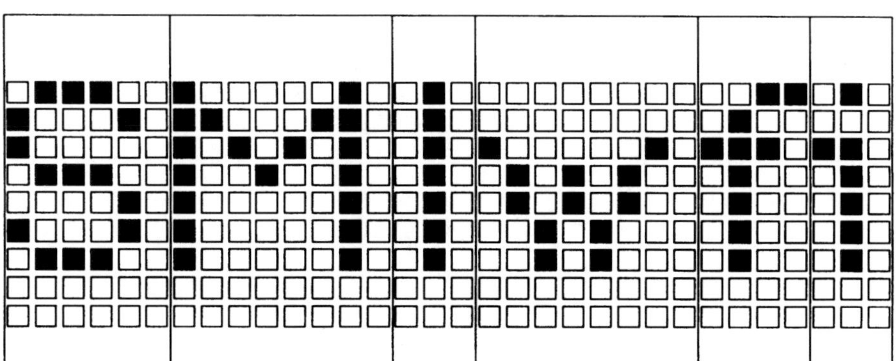

Bild 4.20: Aufbau eines Textes in Proportionalschrift als Reihe von verschieden breiten, rechteckigen Bitmustern

die den Buchstaben zugeordneten rechteckigen Bitmuster einfach aneinandergereiht werden. Die Breite der Rechtecke ist je nach der Art des Zeichens verschieden. (Die einzige wichtige Ausnahme sind Ziffern, die oft auch bei einer Proportionalschrift in gleich breite Rechtecke eingeschrieben werden.)

Falls als Anzeigeelement nur eine Matrix zur Verfügung steht, die eine Höhe von 8 statt 9 Bildpunkten hat (9 statt 10 bei „Chicago"), können die Unterlängen aller gezeigten Schriften um eine Zeile verkürzt werden. Wie das geht, wird in Bild 4.21 anhand von drei Beispielen vorgeführt. Die Schriften sollen aber im übrigen unverändert übernommen werden. Andere Veränderungen verschlechtern die Lesbarkeit und die Ästhetik des Schriftbilds deutlich.

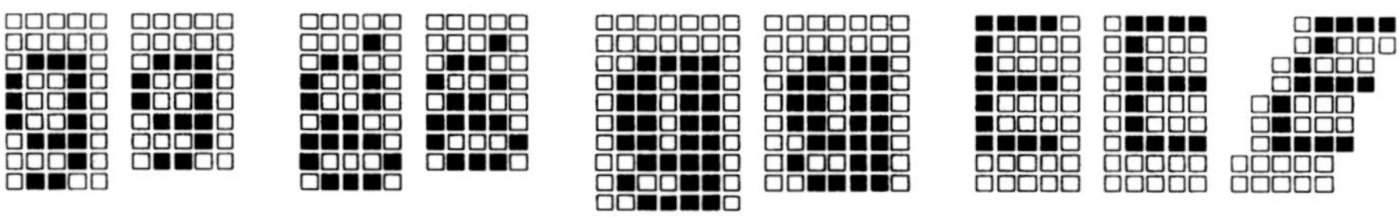

Bild 4.21: Verkürzung der Unterlängen zur Einsparung von einer Zeile Bildpunkte bei den verschiedenen Schriften, Bildung einer kursiven Bitmusterschrift

Geneva. Bei „Geneva 9 Punkt" (Bild 4.19 und 4.22) hat jedes Rechteck ganz rechts eine Leerspalte, mit Ausnahme des „f". Links schließt jedes Zeichen bündig mit dem Rand des Rechtecks ab, mit Ausnahme der folgenden Zeichen: „*l I . : , ; ! < > "* " . Die Ziffer „1" sitzt, wie alle Ziffern, in einem sechs Punkte breiten Rechteck, hat also links zwei und rechts drei Leerspalten. Das Leerzeichen hat bei „Geneva 9 Punkt" eine Breite von 3 Punkt.

Kursivschrift. Bild 4.21 zeigt auch ein Beispiel für den Übergang von einer normalen Schrift zu einer Kursivschrift. Das Zeichen wird dafür zuerst in seinem Rechteck nach rechts gerückt. Anschließend wird es entlang eines oder mehrerer horizontaler Schnitte verschoben. So können mehrere Neigungswinkel erzielt werden. Die Kursivschrift in Bild 4.19 ist stärker geneigt als die in Bild 4.22.

Bei einzelnen Zeichen einer Kursivschrift kann es notwendig sein, gegenüber der zugrundeliegenden Schrift Punkte dazuzugeben oder wegzunehmen, um den Eindruck durchgehender Linien wiederherzustellen. Das ist besonders bei Zeichen mit schrägen Linien nach rechts oben der Fall, wie K, V, W, Y.

Chicago. Gegenüber dem normalen Text tritt kursiver Text optisch zurück, fällt also weniger auf. Für Hervorhebungen ist hingegen Breitschrift geeignet. Die hier als Beispiel gewählte Schrift „Chicago" kann erst ab einer Höhe von 10 Punkt gut dargestellt werden. Wenn man die Unterlängen verkürzt, paßt sie auch in eine Zeile mit 9 Punkten Höhe, und wenn man nur Großbuchstaben verwendet, sogar in eine mit 8 Punkten.

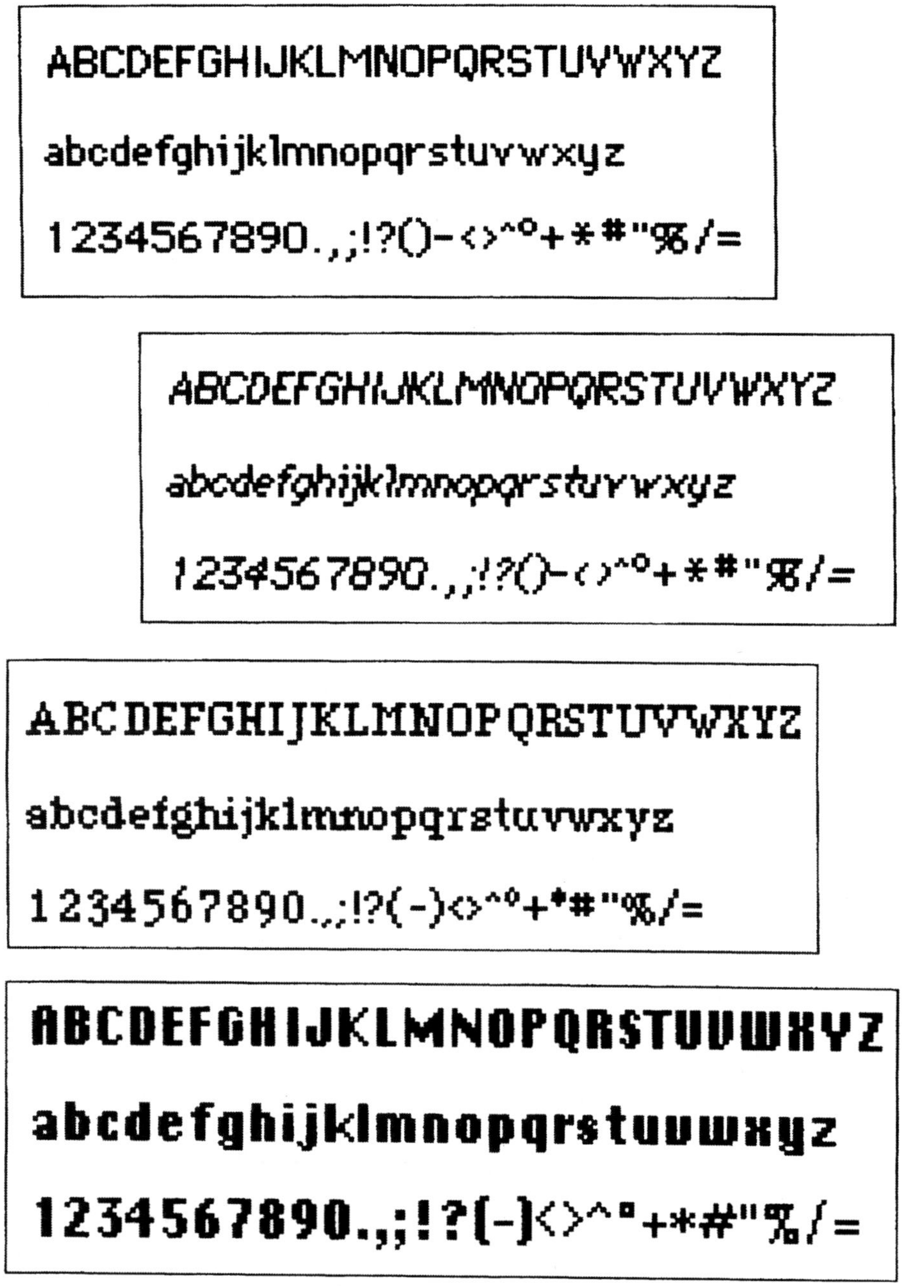

Bild 4.22: Vier Zeichensätze von Proportionalschriften mit Angabe der Höhe: Geneva 9 Punkt, Geneva kursiv 9 Punkt, New York 9 Punkt, Chicago 10 Punkt
(Copyright Apple Computer, Inc. Alle Rechte vorbehalten)

Die Zeichen von „Chicago“ sind in Bild 4.22 in gedachte Rechtecke eingeschrieben, die rechts meistens zwei Leerspalten haben (Ausnahme: „f“). In Bild 4.19 sitzen die selben Zeichen in Rechtecken mit jeweils einer Leerspalte weniger. Das Verändern der Breite und Höhe dieser imaginären Rechtecke, englisch „kerning“ und „leading“ genannt, ist ein wichtiges Element des Schriftsetzens.

Die Grundlagen des Schriftsetzens werden zum Beispiel in dem Buch „Design for Desktop Publishers“ von Tom Lichty (1994) erklärt. Beim Schriftsetzen gedruckter Dokumente werden allerdings Schriften verwendet, die durch die Kurven ihrer Umrisse definiert sind. Bitmuster-Schriften und die hier vorgestellte Methode zur Erzeugung einer Kursivschrift sind nur für die Darstellung auf niedrig auflösenden Anzeigeelementen mit Auflösungen im Bereich von 7–12 Bildpunkten geeignet.

New York. Zuletzt betrachten wir noch den Zeichensatz „New York“. Es handelt sich dabei um eine Antiquaschrift, also um eine Schrift, deren Zeichen Serifen besitzen. Das sind kleine Striche, die die Linien des Zeichens optisch begrenzen und besonders bei längeren Textzeilen dem Auge eine bessere Führung geben. Bei serifenlosen Schriften überwiegt die vertikale Ausrichtung, bei Antiquaschriften die horizontale. Worte (z. B. Titel) lassen sich in serifenloser Schrift besser auf einen Blick erfassen, während Textzeilen besser in Antiquaschrift lesbar sind.

Man kann nicht mit Sicherheit sagen, daß bei „New York 9 Punkt“ die Vorteile einer Antiquaschrift voll zur Geltung kommen. Bei einer so geringen Auflösung ist die Darstellung von Serifen schwierig und sieht relativ eckig aus. Jedenfalls besitzt dieser Zeichensatz eine gewisse würdevolle Ausstrahlung, die als Gestaltelement manchmal erwünscht sein kann.

Laufschrift. Die Verwendung einer durchgehenden Matrix als Anzeigeelement bringt zahlreiche Vorteile. Die wichtigsten sind die bessere Lesbarkeit der Proportionalschrift und die Möglichkeit, verschiedene Schriften darzustellen. Sie besitzt aber noch weitere Vorteile, da sie sich für Laufschrift, Überblendungen und Grafik eignet.

Wenn der darzustellende Text länger als das Anzeigeelement ist, kann eine punktweise weiterlaufende Schrift verwendet werden. Übliche Laufrichtungen sind horizontal von rechts nach links und vertikal von unten nach oben. Eine horizontal laufende Schrift ist nur sinnvoll, wenn man während des Laufs gut mitlesen kann. Das ist dann der Fall, wenn die Schrittweite nicht größer als rund 1/5 der Zeichenbreite ist und die Laufgeschwindigkeit die halbe maximale Lesegeschwindigkeit eines konzentriert lesenden Benutzers nicht überschreitet. Sie kann zusätzlich durch den Nachzieheffekt, der durch das Nachleuchten der Punkte entsteht, begrenzt sein. Die horizontale Bewegung kann ohne Unterbrechung erfolgen.

Bei vertikal laufender Schrift hingegen ist es sinnvoll, den Text in der Mitte des Anzeigeelements solange anzuhalten, wie man zum schnellen Lesen der Zeile braucht. Dafür kann die Bewegung selbst beliebig schnell sein, unabhängig von der Lesegeschwindigkeit und vom Nachzieheffekt. Zwischen der vertikal weglaufenden und der nächsten Textzeile soll ein Zwischenraum von 1/4–1/2 Zeichenhöhe sein.

Wechsel von Textzeilen. Der Wechsel von Textzeilen kann auch dadurch erfolgen, daß der neue Text über den alten gleichsam wie ein Vorhang oder ein Rollladen darübergeschoben wird. Eine andere Möglichkeit ist der Wechsel zwischen zwei stehenden Textzeilen, bei dem die Punkte der Matrix spalten- oder zeilenweise mit dem neuen Inhalt gefüllt werden. Für den Betrachter wirkt das so, als würde ein Plakat über dem anderen entrollt. Der Wechsel kann auch punktweise erfolgen, wobei die Punkte von einem Zufallszahlengenerator ausgewählt werden. Das sieht ähnlich wie eine Überblendung beim Film aus.

4.3.5 Grafikfähiges Anzeigeelement

Eine einzeilige Matrix kann eventuell auch zur Darstellung von einfacher Grafik, wie Balkendiagrammen oder Funktionskurven genutzt werden. Wenn wir die Anzahl der Zeilen und Spalten der Matrix vergrößern, erhalten wir schließlich das beste und vielseitigste Anzeigeelement, nämlich eine hochauflösende und grafikfähige Punktmatrix (Bild 4.9, ganz unten).

Wie die bisher betrachteten einzeiligen Anzeigeelemente wird sie meist in Form einer Flüssigkristallmatrix ausgeführt, und ist vorzugsweise hintergrundbeleuchtbar. Die Möglichkeit, 16 Graustufen oder Farben darzustellen, kann für Grafik sehr sinnvoll sein (Double Super Twisted Nematic (DSTN) oder Thin Film Transistor (TFT) Technologie). Wenn nur Text oder Ziffern dargestellt werden sollen, kann man auf beides ruhig verzichten, da dabei vor allem ein großer Kontrast benötigt wird. Text läßt sich bei Licht am besten schwarz auf weiß, bei Dunkelheit am besten weiß auf schwarz darstellen.

Für Text sollen Proportionalschriften wie die oben behandelten verwendet werden. Ein Anzeigeelement für eine Leseentfernung von rund 30 cm kann als hochauflösend bezeichnet werden, wenn die Bildpunkte nicht größer als rund 1/72 Zoll (= 1 Punkt) sind. Gut leserlicher Text soll darauf eine Höhe von mindestens 12–14 Punkt (4,2–4,9 mm) haben. Ab einer Auflösung von 14 Bildpunkten lassen sich fast alle bekannten Schriftarten leserlich darstellen. Man hat also diesbezüglich viel Freiheit bei der Gestaltung.

Textmodus. Bildschirme im Textmodus, die keine Proportionalschrift darstellen können, sind vom ergonomischen Standpunkt gesehen weniger gut. Für sie gelten dieselben Richtlinien wie für einzeilige Anzeigeelemente. Ein Zeichensatz mit fester Zeichenbreite und einigen Grafikzeichen findet sich in Bild 4.14 und 4.15. Auch der Zeichensatz des Betriebssystems DOS fällt in diese Kategorie. Wenn die rasche Weiterentwicklung bei Anzeigeelementen anhält, wird die Fähigkeit zur Darstellung von Proportionalschrift bald ein technischer Standard sein.

Maximale Zeichendichte. Die maximale Zeichendichte bei der Darstellung von Text kann je nach der Art der Information, der Tätigkeit des Benutzers und der Gruppierung der Zeichen unterschiedlich gewählt werden. Sie soll im allgemeinen 30 %, jedenfalls aber 50 % nicht überschreiten (Gilmore 1989), wie Bild 4.23 deutlich macht. Wenn das Anzeigeelement nicht nur Text oder Zahlen, sondern auch virtuelle Anzeig- und Bedienelemente darstellen soll, ist es sehr schwierig, die Zeichendichte unter dem empfohlenen Wert zu halten. Man kann diesem Problem auf mehrere Arten begegnen: durch gute Gruppierung, durch Verwendung von Fenstern, durch selektive Darstellung der Information sowie durch Einsatz von Symbolen anstelle von Text.

Gruppierung. Die Gruppierung oder Gliederung der dargestellten Elemente ist ein Faktor, der die Wahrnehmbarkeit der Information besonders stark beeinflußt. Bereits in einem früheren Kapitel haben wir gesehen, wie stark er sich auf das Erscheinungsbild einer Bildschirmseite auswirken kann (Bild 1.15). Die Gestaltpsychologie hat die Aspekte herausgearbeitet, die bei der Gruppierung grafischer und alphanumerischer Information beachtet werden müssen (Wandmacher 1993, Lauter 1987):

Die gestaltpsychologischen Prinzipien sagen aus, daß Elemente zusammengehörig erscheinen und als Einheit oder Figur wahrgenommen werden, wenn zwischen ihnen zumindest eine der folgenden Relationen besteht: Nähe, gute Fortsetzung, Ähnlichkeit sowie Geschlossenheit. Elemente mit vertikaler Hauptachse werden am besten als Figur wahrgenommen, solche mit horizontaler relativ gut und solche mit schräger relativ schlecht. Beispiele für diese Relationen zeigen die Bilder 4.24 und 4.25.

Bei der Gruppierung müssen auch die folgenden Grundsätze beachtet werden: Einfachheit, Regelmäßigkeit, Symmetrie und Gleichgewicht. Die Anwendung dieser Prinzipien verringert die Such-, Reaktions- und Entscheidungszeiten um bis zu 1/3. Je besser die Prinzipien beachtet werden, desto einprägsamer wirken die Figuren. Da sich solche formbezogene Aspekte nicht genauer als Richtlinien formulieren lassen, muß im Einzelfall entweder ein Grafikdesigner hinzugezogen oder der eigene Entwurf mehreren Testpersonen vorgelegt werden.

Fenster und selektive Darstellung. Fenster sind vordergründig betrachtet ein Mittel zur Strukturierung und Zusammenfassung von Einheiten, die auf einem Bildschirm dargestellt werden. Wenn die Zeichendichte so hoch ist, daß die Prinzipien der Gruppierung nicht erfüllt werden, kann man durch Fenster doch noch eine übersichtliche Gestaltung erreichen. Im einfachsten Fall wird der Bildschirm durch die Fenster in verschiedene, aneinander angrenzende Bereiche unterteilt. Wenn sich die Fenster in ihrer Größe verändern und übereinanderschieben lassen, erhält man zusätzlich die Möglichkeit, die Information selektiv darzustellen. Die Auswahl aus der verfügbaren Information kann sowohl vom Benutzer als auch vom Gerät (Fehlermeldungen) getroffen werden.

70 Prozent

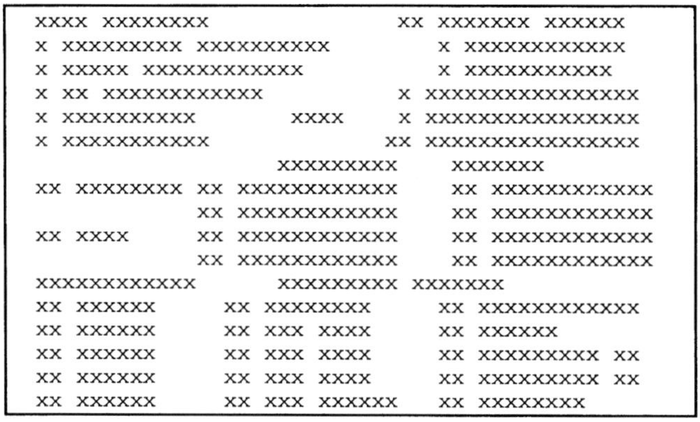

50 Prozent

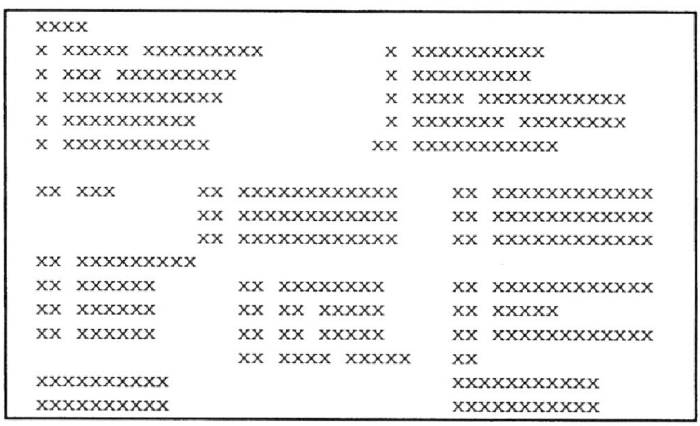

30 Prozent

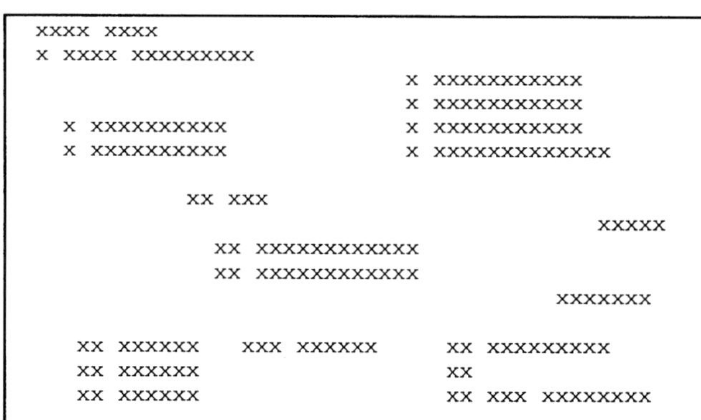

Bild 4.23: Beispiele für Textdarstellung auf einem Bildschirm mit einer Zeichendichte von 70 %, 50 % und 30 % (Gilmore 1989)

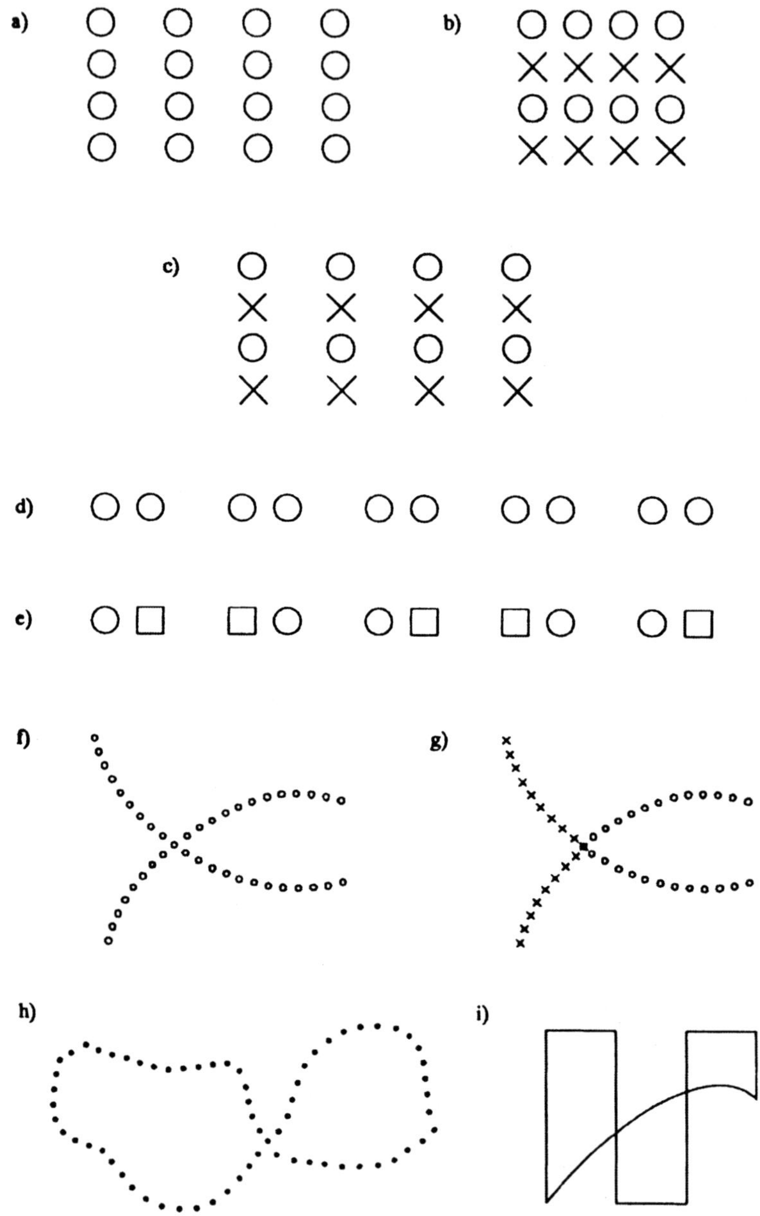

Bild 4.24: Beispiele für die Prinzipien der Gliederung gemäß den Erkenntnissen der Gestaltpsychologie: (**a** und **d**) Prinzip der Nähe, (**b**) Prinzip der Ähnlichkeit, (**c** und **e**) Nähe dominiert Ähnlichkeit, (**f**) Prinzip der guten Fortsetzung, (**g**) gute Fortsetzung dominiert Ähnlichkeit, (**h**) Prinzip der Geschlossenheit, (**i**) gute Fortsetzung dominiert Geschlossenheit (Wandmacher 1993)

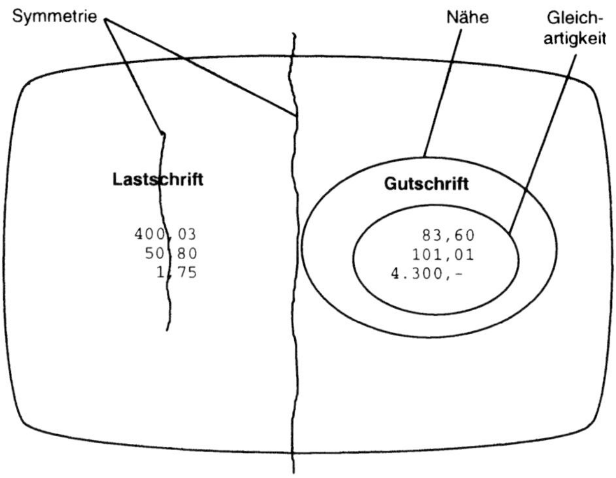

Bild 4.25: Beispiel für die Anwendung der Prinzipien Nähe, Gleichartigkeit, Symmetrie und für die Verwendung von Elementen mit vertikaler Hauptachse (Lauter 1987)

Fenstersysteme. In aufwendigeren Mensch-Maschine-Schnittstellen (MMS) sind Fenster darüber hinaus das äußere Zeichen für einen bestimmten logischen Aufbau. Sie können nämlich verschiedenen parallel oder alternativ ablaufenden Prozessen zugeordnet sein. Die Bedeutung von Fenstersystemen geht hier bereits über den Bereich der MMS hinaus. Ein Fenstersystem, das als Programm oder als Betriebssystem auf einem vernetzten Computer läuft, umfaßt nämlich auch Programmschnittstellen. Hier gibt es weltweite Standardisierungsbestrebungen (MIT/Athena, X/OPEN, OSF, AT&T/Sun/Xerox), die sich hauptsächlich mit der technischen Kompatibilität der Computer und Programme befassen (Geiser 1990). Als Nebeneffekt werden zugleich auch konsistente Dialogsysteme für diese Schnittstellen definiert, deren zentrales Element immer Fenster sind.

Fenster stellen bildlich das dar, was schon ihr Name aussagt, nämlich „Einblicke in andere Räume". Mit einem „Raum" kann ein Programm, eine Datei, ein anderer Computer oder etwas ähnliches gemeint sein. Durch die Darstellung als Fenster ist dem Benutzer sofort klar, daß etwa in verschiedenen dieser Räume auch verschiedene Regeln der Mensch-Maschine-Interaktion gelten können, oder daß in einem Fenster nur ein verschiebbarer Ausschnitt aus einer Datei sichtbar ist. Auch daß Prozesse parallel oder im Hintergrund ablaufen können, wird durch neben- oder übereinanderliegende Fenster gut veranschaulicht. Fenster stellen eine beispielhaft gut gelungene Form der Analogiebildung dar, wie sie in Kapitel 1 beschrieben wurde, und haben sich deshalb auch allgemein durchgesetzt.

Elemente von Fenstern. Zur Ausstattung eines Fensters gehören neben der eigentlichen Anzeigefläche auch eine Titelleiste, die immer oben liegt und zum Verschieben mittels des Zeigers dienen kann, ein oder zwei Rollbalken (siehe

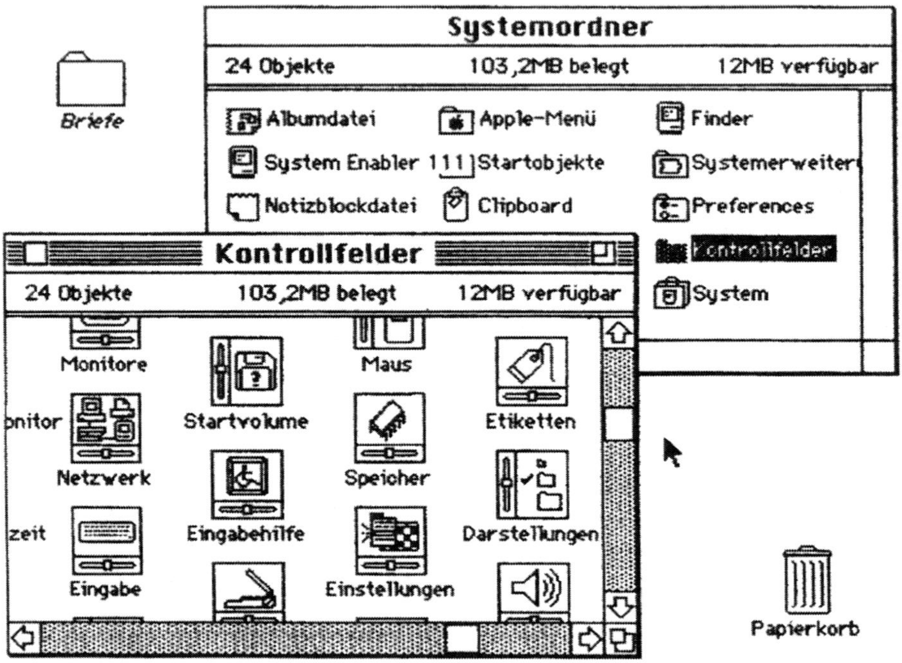

Bild 4.26: Fenster des Betriebsystems für den Apple Macintosh
(Copyright Apple Computer, Inc. Alle Rechte vorbehalten. Apple, das Apple Logo und Macintosh sind eingetragene Warenzeichen der Apple Computer Inc.)

virtuelle Bedienelemente, Bild 2.41) zum Verschieben des gezeigten Ausschnittes, ein virtueller Griff zur Größenveränderung und eine virtuelle Taste zum Schließen des Fensters. Fenster wurden erstmals beim Betriebssystem des Xerox Star eingesetzt. Bild 4.26 zeigt als Beispiel das Betriebssystem des Apple-Macintosh, das der Anwendung von Fenstern endgültig zum Durchbruch verholfen hat.

Symbole. Symbole können auch dazu beitragen, die Komplexität eines Bildschirmes zu reduzieren. Sie sollen immer dann eingesetzt werden, wenn ein Begriff wiederholt vorkommt. Ein Symbol wird vom Benutzer wesentlich schneller erfaßt als der zugehörige Begriff in schriftlicher Form. Es eignet sich auch für das Interaktionsverfahren der direkten Manipulation, also etwa zum direkten Verschieben mit dem Zeiger. Symbole können sowohl virtuelle Anzeigeelemente als auch Bedienelemente sein. In jedem Fall haben sie ein Bit Informationsinhalt.

Die Gesamtheit der Symbole, die in einer MMS verwendet werden, sollte aus einem einheitlichen Entwurf stammen. Es ist oft nicht leicht, den richtigen Mittelweg zwischen abstrahierter und detaillierter grafischer Darstellung zu finden. Im allgemeinen sollten Symbole eine hochformatige rechteckige Form und eine einheitliche Größe haben. Die grafische Gestaltung soll einfach sein und vorzugsweise auf Graustufen oder Schwarz und Weiß aufbauen. Farben sollen vor-

Bild 4.27: Verschiedene Symbole (binäre virtuelle Anzeigeelemente)
(Otl Aicher, © 1976 by ERCO Leuchten GmbH)

zugsweise den wichtigeren Symbolen vorbehalten bleiben. Die Bilder 4.27 und 4.28 zeigen Beispiele für gut gestaltete Symbole.

Virtuelle Anzeigeelemente. Ihre herausragende Stellung besitzt die grafikfähige Punktmatrix nicht nur, weil sie den größten Informationsinhalt hat, sondern besonders weil sie zur Darstellung virtueller Anzeig- und Bedienelemente geeignet ist. Diese können jeweils bei Bedarf dargestellt werden. Sie sind daher geeignet, bei Geräten mit zahlreichen Leistungsmerkmalen die Mensch-Maschine-Schnittstelle übersichtlich zu halten.

Die verschiedenen Arten virtueller Bedienelemente und ihre Eigenschaften wurden bereits in einem früheren Kapitel genau beschrieben. Eine Übersicht über virtuelle Anzeigeelemente zeigen die Bilder 4.29 und 4.30. Jedes reale Anzeigeelement ist auch virtuell darstellbar. Außerdem bietet die Computergrafik noch fast unbegrenzt viele Möglichkeiten, Information grafisch darzustellen.

Die gestalterische Freiheit ist bei einem virtuellen Anzeigeelement größer als bei allen anderen. Es kann einen bestimmten Aspekt der Information besonders hervorheben. Mehrere Variablen können zueinander in Beziehung gesetzt werden. Eine Variable kann gleichzeitig auf mehrere Arten dargestellt werden. Die Information kann in geeigneter Weise vorverarbeitet werden.

Bild 4.28: Symbole von Apple (Copyright Apple Computer, Inc. Alle Rechte vorbehalten.)

Beispiele. Als Beispiele werden die folgenden Arten der virtuellen Darstellung beschrieben: Symbole, virtuelle analoge und digitale Darstellung, Tortendiagramm, Spinnennetzdiagramm, Punktediagramm, Liniendiagramm, Kurvendiagramm, Säulendiagramm, gruppiertes Säulendiagramm, gestapeltes Säulendiagramm, Balkendiagramm, Profildiagramm, Darstellung der Abweichung, der Ableitung und des Integrals, Auffrischung durch Überschreiben und durch Verschieben, Filterung, situationsanaloge Darstellung (siehe Bild 4.30 und 4.35).

Symbole. Symbole sind die einfachsten virtuellen Anzeigeelemente. Früher wurden bereits Symbole gezeigt, die das Eintreten eines bestimmten Ereignisses anzeigen. Der Nachteil solcher Symbole ist, daß der Wert „0" ihrer Variablen eben durch nichts, also durch die Abwesenheit des Symbols, dargestellt wird. Der Papierkorb von Apple hingegen ist ein Symbol, das zwei Arten der Darstellung kennt. Er muß immer sichtbar sein, da er gleichzeitig ein virtuelles Bedienelement ist.

Virtuelle analoge Anzeigeelemente. Virtuelle analoge Anzeigeelemente können nach genau denselben Richtlinien wie analoge Anzeigeelemente gestaltet werden (Bild 4.3 und 4.4). Auch hier gilt, daß die kreisförmige Ausführung mit beweglichem Zeiger bevorzugt verwendet werden soll. Für die Form der Skala und des Zeigers wird auf Bild 4.4 verwiesen.

Virtuelle digitale Anzeigeelemente. Virtuelle digitale Anzeigeelemente haben den Nachteil, daß sie auf einem größeren Bildschirm nicht besonders auffallen. Das ist auch in Bild 4.29 gut zu erkennen. Man sollte sie daher mit einer gut sichtbaren Umrandung, einem Schatten oder einer hellen farbigen Fläche ausstatten. Es ist besonders sinnvoll, wenn der Benutzer die Größe der Zeichen bzw. des ganzen Elements einstellen kann.

Symbole und digitale Darstellung sind übrigens die einzigen virtuellen Anzeigeelemente, bei denen ein Schatten oder ein dreidimensionaler Effekt verwendet werden soll. Alle anderen Arten der Darstellung sind selbst so komplex, daß größte Einfachheit und Klarheit bei der Gestaltung angebracht sind.

Tortendiagramm. Das Tortendiagramm ist uns aus Geschäftsberichten vertraut. Es wird verwendet, wenn die Anteile an einer Gesamtheit dargestellt werden sollen. Es ist gut erkennbar, ob der Wert einer Variablen größer oder kleiner als die Hälfte oder ein Viertel der Gesamtheit ist. Allerdings ist ein Größenvergleich verschiedener Anteile schwer möglich, wenn es mehr als sechs Anteile gibt oder wenn sich die Anteile nur geringfügig unterscheiden (Wandmacher 1993).

Das Tortendiagramm soll nicht dreidimensional, sondern in senkrechter Ansicht dargestellt werden. Die Felder sollen unterschiedliche Farben oder Musterungen und zusätzlich dünne schwarze Umrandungen besitzen. Die Helligkeiten der Felder sollen keine zu großen Kontraste bilden. Ein schwarzes oder weißes Feld würde unter lauter schraffierten Feldern zu sehr auffallen. Wenn keine Farben verwendet werden, sollen die Kontraste jedoch auch nicht zu gering sein. Es ist nicht gut, für alle Felder dieselbe Linienschraffur mit verschiedenen Richtungen zu verwenden, da dann aus größerer Entfernung alle Felder gleichmäßig grau wirken.

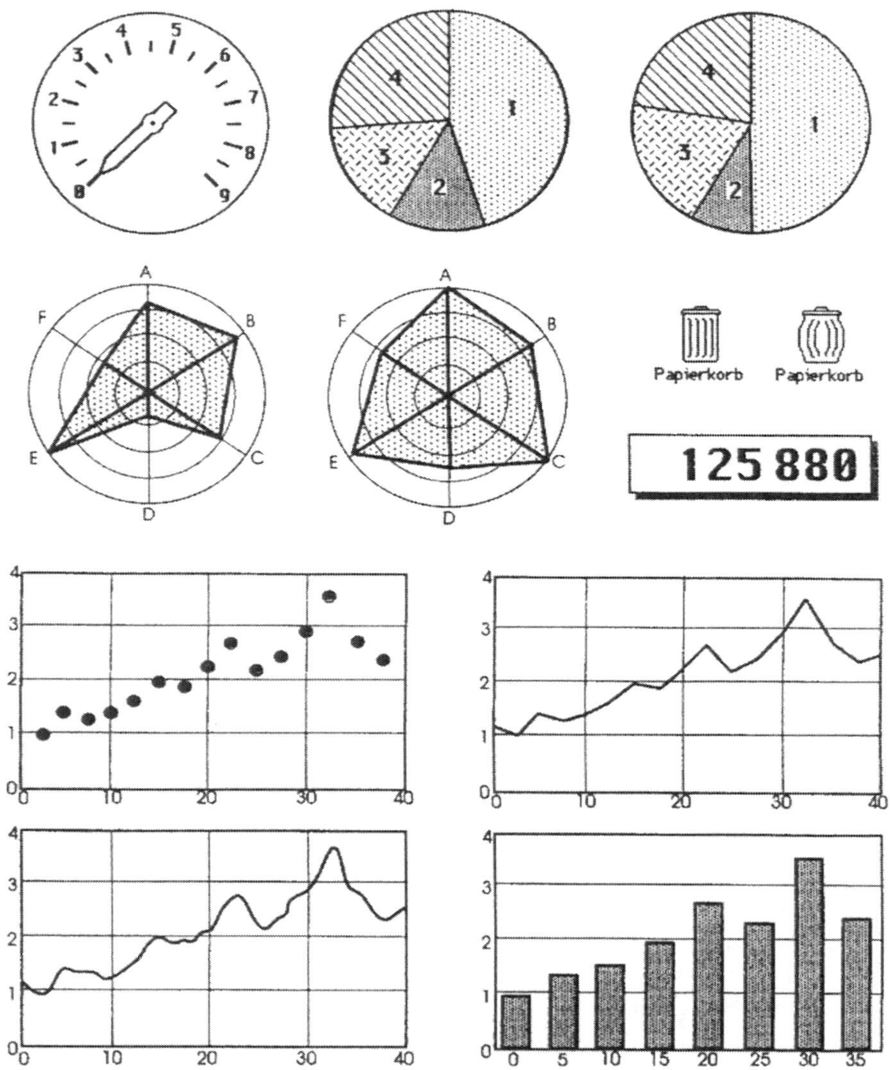

Bild 4.29: Virtuelle Anzeigeelemente (von links oben nach rechts unten): Virtuelle analoge Darstellung, Tortendiagramm (2mal), Spinnennetzdiagramm (2mal), Symbol (2mal), virtuelle digitale Darstellung, Punktdiagramm, Liniendiagramm, Kurvendiagramm, Säulendiagramm. (Papierkorb: Copyright Apple Computer, Inc. Alle Rechte vorbehalten.)

Das Tortendiagramm besitzt keine Skalen. Es wird verwendet, wenn genaues Ablesen nicht notwendig ist oder wenn die Werte zusätzlich zum Beispiel numerisch angezeigt werden.

Spinnennetzdiagramm. Das Spinnennetzdiagramm ist eine relativ unbekannte, jedoch sehr zweckmäßige Art der Darstellung. Es eignet sich für die gleichzeitige optische Erfassung von 3 bis ca. 12 Variablen. Die Werte der Variablen werden durch die Länge von Strahlen dargestellt, die vom Mittelpunkt des Diagramms ausgehen. Zusätzlich wird die einhüllende Kurve aller Strahlen und die von ihr umschlossene Fläche sichtbar gemacht. Die Skalen können linear, quadratisch oder logarithmisch sein. Die Maßstäbe der Skalen sollen so einstellbar sein, daß im Normalfall alle Strahlen gleich lang sind, also ein regelmäßiges Polygon bilden. Abweichungen einzelner Variablen vom Normalwert oder gleichzeitige Abweichungen verschiedener Variablen bilden charakteristische Polygonformen und sind leicht erkennbar.

Das Polygon soll gegenüber den Koordinatenkreisen deutlich hervortreten. Die Innenfläche des Polygons soll aber die Kreise nicht verdecken. Es soll auch gewährleistet sein, daß die Bezeichnungen der Variablen, die außerhalb des Kreises stehen, nie vom Polygon überdeckt und unleserlich gemacht werden.

Kartesische Koordinaten. Die folgenden Diagramme verwenden als Grundlage das kartesische Koordinatensystem. Für die Darstellung auf Bildschirmen ist es sinnvoll, das Diagramm in ein Rechteck einzuschreiben, da das Rechteck gleichzeitig ein Fenster bildet. Zum leichteren Ablesen soll ein Koordinatengitter vorhanden sein. Der Abstand zwischen zwei Linien soll fünfmal so groß sein wie die erforderliche Ablesegenauigkeit. Wie bereits im Zusammenhang mit Skalenteilungen festgestellt wurde, kann der Mensch eine Strecke mühelos optisch in fünf gleiche Abschnitte teilen. Bei der Gestaltung eines Diagramms soll die Genauigkeit der Skalen nicht höher als notwendig gewählt werden. Hier geht es darum, dem Benutzer eine grobe Abschätzung zu erlauben. Kartesische Diagramme sind genauer als Torten- oder Spinnennetzdiagramme, jedoch sollten auch sie die Möglichkeit der zusätzlichen numerischen Darstellung bieten (Bild 4.31).

Die Umrandung des Diagramms soll die doppelte Strichdicke der Koordinatenlinien besitzen, Funktionskurven und Ränder von Balken mindestens die dreifache. Die Beschriftung der Koordinatenlinien soll am linken und am unteren Rand des Fensters liegen. Auch die Linien der Umrandung sollen eine Beschriftung besitzen. Falls das Diagramm als Fenster vor einem andersfärbigen Hintergrund dargestellt wird, soll die Beschriftung zusammen mit der Koordinatenfläche auf einem größeren, randlosen Fenster liegen (Bild 4.31). Die Angabe der Meßgröße soll zwischen dem vorletzten und letzten beschrifteten Teilstrich liegen (im Bild nicht dargestellt).

Punktdiagramm. Das Punktdiagramm ist die einfachste Art der Darstellung auf einem kartesischen Koordinatennetz. Wie das Beispiel in Bild 4.29 zeigt, sollen die Punkte groß sein, auch wenn der Meßfehler viel kleiner als der Durchmesser der Punkte ist. Der Punktdurchmesser soll gleich groß sein wie die beabsichtigte Ablesegenauigkeit, der Abstand zwischen den Koordinatenlinien (wie gesagt) fünfmal so groß. Die Positionierung der Punkte muß aber nicht in so großen Schritten erfolgen, sondern kann beliebig genau sein.

In Bild 4.29 wird dieselbe Meßreihe in vier verschiedenen Arten dargestellt (Punkte, Linie, Kurve, Säulen). Punktdiagramme eignen sich als einzige jedoch auch zur Darstellung von Wertepaaren, die keine Funktionen der Variablen der x-Achse (Abszisse) darstellen, also von „Punktwolken". Die Überlagerung mehrerer Meßreihen durch verschiedenfarbige oder -förmige Punkte ist möglich. Es sollten dabei nicht mehr als vier Farben oder Formen verwendet werden. Übereinanderliegende Punkte stellen hier jedoch ein Problem dar.

Liniendiagramm und Kurvendiagramm. Wenn man die Punkte eines Diagramms durch gerade Linien verbindet und anschließend weglöscht, erhält man ein Liniendiagramm. Wenn die Dichte der Meßwerte sehr groß ist, wird daraus ein Kurvendiagramm (beide: Bild 4.29). Diese sind die beiden effektivsten Methoden der grafisch-analogen Darstellung quantitativer Größen (Wandmacher 1993, nach Cleveland 1985 sowie nach Schutz 1961). Die mögliche Ablesegenauigkeit ist höher als bei Punktdiagrammen, aber auch der Verlauf der Funktionskurve ist schneller erkennbar.

Mehrere Kurven lassen sich problemlos auf demselben Diagramm überlagern, sollten aber deutlich verschiedene Farben oder Helligkeiten besitzen. Die Kurven müssen durch Beschriftung direkt auf dem Diagramm oder in einer eigenen Legende identifizierbar sein (Bild 4.30). Linien und Punkte können zu diesem Zweck auch gemeinsam verwendet werden.

Gegenüber Säulen- und Balkendiagrammen haben Punkt-, Linien- und Kurvendiagramme den Vorteil, daß die y-Achse (Ordinate) nicht bei Null beginnen muß. So kann ein beliebiger Ausschnitt des Wertebereichs beider Achsen gewählt werden, um bestimmte Details des Kurvenverlaufs zu erkennen.

Säulendiagramm. Ein Säulendiagramm besteht aus vertikalen Säulen gleicher Breite und mit gleichem Abstand, deren Höhe proportional zum Wert einer Variablen ist. Obwohl dieselbe Information wie in einem Punktdiagramm dargestellt wird, vermittelt das Säulendiagramm einen anderen Eindruck (Bild 4.29). Das Hauptaugenmerk des Betrachters richtet sich weniger auf den Funktionsverlauf, sondern mehr auf das Integral, also die Fläche unter der Funktion. (Derselbe Unterschied besteht zwischen einem Kurvendiagramm und einem Profildiagramm, bei dem die Fläche unterhalb der Kurve farbig hervorgehoben wird.)

Eine besonders hohe Säule fällt wesentlich mehr auf als ein einzelner hoher Punkt, der eher als Ausreißer übersehen wird. Das Vergleichen von Werten wird beim Säulendiagramm durch die systematischen Fehler beim Schätzen von Flächen beeinträchtigt (Wandmacher 1993). Säulendiagramme haben dort ihre Berechtigung, wo die Fläche, also das Integral über die dargestellte Funktion auch eine Bedeutung hat, also etwa bei der Darstellung der Schallintensität in verschiedenen Frequenzbereichen. Dort sind die Säulen auch deshalb sinnvoll, weil sie eine Analogie zur Mittelung der Meßwerte über die Frequenzbänder bilden.

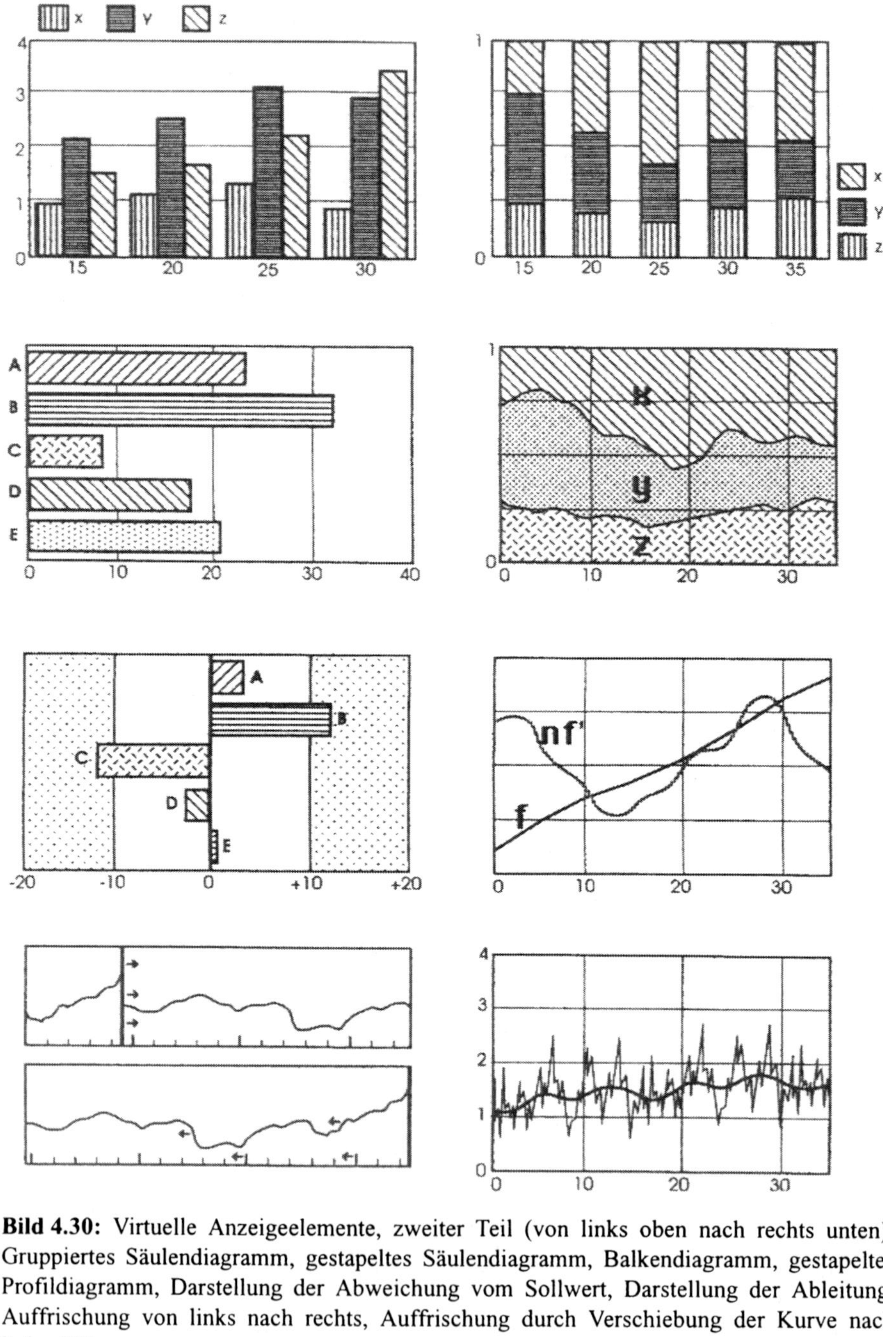

Bild 4.30: Virtuelle Anzeigeelemente, zweiter Teil (von links oben nach rechts unten): Gruppiertes Säulendiagramm, gestapeltes Säulendiagramm, Balkendiagramm, gestapeltes Profildiagramm, Darstellung der Abweichung vom Sollwert, Darstellung der Ableitung, Auffrischung von links nach rechts, Auffrischung durch Verschiebung der Kurve nach links, Filterung

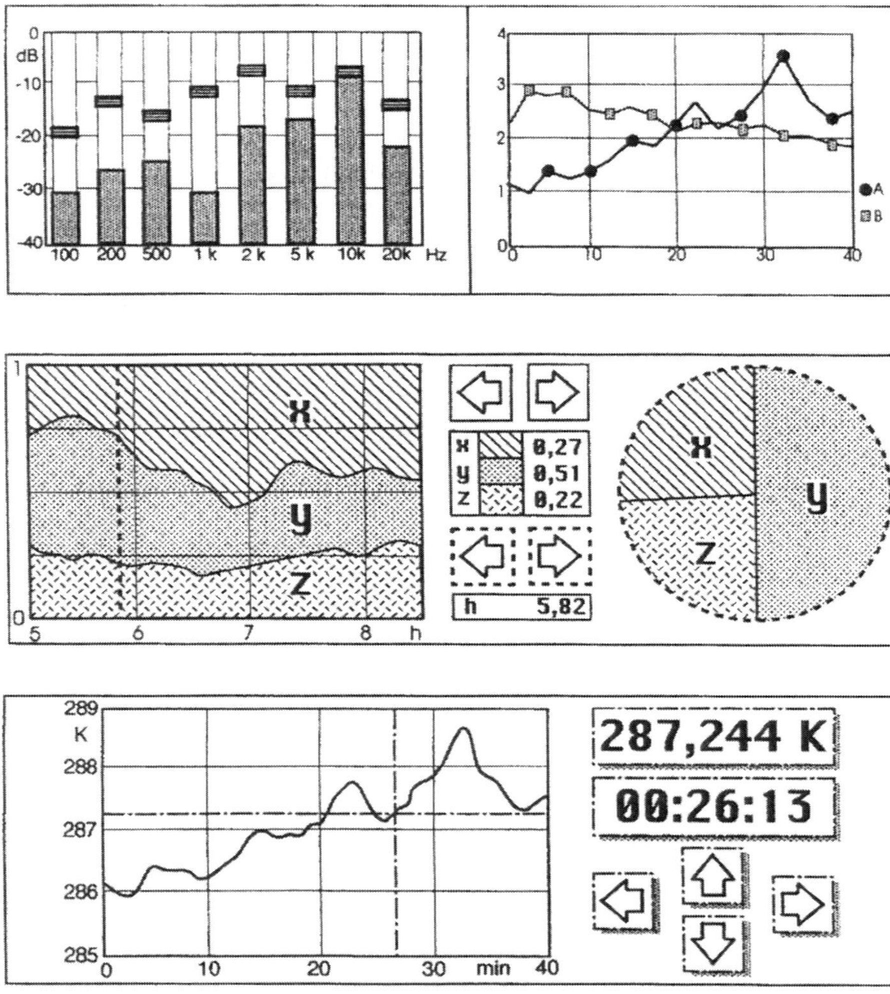

Bild 4.31, oben links: Kombination von Säulen und Punkten bei der Darstellung von Schallintensität für verschiedene Frequenzbänder. Die Säulen geben die momentane Intensität an. Die Punkte geben die maximale Intensität an, die während der letzten 3–5 s aufgetreten ist. **Oben rechts:** Kennzeichnung von überlagerten Kurven mit verschiedenartigen Punkten. **Mitte:** Ablesehilfe für ein Profildiagramm. Die oberen Richtungstasten bewegen den Fensterausschnitt, die unteren bewegen die strichlierte vertikale Linie. Am Ort dieser Linie werden die Werte der Variablen numerisch und im Tortendiagramm dargestellt. **Unten:** Ablesehilfe für ein Kurvendiagramm. Die Koordinaten des Punktes im Fadenkreuz werden in zwei numerischen Anzeigeelementen dargestellt. Das Fadenkreuz kann mit Hilfe von virtuellen Tasten entlang der Kurve bewegt werden. Mit den zwei vertikal gestrichelten Tasten lassen sich Extremwerte aufsuchen.

Kombination mit Punktdiagramm. Wenn bei einer Frequenzanzeige Säulen und Punkte kombiniert werden, so daß die Säulen den Momentanwert und die (darüberliegenden) Punkte den Spitzenwert anzeigen, so wird dem Charakter beider Darstellungsarten Rechnung getragen: Die schnell veränderlichen Säulen geben einen Eindruck von der Fläche und heben Spitzenwerte hervor, während die langsam veränderlichen Punkte die einhüllende Kurve nachbilden und einzeln abgelesen werden können.

Details des Säulendiagramms. Die Abszisse bei Säulendiagrammen muß immer bei Null beginnen. Wenn das nicht der Fall ist, wird die ganze Darstellungsart sinnlos, ja irreführend, weil die Werte nicht mehr proportional zur Fläche der Säulen sind. Bei Säulendiagrammen entfallen die vertikalen Koordinatenlinien. Dafür besitzt jede Säule eine eigene Beschriftung unterhalb der Abszisse. Die Säulen sollen voneinander mindestens 1/3 und höchstens 4/3 ihrer Breite entfernt sein und auch nicht ganz am Rand des Diagramms liegen. So bleiben zwischen den Säulen die horizontalen Koordinatenlinien sichtbar. Die Säulen sollen mit farbigen oder gemusterten Flächen gefüllt sein, die sich in der Helligkeit vom Hintergrund deutlich unterscheiden. Die Flächen können undurchsichtig sein, so daß also die Koordinatenlinien teilweise verdeckt werden. Wenn die Säulen Werte der selben Variablen zu verschiedenen Zeiten darstellen, soll die Gestaltung aller Flächen gleich sein. Wenn die Säulen verschiedene Variablen darstellen, können sie verschiedene Farben und Muster aufweisen.

Gruppiertes Säulendiagramm. Analog zu Diagrammen, die mehrere Kurven darstellen, können gruppierte Säulendiagramme verwendet werden (Bild 4.30). Jedem Wert der Abszisse ist eine Gruppe von 2–4 Säulen mit unterschiedlicher Farbe oder Musterung zugeordnet. Die Säulen der selben Gruppe berühren einander. Die Legende zur Identifikation der Säulen soll sich außerhalb, vorzugsweise oberhalb des Diagramms befinden. Für die Wahl der Farben oder Muster gelten die selben Richtlinien wie beim Tortendiagramm. Gruppierte Säulendiagramme lenken das Hauptaugenmerk des Betrachters auf die höheren Säulen sowie auf den Vergleich der Werte innerhalb einer Gruppe. Diagramme mit mehreren Kurven hingegen lassen den Verlauf der Kurven besser erkennen.

Gestapeltes Säulendiagramm. Eine andere Abwandlung ist das gestapelte Säulendiagramm. Hier werden die Werte jeder Gruppe nicht nebeneinander, sondern übereinander aufgetragen. Diese Darstellung soll gewählt werden, wenn die Summe der Werte jeder Gruppe (bzw. jedes Stapels) auch eine sinnvolle Variable darstellt. In Bild 4.30 ist ein gestapeltes Säulendiagramm zu sehen, bei dem die Summe immer gleich 1 ist. Entweder ist dieser Wert wirklich konstant, oder es handelt sich um eine reine Darstellung der prozentualen Anteile an einer (veränderlichen) Gesamtheit. Die Legende soll hier rechts neben dem Diagramm stehen.

Balkendiagramm. Ein liegend dargestelltes Säulendiagramm wird Balkendiagramm genannt. Hier sind die Rollen von Abszisse und Ordinate vertauscht. Der

Konvention folgend wird es vorzugsweise dazu verwendet, um die Werte verschiedener Variablen darzustellen. Das Beispiel in Bild 4.30 ist daher auch so gewählt, daß jede Säule zur Vermeidung von Fehlablesungen ein unterschiedliches Muster aufweist. Bei Balkendiagrammen muß die waagrechte Achse links unbedingt mit Null beginnen. Wenn das nicht möglich ist, muß statt dessen ein liegendes Punktdiagramm verwendet werden.

Profildiagramm. Wenn bei einem Linien- oder Kurvendiagramm die Fläche unterhalb der Kurve farbig oder gemustert dargestellt wird, nennt man es Profildiagramm. Es sieht dem Schnittbild der Erdoberfläche ähnlich. Es hat mit einem Säulendiagramm vieles gemeinsam. Der Betrachter richtet sein Hauptaugenmerk auf die Fläche und schätzt die Spitzenwerte höher ein als bei einer reinen Kurve. Das Profil soll nur verwendet werden, wenn das Integral über die Kurve eine sinnvolle Größe darstellt. Wie das Säulendiagramm eignet sich das Profildiagramm auch zum Stapeln. Hier kann die Beschriftung der Flächen im Diagramm integriert sein (Bild 4.30).

Es soll vermieden werden, daß der Betrachter das gestapelte Profildiagramm für ein dreidimensionales Diagramm hält. Die Flächen sollen daher nicht von oben nach unten schrittweise immer heller oder dunkler werden, damit nicht der Eindruck hintereinander liegender Silhouetten von Hügellandschaften entsteht. In Bild 4.30 ergänzen sich die Flächen immer auf den Wert „1“, stellen also die Anteile an einer Gesamtheit dar. Auch die Darstellung einer veränderlichen Gesamtheit ist möglich. Im Gegensatz zum Säulendiagramm müssen die Koordinatenlinien hier auch unter der Schraffur oder Farbfläche sichtbar bleiben.

Vorverarbeitung der Information. In manchen Fällen kann eine weitere „Vorverarbeitung“ der dargestellten Information eine wesentliche Erleichterung für den Benutzer bedeuten. Es gibt dazu unter anderem die Möglichkeiten der Maßstabsveränderung, der Nullpunktsverschiebung, der Ableitung und der Integration sowie der Filterung, die im folgenden beschrieben werden.

Ein Balkendiagramm kann so gestaltet werden, daß die Abweichung von Variablen von bestimmten Normalwerten hervorgehoben werden. In Bild 4.30 wurde das Balkendiagramm so umgewandelt, daß die Abweichung der Variablen vom in der Mitte liegenden Wert „20“ sichtbar wird. Das Abweichungs-Balkendiagramm ist direkt darunter dargestellt. Die Bezeichnungen und Muster der Balken sind gleichgeblieben, nur die senkrechte Achse wurde in die Mitte verschoben. Zusätzlich ist dem Bereich der Abweichungen von mehr als 10 eine leicht gemusterte Fläche unterlegt. Man sieht an diesem Beispiel, daß das vorverarbeitete Diagramm viel leichter erfaßbar ist als das Original.

Ableitung. Rechts davon ist in Bild 4.30 die Ableitung einer Funktionskurve mit anschließender Nullpunkts- und Maßstabsveränderung gezeigt. Da die Originalkurve „f“ nur sehr geringe Schwankungen in der Steigung aufweist, ist ihr die schraffiert dargestellte Kurve „n·f'“ überlagert. Um Irrtümer zu vermeiden, ist

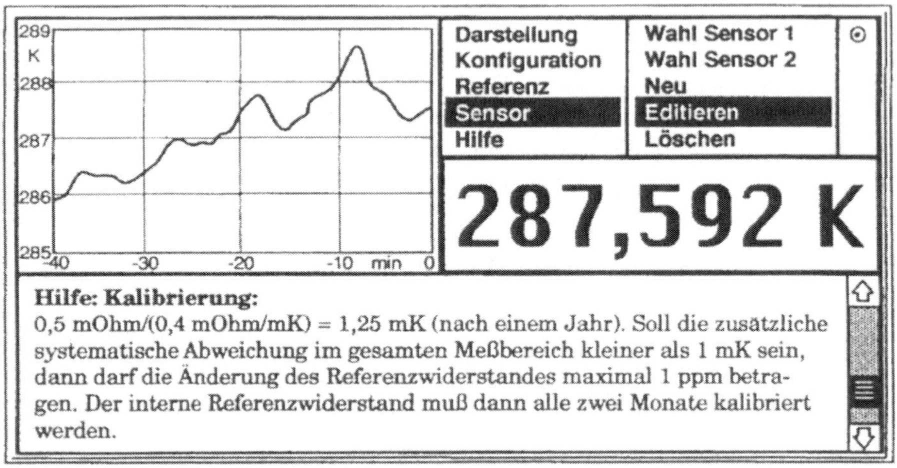

Bild 4.32: Flächendeckende Anordnung von Fenstern. Die Fenster enthalten virtuelle Anzeige- und Bedienelemente. Sie können überlappend oder flächendeckend angeordnet werden. Flächendeckende Fenster haben den Vorteil, daß stets alles sichtbar ist und daß jedes Fenster immer am gewohnten Platz ist. Die Größe der Fenster ist nicht variabel. Diese Anordnung ist auch für die Bedienung mit Richtungstasten gut geeignet. Man beachte, daß in beiden Beispielen die Meßwerte gleichzeitig numerisch und durch ein Kurvendiagramm dargestellt werden. Die Schriftarten wurden gemäß den früher erläuterten Richtlinien gewählt. Fenster und Diagramm: Helvetica; numerische Darstellung: Chicago; Textfenster: New Century Schoolbook.

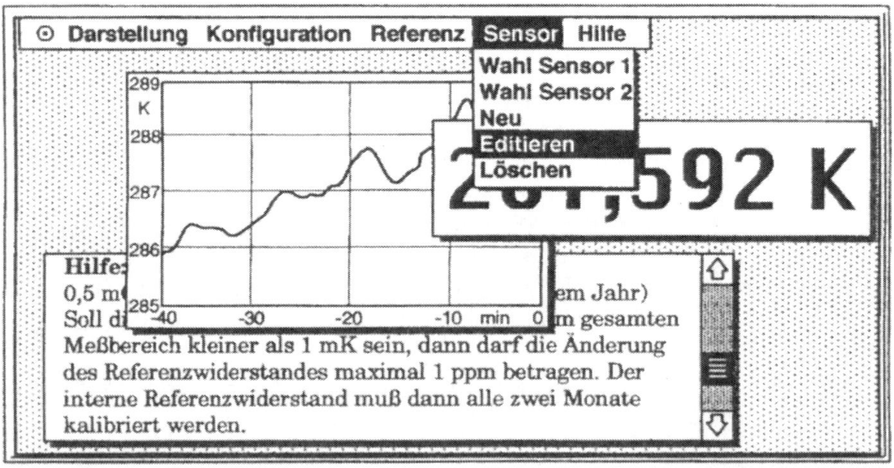

Bild 4.33: Überlappende Anordnung von Fenstern. Überlappende Fenster sollen in der Größe und Position variabel sein, was eine flexiblere Nutzung des Bildschirms erlaubt. Da die Fenster leichte Schatten besitzen, können die Rahmen dünner sein als in Bild 4.32. Die Klappmenüs verschwinden nach der Verwendung wieder. Dafür bleibt die Titelseite des Hauptfensters, die das Hauptmenü enthält, immer sichtbar. Diese Art von Fenstern ist besser für die Bedienung mit Rollkugel und Cursor geeignet.

nur die gemeinsame x-Achse beschriftet, nicht aber die y-Achse. Das Diagramm kann auch für jede Kurve eine eigene Beschriftung besitzen, davon eine rechts und jede in der Farbe der entsprechenden Kurve.

Filterung. Die Filterung bietet die Möglichkeit, bestimmte Anteile eines zusammengesetzten Signals sichtbar zu machen. In Bild 4.30 rechts unten ist ein verrauschtes Signal dargestellt, bevor und nachdem es durch einen Tiefpaß gefiltert wurde. Die ungefilterte Kurve ist mit einer geringeren Strichdicke gezeichnet. So wird erreicht, daß beide Kurven in der Darstellung ungefähr gleich stark auffallen.

Die Auffrischung virtueller Anzeigeelemente kann auf verschiedene Arten erfolgen. Wenn die technischen Möglichkeiten es zulassen, kann die Auffrischung in Echtzeit, also in unmerklich schnellen und kleinen Einzelschritten gemacht werden. Bei der Darstellung von Meßwerten kann es auch sinnvoll sein, die Darstellung statisch zu halten und nur in größeren Zeitabständen aufzufrischen. Kurven, Profile oder Punkte können langsam von links nach rechts über die alte Darstellung gezeichnet werden. Wenn eine Variable in Abhängigkeit von der Zeit dargestellt wird, kann auch die ganze Darstellung zusammen mit der Abszisse nach links verschoben und am rechten Rand mit den neuesten Werten ergänzt werden (Bild 4.30 links unten). In diesem Fall umfaßt der dargestellte Bereich immer eine bestimmte in die Vergangenheit zurückreichende Zeitspanne.

Aktionszeichen. Aktionszeichen haben die Aufgabe, bei einem länger dauernden Vorgang im Gerät, wie etwa bei einer Messung oder einer Berechnung, dem Benutzer die Aktivität des Gerätes anzuzeigen. Wie schon im Kapitel über die Reaktionszeit gesagt wurde, müssen Aktionszeichen oder Zwischenstandsmeldungen bei allen Vorgängen, die länger als drei Sekunden dauern, verwendet werden.

In Bild 4.34 sind die Aktionszeichen nach ihrer Qualität gereiht. An erster Stelle steht die Anzeigesäule, weil sie als einzige das Verhältnis zwischen der abgelaufenen und der gesamten Dauer des Vorganges anzeigt. Auch Zwischenstandsmeldungen erfüllen denselben Zweck („Dokument zu 34 % gedruckt."), doch ist die genaue digitale Darstellung hier nicht so gut geeignet wie die analoge, intuitiv erfaßbare der Anzeigesäule.

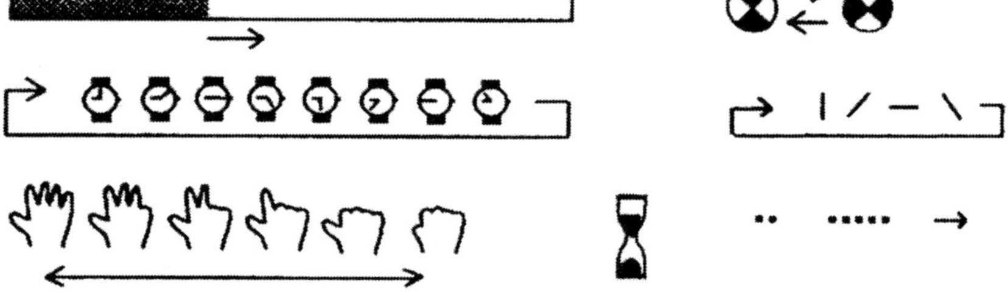

Bild 4.34: Aktionszeichen (teilweise: Apple, Copyright Apple Computer, Inc. Alle Rechte vorbehalten.)

Alle folgenden Aktionszeichen werden am Ort des Zeigers (Cursors) dargestellt. Dadurch ist gewährleistet, daß sie der Benutzer trotz ihrer geringen Größe sofort bemerkt. Der Zeiger, der ja ein virtuelles Bedienelement ist, erhält dadurch eine zweite Funktion als Anzeigeelement. Die Armbanduhr und die zählende Hand sind eigentlich kleine, langsam laufende Animationen. Ihr lustiges Aussehen läßt die Wartezeit vielleicht ein wenig kürzer erscheinen. Die Animation läuft bei der Uhr in einer Endlosschleife, bei der Hand hingegen vor und zurück.

Der rotierende Ball ist das einfachste grafische bewegte Aktionszeichen. Der rotierende Strich und die Punktreihe sind für Anzeigeelemente ohne Grafikfunktion geeignet.

Die Sanduhr ist schließlich ein nicht bewegtes Symbol, das bei manchen Computerprogrammen anstelle eines Aktionszeichens verwendet wird. Sie zeigt keinen Vorgang, sondern nur den Beginn eines Vorgangs als einmaliges Ereignis an. Da sie statisch ist, ist sie als Aktionszeichen für alle Vorgänge, die länger als 3 s dauern, ungeeignet. Sie ist dann vielmehr ein binäres Signal, das die vorübergehende Abschaltung der Mensch-Maschine-Schnittstelle anzeigt.

Bildschirmschoner. Eine spezielle Form von Aktionszeichen sind die sogenannten Bildschirmschoner. Sie zeigen an, daß das Gerät eingeschaltet ist, der Mensch-Maschine-Dialog aber vom Benutzer unterbrochen wurde und jederzeit fortgesetzt werden kann. Bildschirmschoner werden beim leerlaufenden Gerät meist nach einigen Minuten automatisch aktiv, um ein Einbrennen der Bildschirmdarstellung zu verhindern. Da das Gerät unausgelastet ist, können sie viel aufwendiger gestaltet sein als andere Aktionszeichen, wie zum Beispiel in Form von Animationen.

Situationsanaloge Anzeigeelemente. Bei Symbolen und Aktionszeichen ist es üblich, die Darstellung Objekten aus unserer Umwelt nachzuempfinden. Auch komplexere Variablen können im Prinzip mit Hilfe von sogenannten situationsanalogen Anzeigeelementen dargestellt werden (Bild 4.35). Sie bringen nur selten einen Vorteil, da die Details der Darstellung den Benutzer von der eigentlichen Information ablenken können. Ihr Anwendungsbereich ist also dort, wo die dargestellten Variablen mit der Umwelt in Zusammenhang stehen oder ein Teil von

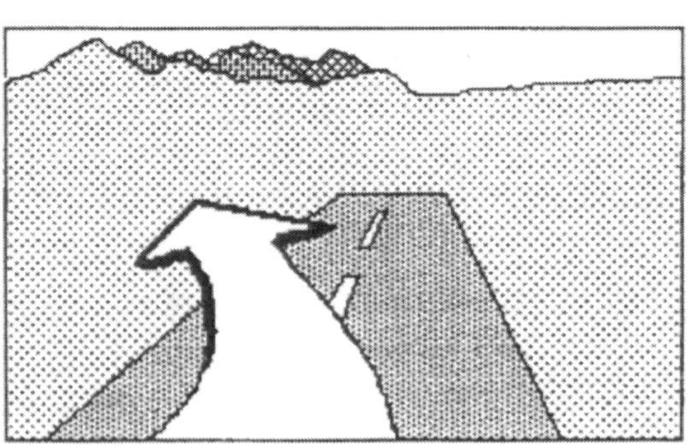

Bild 4.35: Situationsanaloges Anzeigeelement

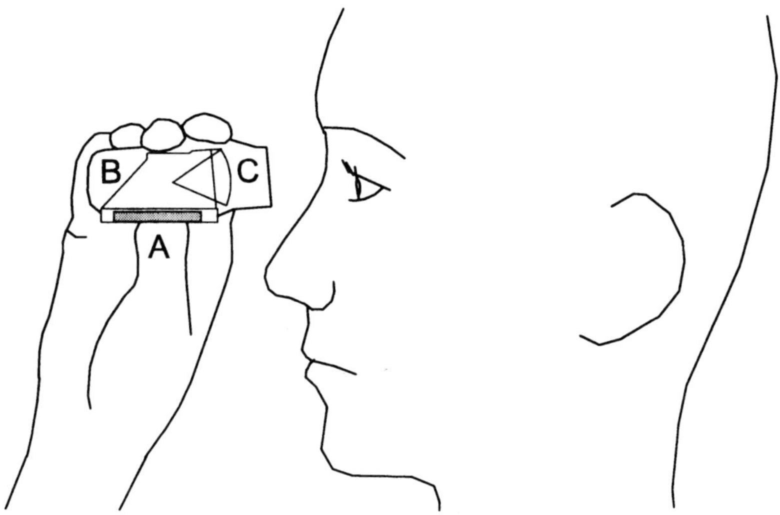

Bild 4.36: „Virtueller Bildschirm". Dieser kleine Bildschirm (**A**) vermittelt dem Betrachter durch den Spiegel (**B**) und das Okular (**C**) das Gefühl einen weitaus größeren Bildschirm vor sich zu haben. Anwendungsbeispiele sind Chipkartenlesegeräte, Kameras und Systeme für virtuelle Realität.

ihr sind, also beim Steuern von Fahr- und Flugzeugen und bei Systemen zur Darstellung virtueller Realität. Wenn Information einem Lenker oder Piloten über eine Scheibe ins Blickfeld eingespiegelt wird, ist die situationsanaloge Darstellung besonders sinnvoll. Ein „head-up-display" ist genau dann situationsanalog, wenn die sichtbare Umwelt gleichsam als Skala verwendet wird.

Gestalterische Klarheit. Es ist die Aufgabe des Geräteentwicklers, die vielfältigen Möglichkeiten virtueller Anzeigeelemente sinnvoll zu nutzen, ohne den Eindruck von Spielerei zu erwecken. Besonders bei der grafischen Gestaltung ist größtmögliche Klarheit und Zurückhaltung notwendig. Auch die Verwendung dreidimensionaler Effekte ist nicht empfehlenswert. Nur Symbole und Fenster können bei Bedarf durch Schatten, die eine Beleuchtung von links oben vortäuschen, aus der Bildfläche hervorgehoben werden. Dreidimensionale Säulen- oder Profildiagramme verfälschen die Darstellung, da ein Längen- und Flächenvergleich nicht mehr möglich ist. Für Entwürfe, die über die in diesem Kapitel gezeigten Vorschläge hinausgehen, sollen Fachleute (Grafik- oder Produktdesigner) hinzugezogen werden.

Akustische Anzeigeelemente. Akustische Anzeigeelemente sind im Gegensatz zu optischen nur zur sequentiellen Darstellung von Information geeignet. Auf sichtbare Information kann vom Benutzer wahlfrei und wiederholt zugegriffen werden. Dies ist akustisch nur durch ständige Wiederholung oder durch explizites Abrufen möglich, was beides meist als lästig empfunden wird Geiser (1990). Akustische

Anzeigeelemente werden also nur für die Übermittlung relativ einfacher oder unkritischer Information verwendet, wie zum Beispiel bei einem binären Signal.

Akustische Anzeigeelemente eignen sich besonders für die Langzeitüberwachung, für Störungsmeldungen und für Fälle, in denen die visuelle Aufnahmefähigkeit des Benutzers bereits überlastet ist, wie beim Lenken von Fahr- und Flugzeugen. Die Kombination eines optischen mit einem akustischen Warnsignal ergibt eine höhere Detektionsrate als jedes der Signale allein Geiser (1990).

Sprachausgabe. Die technisch anspruchsvollste Art akustischer Anzeigeelemente ist die Sprachausgabe. Sie wird bei akustischen Mensch-Maschine-Schnittstellen verwendet, wie etwa für die Verwendung durch Blinde oder Körperbehinderte, für die Fernbedienung durch das Telefon oder für den Einsatz in Fahrzeugen.

Beispiel. Ein Anwendungsbeispiel für die akustische Codierung eines Winkels zeigt Bild 4.37. Das früher übliche Flugzeuglandeverfahren für reduzierte Sichtbedingungen verwendet einen Dauerton, der bei Abweichung von der richtigen Anflugrichtung in eine Folge von kurzen oder langen Impulsen gleicher Frequenz übergeht. Um Irrtümer zu vermeiden und weil die Information „rechts" oder „links" akustisch nicht explizit vermittelt wird, wird sie zusätzlich noch optisch angezeigt. (Schmidtke 1993)

Wenn eine Regelaufgabe eine ständige konzentrierte Beobachtung der realen Umwelt erfordert, ist im Einzelfall und je nach Informationsinhalt abzuwägen, ob der akustischen Signalübermittlung oder der „head-up-display"-Technik der Vorzug zu geben ist (Schmidtke 1993).

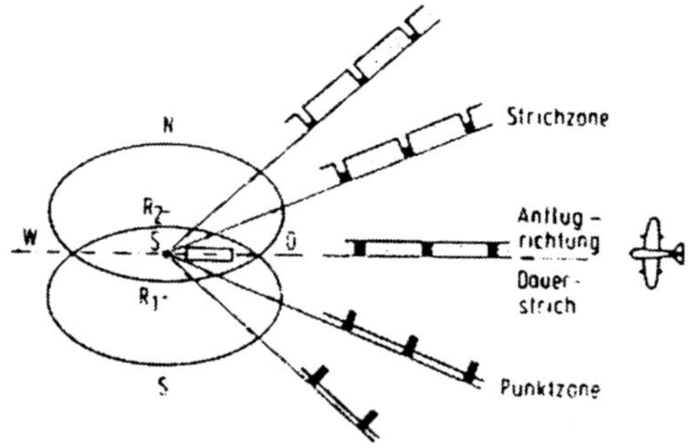

Bild 4.37: Akustisches Anzeigeelement (Schmidtke 1993). Das UKW-Landefunkfeuer-Verfahren zeigt dem Piloten mit Hilfe des Intensitätsunterschiedes zwischen zwei überlagerten akustischen Signalen an, ob die Anflugrichtung stimmt.

Taktile Anzeigeelemente. Taktile oder kinästhetische Anzeigeelemente werden relativ selten verwendet. Ein Anwendungsbeispiel ist das in Bild 4.38 gezeigte Anzeigeelement für Blindenschrift. Es gibt bereits Computertastaturen, in die eine ganze Reihe solcher Elemente integriert ist. Bei Flugzeugen kann ein Warnsignal durch leichte Vibration des Steuerknüppels angezeigt werden. Für Mobiltelefone kann ein eingehender Anruf wahlweise durch Vibration angezeigt werden. Analog zum Blindenschrift-Anzeigeelement (Bild 4.38) werden auch Armbanduhren zur taktilen Ablesung gebaut.

Akustische oder taktile Rückmeldung über Bedienungsvorgänge, wie etwa ein Piepsen oder ein spürbarer Druckpunkt einer Taste dürfen nicht mit Anzeigeelementen verwechselt werden.

Bild 4.38: Taktiles oder kinästhetisches Anzeigeelement

Richtlinien (digitale Anzeigeelemente):

- *Binäre Anzeigeelemente, die verschiedenartige Variablen anzeigen, sollen sich in mindestens einem Merkmal deutlich unterscheiden. Merkmale sind: Größe, Form, Farbe, Helligkeit, Blinkfrequenz.*
- *Bei numerischen Anzeigeelementen soll zwischen Gruppen von je drei Ziffern ein etwas größerer Abstand sein.*
- *Ein alphanumerisches Anzeigeelement muß aus einer Matrix von mindestens 5×7 Punkten bestehen. Einen Vorschlag für einen Zeichensatz auf 5×7 Punkten zeigt Bild 4.14 und 4.15. Zur Hervorhebung eignet sich hier nur Großschreibung.*
- *Beim Übergang zu 5×8 oder 5×9 Punkten wird die Verwendung von Unterlängen möglich und die Lesbarkeit stark verbessert.*
- *Eine N×M-Matrix (N > 25, 7 > M > 9) eignet sich zur Darstellung von Proportionalschrift und Laufschrift. Proportionalschrift ist leserlicher, schöner und braucht weniger Platz.*
- *Laufschrift soll punktweise nach links oder nach oben verschoben werden. Der Lauf soll nicht schneller als die halbe maximale Lesegeschwindigkeit sein oder einmal pro Zeile angehalten werden.*

Richtlinien (Gruppierung):

- *Grafische Elemente erscheinen zusammengehörig und werden als Einheit wahrgenommen, wenn zwischen ihnen zumindest eine der folgenden Relationen besteht: Nähe, gute Fortsetzung, Ähnlichkeit, Geschlossenheit.*

– *Bei der Gruppierung müssen auch die folgenden Kriterien beachtet werden: Einfachheit, Regelmäßigkeit, Symmetrie, Gleichgewicht.*

Richtlinien (Fenster):

– *Fenster sollen verwendet werden, wenn der verfügbare Platz nicht für die übersichtliche Darstellung der notwendigen Information ausreicht.*
– *Fenster sollen auch besonders zur Analogiebildung verwendet werden, wenn dadurch „Einblicke in andere Räume" (Ebenen, Dateien, Prozesse...) veranschaulicht werden können.*
– *Fenster besitzen einen Rahmen, der mit einem Schatten (rechts und unten), einer Titelleiste (oben), einem Schließfeld (links oben), ein oder zwei Rollbalken (rechts / unten) und einem virtuellen Griff zur Größenveränderung (rechts unten) ausgestattet werden kann (Bild 4.26).*

Richtlinien (Symbole):

– *Symbole können viel schneller erfaßt werden als Text. Sie sollen Begriffe ersetzen, die häufig vorkommen. Dadurch wird die Komplexität der Darstellung reduziert.*
– *Alle Symbole einer MMS sollen gleich groß sein. Der Großteil von ihnen soll einen gleichartigen, annähernd quadratischen Umriß haben, in Grautönen und einheitlich gestaltet sein.*
– *Nur wenige, sehr wichtige Symbole einer MMS sollen sich in Farbe und Form von den anderen wesentlich unterscheiden.*

Richtlinien (virtuelle Anzeigeelemente):

– *Virtuelle analoge Anzeigeelemente können nach denselben Kriterien wie reale gestaltet und bewertet werden. Ebenso wie diese sind sie zum schnellen Überprüfen und Überwachen mehrerer Variablen gut geeignet.*
– *Virtuelle digitale Anzeigeelemente können nach denselben Kriterien wie reale gestaltet und bewertet werden. Ebenso wie diese sind sie zum genauen Ablesen von Werten gut geeignet.*
– *Virtuelle Anzeigeelemente in Form von Diagrammen sind für die geeignete Aufbereitung von Variablen geeignet, so daß der Benutzer die relevante Information (z.B. Größenverhältnisse, zeitliche Abläufe) leichter erfassen kann.*
– *Diagramme sollen nicht genauere Skalen besitzen als unbedingt notwendig. Für das Ablesen von Werten können sie mit einem digitalen Anzeigeelement kombiniert werden (Bild 4.30).*
– *Säulen-, Balken- und Profildiagramme müssen immer bei 0 beginnende Skalen auf der Ordinate besitzen, so daß die Länge bzw. Fläche der Säulen proportional zum Wert der Variablen ist.*
– *Die Anwendungsbereiche von analogen, digitalen und diagrammförmigen Anzeigeelementen überschneiden sich nicht. Für jeden Anwendungsfall gibt es meist genau eine am besten geeignete Lösung.*

- *Zur Vorverarbeitung von Information vor ihrer Darstellung sind unter anderem geeignet: Maßstabsveränderung, Nullpunktsverschiebung, Ableitung, Integration, Filterung.*

Richtlinien (Akustische Anzeigeelemente):

- *Akustische Anzeigeelemente sind besonders dann geeignet, wenn der visuelle Informationskanal bereits überlastet oder inaktiv ist. Beispiele sind akustische Warnsignale, Sprachausgabe im Auto und akustische Codierung der Flugrichtung im Flugzeug.*

5 Trends und Anwendungsbeispiele

Die bisherigen Kapitel lassen bereits einige der Merkmale erkennen, die eine ergonomische Mensch-Maschine-Schnittstelle (MMS) von einer anderen unterscheiden. Hier werden nochmals die wichtigsten Trends beschrieben, die zur ergonomischen Verbesserung elektronischer Geräte beitragen.

Verwendung verschiedener Bedienelemente statt Reihen von Tasten. Mit Hilfe von Tasten läßt sich die Funktion fast aller anderen Bedienelemente nachbilden. Das ermöglicht eine kostengünstigere Herstellung, bedeutet aber gleichzeitig fast immer einen Verlust an Ergonomie. Man kann beispielsweise einen Drehknopf oder einen Schieber beliebig schnell oder rasch hintereinander in beide Richtungen oder beliebig langsam und genau bewegen. Zudem läßt er sich leicht ohne Hinsehen ertasten und blind bedienen.

Wenn die Funktion eines solchen Bedienelements mit Hilfe von Tasten nachgebildet wird, muß der Benutzer eine Taste wiederholt kurz oder länger andauernd betätigen oder er muß abwechselnd verschiedene Tasten betätigen. Auch wenn das Gerät eine ausgeklügelte Wiederholfunktion besitzt, benötigt ein Einstellvorgang mit Tasten wesentlich mehr Zeit und Aufmerksamkeit als mit anderen Bedienelementen. Die Fehlerhäufigkeit ist mit Tasten meist höher als mit anderen Bedienelementen.

Dazu kommt, daß eine lange Reihe von Tasten der MMS keine charakteristische Struktur verleiht, somit leichter zu Verwechslungen führt und weniger leicht erlernbar ist. Die Zeit, in der Geräte mit vielen gleichen Tasten für besonders

Bild 5.1: Rändelrad zur Menüauswahl des Mobiltelefons Sony CMD-Z1. Das Rad hat gleichzeitig die Funktion einer Taste.

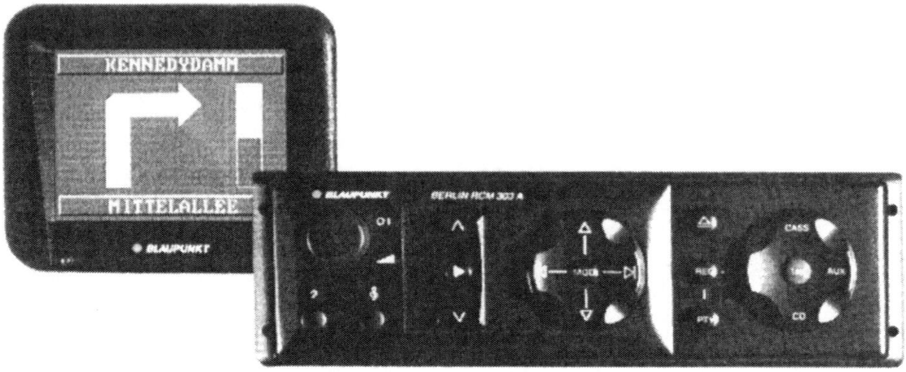

Bild 5.2: Mensch-Maschine-Schnittstelle des Autoradios Blaupunkt Berlin

modern und ästhetisch gehalten wurden, ist ebenfalls vorbei. Die Hersteller versuchen heute vielmehr, durch verschiedenartige Auswahl und Anordnung von Bedienelementen ihren Geräten ein unverwechselbares Aussehen zu geben (siehe auch Kapitel 2: Drehknopf, Rändelrad, Stellscheibe, Steuerknüppel).

Richtlinie: *Verwenden Sie für jede MMS mindestens ein Bedienelement, das keine Taste ist, also etwa einen Drehknopf oder eine Rollkugel. Der Benutzer erhält dadurch einen Hinweis auf den Zweck des Gerätes und auf die Art der Bedienung und merkt sich diese auch leichter.*

Grafikfähiger Bildschirm zur Darstellung von Fenstern und virtuellen Elementen. Ein deutlicher Trend geht hin zu grafikfähigen (LCD-) Bildschirmen. Sie erlauben nicht nur die Darstellung von Grafik im eigentlichen Sinn, sondern vor allem von virtuellen Bedien- und Anzeigeelementen. Dadurch wird die MMS viel flexibler als mit herkömmlichen Elementen. Auch für die Vielzahl neuer Leistungsmerkmale sind virtuelle Elemente die beste Art der Bedienung. Nur die jeweils benötigten Elemente werden auf dem Bildschirm dargestellt. Dadurch kann die MMS trotzdem übersichtlich gestaltet werden. Natürlich ist ein sinnvoller logischer Aufbau eine weitere Voraussetzung dafür (siehe Kapitel 4).

Menüauswahl. Eine größere Zahl virtueller Elemente und Funktionen einer MMS läßt sich am leichtesten durch einen Menübaum ordnen. Jedes Menü soll eine Zusammenfassung inhaltlich zusammengehöriger Optionen darstellen und einen aussagekräftigen Überbegriff als Namen besitzen. Ein gut organisierter Menübaum ist weitgehend selbsterklärend und erfordert angesichts der großen Zahl von Optionen konkurrenzlos wenig Gedächtnisleistung bei der Bedienung. Daher haben sich Menüs bei prozessorgesteuerten Geräten auch so schnell durchgesetzt (siehe Kapitel 2 sowie Wandmacher 1993).

Fernbedienbare Geräte. Auf den ersten Blick hält man die Fernbedienbarkeit bei elektronischen Geräten für ein reines Komfortattribut. Es könnte jedoch sein, daß

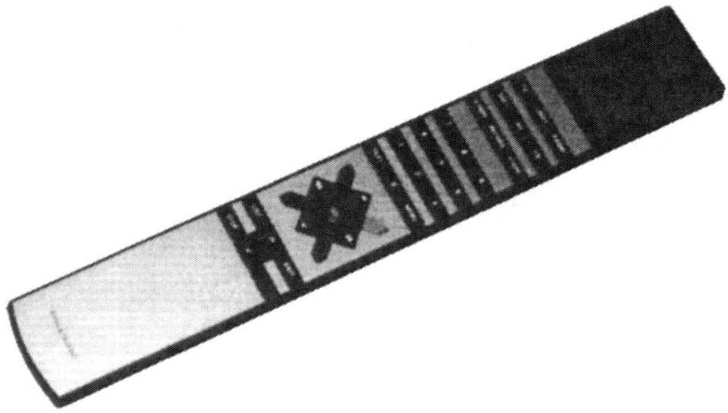

Bild 5.3: Fernsteuerung von Bang & Olufsen zur Bedienung einer Stereoanlage

Fernbedienungen auch ein Potential zur Verbesserung der Ergonomie darstellen. Ein Ansatz geht dahin, daß die Fernbedienung über ein Kabel mit dem Gerät verbunden ist. Sie besitzt Tasten, Schalter, eventuell eine Rollkugel oder eine Eingabefläche. Wie eine Computertastatur steht sie auf der Tischfläche vor oder neben dem Gerät. (Im Prinzip ist ja auch eine Maus eine solche Fernbedienung.) Das Gerät selbst besitzt fast keine Bedienelemente, sondern nur einen Bildschirm.

Ein weiterer Schritt in diese Richtung ist ein Gerät, bei dem auch der Bildschirm in die Fernbedienung integriert ist. Diese Bedieneinheit könnte wie ein kleiner Laptop-Computer aussehen. Sie könnte im ausgeschalteten Zustand an der Vorderseite des Gerätes angebracht sein (siehe Bild 5.8 sowie Bild 2.27).

Die Infrarot-Fernbedienung hat den Vorteil, daß sie durch kein störendes Kabel mit dem Gerät verbunden ist. Allerdings muß die Bedienbarkeit des Gerätes auch gewährleistet sein, wenn die Fernbedienung ausfällt oder verloren geht. Zumindest für die wichtigen Funktionen des Gerätes müssen auch durch Bedienelemente am Gerät selbst ansprechbar sein.

Mit einer einzigen Infrarot-Fernbedienung können grundsätzlich mehrere Geräte bedient werden. Daher sollte die Adresse der Geräte im gesendeten Code enthalten sein, um Verwechslungen zu vermeiden. Wenn eine ganze Stereoanlage oder ein ganzer Laboraufbau mit einer einzigen Fernbedienung ansprechbar ist, bedeutet das einen großen Gewinn an ergonomischer Qualität. Am konsequentesten wird dieses Prinzip von Bang & Olufsen verwirklicht. Dort hat jede Stereoanlage einen Infrarot-Empfänger und die Steuerbefehle werden über die Vernetzung der Geräte weitergegeben. Dadurch können fast die Hälfte der notwendigen Schritte bei der Bedienung eingespart werden. Wenn man zum Beispiel von einer Programmquelle auf eine andere wechselt, braucht man nur die neue gewünschte Quelle aktivieren. Die vorher aktive Quelle wird selbsttätig ausgeschaltet.

Um Geräte verschiedener Hersteller über dieselbe Fernbedienung steuern zu können, ist eine Standardisierung des gesendeten Codes wünschenswert. Ein Nachteil des drahtlosen Übertragungsprinzip ist, daß nicht alle Bedienelemente

Bild 5.4: Kombinierte Bedienelemente. **Links**: Fernbedienung eines Autoradios von Sony (Sony ist ein eingetragenes Warenzeichen). **Rechts:** Bedienelement einer Stereoanlage von Bang & Olufsen

auf der Fernsteuerung problemlos eingesetzt werden können. So wäre zum Beispiel ein Wippenschalter mit zwei stabilen Zuständen aus der Sicht des Benutzers gut geeignet. Dieses Bedienelement liefert taktile Rückmeldung über den eingestellten Zustand, wäre also ideal für eine Fernbedienung, die man oft blind bedienen will. Was geschieht aber, wenn während des Umschaltens das Gerät kurz verdeckt ist und das Signal nicht wahrnimmt? Es könnte der Fall eintreten, daß die Variable im Gerät in einem anderen Zustand ist, als der zugehörige Wippenschalter auf der Fernbedienung.

Eine Fernbedienung, die Bedienelemente mit mehreren stabilen Zuständen besitzt, müßte also bidirektionale Übertragung und ein fehlersicheres Übertragungsprotokoll besitzen. Es wäre zu prüfen, ob das nur mit einem Kabel, durch Funkübertragung oder auch mit Infrarot-Sendern realisierbar ist.

Kombinierte Bedienelemente. Platzmangel und ergonomische Verbesserung müssen kein Widerspruch sein. Man kann mehrere Bedienelemente so zusammenfassen, daß sie gut in der Hand liegen und weniger zu Fehlbedienung führen als nebeneinanderliegende Tasten. Sie eignen sich dann auch gut für die Blindbedienung. Der höhere konstruktive Aufwand lohnt sich, da damit auch eine unverwechselbare MMS geschaffen wird, die sich der Benutzer leichter merkt. Die Zusammenarbeit mit einem guten Industriedesigner kann hier notwendig sein.

Dialoge, Hinweise, Hilfe. Es ist sinnvoll, die Möglichkeiten einer prozessorgesteuerten MMS zur Einrichtung eines guten Mensch-Maschine-Dialoges zu nützen. Die Grundregeln der Dialoggestaltung wurden in Kapitel 1 angeführt. Das Bestreben dabei ist, möglichst jede Einschulung, fremde Hilfe und sogar die Bedienungsanleitung für den Benutzer unnötig zu machen. Gleichzeitig soll die Arbeit mit dem Gerät für den Benutzer motivierend und interessant sein. Er soll ein Gefühl der Sicherheit, Kompetenz und Kontrolle über die Situation bekommen. Besonders die Vermeidung von Fehlern durch Beseitigung der Fehlerquellen ist eine wichtige Aufgabe bei der Dialoggestaltung. Im Abschnitt über Menübäume (Kapitel 2) wurde in diesem Zusammenhang die Möglichkeit der situationsabhängigen Filterung von Menüoptionen behandelt.

Bild 5.5: Im Betriebssystem des Apple Macintosh werden Elemente unserer täglichen Umwelt verwendet, um besonders beim unerfahrenen Benutzer ein Gefühl der Vertrautheit zu erzeugen und die gefühlsmäßige Distanz zwischen Mensch und Maschine zu überbrükken. Eine wohldosierte Portion Humor ist spürbar, ohne aber das Gerät verspielt wirken zu lassen. (Copyright Apple Computer, Inc. Alle Rechte vorbehalten. Apple, das Apple Logo und Macintosh sind eingetragene Warenzeichen der Apple Computer, Inc.)

Falls es dennoch zu Unklarheiten oder Fehlern kommt, soll das Gerät ausführliche Hilfsfunktionen und in freundlichem Ton gehaltene, konstruktive Fehlermeldungen anbieten. Ein motivierender Dialog kann durchaus auch durch originelle, kreative und saloppe Lösungen erreicht werden. Der strenge, sachliche Charakter von Mensch-Maschine-Dialogen erscheint Technikern und Betriebswirten vielleicht aufgrund ihrer überwiegend rationalen Persönlichkeitsstruktur als natürlich, ist aber mit Sicherheit nicht überall notwendig. Hier hat die Firma Apple mit durchaus humorvollen Details neue Wege aufgezeigt und recht behalten. Man sollte sich als Entwickler ein wenig Respektlosigkeit gegenüber dem eigenen Gerät erlauben und dadurch einen stärkeren menschlichen Faktor in die Mensch-Maschine-Kommunikation bringen.

Überall, wo die Art der Information und die Möglichkeiten des Anzeigeelementes es erlauben, ist die Verwendung von grafischer Darstellung und von Symbolen sinnvoll. Durch die Verwendung verschiedener virtueller Diagramme kann eine Vorverarbeitung der Information im Gerät erfolgen. Der Benutzer kann dadurch die für ihn wesentliche Information leichter erfassen (siehe auch Piktogramme, Kapitel 4).

Verschiedene Arten von Hilfe für den Benutzer wurden bereits im Kapitel über Menüführung beschrieben. Als Innovation erscheint die automatische Hilfsfunktion besonders interessant. Dabei werden vom Gerät automatisch verschiedene

Parameter des Dialoges wie Reaktionszeiten und Fehlerhäufigkeit des Benutzers gemessen. Davon abhängig werden verschiedene Hilfsfunktionen aktiviert. Es kann auch ein automatischer Wechsel zwischen einer etwa vierstufigen Variable erfolgen, die das „Bild des Benutzers" für das Gerät darstellt. Der Benutzer wird also vom Gerät automatisch zum Beispiel in eine der Kategorien „Anfänger / normaler Anwender / routinierter Anwender / Experte" eingestuft. Diese Variable hängt nur vom Dialog der näheren Vergangenheit ab. Sie kann sich also ständig ändern, hat aber eine gewisse Trägheit.

Erkennbar ergonomische Gestaltung als Qualitätsmerkmal. Manche der in dieser Arbeit beschriebenen Verbesserungsvorschläge, wie etwa die Optimierung des Entwicklungsprozesses, verbessern die ergonomischen Eigenschaften des Gerätes und helfen gleichzeitig, Kosten zu sparen. Viele andere Vorschläge, wie etwa die Verwendung hochauflösender Bildschirme oder analoger Bedienelemente, machen das Gerät hingegen teurer. Es ist daher wichtig, die ergonomischen Eigenschaften des Gerätes als Qualitätsmerkmal sichtbar zu machen und in der Werbung zu berücksichtigen, damit sie die Kaufentscheidung des Kunden trotzdem positiv beeinflussen.

Es kann eine Gratwanderung sein, erkennbar ergonomische Details am Gerät anzubringen, ohne gerade dadurch wieder die Ergonomie zu verschlechtern. Im täglichen Gebrauch bewähren sich ja meist unauffällige und unspektakuläre Dinge. Eine gute MMS wirkt meistens weniger überladen und daher weniger aufwendig als eine schlechte. Um dieses falsche Bild auch beim unerfahrenen Käufer nicht entstehen zu lassen, kann wieder nur die Zusammenarbeit mit einem guten Industriedesigner und mit einem guten Werbefachmann empfohlen werden.

Beispiele für MMS-Konzepte. Ergänzend zu dieser Zusammenfassung der aktuellen Trends werden in den folgenden Bildern einige Konzepte für verschiedene Mensch-Maschine-Schnittstellen (MMS) skizziert.

Temperaturmeßgerät. In Bild 5.6 wird die MMS für ein hochgenaues Temperaturmeßgerät dargestellt, das für den Einsatz in Labors und Prüfständen gedacht ist. In jedem Fall wird ein möglichst großer grafikfähiger und hintergrundbeleuchteter Flüssigkristallbildschirm verwendet. Die Einschalttaste ist der Konvention folgend links oben.

Mit Tastatur (a). Die obere Variante (a) besitzt eine Ziffertastatur. Wie in der Literatur empfohlen, wird die „1, 2, 3"-Tastenbelegung verwendet. Der Bildschirm zeigt eine Anordnung von Fenstern, die bereits in Bild 4.32 gezeigt und beschrieben wurde. Es gibt Fenster für Grafik, Text (Hilfe, Statusmeldungen, Fehlermeldungen und Anzeige von Dialogschritten), Ziffern (Meßwerte) und Menüoptionen. Das linke Menüfenster zeigt das Hauptmenü, das rechte das jeweils ausgewählte Menü der zweiten Ebene. Mit der Taste „menu" wird zwischen den beiden Fenstern gewechselt. Mit den zwei Cursortasten wird im aktiven Fenster eine Option ausgewählt und mit „ok" bestätigt.

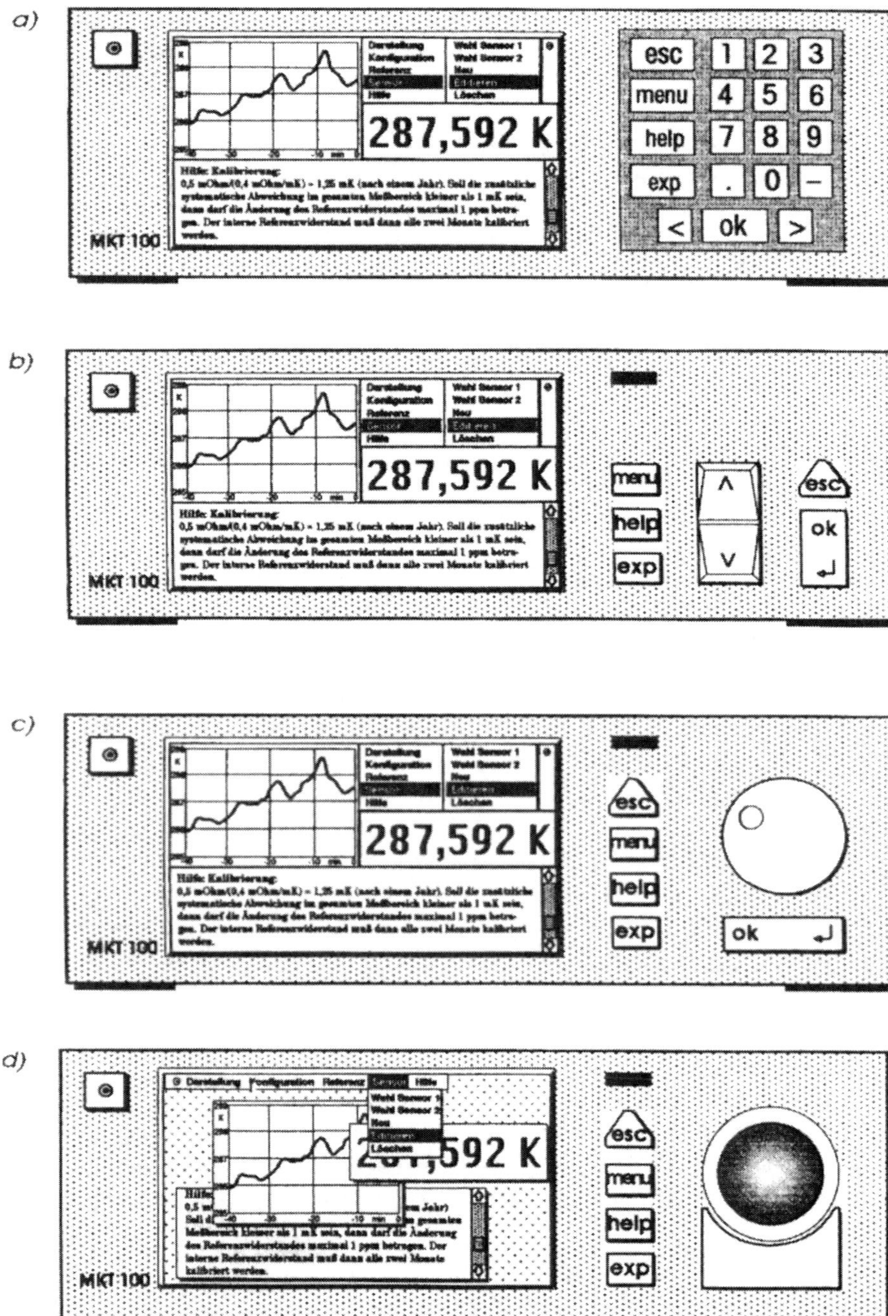

Bild 5.6: Vier Varianten für die MMS eines Temperaturmeßgerätes.

Bei den unteren drei Varianten werden Ziffern mit Hilfe eines anderen Bedienelements eingegeben (siehe Kapitel 3). Zusätzlich kann auch eine virtuelle Tastatur auf einem berührempfindlichen Bildschirm oder eine Fernsteuerung mit Zifferntastatur verwendet werden. Die Varianten (b) bis (d) besitzen einen Infrarotempfänger oberhalb der „menu“- bzw. „esc“-Taste.

Mit Wippe (b). Variante (b) besitzt eine analoge Wippe als zentrales Bedienelement. Sie ist selbstzentrierend, kehrt also von selbst in die mittlere Stellung zurück. Bei Betätigung ist die Rückstellkraft proportional zur Auslenkung aus der mittleren Stellung. Es handelt sich also um ein Bedienelement, das die Eigenschaften eines eindimensionalen Steuerknüppels besitzt. Wenn damit der Zahlenwert einer Variable eingestellt wird, hängt die Änderungsgeschwindigkeit von der Auslenkung der Wippe ab. Damit kann man viel schneller und genauer einstellen als mit zwei einfachen Richtungstasten (siehe Kapitel 3). Wenn eher selten Ziffern eingegeben werden, wird diese Kombination von Bedienelementen ausreichen.

Mit Stellscheibe (c). Ähnlich gute ergonomische Eigenschaften besitzt Variante (c). Die Stellscheibe soll möglichst leichtgängig sein, aber ein relativ großes Trägheitsmoment besitzen, sodaß sie nach dem Loslassen kurz weiterläuft.

Mit Rollkugel (d). Variante (d) sieht nur auf den ersten Blick ähnlich wie (c) aus. Weil hier eine Rollkugel, also ein zweidimensionales Bedienelement, verwendet wird, ist es naheliegend, damit einen Cursor auf dem Bildschirm zu steuern. Dadurch können wiederum überlappende Fenster anstelle von flächendeckenden Fenstern verwendet werden. Das Gerät ist mit einem entsprechenden Programm vielseitiger als die Varianten (a) bis (c), gleichzeitig aber genauso einfach zu bedienen. Nur die Fenster, die man gerade braucht, werden dargestellt. Bei Bedarf kann ein Fenster den ganzen Bildschirm ausfüllen. Die Taste unterhalb der Rollkugel dient zum Anwählen des Objektes, auf das der Cursor gerade zeigt. Sie hat nicht genau dieselbe Funktion wie die „ok“-Taste der anderen Geräte. Weil ihre Funktion stark mit der Rollkugel zusammenhängt, wurden die zwei Bedienelemente auch optisch als Einheit gestaltet.

Abnehmbare Einheit. Bild 5.7 zeigt eine MMS für dasselbe Gerät, bei der die Bedienelemente und der Bildschirm zu einer abnehmbaren Einheit zusammengefaßt sind. Der Winkel zwischen Bildschirm und Bedienfeld läßt sich stufenlos einstellen. Die Bedienelemente sind eine Kombination aus den MMS von 5.6 (a) und (d). Nicht nur die Form erinnert an einen Computer, sondern auch die Bedienung mit Cursor und Rollkugel, die den meisten Benutzern schon geläufig ist.

Rechner mit Buchstabentastatur. In Kapitel 3 wurde die Entwicklung einer Tastaturbelegung für kleine, hochformatige Tastaturen beschrieben. Als Anwendungsbeispiel dafür zeigt Bild 5.8 einen kleinen Rechner (Organiser), für den diese Tastatur gut geeignet ist. Der Benutzer hält das Gerät in der linken Hand, mit der er auch die vier seitlich angebrachten Tasten und die Wippe bedienen kann. Die Wippe steuert bei leichter Betätigung den Cursor und bei stärkerer Betätigung

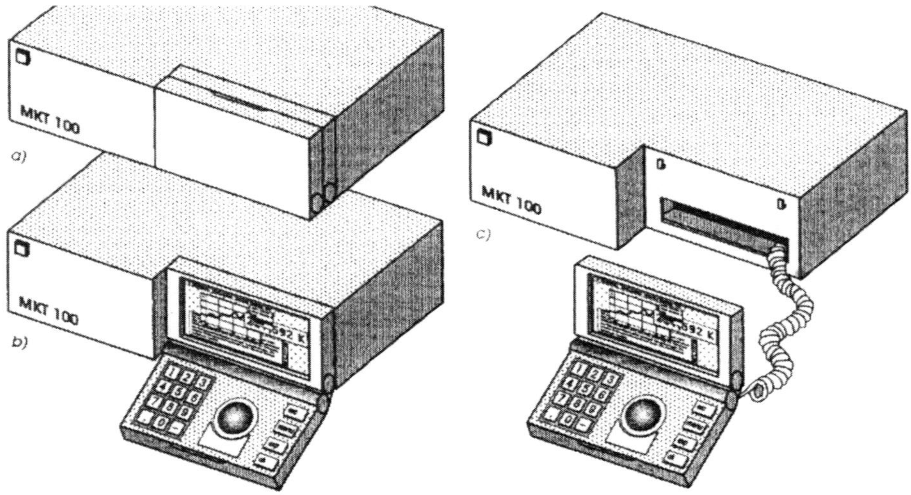

Bild 5.7: MMS eines Temperaturmeßgerätes. Alle Bedienelemente außer der Taste zum Einschalten und der Bildschirm sind in einer Einheit zusammengefaßt, die sich aus der Gerätefront herausklappen oder abnehmen läßt.

das Vor- und Zurückfahren des Textfensters. Mit der rechten Hand wird die Tastatur auf der Vorderseite bedient. Mit dieser häufigkeitszentrierten Tastaturbelegung ist man um rund 20% schneller als mit einer alphabetisch angeordneten, wie sie bei solchen Geräten häufig verwendet wird.

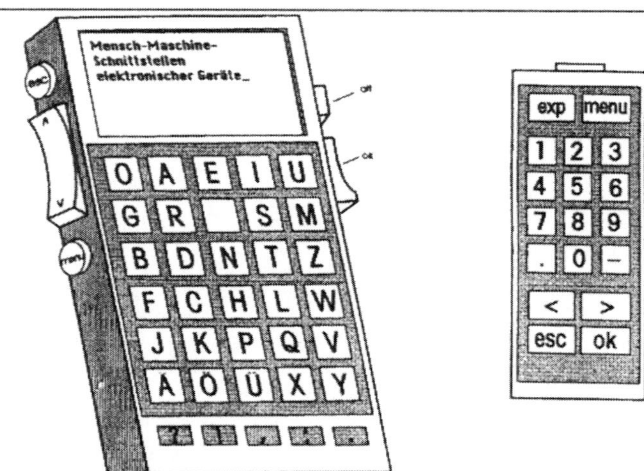

Bild 5.8, links: Texteingabegerät mit häufigkeitszentrierter Buchstabentastatur. **Rechts:** Infrarot-Ziffereingabegerät für die MMS aus Bild 5.6 (b) bis (d)

Fernsteuerung. Die Fernsteuerung von Bild 5.8 rechts ist eine Ergänzung zu den drei unteren Geräten aus Bild 5.7, die selbst keine Zifferntastatur besitzen. Die Auslagerung dieser Zifferntastatur hat drei Vorteile: Sie bringt eine Kostenersparnis, da Fernsteuerungen schon sehr billig angeboten werden. Das Gerät selbst wirkt übersichtlicher, da auf seiner Vorderseite nur mehr die häufig benötigten Bedienelemente angebracht sind. Und schließlich ist die Betätigung der waagrecht liegenden Tastatur auf der Fernsteuerung angenehmer als die einer senkrecht stehenden.

Berührbildschirm. Bild 5.9 zeigt eine MMS für einen Rechner mit berührempfindlichem Bildschirm. Er ist in den Abmessungen mit dem Apple „Newton" vergleichbar. Auf dem großen Bildschirm wird außer dem Textfenster eine virtuelle Tastatur dargestellt, die mit dem Zeigefinger der rechten Hand bedient wird. Mit der seitlich angebrachten Wippe kann man zwischen drei Tastaturbelegungen umschalten. Eine beinhaltet die Buchstaben, die zweite die Ziffern und Sonderzeichen, die dritte ein Menü, mit dem sich alle Funktionen des Gerätes ansprechen lassen. (Das dritte Menü wäre noch übersichtlicher, wenn man die Optionen mit Symbolen kombinieren würde.) Nur der Zeilenschalter und die Löschtaste sind bei allen Belegungen gleich. Dieses Gerät ermöglicht auch ungeübten Benutzern rasche Texteingabe und ist weitgehend selbsterklärungsfähig.

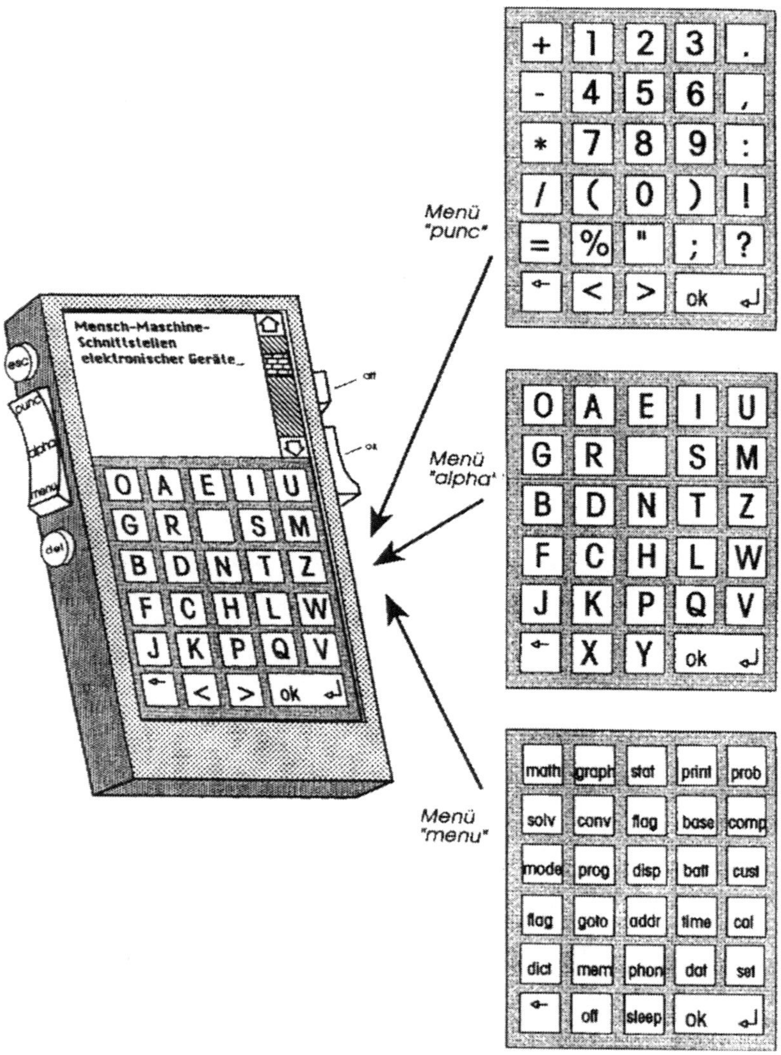

Bild 5.9: MMS eines kleinen Rechners mit berührempfindlichem Bildschirm. Anstelle einer handschriftlichen Eingabe von Text, wird hier eine virtuelle Tastatur mit häufigkeitszentrierter Tastaturbelegung verwendet. Das Tastenfeld wird also auf dem Touchscreen dargestellt. Die Entwicklung und die Vorteile dieser Belegung werden in Kapitel 3 beschrieben.
Das Gerät wird mit der linken Hand gehalten. Mit dem Daumen der linken Hand wird der Wippenschalter (seitlich links angebracht) bedient, den zwischen den drei rechts abgebildeten Menüs auswählt. Mit dem Zeigefinger der rechten Hand werden die virtuellen Tasten auf dem Bildschirm bedient. Der Wippenschalter steuert die oberste Ebene eines Menübaumes, mit dem die Funktionen des Gerätes aufgerufen werden. Ein Menü enthält alle Buchstaben, eines die Ziffern und Sonderzeichen und eines die Menüs der nächsten Ebene, die die weiteren Funktionen nach Sachgebieten geordnet enthalten.

6 Schaltungen für Bedienelemente

Die Bedienelemente der heutigen Mensch-Maschine-Schnittstellen unterscheiden sich stark von früheren. Tasten mit unterschiedlichsten Funktionen und Drehgeber werden heute eingesetzt, wo vor einiger Zeit noch Schalter, Potentiometer u.a. zu finden waren. Durch die starke Verbreitung der Tasten ist die Aufbereitung der Signale derselben immer wichtiger geworden, da verschiedenste Anforderungen gestellt werden. So sollen Ein-/Ausschalter, Schiebe- und Drehschalter zur Funktionswahl, Lautstärke- und Klangregler, Temperatur- und Frequenzeinstellungen, Kanalwahlschalter und vieles mehr ersetzt werden. Drehgeber sollen die analogen Potentiometer ersetzen und die selben Einstellungen ermöglichen, wobei das selbe Eingabeelement je nach gewählter Funktion unterschiedliche Aufgaben erfüllt. Zugleich können diese Eingabeelemente die verschiedenen technischen Anforderungen (Schalten hoher Ströme und Spannungen, Prellfreiheit, usw.) nicht erfüllen, da sie aufgrund der Miniaturisierung sehr klein sind und nur eine geringe Schaltleistung haben bzw. ihre Funktion ohne Zusatzschaltungen sehr eingeschränkt ist.

Der verstärkte Einsatz der Digitalelektronik verlangt andere Eingabeelemente oder die Umsetzung analoger Signale in Digitalwerte. Durch die Mikrocontroller wird der Schaltungsaufwand reduziert, dafür aber das Problem zur Software verlagert. Die hohe Verarbeitungsgeschwindigkeit verlangt eine entsprechende Adaptierung der zu verarbeitenden Signale.

6.1 Tasten

Tasten werden heute für die verschiedensten Aufgaben verwendet. Das reicht vom Aufleuchten einer Lampe während der Betätigungszeit bis zur Eingabe einer auf einer Anzeige dargestellten Solltemperatur. Für diese Aufgaben ist eine Aufbereitung und Weiterverarbeitung des Tastensignals erforderlich, da einerseits die hohe Verarbeitungsgeschwindigkeit der elektronischen Schaltungen und die Empfindlichkeit für unschöne Signale in den Griff zu bekommen und andererseits die gestellten Aufgaben und geforderten Ausgangssignale zu realisieren sind. Folgende Themen werden in diesem Kapitel besprochen:

- Entprellung von Tasten mit folgenden Methoden:
  - RS-Flipflop aus NAND- oder NOR-Gattern
  - RC-Glied mit Schmitt-Trigger

  - Ein-Chip-Lösung mit integrierter Schaltung
  - Mikrocontroller (Warteschleife, Tasten- und Timerinterrupt)
- Die bistabile Taste
  - zur Erzeugung eines bistabilen Signals
  - zum Schalten einer Versorgung (diskreter Aufbau, Mikrocontroller)
- Synchronisierung eines Tastensignals mit einem Takt
  - taktsynchrones Tastensignal
  - Einzelimpuls bei Tastenbetätigung
  - digitales Monoflop für beliebige Impulslängen
  - synchroner Änderungsdetektor
  - Taktsignal mit einer Taste schalten

6.1.1 Entprellung von Tasten

Kontakte erzeugen bei ihrer Betätigung ein sogenanntes Prellen des Signals. Dieses findet sowohl beim Öffnen als auch beim Schließen eines Kontaktes statt. In Bild 6.1 ist das Prellen eines Kontaktes schematisch dargestellt (Kontakt an Masse).

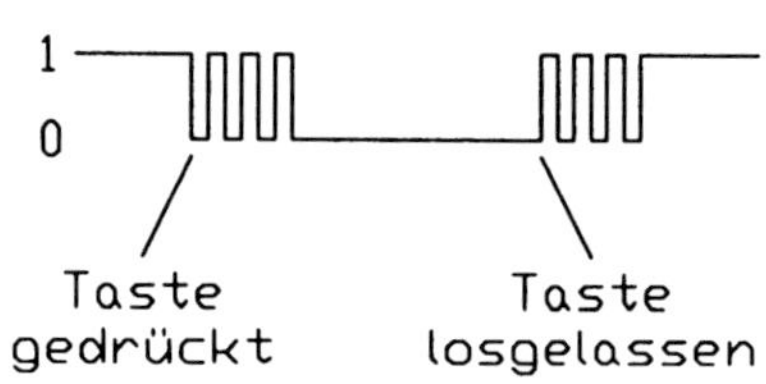

Bild 6.1: Tastenprellen

Bei direktem Anschluß eines Zählereingangs würden diese Prellimpulse als Betätigungen gezählt. Der Zähler würde bei jeder Betätigung der Taste nicht um eins, sondern um eine größere Zahl, beispielsweise drei erhöht. Das selbe gilt für eine numerische Tastatur, da eine Zahl mehrmals eingegeben scheint, obwohl sie nur einmal gedrückt wurde. Um dieses Prellen zu verhindern bzw. ein einwandfreies Signal über die Betätigung des Kontaktes zu erhalten, werden Entprellschaltungen eingesetzt.

RS-Flipflop. Die bekannteste Methode ist dabei die Verwendung eines RS-Flipflop. Dazu muß die Taste einen Umschaltkontakt besitzen, welcher abwechselnd am R-Eingang (Reset) oder S-Eingang (Set) ein Signal anlegt.

NAND-RS-FF. In Bild 6.2 ist das RS-FF aus NAND-Gattern aufgebaut. Der gemeinsame Anschluß der Taste liegt an Masse. Durch Betätigen der R-Taste wechselt der Kontakt auf den S-Anschluß, wodurch der Y-Ausgang des NAND-Gatters auf HIGH-Pegel geht. Zugleich werden beim oberen NAND-Gatter beide Eingän-

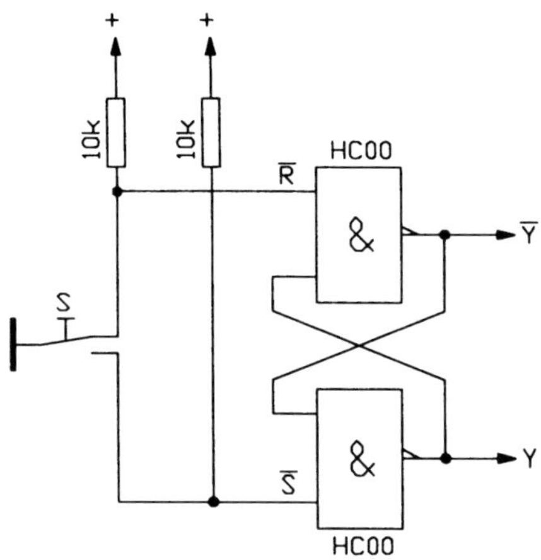

Bild 6.2: Entprellung mit NAND-Gattern

ge auf HIGH-Pegel gelegt, wodurch deren \Y-Ausgang[1] auf LOW-Pegel geht und somit seinerseits das untere NAND-Gatter auf HIGH-Pegel haltet.

In Bild 6.3 sind die zugehörigen Signale dargestellt. Der R-Kontakt öffnet und dessen Prellen endet, bevor der S-Kontakt schließt und zu prellen beginnt. Dies ist für eine einwandfreie Funktion sehr wichtig, da sonst der Ausgang des Flipflops eine Impulsfolge abgibt.

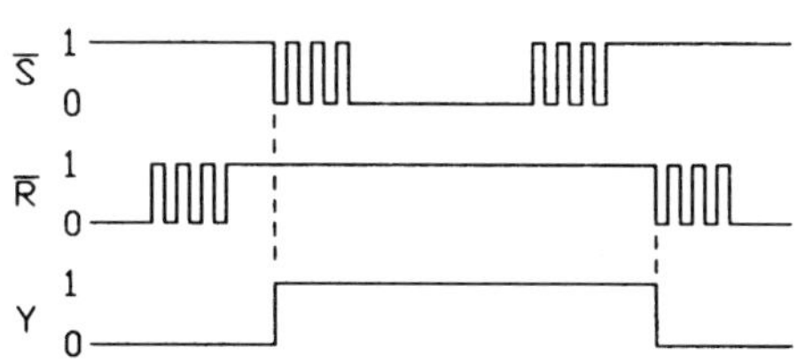

Bild 6.3: Signalverlauf zu Bild 6.2

NOR-RS-FF. In Bild 6.4 ist die Verwendung von NOR-Gattern gezeigt. Hier werden der R- und S-Eingang abwechselnd an die positive Versorgungsspannung V_{CC} gelegt. Auch hier muß der eine Kontakt öffnen, bevor der andere schließt.

RC-Glied. Beide Schaltungen haben den Nachteil, einen Umschaltkontakt zu verwenden. Bei einer Taste mit einem Schließer ist die Entprellung über ein RS-FF somit nicht möglich.

[1] \Y oder $\overline{Y}$: invertiertes Signal Y

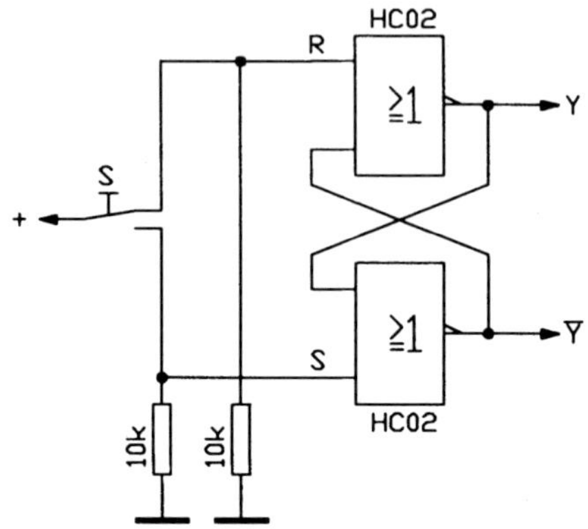

Bild 6.4: Entprellung mit NOR-Gattern

Hier kann ein RC-Glied verwendet werden, wie in Bild 6.5 gezeigt. Der Kontakt liegt parallel zum Kondensator und entlädt diesen bei Betätigung. Trotz des Prellens wird der Kondensator fast auf Null entladen. Ein nachgeschalteter Schmitt-Trigger sorgt für ein einwandfreies Signal und bietet zugleich die Möglichkeit der Invertierung (HIGH-Pegel bei gedrückter Taste). Über den Widerstand kann sich der Kondensator nach dem Loslassen der Taste wieder aufladen. Dabei wird die Zeitkonstante so gewählt, daß sich der Kondensator während der Prellzeit nicht ausreichend, d.h. nicht über die Schaltschwelle des Schmitt-Triggers aufladen kann.

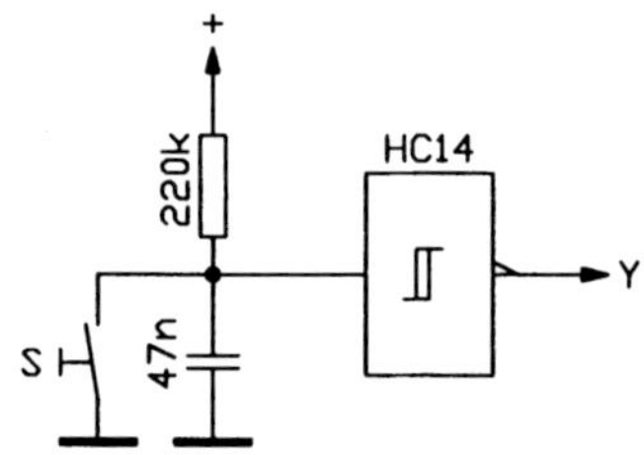

Bild 6.5: Entprellung mit RC-Glied und Schmitt-Trigger

In Bild 6.6 sind die Spannungen am Kondensator und am Ausgang des Schmitt-Triggers schematisch dargestellt. Der Nachteil der Schaltung in Bild 6.5 ist, daß die Zeit der Betätigung nicht mehr exakt zur Verfügung steht, da das Signal beim Loslassen der Taste um ca. $0{,}8\tau$[2] verlängert wird (abhängig von der Schaltschwelle des Schmitt-Triggers).

[2] $\tau \equiv RC$, Relaxationszeit des RC-Gliedes

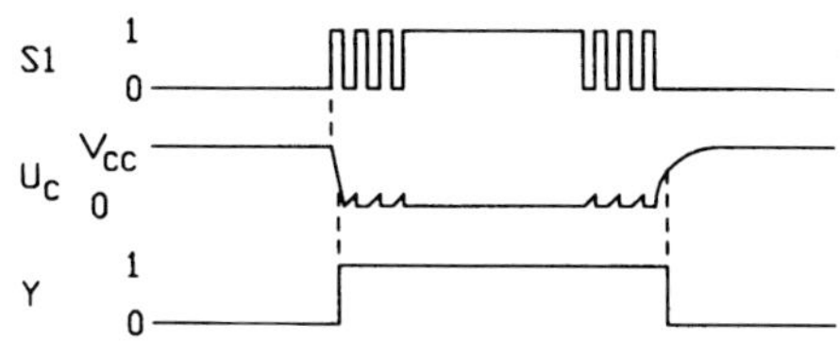

Bild 6.6: Signalverlauf bei der Entprellung mit RC-Glied und Schmitt-Trigger nach Bild 6.5

Werden für eine Mensch-Maschine-Schnittstelle viele Tasten benötigt, so wird der Aufwand für Schaltungen nach Bild 6.2 und Bild 6.4 recht groß. Hier bietet die Schaltung nach Bild 6.5 eine geeignete Lösung. Standardbausteine vom Typ 74HC14 enthalten sechs Schmitt-Trigger, womit bereits sechs Tasten entprellt werden können.

Ein-Chip-Lösung. Bei Einsatz integrierter Bausteine können wesentlich mehr Tasten entprellt werden, ohne für jede Taste noch zusätzliche Bauteile wie in Bild 6.5 zu benötigen. Weiters bieten diese zusätzliche Logik, um beispielsweise einen Tastendruck erkennen und auswerten zu können, auch wenn eine weitere Taste gedrückt wird (2-Key-Rollover). Weiters wird ein Tristate-Ausgang, ein „Taste gültig"- oder „Daten vorhanden"-Signal u.ä. zur Verfügung gestellt.

Eine solche Schaltung ist in Bild 6.7 zu sehen. Der verwendete IC vom Typ 74C922 bietet die Möglichkeit, bis zu sechzehn Tasten anzuschließen, wobei diese matrixförmig verdrahtet werden. Weiters ist eine „2-Key-Rollover"-Logik integriert, Abtastfrequenz (OSC-Pin) und Prellzeit (KBM-Pin) können getrennt ein-

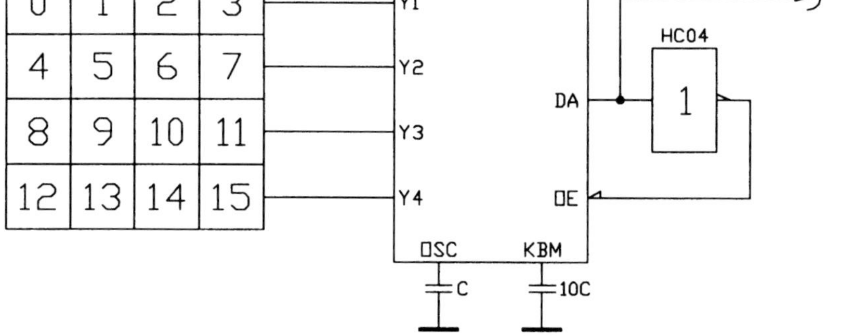

Bild 6.7: Entprellung mit integrierter Schaltung 74C922

gestellt werden, es wird ein „Daten vorhanden"-Signal (DA-Pin) zur Verfügung gestellt und die zuletzt gedrückte Taste wird gespeichert.

Durch die Verbindung von DA (data available) und OE (output enable) ist der Datenanschluß im Tristate-Zustand, wenn keine Taste gedrückt ist. Wird eine Taste gedrückt, liegt die Position jeder Taste innerhalb der Matrix als Code am Ausgang an; bei Taste „3" wäre dies der Binärcode für 3.

Wird die Taste „0" weggelassen und werden Pull-Down-Widerstände am Ausgang angeschlossen, so erhält man einen Code ungleich Null, wenn eine Taste gedrückt wird und den Code Null, wenn keine Taste gedrückt ist.

Werden in der Schaltung nach Bild 6.7 nicht sechzehn Tasten, sondern nur die Tasten „1", „2", „4" und „8" angeschlossen, so erhält man für jede Taste ein eigenes Signal, ohne eine nachfolgende Decodierung vornehmen zu müssen.

Mikrocontroller. Bei Verwendung eines Mikrocontrollers sind Tasten entweder direkt an einen Port oder über einen Bustreiber an den Datenbus angeschlossen. In beiden Fällen ist die Entprellung über die Software möglich, womit keine zusätzlichen Bauteile benötigt werden. Ist der Pull-Up-Widerstand im Port schon integriert, wie dies beim 8051er der Fall ist, so kann der externe Pull-Up-Widerstand ebenfalls entfallen. Ob dabei die Tasten zusätzlich verknüpft werden, um ein Interruptsignal zu generieren, oder in einer Schleife auf einen Tastendruck gewartet wird, ändert nichts an der grundlegenden Funktion der Entprellung. Diese besteht immer aus einer Warteschleife, in der nach dem Feststellen eines Tastendrucks nach einer ausreichend langen Zeitspanne die Taste nochmals abgefragt wird. Die folgenden Abbildungen zeigen den Anschluß der Tasten und Beispielprogramme für einen 8051-Controller.

Mikrocontroller Warteschleife. Bild 6.8 zeigt den Anschluß einer Taste am 8051-Controller und Bild 6.9 zeigt ein Programm zur Schaltung. In einer Warteschleife wird auf den Tastendruck gewartet. Die Schleife wird nur verlassen, wenn

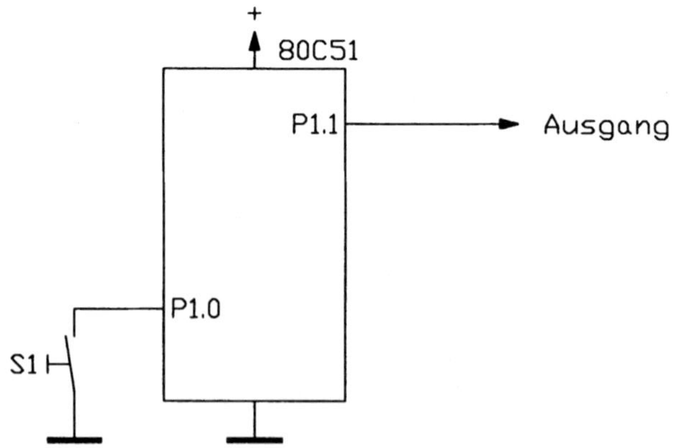

Bild 6.8: Anschluß einer Taste und Entprellung mit Mikrocontroller

nach der Verzögerungszeit, welche länger als die maximale Prellzeit sein soll, die Taste noch gedrückt ist. Bei einem Takt von 12 MHz sind zwei Register für eine Schleife notwendig, da die Prellzeit bis zu 5 ms betragen kann.

R0 und R1 werden mit der halben Verzögerungszeit in µs geladen, da für die Ausführung des DJNZ-Befehls zwei Zyklen, also 2 µs benötigt werden. Dabei gibt das Register R1 die R0-fache Zeit von Register R0 an. Im Beispiel wird R0 mit Null (= 256) und R1 mit 10 geladen, wodurch sich ca. 5,12 ms Verzögerungszeit ergibt. Ein weiterer Portpin stellt das Ausgangssignal zur Verfügung (1 = Taste gedrückt, 0 = Taste nicht gedrückt).

```
;#### Warteschleife zum Entprellen ####
;---- Code-Segment ----
        CSEG                        ;Code-Segment
;--- Programmteil ----
        ....
        CLR   P1.1                  ;Ausgang löschen
        ....
;---- Tastenabfrage und Entprellung ----
Taste:  JB    P1.0,Taste            ;Taste nicht gedrückt ?
        MOV   R1,#10d               ;Verzögerungszeit = 5,12 ms
        MOV   R0,#00d
Warte:  DJNZ  R0,Warte              ;innere Schleife
        DJNZ  R1,Warte              ;äußere Schleife
        JB    P1.0,Taste            ;Taste nicht gedrückt ?
        SETB  P1.1                  ;Taste ist gedrückt -> Ausgang setzen
;---- Ende Entprellung ----
        ....
```

Bild 6.9: Beispielprogramm zum Entprellen mittels Warteschleife

Mikrocontroller Tasteninterrupt. Durch die Verwendung eines Interrupts kann das Hauptprogramm seine Aufgaben erledigen und bekommt in einer Variablen die Information über die zuletzt gedrückte Taste zur Verfügung gestellt. Bild 6.10 zeigt den Anschluß von vier Tasten am Controller, wobei die Tasten zusätzlich über das NAND-Gatter 74HC21 am Interrupteingang INT0 angeschlossen sind. Die nötigen Pull-Up-Widerstände sind im Controller integriert.

Bild 6.11 zeigt ein Programm zur Schaltung in Bild 6.10 unter Verwendung des externen Interrupt INT0.

```
;#### Interruptroutine zur Entprellung ####
;---- Daten-Segment ----
        DSEG
Taste:  DS    1                     ;Variable „Taste"
;
;---- Code-Segment ----
```

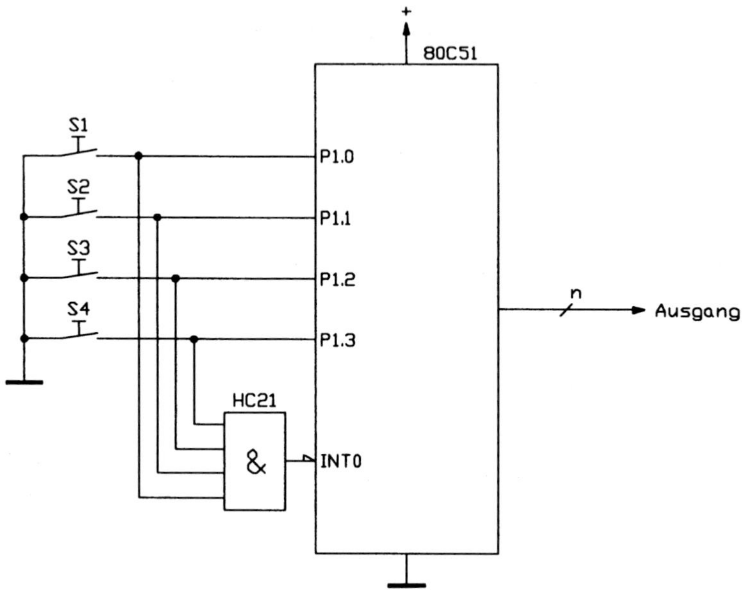

Bild 6.10: Entprellung mehrerer Tasten mit einem Mikrocontroller und Tasteninterrupt

```
          CSEG
;---- Interruptroutine ----
INT0:     PUSH  PSW              ;Register retten
          PUSH  ACC
          PUSH  R1
          PUSH  R0
          MOV   R1,#10d          ;Verzögerungszeit = 5,12 ms
          MOV   R0,#00d
Warte:    DJNZ  R0,Warte         ;innere Schleife
          DJNZ  R1,Warte         ;äußere Schleife
          CLR   IE0              ;Interrupt-Request-Flag löschen
          MOV   A,P1             ;Tasten lesen
          ANL   A,#00001111b     ;obere Bits ausblenden da nur 4 Tasten
          MOV   Taste,A          ;in Variabler „Taste“ zu Verfügung stellen
          POP   R0               ;Register zurückschreiben
          POP   R1
          POP   ACC
          POP   PSW
          RETI                   ;Interruptroutine beenden
```

Bild 6.11: Beispielprogramm zur Entprellung mittels Tasteninterrupt (externer Interrupt)

Bei einem Tastendruck wird der INT0-Pin nach Masse gezogen und somit ein Interrupt ausgelöst. Dieser sollte flankengetriggert sein, da sonst die Interruptroutine bei gedrückt gehaltener Taste nur für die Dauer eines Befehls verlassen wird. Das Interrupt-Request-Flag (IE0 im Register TCON) wird beim Eintritt in die Interruptroutine gelöscht und bei einem Prellen der Taste wieder gesetzt. Deshalb wird das Request-Flag nach der Entprellschleife gelöscht, da sonst nur ein Befehl nach dem Verlassen der Interruptroutine abgearbeitet wird. Nach dieser Entprellzeit werden die Tasten an Port P1 eingelesen und dem Programm in der Variablen „Taste" zur Verfügung gestellt.

Loslassen der Taste erkennen. Ein Loslassen der Taste wird nicht erkannt, da bei einem flankengetriggertem Interrupt nur das Niederdrücken der Taste, nicht aber das Niedergedrückthalten der Taste erkannt wird. Erfolgt der Anschluß an den Interrupteingang wie in Bild 6.12, so wird sowohl das Niederdrücken als auch das Loslassen der Tasten erkannt. Beim Niederdrücken einer Taste wird über C1, IC3 und IC5, beim Loslassen einer Taste über IC2, C2, IC4 und IC5 ein negativer Impuls am INT0-Pin erzeugt.

Das Interruptsignal muß eine bestimmte Dauer aufweisen, um registriert zu werden. Jeder Maschinenzyklus des 8051-Controllers kann in sechs Zustände Z1...Z6 mit je zwei Phasen P1 und P2 eingeteilt werden. Jede Phase P1 bzw. P2 entspricht einem Oszillatortakt, womit jeder Maschinenzyklus zwölf Oszillatortakte dauert. Interruptanforderungen werden bei Z5-P2 (Zustand 5 Phase 2) registriert und gespeichert (Roth 1990). Daraus ergibt sich, daß das Signal am INT0-Pin in Bild 6.12 mindestens 12 Oszillatortakte bzw. bei 12 MHz Systemtakt 1 µs lang sein muß.

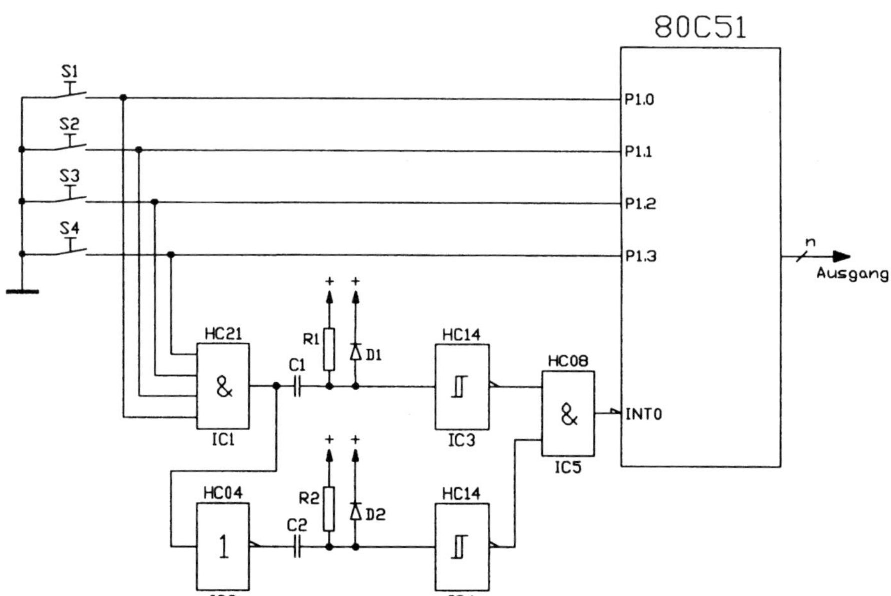

Bild 6.12: Entprellung mehrerer Tasten, Drücken und Loslassen über Interrupt erkennen

Mikrocontroller Timerinterrupt. Die Schaltung in Bild 6.12 hat den Nachteil, zusätzliche Bauteile zu verwenden. Das Beispielprogramm in Bild 6.11 hat den Nachteil, daß die Interruptroutine eine Verzögerungsschleife enthält und somit wertvolle Rechenzeit vergeudet wird. Zudem werden die Tasten nach dem Interrupt nicht mehr abgefragt. Steht ein Timer frei zur Verfügung, so können die Tasten mit diesem zyklisch abgefragt werden. Eine Entprellung entfällt dabei, da durch die zeitliche Abfrage der Tasten und Speicherung in einer Variablen diese bereits gegeben ist. Das Hauptprogramm greift nur auf die Variable zurück, wodurch der Tastenzustand mindestes eine Timerperiode, meist aber über mehrere Timerperioden konstant ist.

Bild 6.13 zeigt ein Programm zur Tastenabfrage mittels Timerinterrupt. Der Anschluß erfolgt direkt an die Ports P1.0, P1.1, P1.2 und P1.3. Timer 0 wird als 16-Bit Timer programmiert und in der Timer 0-Interruptroutine wird der Tastenzustand in der Variablen „Taste" gespeichert.

```
;#### Entprellung mit Timerinterrupt ####
;---- Daten-Segment ----
            DSEG
Taste:      DS     1                  ;Ergebnisspeicher
;
;---- Code-Segment ----
            CSEG
;---- Timerinterrupt - Timer 0 als 16-Bit Timer ----
T0_INT:     PUSH   PSW                ;Register retten
            PUSH   ACC
            MOV    A,P1               ;Tasten lesen
            ANL    A,#00001111b       ;obere Bits ausblenden da nur 4 Tasten
            MOV    Taste,A            ;in Variabler „Taste" zur Verfügung stellen
            POP    ACC
            POP    PSW
            RETI                      ;Interruptroutine beenden
```

Bild 6.13: Beispielprogramm zur Entprellung mittels Timerinterrupt (Timer 0)

6.1.2 Bistabile Taste

Häufig wird für sämtliche Bedienelemente eine Taste mit Schließer verwendet, wobei nur die Tastenkappe in Farbe, Form und Größe variiert. Eine bistabile Taste wird benötigt, um einen Verbraucher oder eine Funktion ein- bzw. auszuschalten. Dazu muß dieser Zustand (Ein/Aus) bei jedem Tastendruck wechseln und nach Betätigung der Taste erhalten bleiben, also gespeichert werden.

Bistabiles Signal. Im einfachsten Fall kann dies mit einem flankengetriggerten Flipflop realisiert werden. In Bild 6.14 ist eine Schaltung zu sehen, die ein bistabiles Signal ausgibt. Durch das RC-Glied am R-Eingang wird ein Resetimpuls beim

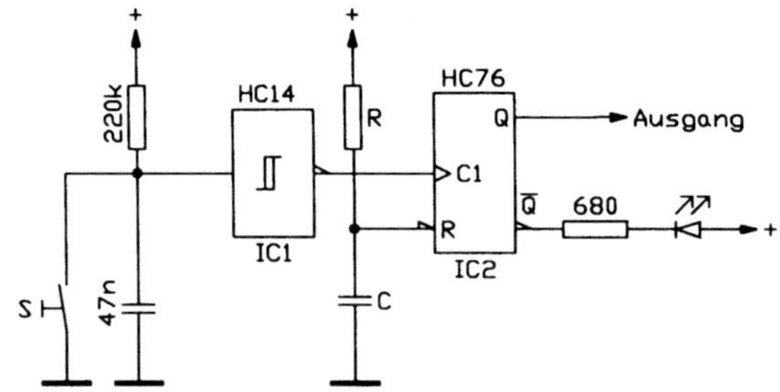

Bild 6.14: Bistabiles Signal mit Flipflop und LED-Anzeige

Einschalten der Versorgungsspannung generiert, um einen definierten Anfangszustand zu erhalten.

Bild 6.15 zeigt das Zustandsdiagramm zur Schaltung in Bild 6.14. Bei jedem Tastendruck wechselt der Ausgangszustand Q des Flipflops IC2. Für die Taste S ist der logische Zustand und nicht der Zustand der Leitung am Schmitt-Triggereingang eingezeichnet, d.h. S = 1 bedeutet Taste gedrückt und S = 0 bedeutet Taste nicht gedrückt. Die LED in Bild 6.14 zeigt an, ob die Funktion ein- oder ausgeschaltet ist. Sie ist an Q angeschlossen und belastet somit das Ausgangssignal nicht.

Versorgung mit Taste schalten. Wird die Versorgung eines Geräts mit einer Taste ein- und ausgeschaltet, so sollte im ausgeschalteten Zustand möglichst kein Strom aus der Spannungsversorgung entnommen werden. Bild 6.16 zeigt eine Schaltung, die den Ein-/Ausschalter eines Gerätes durch eine Taste ersetzen kann. Bei einem langen Tastendruck ist am Ausgang (Gerät) so lang Spannung, solange die Taste gedrückt wird. Bei kurzen Betätigungen wird die Spannung am Ausgang eingeschaltet bzw. ausgeschaltet.

Beim Einschalten wird zunächst der FET Q1 über die Diode D1 leitend und das Gerät wird mit Spannung versorgt. Über C2 und D3 wir der FET Q2 ebenfalls leitend, wobei sich C2 auflädt und somit der Transistor Q2 nach einiger Zeit wieder sperrt. Wird die Taste nur kurz gedrückt, so leitet Q2 noch, wobei sich nach dem Loslassen der Taste C1 über R1 auflädt (kleine Zeitkonstante) und seinerseits den Transistor Q2 leitend hält. Von Q2 wird der FET Q1 leitend gehalten und das Gerät bleibt eingeschaltet. Für ein einwandfreies Einschalten muß die Zeitkonstante von R2-C2 so groß sein, daß der Transistor Q2 auf alle Fälle noch leitend ist, sobald die Taste losgelassen wird.

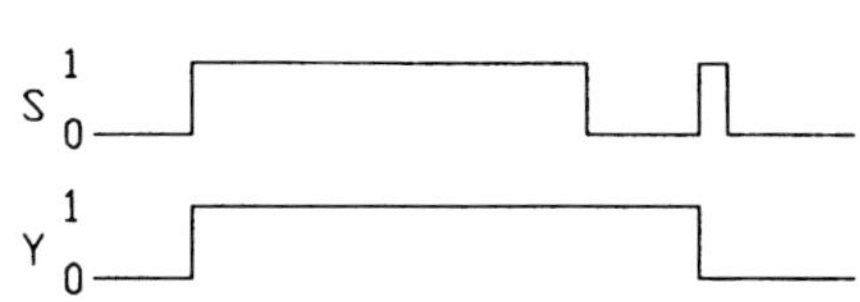

Bild 6.15: Signalverlauf zur Schaltung in Bild 6.14

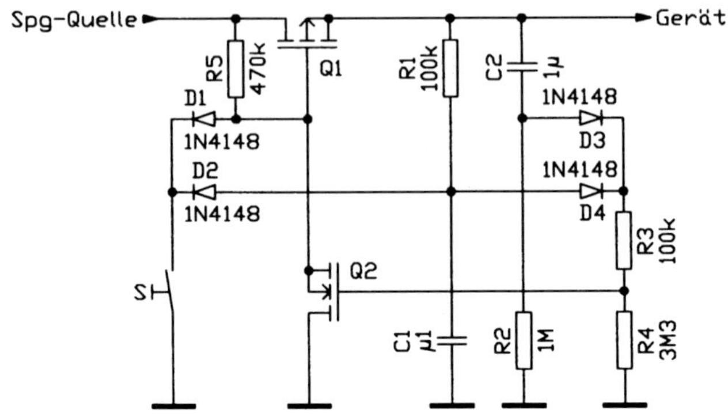

Bild 6.16: Versorgung mit Taste ein- und ausschalten

Zum Ausschalten wird die Taste wieder betätigt. C1 wird über die Diode D2 und die Taste entladen und der FET Q2 sperrt. Der Transistor Q1 bleibt leitend, solange die Taste gedrückt ist, und sperrt, sobald diese losgelassen wird. Damit dieses Ausschalten auch einwandfrei funktioniert, muß die Spannung am Sourceanschluß von Q1 bzw. am Gerät absinken, bevor sich C1 wieder aufladen und Q2 in den leitenden Zustand versetzen kann. Dies ist bei ohmscher Belastung kein Problem, wird aber bei einer Kapazität am Ausgang zu Schwierigkeiten führen. Eine Diode in Serie zum Ausgang behebt dieses Problem.

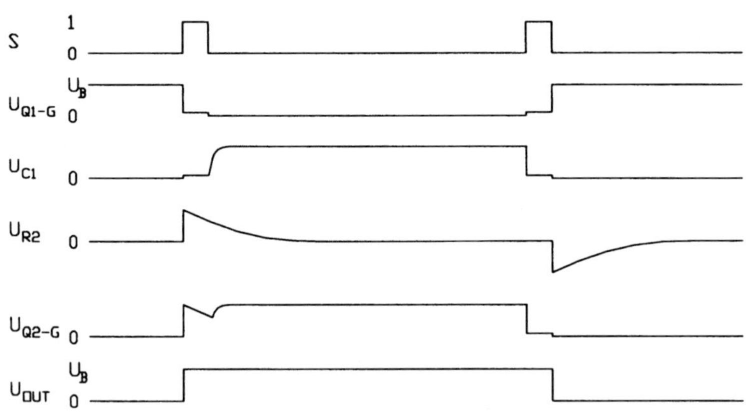

Bild 6.17: Spannungsverlauf in der Schaltung nach Bild 6.16

Bild 6.17 zeigt den Spannungsverlauf an einigen Punkten der Schaltung bei einem Ein- und Ausschaltvorgang. Wird die Taste länger betätigt, so sperrt Q2 bereits wieder, da sich der Kondensator C2 aufgeladen hat. Somit bleibt Q1 nur während der Betätigungszeit der Taste leitend und versorgt das Gerät mit Spannung.

Versorgung mit Mikrocontroller schalten. Beim Einsatz eines Mikrocontrollers übernimmt ein Portanschluß die Aufgabe der Steuerung der Versorgung. Bild 6.18 zeigt eine Schaltung mit einem Controller vom Typ 8051.

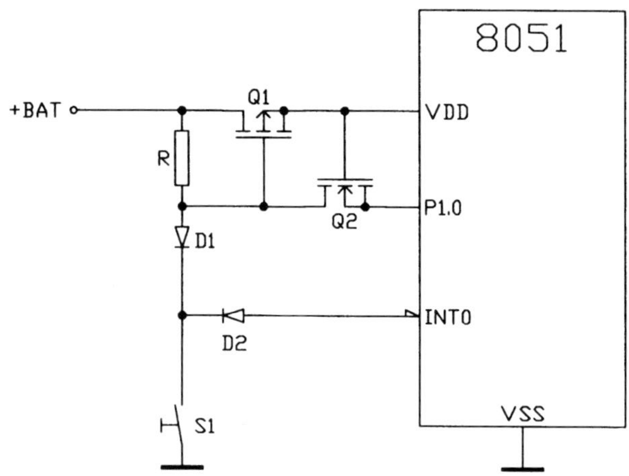

Bild 6.18: Versorgungsspannung mit Controller schalten

Zum Einschalten wird mit der Taste S1 das Gate des P-FET Q1 an Masse gelegt, worauf der Controller mit Strom versorgt wird und seinerseits den N-FET Q2 leitend macht, indem er den Portpin P1.0 auf Masse legt. Q2 muß vor jeder anderen Initialisierung angesteuert werden (Startup-Code).

Zum Ausschalten wird wiederum die Taste S1 gedrückt, worauf ein Interrupt ausgelöst wird. In der Interruptroutine wird eine Abschaltprozedur (Daten sichern, Verbraucher abschalten, usw.) gestartet, dann der Sourceanschluß des N-FETs Q2 auf V_{DD} gelegt (P1.0 auf 1, Q2 sperrt) und eine Endlosschleife gestartet oder der Controller in den Power-Down-Mode versetzt. Sobald die Taste losgelassen wird, sinkt die Betriebsspannung ab.

Durch die Ansteuerung des N-FETs über den Sourceanschluß ist gewährleistet, daß es zu keinem neuerlichen Einschalten kommen kann, wenn die Versorgungsspannung sinkt, da die Portpins intern über Pull-Up-Widerstände an V_{DD} hängen.

Bild 6.19 zeigt ein Beispielprogramm zur Schaltung in Bild 6.18. In der Startroutine wird der Transistor Q2 in den leitenden Zustand gesetzt.

Die Abschaltroutine ist die Interruptroutine für den externen Interrupt INT0. Der Interrupt wird durch einen Tastendruck ausgelöst. In der Interruptroutine verbleibt der Prozessor nach dem Abschalten des N-FET Q2 in einer Endlosschleife.

Bei zu geringer Versorgungsspannung bzw. beim Absinken derselben während der Einschaltphase ist eine einwandfreie Funktion nicht gewährleistet, da der Controller die Abschaltroutine möglicherweise nicht mehr ausführt.

```
;#### Versorgung mit Controller schalten ####
;---- Code-Segment ----
          CSEG
;---- Ausschaltroutine ----
;-- Tasten Interrupt - Taste über Diode an INT0-Pin
INT0:     MOV   R0,#00h         ;Verzögerungsschleife
WAIT:     DJNZ  R0,WAIT
          SETB  P1.0            ;N-FET ausschalten
Endlos:   LJMP  Endlos          ;Endlosschleife
;
;---- Einschaltroutine ----
;-- Versorgung sichern, erste Befehle
START:    CLR   P1.0            ;N-FET einschalten
MC_ON:    JNB   P3.2,MC_ON      ;Taste noch gedrückt ? (INT0-Pin ist P3.2)
          MOV   R1,#10d         ;Warteschleife wegen Prellen (5,12 ms)
          MOV   R0,00d
Prell:    DJNZ  R0,Prell
          DJNZ  R1,Prell
          SETB  IT0             ;INT0 ist flankengetriggert
          MOV   IP,#01h         ;INT0 auf Priorität 1 (statt Null)
          MOV   IE,#81h         ;Interrupt-Enable für INT0, EA=1
          ...
```

Bild 6.19: Beispielprogramm zum Schalten der Versorgung mit Controller

6.1.3 Synchronisierung mit einem Takt

Für manche Anwendungen ist es notwendig, einen Tastendruck mit einem Taktsignal zu synchronisieren. Ein solches Signal hat eine definierte Länge und kann nur zu vom Taktsignal bestimmten Zeitpunkten seinen Pegel ändern.

Taktsynchrones Tastensignal. Bild 6.20 zeigt eine Schaltung zur Erzeugung eines Signals, deren zeitliche Länge durch das Tastensignal S1 und dem Takt ∅ bestimmt wird. Dabei werden im asynchron setzbaren Flipflop F1 Impulse an deren S-Eingang zwischengespeichert. Bei der positiven Taktflanke übernimmt F2 die Eins und setzt den Y-Ausgang auf HIGH-Pegel. Gleichzeitig wird das Flipflop F1 zurückgesetzt, sofern der S-Eingang wieder auf HIGH-Pegel liegt. Bild 6.21 zeigt ein Beispiel für den zeitlichen Verlauf der Signale an S, ∅, Q1 und Y.

Einzelimpuls. Soll bei der Tastenbetätigung ein einzelner Impuls ausgegeben werden, so kann die Schaltung nach Bild 6.22 verwendet werden. Sie gibt einen Impuls von der Länge einer Taktperiode aus, unabhängig von der Dauer des Signals am S-Eingang von F1.

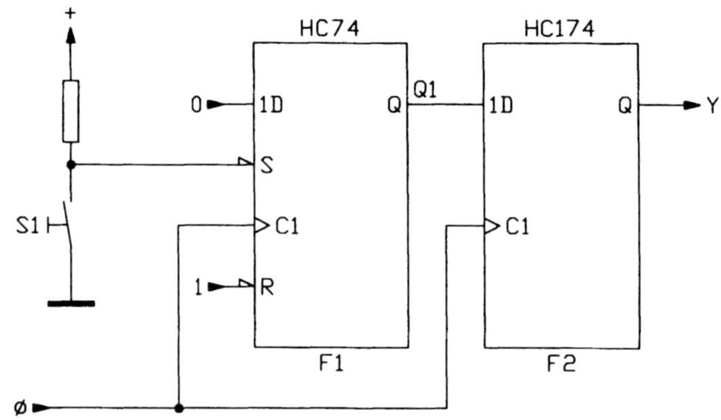

Bild 6.20: Synchronisierung zweier Signale (nach: Tietze-Schenk 1989)

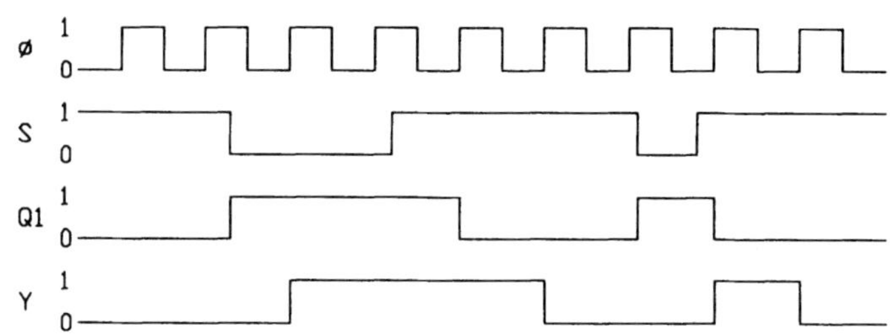

Bild 6.21: Signalverlauf zur Schaltung in Bild 6.20 (nach: Tietze-Schenk 1989)

Geht der S-Eingang von Eins auf Null, so wird das Flipflop F1 gesetzt und Ausgang Q1 geht auf Eins. Bei der nächsten positiven Taktflanke wird Flipflop F2 ebenfalls gesetzt; Ausgang Q2 geht auf Eins und mit ihm wird auch Y=1, da \Q3 zu diesem Zeitpunkt noch auf Eins ist. Bei der nächsten positiven Taktflanke wird

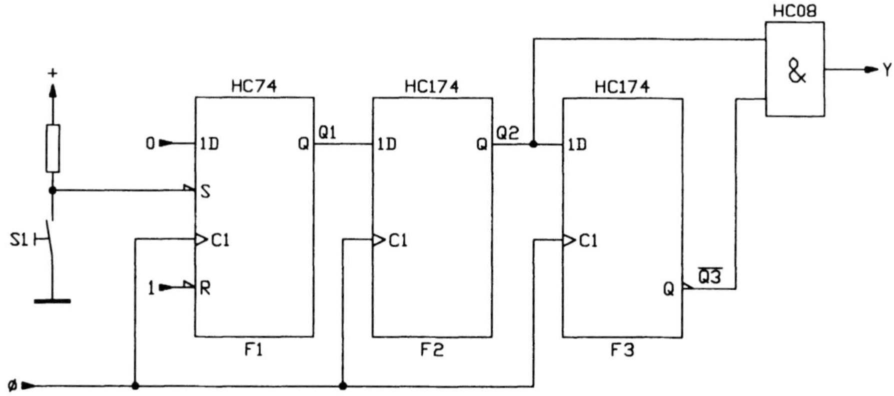

Bild 6.22: Zum Takt synchroner Einzelimpuls (nach: Tietze-Schenk 1989)

Bild 6.23: Signalverlauf zur Schaltung in Bild 6.22 (nach: Tietze-Schenk 1989)

der Zustand an Q2 vom Flipflop F3 übernommen, wodurch der Ausgang \Q3 auf Null und auch der Y-Ausgang auf Null geht.

Sobald der S-Eingang wieder auf Eins geht (Taste ausgelassen), setzt Flipflop F1 beim darauffolgenden Takt den Ausgang Q1 auf Null. Mit der nächsten positiven Taktflanke wird Q2=0, wodurch auch Y=0 wird. Beim nächsten Takt wird \Q3=0, ohne daß dadurch ein weiterer Impuls am Ausgang Y ausgegeben wurde.

Bild 6.23 zeigt wieder den zeitlichen Verlauf der Signale an S, ∅, Q1, Q2, \Q3 und Y.

Digitales Monoflop. Werden Impulse mit einer Länge von mehr als einer Taktperiode gebraucht, so bietet sich die Schaltung nach Bild 6.24 an (Tietze-Schenk 1989).

Setzt man den X-Eingang auf HIGH-Pegel, so wird der synchron ladbare Zähler mit der nächsten positiven Taktflanke am Eingang ∅ mit P0...P3 geladen. Ist der Zählerstand ungleich 15, so liegt der Übertragungsausgang RCO auf LOW-Pegel, wodurch der Zähler über den Inverter 74HC04 und den Eingang G4 freigegeben wird. Bei jeder positiven Taktflanke wird der Zählerstand erhöht.

Erreicht der Zählerstand den Wert 15, so wechselt der Ausgang RCO auf HIGH-Pegel und sperrt somit den Zähler über den Eingang G4. Zugleich wird der LOAD-Eingang L2 über das UND-Gatter 74HC08 wieder freigegeben, wodurch der Zähler über den X-Eingang neu programmiert werden kann.

Der Ausgang Y ist über einen Inverter am Ausgang RCO des Zählers angeschlossen und führt somit HIGH-Pegel, solange der Zähler zählt, und LOW-Pegel, sobald er gesperrt ist. Durch die Wahl der Zahl an P0...P3 wird die Anzahl der Takte zum Erreichen des Zählerstandes 15 festgelegt. Damit kann die Dauer des HIGH-Impulses am Ausgang Y programmiert werden. Diese ist immer ein Vielfaches der Taktperiode am Eingang.

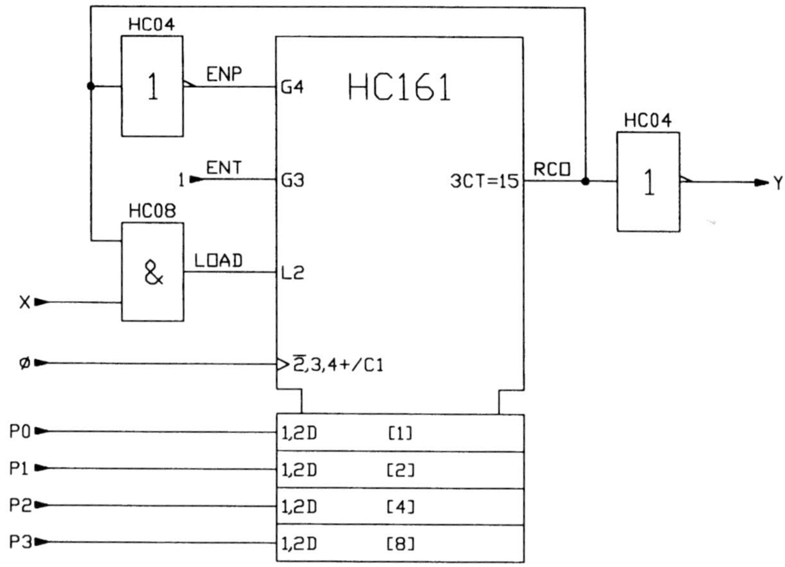

Bild 6.24: Impuls beliebiger Länge mit digitalem Monoflop (Tietze-Schenk 1989)

Durch die Verwendung eines UND-Gatters vor dem Eingang L2, kann der Zähler nicht neu programmiert werden, solange er zählt. Das digitale Monoflop ist somit nicht retriggerbar. Bild 6.25 zeigt den zeitlichen Verlauf für P=8.

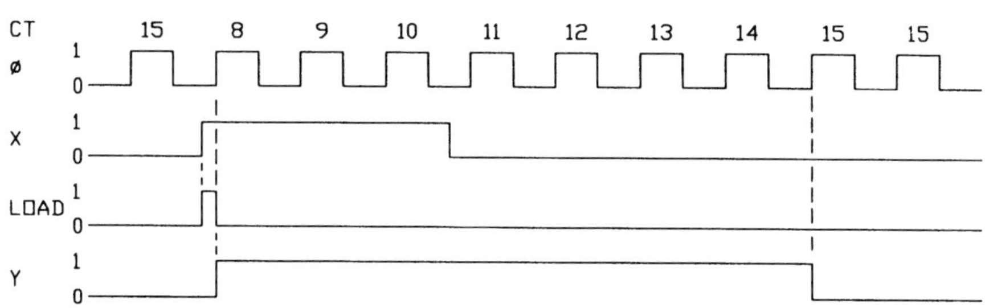

Bild 6.25: Signalverlauf zur Schaltung in Bild 6.28 bei P=8 (Tietze-Schenk, 1989)

Synchroner Änderungsdetektor. Ein Änderungsdetektor soll dann einen Impuls abgeben, wenn das Eingangssignal seinen Pegel sich ändert. Bild 6.26 zeigt einen synchroner Änderungsdetektor. Dabei wird die Schaltung in Bild 6.22 durch Austausch des UND-Gatters mit einem EXOR-Gatter und dem Anschluß von Q3 statt \Q3 an das EXOR-Gatter modifiziert. Bild 6.27 zeigt wiederum das Zustandsdiagramm zur Schaltung in Bild 6.26.

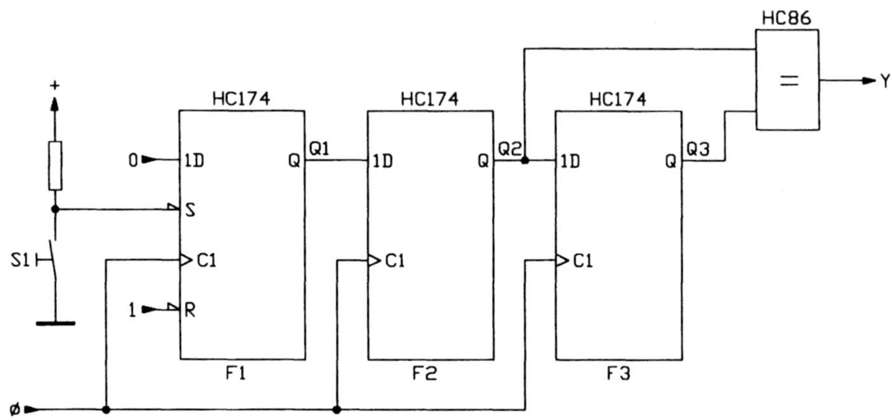

Bild 6.26: Synchroner Änderungsdetektor (nach: Tietze-Schenk 1989)

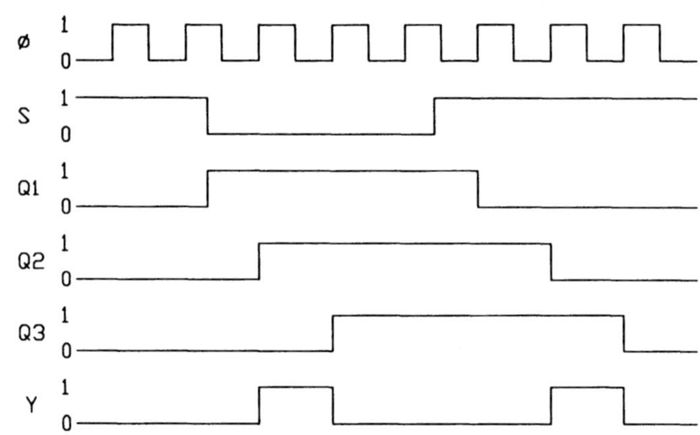

Bild 6.27: Signalverlauf zum synchronen Änderungsdetektor in Bild 6.26 (nach: Tietze-Schenk 1989)

Taktsignal schalten. Einen Takt mittels einer Taste freizugeben, ist ein häufiges Problem. Wird nur ein UND-Gatter verwendet, so entsteht beim Ein- und Ausschalten ein Impuls undefinierter Länge. Bild 6.28 zeigt eine Schaltung, mit der dieses Problem behoben wird.

Mit EN=1 (Tastensignal) wird das D-Flipflop bei einer positiven Taktflanke gesetzt. Dadurch wird Q=1 und Ø' ebenfalls Eins. Der erste Impuls hat wegen der Flankentriggerung bis auf die Gatterlaufzeiten die volle Länge. Zum Ausschalten kann dies nicht verwendet werden, da sonst ein Nadelimpuls entstehen würde. Deshalb wird das Flipflop über das ODER-Gatter asynchron zurückgesetzt, wenn

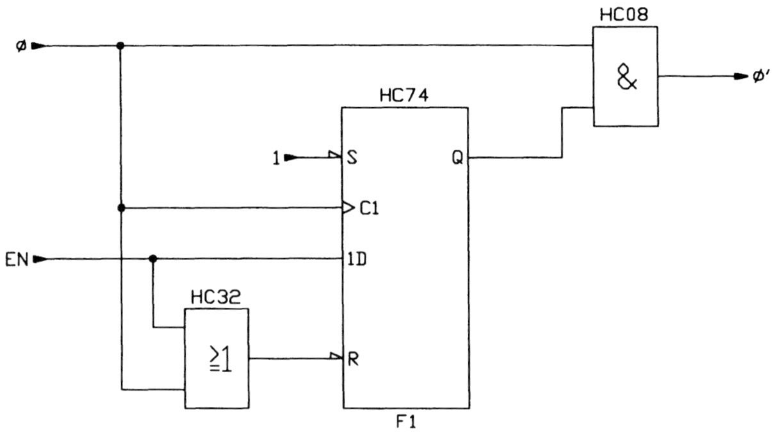

Bild 6.28: Takt mit einer Taste schalten (Tietze-Schenk, 1989)

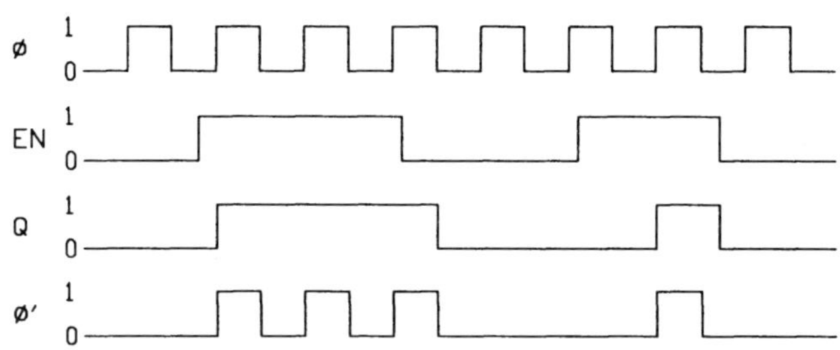

Bild 6.29: Signalverlauf zur Schaltung in Bild 6.32 (Tietze-Schenk, 1989)

∅ und EN auf LOW-Pegel sind. Bild 6.29 verdeutlicht den zeitlichen Zusammenhang.

6.2 Drehknopf, Rändelrad und Schieber

Zur Eingabe von Analogwerten werden Drehpotentiometer oder Drehgeber mit einem Drehknopf oder Rändelrad und Schiebepotentiometer (Schieber) verwendet. Dabei stellen die Potentiometer direkt einen Analogwert zur Verfügung, während beim Drehgeber mit Hilfe eines Auf-/Abwärtszählers die Information in digitaler Form dargestellt wird.

Potentiometer haben immer einen beschränkten Drehbereich, welcher meist bei 270° liegt. Drehgeber haben hingegen keine Beschränkung des Drehbereichs. Hier erfolgt die Festlegung der Grenzen durch die Auswerteelektronik. Wird eine digitale Information (Zahlenwert) zur Weiterverarbeitung benötigt, so kann entweder ein Drehgeber mit Zähler oder ein Potentiometer mit ADU (Analog-Digital-Umsetzer) eingesetzt werden.

Benötigt man hingegen einen Analogwert, so ist dies bei Spannung oder Strom mit einem Potentiometer direkt möglich. Bei einer Frequenz wird ein VCO (voltage-controlled-oscillator) eingesetzt. Verwendet man einen Drehgeber, so wird ein DAU (Digital-Analog-Umsetzer) zur Umsetzung in Spannung oder Strom eingesetzt. Bei einer Frequenz setzt man einen Teiler ein, welcher ein bestehendes Taktsignal in die gewünschte Frequenz umsetzt.

Folgende Schaltungslösungen werden gezeigt:

- Eingabe über Drehgeber
  - ohne Anschlag
  - mit Anschlag
  - 8051-Controller mit Drehgeber
- Eingabe über Potentiometer zur
  - Bereitstellung eines Analogwertes
  - Bereitstellung eines Digitalwertes

6.2.1 Eingabe über Drehgeber

Drehgeber müssen zur Erkennung der Drehrichtung zwei phasenverschobene Signale abgeben, wobei die Phasenverschiebung 90° beträgt. Bild 6.30 zeigt das Signal A und B eines Drehgebers. Man erkennt, daß je nach Drehrichtung das Signal A zum Zeitpunkt der positiven Flanke von Signal B entweder Null oder Eins ist. Im einfachsten Fall hat der Drehgeber vier Anschlüsse, wovon zwei für die Versorgungsspannung und zwei für das Ausgangssignal sind.

Die Drehrichtungserkennung ist aufwendig, wenn keine Zählfehler zugelassen sind, wie dies bei der Positionsbestimmung der Fall ist. Wird dagegen der Wert eines Zählers verstellt, so ist wegen der vorhandenen Anzeige diese Genauigkeit nicht nötig und es kann die Drehrichtung direkt aus einem der beiden Signale gewonnen werden. Der nachgeschaltete Zähler kann sowohl beim Maximal- und Minimalwert anhalten (Anschlag), als auch vom Maximalwert zum Minimalwert und umgekehrt springen.

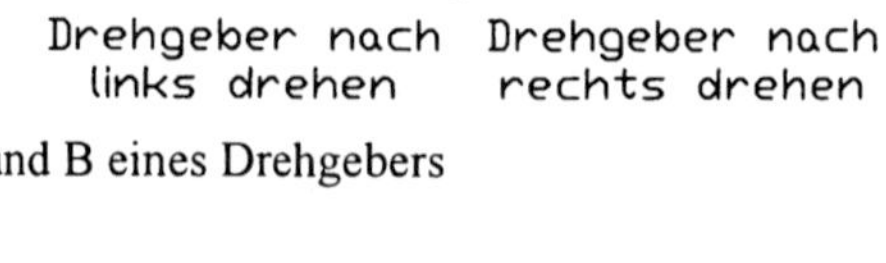

Bild 6.30: Signale A und B eines Drehgebers

Kein Anschlag. Hierbei ist der Schaltungsaufwand am geringsten, da für die Drehrichtungserkennung und die Ansteuerung des Zählers keine weiteren Bauteile nötig sind. Bild 6.31 zeigt die Schaltung mit einem 4-Bit Zähler mit einem Zähleingang (CLK) und einem Zählrichtungseingang (Up/Down). Da die beiden Signale A und B um 90° phasenverschoben sind, kann der Anschluß direkt an den Up/Down- und CLK-Anschluß des Zählers erfolgen. Eine mit den Ausgängen Q0...Q3 gekoppelte Anzeige zeigt den eingestellten Wert an.

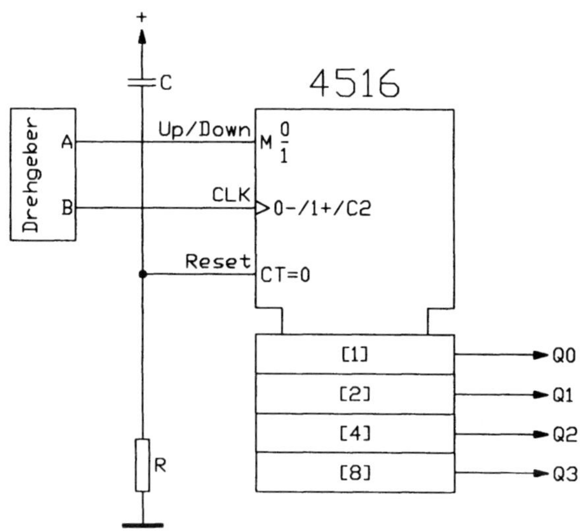

Bild 6.31: Drehgeber und Zähler ohne Anschlag

Mit Anschlag. Ist ein Anschlag gefordert, so daß der Zähler bei Null und Z_{MAX} stehen bleibt, so kann die Schaltung nach Bild 6.32 verwendet werden.

Erreicht der Zähler IC2 beim Aufwärtszählen CT=15 (CT .. Zählerinhalt), so wird CO=0 und über das NAND-Gatter IC3 der Takt gesperrt. Wechselt der Up/Down-Eingang von Null auf Eins, so wird der Takt wieder freigegeben, da auch CO von Null auf Eins wechselt. Beim Abwärtszählen wird der Takt bei CT=0 gesperrt und nach dem Wechsel der Zählrichtung wieder freigegeben. Das RC-Glied dient zur Erzeugung eines Resetsignals, um einen definierten Einschaltzustand zu erhalten. Bild 6.33 verdeutlicht diesen Zusammenhang beim Aufwärtszählen und anschließendem Richtungswechsel.

Bild 6.34 zeigt eine Schaltung, bei welcher der Anschlag weder bei Null noch bei Z_{MAX} des Zählers liegt. Über den Größenvergleicher IC3 und das NAND-Gatter IC4 wird beim Aufwärtszählen, über IC5 und IC6 beim Abwärtszählen der Takt gesperrt. Die Ausgangssignale von IC4 und IC6 werden mit dem ODER-Gatter IC7 verknüpft und dem Takteingang des Zählers IC2 zugeführt. Zusätzlich wird

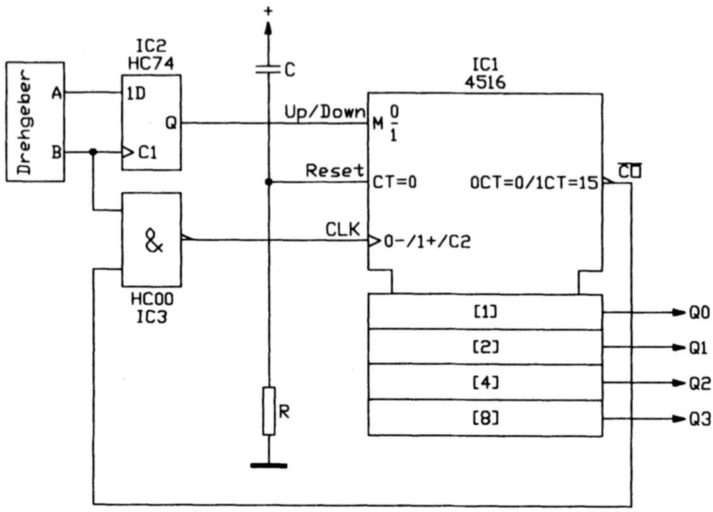

Bild 6.32: Drehgeber und Zähler mit Anschlag

der Zähler beim Einschalten der Versorgung über den LOAD-Eingang (RC-Glied R1-C1) mit dem an P0...P3 anliegenden Wert (Z_{LOAD}) geladen. Dieser Vorladewert muß zwischen Z_{MIN} und Z_{MAX} liegen.

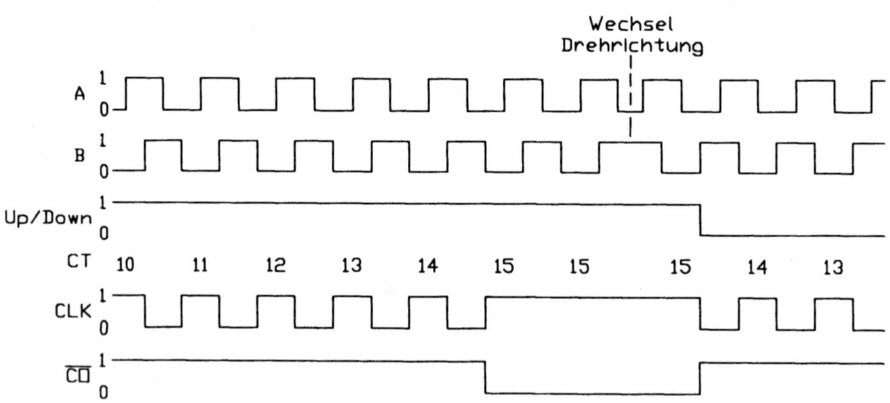

Bild 6.33: Signalverlauf zur Schaltung in Bild 6.32

8051-Controller. Bild 6.35 zeigt die Beschaltung des 8051-Controllers mit einem Drehgeber. Durch die Verwendung des Interrupteingangs erfolgt die Auswertung in einer Interruptroutine, wobei das Taktsignal durch den Anschluß B des Drehgebers gebildet wird, während das um 90° phasenverschobene Signal des Anschlusses A zur Erkennung der Drehrichtung herangezogen wird.

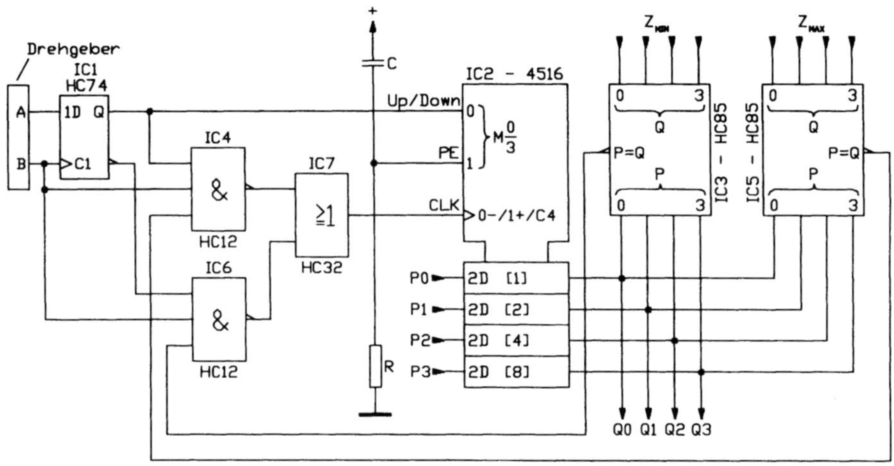

Bild 6.34: Drehgeber und Zähler mit beliebig einstellbarem Anschlag

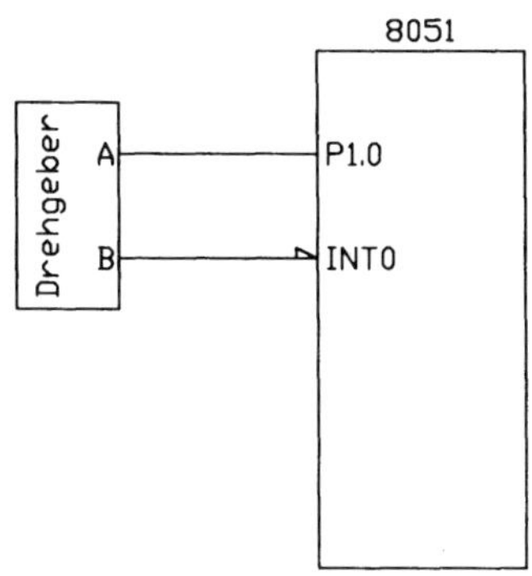

Bild 6.35: 8051-Controller mit Drehgeber

Bild 6.36 zeigt das Beispielprogramm. In der Interruptroutine des INT0-Anschlusses wird der Zähler inkrementiert oder dekrementiert.

```
;#### Zifferneingabe mit Drehgeber ####
;Variablen:  ZAEHLER                Zählerwert
;
;---- Daten-Segment ----
            DSEG
ZAEHLER:    DS      4               ;Zähler
;
;---- Code-Segment ----
            CSEG
;---- Externer Interrupt 0 - Abfrage, Auswertung, Zähler ----
;Interrupt erfolgt bei der negativen Flanke von Signal B
```

```
INT0:       PUSH  PSW              ;Register retten
            PUSH  ACC
            JNB   P1.0,Aufwaerts   ;Richtungserkennung neg. Flanke an B
;---- abwärts zählen
Abwaerts:   CLR   C                ;Kontrolle Minimalwert
            MOV   A,#MIN
            SUBB  A,ZAEHLER        ;ZAEHLER > MIN ergibt C=1
            JNC   INT0_End
            DEC   ZAEHLER          ;Dekrementieren
            SJMP  INT0_End
;---- aufwärts zählen
Aufwaerts:  CLR   C                ;Kontrolle Maximalwert
            MOV   A,#ZAEHLER
            SUBB  A,#MAX           ;ZAEHLER < MAX ergibt C=1
            JNC   INT0_End
            INC   ZAEHLER          ;Inkrementieren
INT0_End:   POP   ACC              ;Register zurückschreiben
            POP   PSW
            RETI                   ;Ende Routine
```

Bild 6.36: Beispielprogramm zur Ziffereingabe mit Drehgeber

Im 7. Kapitel, Abschnitt „Zifferneingabe mit Richtungstasten" wird die Eingabe mittels Drehgeber ebenfalls gezeigt. Dort werden vier Stellen verwendet und eine Erhöhung der Einstellgeschwindigkeit in Abhängigkeit von der Drehgeschwindigkeit des Drehgebers gezeigt.

6.2.2 Eingabe über Potentiometer

Analogwert. Erfolgt die Eingabe über ein Potentiometer, so ist je nach geforderter Signalart und Größe derselben eine Weiterverarbeitung der vorhandenen Größe notwendig. In Bild 6.37 wird eine Spannung U_{ST} als Steuergröße für die Ausgabeeinheit zur Verfügung gestellt. Durch den als Spannungsfolger geschalteten Operationsverstärker kann U_{ST} stärker belastet werden, ohne daß ein niederohmiges Potentiometer einsetzt werden muß. Ist der Eingangswiderstand der nachfolgenden Schaltung groß, so kann der Spannungsfolger entfallen. Das Potentiometer ist auf beiden Seiten mit den Referenzspannungen $-U_{REF}$ und $+U_{REF}$ verbunden.

Wird ein Widerstandswert zur Weiterverarbeitung benötigt, so kann direkt ein Potentiometer verwendet werden.

Digitalwert. Wird ein Digitalwert zur weiteren Verarbeitung in der Schaltung benötigt, so kann die Umsetzung mit dem ADU in einem Mikrocontroller erfolgen.

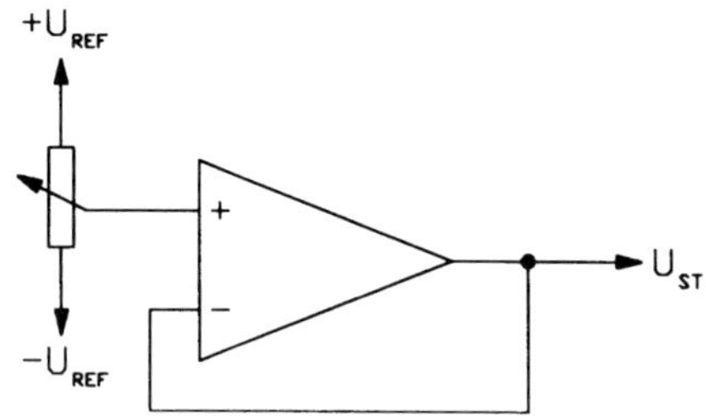

Bild 6.37: Spannung als Steuergröße über Potentiometer und Spannungsfolger

6.3 Tastenreihe mit alternierender Funktion

Eine Tastenreihe dient meist der Auswahl einer Funktion, wobei jede Tastenreihe für sich eine Gruppe bildet. Beim mechanischen Äquivalent springt bei Druck auf eine Taste eine schon gedrückte wieder heraus. Diese mechanischen Tasten brauchen recht viel Platz und finden sich vor allem in Geräten älterer Bauart. Die elektronische Lösung soll ein Signal für jede gedrückte Taste bzw. einen Code abgeben, wobei durch eine LED neben der Taste oder die Beleuchtung der Taste die gerade ausgewählte Funktion angezeigt wird. Das abgegebene Signal kann dann z.B. zur Steuerung von Analogschaltern verwendet werden.

Folgende Lösungen werden gezeigt:

- Entprellung der Tasten mit
  - Integrator und Schmittrigger
  - Differenzierer
  - Timer 555er
  - RS-Flipflops
- Speichern und Anzeigen des Tastendrucks über
  - RS-Flipflops
  - Prioritätsdecoder und D-Flipflops (wegen Mehrfachbetätigung)
  - Ein-Chip-Lösung

6.3.1 Entprellung der Tasten

Bei der Entprellung einer Tastenreihe kann auf eine separate Entprellung jeder Taste verzichtet werden. Hier bietet sich die Möglichkeit, über eine monostabile Kippstufe oder einen Integrator ein verzögertes Taktsignal zu generieren. Mit diesem kann beispielsweise die Information der gedrückten Tasten in Flipflops gespeichert werden.

Integrator und Schmitt-Trigger. Bild 6.38 zeigt eine Schaltung dazu. Wird eine Taste gedrückt, schaltet das NAND-Gatter IC1 von LOW- auf HIGH-Pegel und

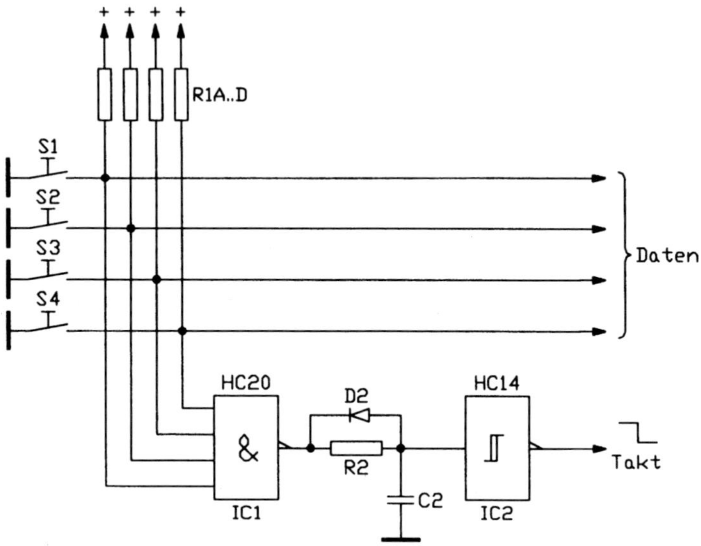

Bild 6.38: Entprellung mehrerer Tasten mittels Taktflanke eines Integrators

lädt den Kondensator C2 über R2 auf. Wird die Schaltschwelle des Schmitt-Triggers IC2 erreicht, gibt dieser eine 1-0-Flanke ab, mit welcher D-Flipflops getriggert werden können. Diese übernehmen die Speicherfunktion. Über die Diode D2 wird C2 nach Loslassen der Taste schnell entladen, um die Betätigung einer weiteren Taste sofort zu ermöglichen.

Die negative Flanke markiert den Zeitpunkt der Tastenabfrage. Das Signal bleibt auf LOW-Pegel, solange eine Taste gedrückt ist und signalisiert somit die anhaltende Betätigung.

Differenzierer. Die Schaltung nach Bild 6.39 zeigt die Verwendung eines Differenzierers. Wird eine Taste gedrückt, so geht der Ausgang des NAND-Gatters von LOW- auf HIGH-Pegel. Der Eingang des Schmitt-Triggers IC2 folgt und der Ausgang geht auf LOW-Pegel. Der Kondensator C2 kann sich nun über R2 aufladen, so daß der Schmitt-Trigger nach einiger Zeit wieder auf HIGH-Pegel wechselt, wobei diese Zeit durch die Schaltschwellen von IC2 und R2-C2 bestimmt wird. Über die Diode D2 kann sich der Kondensator C2 schnell entladen und zusätzlich wird der Schmitt-Trigger IC2 vor negativen Eingangsspannungen geschützt.

Hier markiert die positive Flanke den Zeitpunkt der Tastenabfrage. Das Ausgangssignal zeigt nicht, wie lange eine Taste gedrückt wird.

Timer 555er. Bild 6.40 zeigt eine Lösung mit UND-Gatter IC1 und Timerbaustein 555 (IC2). Wird eine Taste betätigt, so geht der Ausgang von IC1 auf Masse und triggert über C2 den Timerbaustein IC2. C1 gewährleistet, daß bei gedrückt gehaltener Taste IC2 in den stabilen Ausgangszustand (Ausgang=0) gelangen

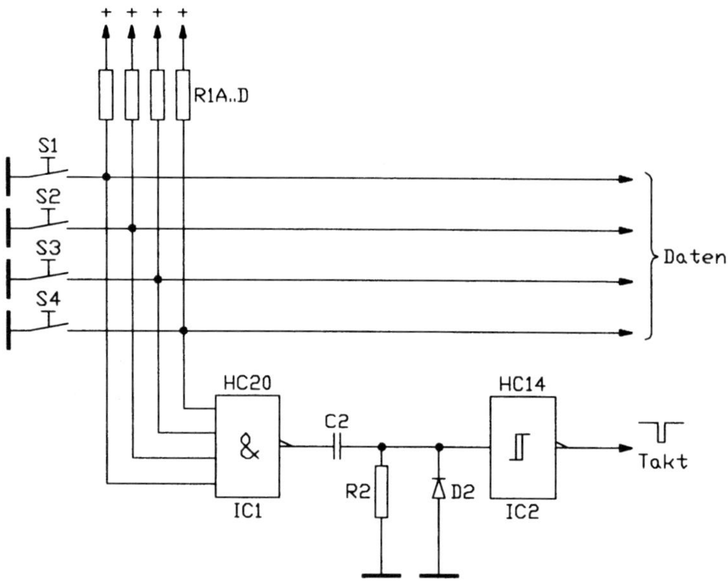

Bild 6.39: Entprellung mehrerer Tasten mittels Taktimpuls eines Differenzierers

kann, da der Triggereingang TRIG auf V_{CC} liegen muß, wenn der Ausgang auf Null zurückgeht (Ende des Impulses). Hier markiert die negative Flanke den Zeitpunkt der Tastenabfrage. Das Ausgangssignal zeigt nicht, wie lange eine Taste gedrückt wird.

In der Schaltung nach Bild 6.38 bleibt der Ausgang auf Null, solange eine Taste gedrückt wird. Dadurch kann erkannt werden, wie lange die Taste gedrückt wird. Die Schaltungen nach Bild 6.39 und Bild 6.40 geben einen Impuls ab, egal wie lange die Taste gedrückt wird. In allen Fällen wird die Verzögerungszeit größer als die maximale Prellzeit gewählt.

RS-Flipflops. Hier ist eine Entprellung eigentlich nicht nötig, da ein wiederholtes Setzen bzw. Rücksetzen des RS-Flipflops keine Auswirkungen auf das Ausgangssignal hat. Es ist für jede Taste ein RS-Flipflop nötig und eine Rücksetzlogik für jeden R-Eingang der RS-Flipflops, in welcher die restlichen Tasten zusammengefaßt werden.

Bild 6.41 zeigt den Ausschnitt einer beliebig erweiterbaren Schaltung. Beim Drücken einer Taste wird das entsprechende RS-Flipflop gesetzt und alle anderen RS-Flipflops werden über die ODER-Gatter IC2 zurückgesetzt. Mit IC1 vom Typ 74279 (4 RS-Flipflops) können 4 Tasten entprellt werden.

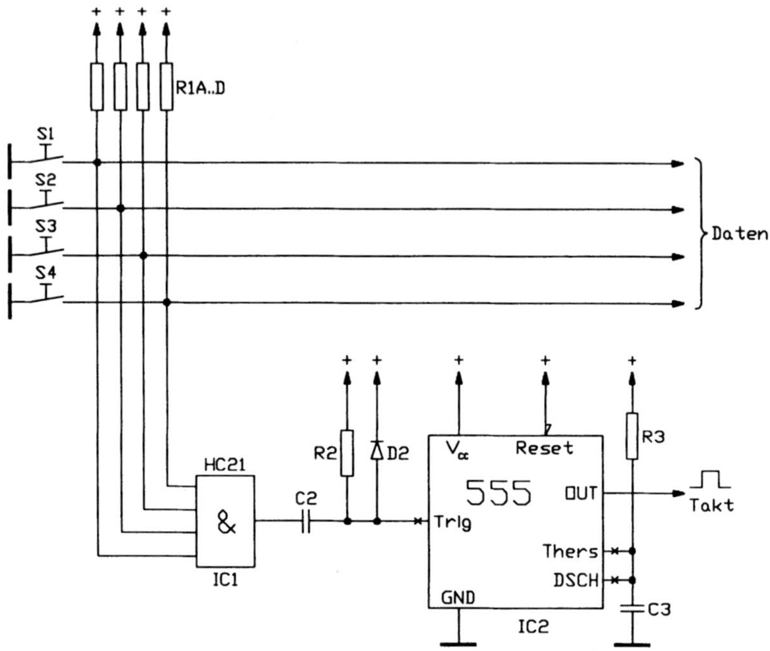

Bild 6.40: Entprellung mehrerer Tasten mittels Taktimpuls des Timerbausteins 555

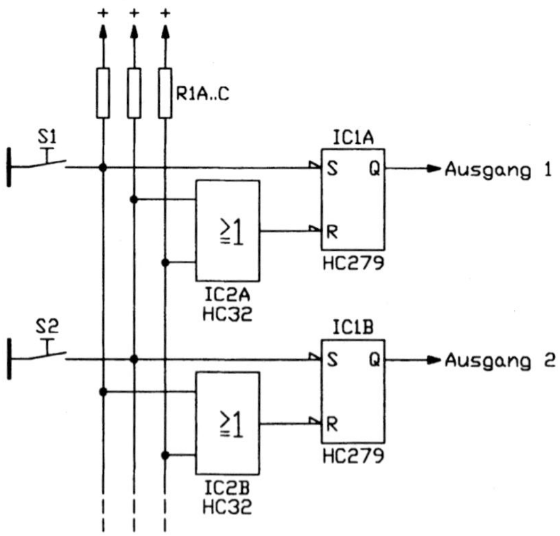

Bild 6.41: Entprellung mehrerer Tasten mittels RS-Flipflops

6.3.2 Speichern und Anzeigen des Tastendrucks

RS-Flipflop. Bild 6.42 zeigt eine Schaltung für vier Tasten. Bei Betätigung der Taste S1 wird dies im zugeordneten RS-Flipflop IC1A gespeichert. Zugleich werden die restlichen RS-Flipflops IC1B...D über die ODER-Gatter IC2B...D zurückgesetzt. Für die Tasten S2, S3 und S4 gilt entsprechendes. Jeder Taste wird eine LED zugeordnet, um die Auswahl optisch anzuzeigen. Die Ansteuerung der LED erfolgt über den Treiber IC3.

Die Schaltung in Bild 6.42 hat den Nachteil, für jede Taste ein Flipflop und ein ODER-Gatter zum Zurücksetzen der anderen Flipflops zu benötigen. Werden zwei

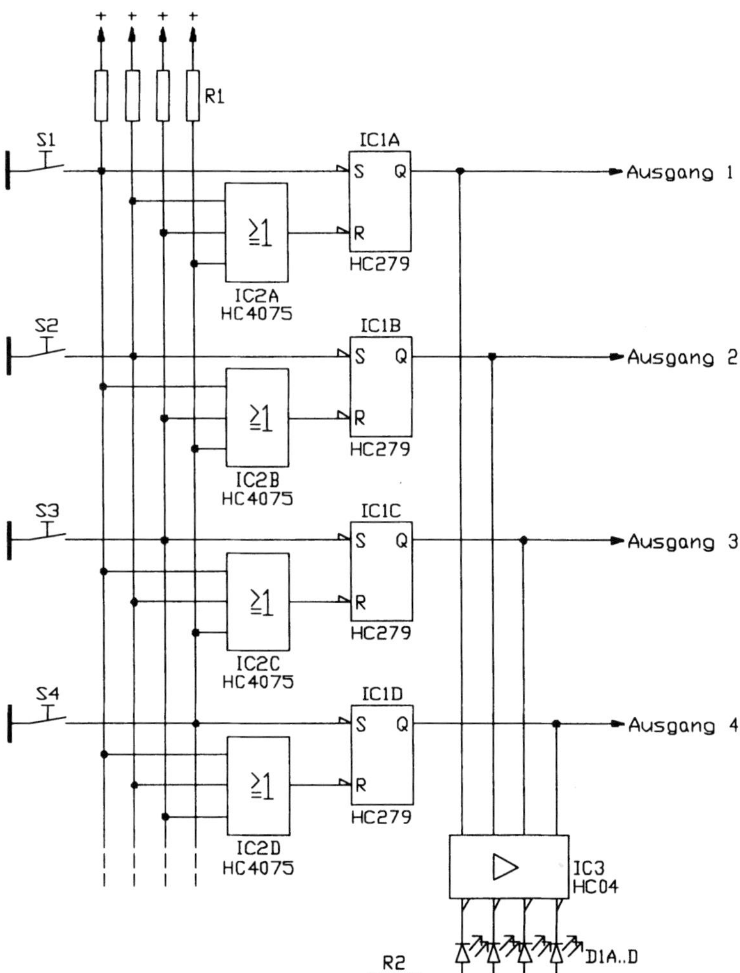

Bild 6.42: RS-Flipflops als Speicher und LEDs als Anzeige

Tasten gleichzeitig betätigt, so entsteht ein undefinierter Zustand an zwei RS-Flipflops (zwei Flipflops gesetzt, zwei LED leuchten). Nach dem gleichzeitigen Loslassen beider Tasten könnte kein Flipflop gesetzt sein, womit die Forderung nach Auswahl genau einer Funktion nicht erfüllt wäre.

Prioritätsdecoder. Um das Problem der Mehrfachauswahl (gleichzeitiges Drükken mehrerer Tasten) oder keiner Auswahl zu beseitigen, kann ein Prioritätsdecoder eingesetzt werden.

Werden ein oder mehrere Eingänge eines Prioritätsdecoders mit HIGH-Pegel angesteuert, so wird immer der Eingang mit der höchsten Priorität beachtet und die Eingangssignale an Eingängen mit niedriger Priorität werden ignoriert. Jedem Eingang ist ein Code zugeordnet. Die Prioritäten sind in der Reihenfolge des Codes vergeben, d.h. der Eingang „1" hat Code „1" und die niedrigste Priorität, während Eingang „5" den Code „5" und eine höhere Priorität als Eingang „1", „2", „3" oder „4" hat. Eine Mehrfachbetätigung, also gleichzeitiges Auswählen zweier Funktionen ist somit nicht möglich. Keine Auswahl ist ebenfalls nicht möglich, da dies dem Code Null entspricht.

Bild 6.43 zeigt eine Schaltung mit dem Decoder IC1 vom Typ 74HC148, an welchem bis zu acht Tasten angeschlossen werden können (sieben Tasten am Decoder, eine Taste extra). Über das UND-Gatter IC2 werden die drei Ausgänge von IC1 verknüpft und dem Schmitt-Trigger IC3 zugeführt, welcher die D-Flipflops IC4A...C taktet (siehe auch Bild 6.39). Die Taste S0, welche dem Code 0 entspricht, wird zusätzlich dem UND-Gatter IC2 zugeführt, um auch bei deren Betätigung einen Taktimpuls zu erhalten. Am Ausgang der Flipflops steht die Information über die gedrückte Taste bzw. die gewählte Funktion als Code und nach dem Demultiplexer IC5 als Einzelsignal zur Ansteuerung der LED zur Verfügung.

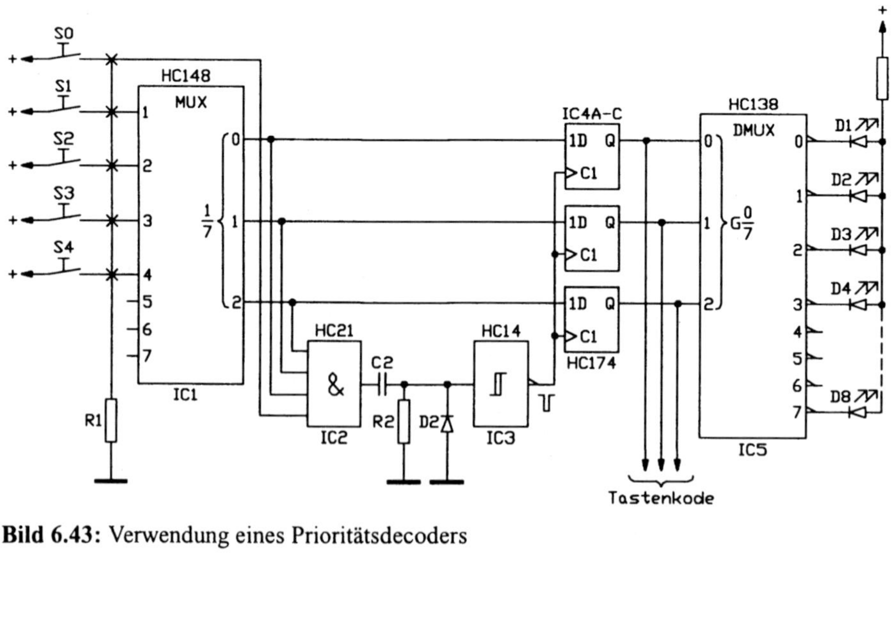

Bild 6.43: Verwendung eines Prioritätsdecoders

Ein-Chip Lösung. Durch Einsatz eines integrierten Bausteins vom Typ 74C922/923 können die Funktionen Entprellen, Codegenerierung und Vermeidung einer Mehrfachauswahl in einem Chip zusammengefaßt werden. Die Tasten werden matrixförmig angeschlossen, wobei der 74C922 den Anschluß von 16 Tasten und der 74C923 den Anschluß von 20 Tasten ermöglicht. Ist eine Taste gedrückt, so wird DA=1 (Taste gültig) und am Datenbus liegt der Tastencode an, welcher intern zwischengespeichert wird. Somit ist auch nach dem Loslassen der Taste ein Lesen möglich.

Bild 6.44 zeigt eine Schaltung mit dem 74C922 unter Verwendung eines 4-zu-16-Decoders vom Typ 74154, um die den Tasten zugeordneten 16 LEDs ansteuern zu können. An den Ausgangsleitungen A...D liegt der Tastencode der zuletzt gedrückten Taste. Solange eine Taste gedrückt wird, ist DA=1.

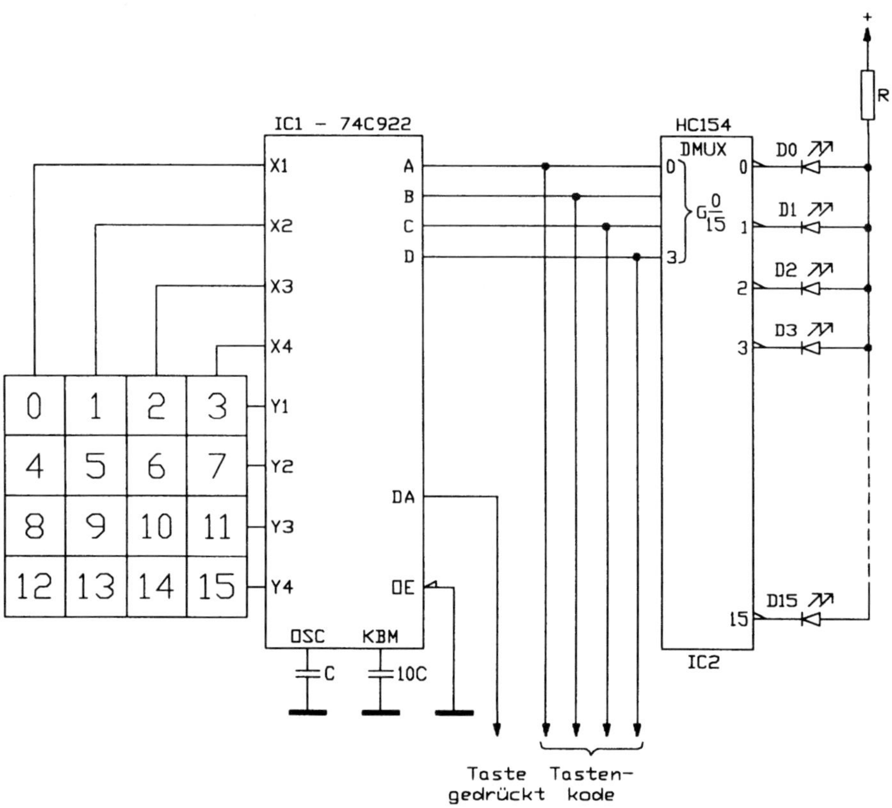

Bild 6.44: Ein-Chip Lösung zum Entprellen und Speichern, Demultiplexer für Anzeige

6.4 Richtungstasten mit Anzeigeelement

Es können zwei Gruppen von realisierbaren Anwendungen unterschieden werden. Bei den „Richtungstasten mit alternierendem Kontrollsignal“ werden aus einer Reihe von Funktionen eine oder mehrere ausgewählt. Mittels LED werden die ausgewählten Funktionen angezeigt. Dies entspricht der Funktion einer Tastenreihe, wobei aber nur eine oder zwei Tasten zur Bedienung eingesetzt werden.

Bei den „Richtungstasten mit analogem oder digitalem Anzeigeelement“ wird eine Größe wie beispielsweise die Füllmenge in einem Behälter oder die Frequenz eines Radios eingestellt. Die Anzeige erfolgt digital (Leuchtpunkt, Leuchtband, Siebensegment) oder analog (Leuchtpunkt, Leuchtband, Meßwerk). Auch hier erfolgt die Bedienung über eine oder zwei Tasten. Die Ausgabe des eingestellten Wertes kann sowohl digital als auch analog erfolgen.

Allen folgenden Schaltungen ist gemeinsam, daß sie als Grundelement einen Zähler haben, um welchen zusätzliche Bauteile zur Realisierung der gewünschten Eigenschaften angeordnet sind.

Die folgenden Varianten werden behandelt:

- Eingabe über Richtungstasten
  - mit einer Taste ohne Beschränkung des Zählwertes
  - mit einer Taste und einseitiger Beschränkung des Zählwertes
  - mit einer Taste und beidseitiger Beschränkung des Zählwertes
  - mit zwei Tasten ohne Beschränkung des Zählwertes
  - mit zwei Tasten und beidseitiger Beschränkung des Zählwertes
  - Wiederholfunktion für eine Taste (automatisches Zählen)
  - Widerhol- und Beschleunigungsfunktion für eine Taste (Erhöhung der Zählgeschwindigkeit)
  - Wiederhol- und Beschleunigungsfunktion für zwei Tasten
  - Eingabe über Mikrocontroller mit zwei Tasten
- Anzeigeelemente für die besprochenen Schaltungen
  - alternierendes Kontrollsignal
  - analoges und digitales Kontrollsignal

6.4.1 Eingabe über Richtungstasten

Die Eingabe erfolgt über eine oder zwei Tasten, wobei bei der Lösung mit einer Taste der ganze Wertebereich durchlaufen werden muß, wenn der nächstniedrigere Wert eingegeben werden soll. Zudem unterscheiden sich die Schaltungen „... mit alternierendem Kontrollsignal“ und „... mit digitalem oder analogem Anzeigeelement“ nur durch die Anzahl der zu verarbeitenden Bits. Erstere haben kaum mehr als 2–3 Bit, während letztere einen größeren Bereich überdecken sollen.

Eine Taste ohne Beschränkung. Bild 6.45 zeigt eine Schaltung mit einer Taste. Über das RC-Glied und den Schmitt-Trigger IC1 wird die Taste entprellt und anschließend das Signal dem Takteingang des Zählers zugeführt. In der gezeigten Schaltung wird der maximal erreichbare Zählerstand nicht beschränkt.

Wird ein Zähler mit integriertem Schmitt-Trigger am Takteingang verwendet, so kann auf den externen Schmitt-Trigger verzichtet werden und die Taste mit RC-Glied kann direkt an den Takteingang angeschlossen werden.

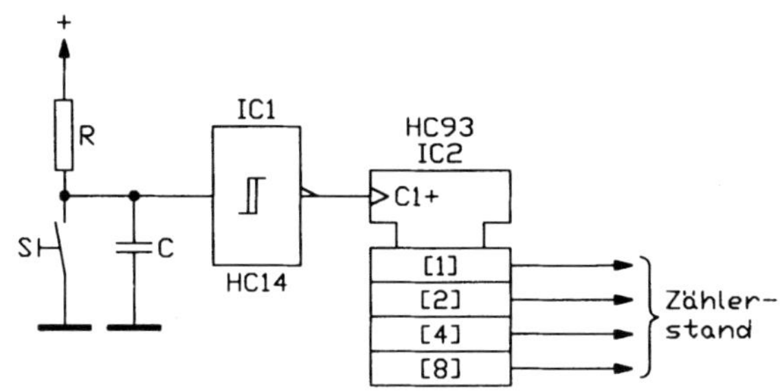

Bild 6.45: Zähler ohne Beschränkung für eine Taste

Einseitige Beschränkung. Bild 6.46 zeigt eine Schaltung, bei der Z_{MAX} kleiner als der maximale Zählerstand ist. Beim Erreichen von binär 1001 bzw. dezimal 9 wird mit dem Gatter IC3 ein Impuls auf den asynchronen Reseteingang des Zählers gelegt und dieser somit zurückgesetzt. Der Zählerausgang stellt diese Zahl nur für

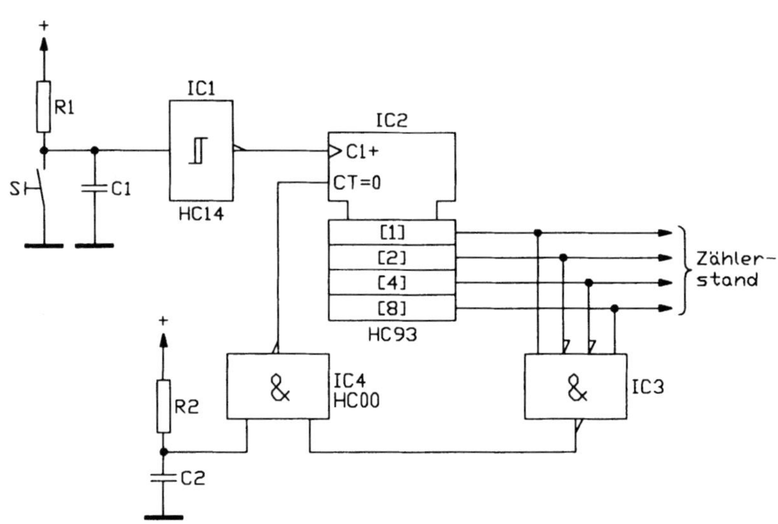

Bild 6.46: Zähler mit Beschränkung des Maximalwertes für eine Taste

einige ns zur Verfügung, wodurch die höchste einstellbare Zahl den Wert 8 hat. Das RC-Glied R2-C2 bewirkt beim Einschalten einen Resetimpuls.

Beidseitige Beschränkung. Bild 6.47 zeigt schließlich eine Lösung für eine Taste, bei welcher der Zählerstand den Maximal- und Minimalwert des Zählers nie erreicht. Um Z_{MIN} zu setzen, wird ein asynchron parallel ladbarer Zähler IC2 verwendet. Ein Größenvergleicher IC3 gibt das Signal P>Q aus, sobald der Zählerstand den Maximalwert Z_{MAX} überschritten hat, und steuert den LOAD-Eingang (L2) des Zählers über das NOR-Gatter IC4 an. Das RC-Glied R2-C2 erzeugt beim Einschalten einen Ladeimpuls an L2 von IC2 und garantiert somit einen definierten Anfangszustand.

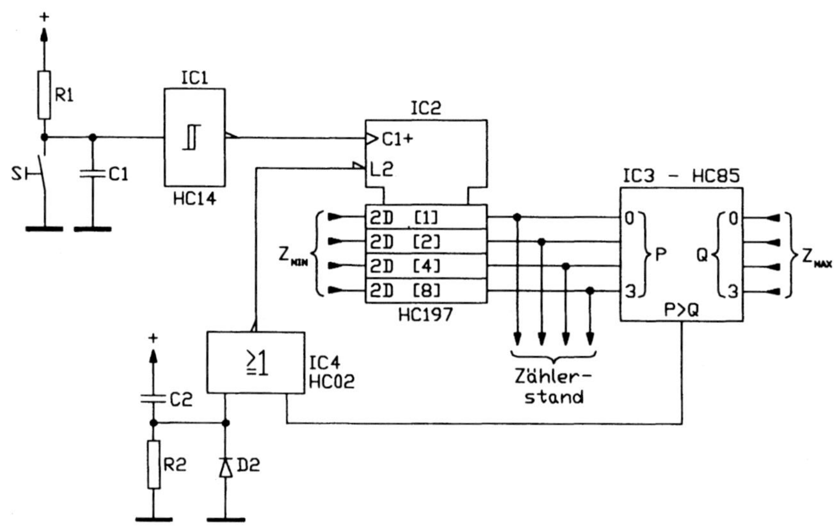

Bild 6.47: Zähler mit Beschränkung des Minimal- und Maximalwertes für eine Taste

Eingabe mit zwei Tasten. Bei der Realisierung mit zwei Tasten wird immer ein Auf/Abzähler mit separaten Zähleingängen verwendet. Dadurch ist die gleiche Beschaltung wie in Bild 6.45 möglich. Hinzu kommt nur der zweite Zähleingang mit vorgeschaltetem Schmitt-Trigger und Taste mit RC-Glied. Bild 6.48 zeigt eine Schaltung dazu.

Zwei Tasten mit Beschränkung. Bild 6.49 zeigt eine Schaltung, bei welcher der Zähler beim Aufwärtszählen bei Z_{MAX} und beim Abwärtszählen bei Z_{MIN} stehenbleibt.

Bei Erreichen des Maximalwertes Z_{MAX} geht der Ausgang des Größenvergleichers IC4A auf HIGH-Pegel und sperrt somit das Tor IC2A, so daß der Takt von IC1A den Aufwärtszähleingang des Zählers IC3 (C1+) nicht mehr erreichen kann. Bei Erreichen des Minimalwertes Z_{MIN} wird dies durch die Bausteine IC4B und

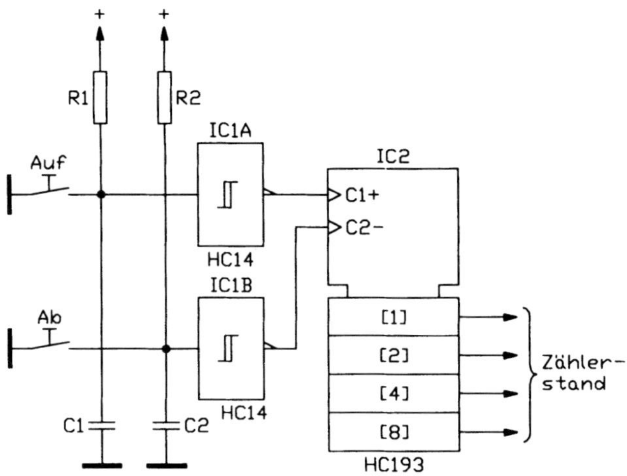

Bild 6.48: Auf/Abzähler ohne Beschränkung für zwei Tasten

IC2B erreicht. Zusätzlich besteht die Möglichkeit, beim Einschalten der Versorgungsspannung einen Vorgabewert Z_{LOAD} über die parallelen Ladeeingänge des Zählers IC3 zu laden. Dazu wird über das RC-Glied R3-C3 ein negativer Impuls am Eingang L3 erzeugt.

Wiederholung & Beschleunigung. Die Wiederholfunktion ermöglicht bei gedrückter Taste ein automatisches Weiterschalten oder Ändern der einzustellenden Größe, ohne dabei die Taste für jede Änderung von neuem betätigen zu müssen (Loslassen – Drücken – …). Bild 6.50 zeigt das Blockschaltbild zur Realisierung

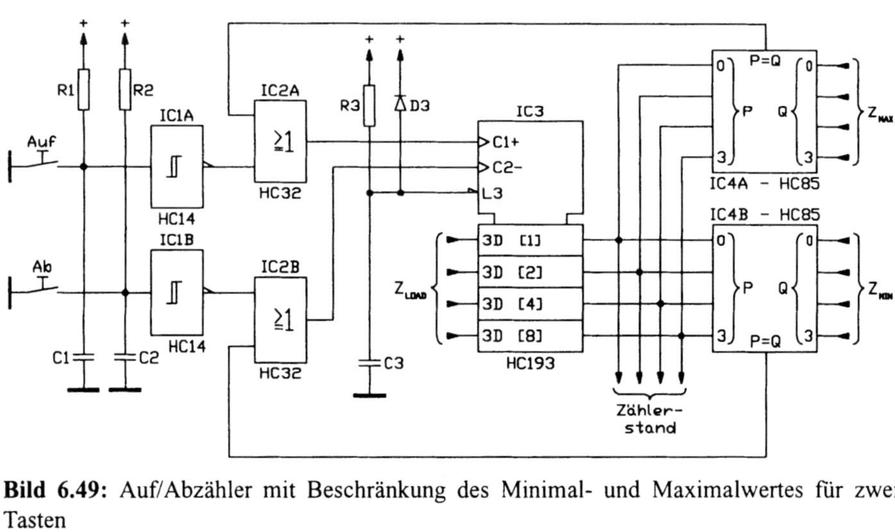

Bild 6.49: Auf/Abzähler mit Beschränkung des Minimal- und Maximalwertes für zwei Tasten

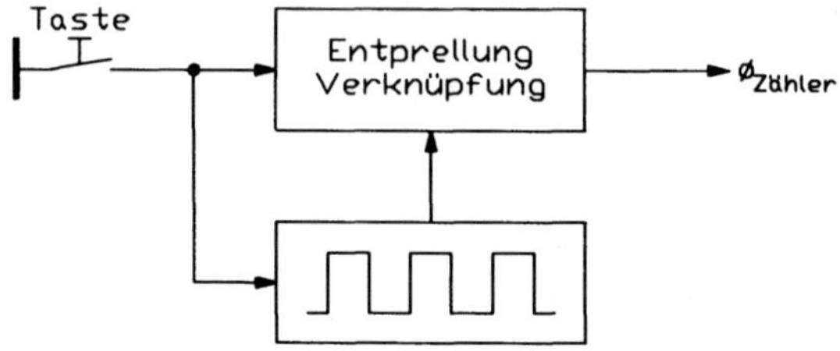

Bild 6.50: Blockschaltbild zur Realisierung einer Wiederholfunktion

einer solchen Funktion.

Wiederholung für eine Taste. Bild 6.51 zeigt eine solche Schaltung für eine Taste. Mit dem Tiefpaß R2-C2 und nachgeschaltetem Schmitt-Trigger IC3 wird eine Verzögerung realisiert, um sowohl einen einfachen Tastendruck (Drücken - Loslassen) zu erkennen, als auch eine kurze Wartezeit vor Einsetzen des selbständigen Zählens zu erreichen. Sobald die Schaltschwelle des Schmitt-Triggers IC3 erreicht ist, wird der Takt über das NOR-Gatter IC4 freigegeben. Die Diode D2 parallel zu R2 garantiert ein schnelles Entladen von C2 nach dem Loslassen der Taste. Über das ODER-Gatter IC5 werden die Signale der Taste und des Taktgenerators verknüpft und dem Zähleingang zugeführt.

Die Schaltung nach Bild 6.51 kann anstelle der Taste in den Schaltungen von Bild 6.45...6.47 angeschlossen werden.

Beschleunigung für eine Taste. Wenn mit einer oder zwei Tasten ein sehr großer

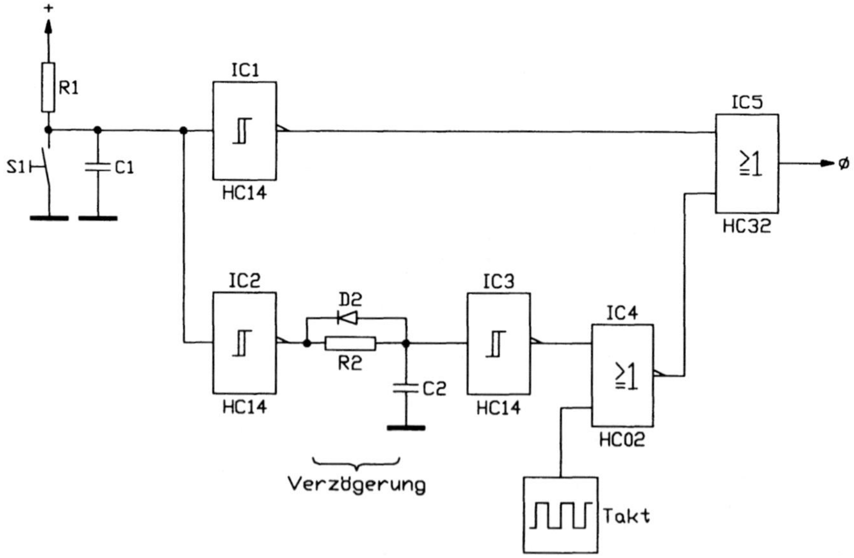

Bild 6.51: Wiederholfunktion für eine Taste (für Bild 6.45...6.47)

Wertebereich eingestellt werden soll, so kann zusätzlich zur Wiederholfunktion eine Erhöhung der Zählgeschwindigkeit (Beschleunigung) notwendig sein. Dadurch soll verhindert werden, daß die durchschnittliche Zeit zum Einstellen eines Wertes allzu groß ist. Bild 6.52 zeigt eine Schaltung, bei welcher sich die Zählgeschwindigkeit erhöht, solange die Taste gedrückt wird. Realisiert wird dies mit einem VCO (74LS624), der Spannung an der Kapazität C3 als Steuerspannung erhält. C3 wird über den Widerstand R3 langsam geladen, wodurch sich eine langsame Geschwindigkeitssteigerung ergibt. Wird die Taste losgelassen, so entlädt sich C3 über die Diode D3 schnell, um bei nochmaligem Betätigen wieder den Anfangszustand (langsame Zählgeschwindigkeit) zu gewährleisten.

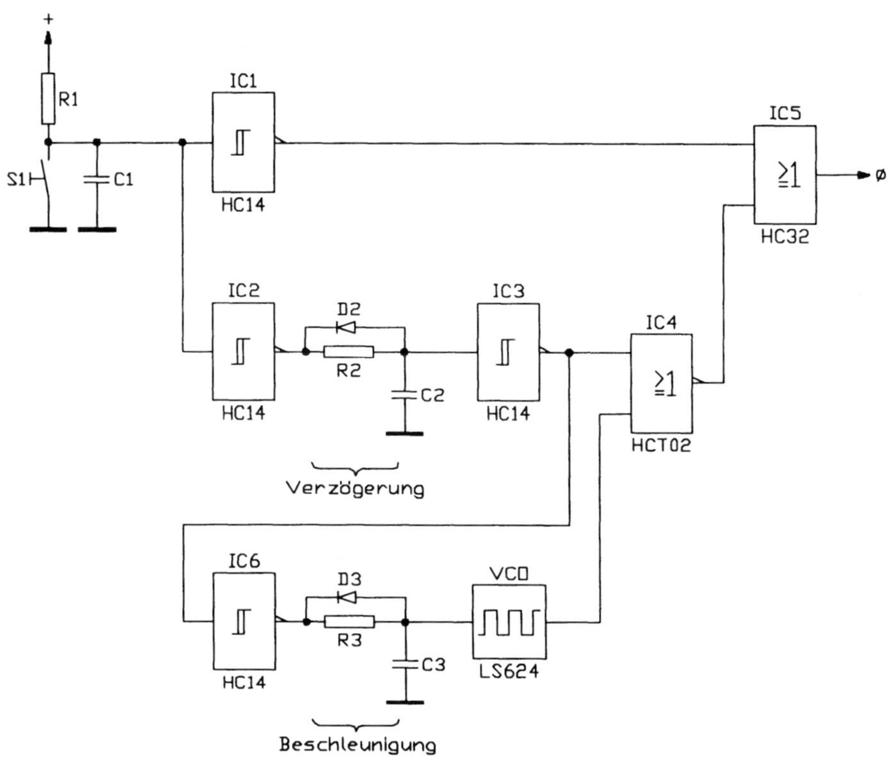

Bild 6.52: Wiederhol- und Beschleunigungsfunktion für eine Taste (für Bild 6.45 bis Bild 6.47)

Wiederhol- und Beschleunigungsfunktion für zwei Tasten. Werden zwei Tasten zum Auf-/Abwärtszählen eingesetzt, so ist die Schaltung aus Bild 6.51 bzw. Bild 6.52 entsprechend zu erweitern.

Bild 6.53 zeigt eine Schaltung für zwei Tasten ohne Beschleunigung. Durch die Verwendung der ODER-Gatter IC5A und IC5B vor den Zähleingängen beschränkt sich die Erweiterung auf wenige Bauteile. Die Dioden D3A und D3B fungieren als ODER-Gatter für den Schmitt-Trigger IC2, welcher den Tiefpaß R2-C2 ansteuert. Die Schaltung ist gegenüber Bild 6.51 um einen Taktanschluß bzw. Tastenanschluß erweitert worden.

Bild 6.54 zeigt schließlich eine Schaltung für zwei Tasten mit Wiederhol- und Beschleunigungsfunktion. Auch hier beschränkt sich die Erweiterung der Schaltung nach Bild 6.52 auf wenige Bauteile.

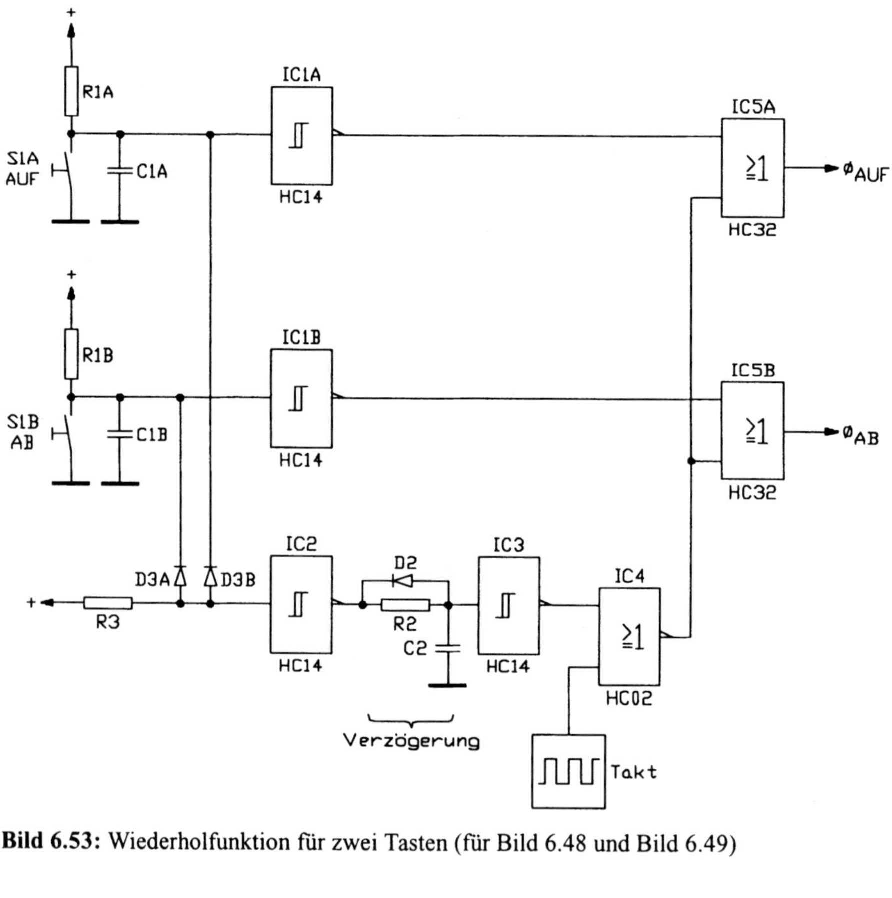

Bild 6.53: Wiederholfunktion für zwei Tasten (für Bild 6.48 und Bild 6.49)

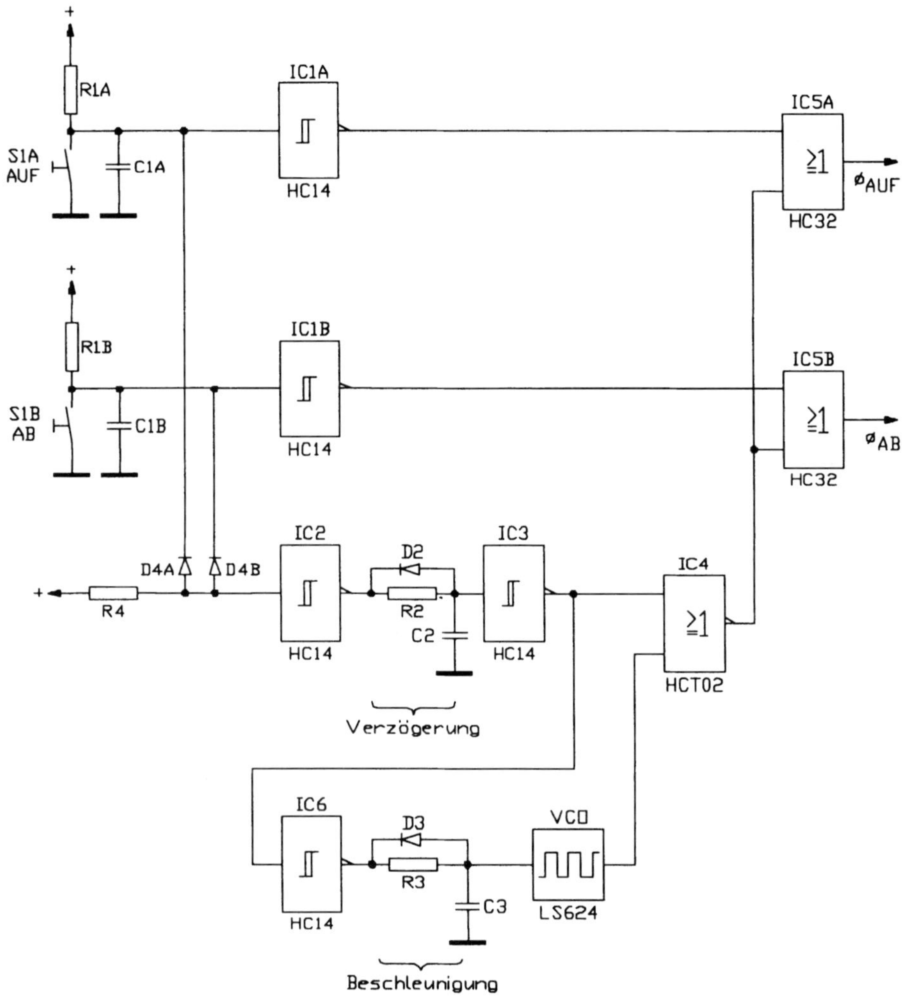

Bild 6.54: Wiederhol- und Beschleunigungsfunktion für zwei Tasten (für Bild 6.48 und Bild 6.49)

Eingabe über Mikrocontroller. Durch den Einsatz eines Mikrocontrollers vereinfacht sich der Schaltungsaufwand ganz enorm und die Software übernimmt sämtliche Aufgaben. Bild 6.55 zeigt den Anschluß von zwei Tasten an den Mikrocontroller vom Typ 8051. Über das NAND-Gatter IC1 wird ein Interruptsignal generiert, um einen Tastendruck zu erkennen.

Bild 6.56 zeigt die Software. Über den flankengetriggerten externen Interrupt INT0 wird ein Tastendruck erkannt und die Zählervariable entsprechend verändert. Zugleich wird Timer0 gestartet, welcher seinerseits einen Interrupt nach bestimmter Zeit bewirkt. In der Timer-Interruptroutine werden die Tasten abge-

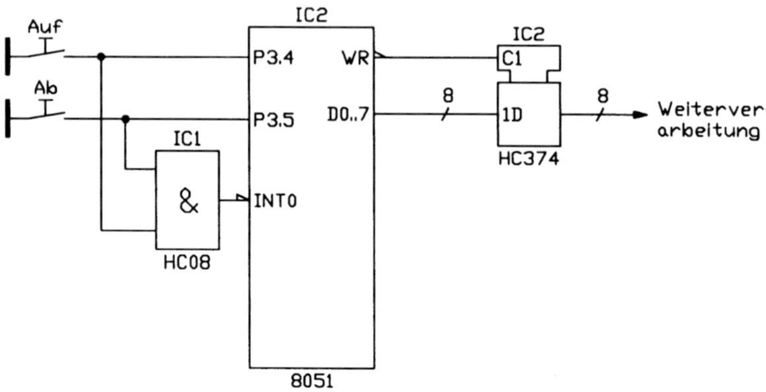

Bild 6.55: Anschluß zweier Richtungstasten an einen Mikrocontroller

fragt und bei Betätigung die Zählervariable entsprechend verändert. Ist keine Taste gedrückt, wird Timer0 angehalten. Dadurch kann ein Hauptprogramm auch bei gedrückten Tasten andere Aufgaben erledigen.

```
;#### Richtungstasten mit Wiederholfunktion und Anschlag ####
;---- Konstanten ----
Zmin      EQU   100              ;Minimalwert des Zählers
Zmax      EQU   200              ;Maximalwert des Zählers
;---- Daten-Segment ----
          DSEG
Zaehler   DS    1                ;Zählervariable
Wait      DS    1                ;Verzögerung vor selbsständigem Zählen

;
;---- Code-Segment ----
          CSEG
;---- Hauptprogramm - Initialisierung Timer und Interrupt ----
MAIN:     MOV   Zaehler,#Zmin    ;Zählervariable auf Zmin setzen
          MOV   TCON,#01h        ;Interrupt INT0 flankengetriggert
          MOV   TMOD,#01h        ;Gate=0, C/T=0, Timer0 Mode 16 Bit
          MOV   IE,#83h          ;EA=1, ET0=1, EX0=1
          ...
          ...                    ;Hauptprogramm oder
          ...
LOOP:     SJMP  LOOP             ;Endlosschleife
;
;---- Interruptroutine externer Interrupt 0 ----
EX0_INT:  PUSH  PSW              ;Register retten
          PUSH  ACC
          JNB   P3.4,EX0_UP      ;Taste gedrückt ?
          JNB   P3.5,EX0_DN      ;Taste gedrückt ?
```

```
            SJMP  EX0_END          ;zum Interrupt-Ende
;--- Aufwärts ---
EX0_UP:     CLR   C                ;Kontrolle Bereich
            MOV   A,Zaehler
            SUBB  A,#Zmax          ;Zähler < Zmax ergibt C=1
            JNC   EX0_END
            INC   Zaehler          ;Zähler erhöhen und Timer starten
            SJMP  T0_START
;--- Abwärts ---
EX0_DN:     CLR   C                ;Kontrolle Bereich
            MOV   A,Zmin
            SUBB  A,Zaehler        ;Zähler > Zmin ergibt C=1
            JNC   EX0_END
            DEC   Zaehler          ;Zähler verkleinern und Timer starten
;--- Timer starten für Wiederholfunktion ---
T0_START:   MOV   TL0,#00h         ;Timer0 Register löschen
            MOV   TH0,#00h
            MOV   Wait,#07h        ;Verzögerungszeit vor selbständigem
                                   ;Zählen ca. 0,5 sec. bei 12 MHz Takt
            SETB  TR0              ;Timer0 starten
;--- Ende Externer Interrupt0 ---
EX0_END:    POP   ACC              ;Register zurückholen
            POP   PSW
            RETI
;
;---- Interruptroutine Timer 0 ----
T0_INT:     PUSH  PSW              ;Register retten
            PUSH  ACC
            JNB   P3.4,T0_UP       ;Taste gedrückt ?
            JNB   P3.5,T0_DN       ;Taste gedrückt ?
            SJMP  T0_STOP          ;keine Taste gedrückt
;--- Aufwärts ---
T0_UP:      DJNZ  Wait,T0_END      ;Verzögerungszeit noch nicht vorbei
            CLR   C                ;Kontrolle Bereich
            MOV   A,Zaehler
            SUBB  A,#Zmax          ;Zähler < Zmax ergibt C=1
            JNC   T0_STOP          ;Grenzwert erreicht
            INC   Zaehler          ;Zähler erhöhen
            SJMP  T0_END
;--- Abwärts ---
T0_DN:      DJNZ  Wait,T0_END      ;Verzögerungszeit noch nicht vorbei
            CLR   C                ;Kontrolle Bereich
            MOV   A,#Zmin
            SUBB  A,Zaehler        ;Zähler > Zmin ergibt C=1
            JNC   T0_STOP          ;Grenzwert erreicht
T0_CTDN:    DEC   Zaehler          ;Zähler verkleinern
            SJMP  T0_END
;--- Timer stoppen da Tasten nicht mehr gedrückt sind oder Grenzwert erreicht ist ---
```

```
T0_STOP:  CLR   TR0              ;Timer0 stoppen
;--- Ende Timer0-Interruptroutine ---
T0_END:   POP   ACC              ;Register zurückholen
          POP   PSW
          RETI
```

Bild 6.56: Beispielprogramm zu Richtungstasten mit Anschlag und Wiederholfunktion

Im 7. Kapitel wird im Abschnitt „Zifferneingabe mit Richtungstasten" auf die Eingabe von Zahlen mit Richtungstasten eingegangen. Dabei soll aber wie anfangs erklärt die Eingabe von mehrstelligen Zahlen im Vordergrund stehen.

6.4.2 Anzeigen für Richtungstasten

Alternierendes Kontrollsignal. Einleitend wurde darauf hingewiesen, daß es zwei Möglichkeiten der Realisierung von Richtungstasten mit Anzeigeelement gibt. Die Richtungstasten mit alternierendem Kontrollsignal haben als Anzeigeelemente immer Einzelelemente, welche sowohl einzeln als auch in Gruppen aufleuchten können.

Sollen die LEDs in Gruppen aufleuchten, so wird jedes Bit über einen Treiber an eine LED angeschlossen. Dies entspricht der Möglichkeit, mehrere Funktionen gleichzeitig auswählen zu können. Sollen die LEDs nicht in binär codierter Reihenfolge aufleuchten, so wird ein spezieller Codeumsetzer eingesetzt. Dies kann ein PLD (Programmable Logic Device) o.ä. sein, mit dem der Zusammenhang zwischen binär codiertem Zählerausgang und beliebig codiertem Ansteuersignal für die LEDs hergestellt wird.

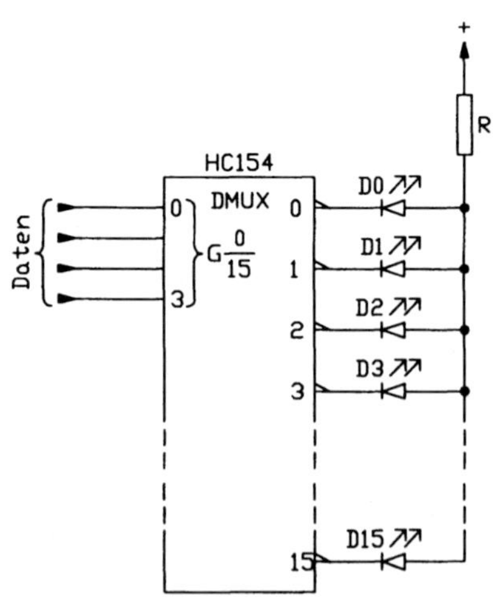

Bild 6.57: 1-aus-16-Decoder zur Ansteuerung einer Anzeige

Sollen die LEDs einzeln aufleuchten, so werden diese über einen 1-aus-n-Decoder angesteuert. Dies entspricht der Auswahl genau einer Funktion. Bild 6.57 zeigt eine Schaltung mit dem 1-aus-16-Decoder 74154, an welchen maximal 16 LEDs angeschlossen werden können. Da immer nur eine LED leuchtet, muß nur ein Vorwiderstand zur Strombegrenzung eingesetzt werden.

Analoges/digitales Kontrollsignal. Die zweite Möglichkeit der Realisierung von Richtungstasten mit Anzeigeelement ist die Richtungstaste mit analoger oder digitaler Anzeige. Im 8. Kapitel wird näher auf die Anzeigen eingegangen.

6.5 Menütasten

In diesem Abschnitt wird der gemeinsame Anschluß von Tasten und einem alphanumerischen Anzeigemodul mit eigenem Controller an die selben Datenleitungen gezeigt. Dadurch können Leitungen und Controlleranschlüsse eingespart werden. Die Tasten werden unmittelbar neben oder unter dem Anzeigemodul angebracht und in der Anzeige erscheint die jeweilige Tastenbeschriftung. Das Programm führt bei einem Tastendruck die entsprechenden Aktionen durch und gibt eventuell eine Fehlermeldung für momentan nicht belegte Tasten aus. Das Anzeigemodul kann natürlich auch gleichzeitig andere Aufgaben übernehmen. So kann eine Tastenbeschriftung etwa in gewissen Situationen blinken, wenn vom Benutzer dringend eine Reaktion erwartet wird.

Der Anschluß des Anzeigemoduls und der Tasten erfolgt entweder über einen freien Port oder über den Daten-, Adreß- und Steuerbus des Controllers.

Im folgenden werden behandelt:

- Anschluß von Tasten und Anzeigemodul an einen Mikrocontroller-Port
- Anschluß von Tasten und Anzeigemodul an den Daten- und Adreßbus eines Mikrocontrollers

6.5.1 Anschluß an den Mikrocontrollerport

Bild 6.58 zeigt den Anschluß von Anzeigemodul und vier Tasten an den Port P1 eines 8051-Controllers. Das Anzeigemodul kommuniziert im 4-Bit-Modus mit dem Controller. Es ist sowohl Lesen als auch Schreiben möglich. Die vier Tasten werden über einen Tristate-Bustreiber IC2 an die Leitungen P1.0...P1.3 angeschlossen. Die Steuerung des Bustreibers IC1 übernimmt der freie Portanschluß P1.7. Die Leitungen R/W und RS können neben DB4...DB7 ebenfalls verwendet werden, wodurch maximal sechs Tasten angeschlossen werden können.

Eine Kollision ist möglich, weshalb durch das Programm darauf geachtet werden muß, daß P1.6 und P1.7 nicht gleichzeitig aktiv werden (P1.6 ist HIGH-aktiv, P1.7 ist LOW-aktiv).

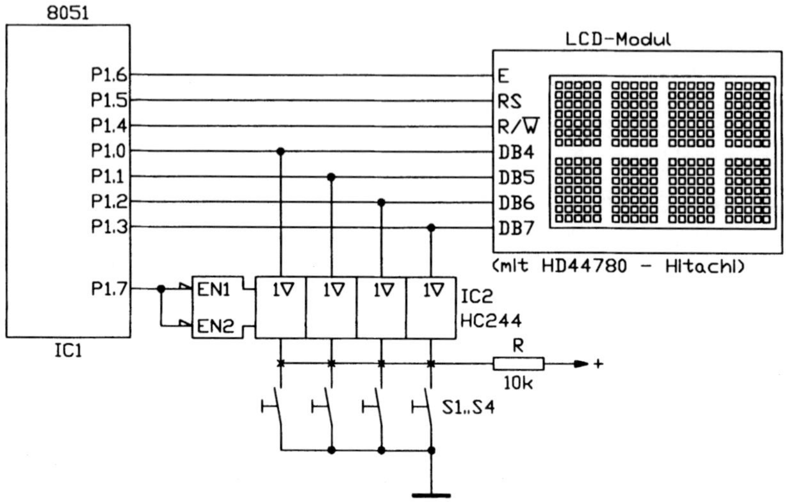

Bild 6.58: Anschluß von Tasten und Anzeigemodul an gemeinsamen 8-Bit Port

Bild 6.59 zeigt für einen 8051-Controller ein Programm zum Senden von Befehlen oder Daten. Dabei muß der Portanschluß P1.7 auf HIGH-Pegel sein, damit die Ausgänge des Bustreibers IC2 hochohmig sind. Bevor der Befehl gesendet wird, fragt ein Unterprogramm das Busy-Bit des Anzeigemoduls ab. Ist dieses auf Null, so ist das Anzeigemodul bereit, neue Daten zu verarbeiten. Andernfalls wird das Busy-Bit so lange abgefragt, bis es Null ist. Das Anzeigemodul hat einen HD44780 Controller von Hitachi.

```
;#### Anzeigemodul und Tasten am selben Port, Befehl/Daten senden ####
;---- Code-Segment ----
            CSEG
;---- Befehl wird im Akkumulator übergeben ----
Snd_Cmd:    CALL   Rd_Busy         ;Busy-Bit abfragen und eventuell warten
            PUSH   ACC             ;Befehl sichern
            SWAP   A               ;HIGH/LOW Nibble tauschen
            ANL    A,#00001111b    ;Bit 4–7 ausblenden
            ORL    A,#10000000b    ;P1.7=1, E=0, RS=0, R/W=0
            MOV    P1,A            ;An Port HIGH-Byte Befehl ausgeben
            SETB   P1.6            ;Enable-Display setzen
            CLR    P1.6            ; -„-          löschen
            POP    ACC             ;gesicherten Befehl holen
            ANL    A,#00001111b
            ORL    A,#10000000b
            MOV    P1,A            ;an Port LOW-Byte Befehl ausgeben
            SETB   P1.6
            CLR    P1.6
            MOV    P1,#10111111b   ;Alle Bit am Port auf Eins (Eingang) außer E=0
```

```
            RET                         ;Ende Befehlsausgabe
;
;---- Daten werden im Akkumulator übergeben ----
Snd_Data:   CALL  Rd_Busy               ;Busy-Bit abfragen und eventuell warten
            PUSH  ACC                   ;Datenbyte sichern
            SWAP  A                     ;HIGH/LOW Nibble tauschen
            ANL   A,#00001111b          ;Bit 4–7 ausblenden
            ORL   A,#10100000b          ;P1.7=1, E=0, RS=1, R/W=0
            MOV   P1,A                  ;An Port HIGH-Byte Befehl ausgeben
            SETB  P1.6                  ;Enable-Display setzen
            CLR   P1.6                  ;  - „ -          löschen
            POP   ACC                   ;gesicherten Befehl holen
            ANL   A,#00001111b
            ORL   A,#10100000b
            MOV   P1,A                  ;an Port LOW-Byte Befehl ausgeben
            SETB  P1.6
            CLR   P1.6
            MOV   P1,#10111111b         ;Alle Bit am Port auf Eins (Eingang) außer E=0
            RET                         ;Ende Befehlsausgabe
;
;---- Busy-Bit abfragen und Warteschleife, wenn auf Eins ----
Rd_Busy:    PUSH  ACC                   ;Befehl/daten sichern
Wait:       MOV   P1,#10011111b         ;Lesen Statuswort, RS=0, R/W=1, P1.7=1
            SETB  P1.6                  ;Enable auf HIGH
            MOV   A,P1                  ;D4..D7 lesen, D7 ist Busy-Bit (Bit 3 in A)
            CLR   P1.6                  ;Endble auf LOW
            MOV   P1,#10011111b         ;Lesen der 2. Hälfe des Datenwortes
            SETB  P1.6
            CLR   P1.6
            JB    ACC.3,Wait            ;Busy-Bit ist Eins, zurück
            POP   ACC                   ;Befehl/Daten zurückholen
            RET
```

Bild 6.59: Beispielprogramm zum Senden von Befehlen/Daten an das Anzeigemodul in Bild 6.58

Bild 6.60 zeigt ein Programm zum Lesen der Tasten. Dabei muß der Anschluß P1.6 LOW-Pegel führen (E), damit das Anzeigemodul den Datenbus DB4...DB7 im hochohmigen Zustand hält. Dann wird der Anschluß P1.7 auf LOW-Pegel gelegt, wodurch die Tasten zum Controller durchgeschaltet werden.

```
;#### Anzeigemodul und Tasten am selben Port, Tasten lesen ####
;---- Code-Segment ----
            CSEG
;---- Ergebnis wird im Akkumulator zurückgegeben ----
Rd_Key:     MOV   P1,#00111111b         ;P1.7=0, E=0, P1.0-P1.5=1 (Eingang)
            MOV   A,P1                  ;Port bzw. Tasten lesen
```

```
ANL   A,#00001111b    ;obere 4 Bit ausblenden
MOV   P1,#10111111b   ;Alle Bit am Port auf Eins außer E=0
RET                   ;Ende Tasten lesen
```

Bild 6.60: Beispielprogramm zum Lesen der Tasten in Bild 6.58

6.5.2 Anschluß an Daten- und Adreßbus des Controllers

Anzeigemodul und Tasten können auch so an den Daten- und Adreßbus angeschlossen werde, als wären sie externe Speicherbausteine, die mit Hilfe der RD- und WR-Leitungen gelesen und beschrieben werden.

Der Anschluß des Anzeigemoduls wie ein externes RAM ist aber nur bedingt möglich, wenn der verbreitete Anzeigecontroller HD44780 eingesetzt wird (z.B. Hitachi LCD-Module). Das Timing des HD44780 verlangt, daß das R/W- und RS-Signal gleichzeitig und mindestens 140 ns vor dem Enable-Signal (E) anliegen. Der 8051-Controller setzt die WR- oder RD-Leitung erst nach den Adreßleitungen aktiv, womit der Anschluß der WR-Leitung auf die R/W-Leitung des Anzeigemoduls und die Verknüpfung von WR- und RD-Leitung zum Enable-Signal für das Anzeigemodul nicht möglich ist.

Wird hingegen die R/W-Leitung des Anzeigemoduls auf Masse gelegt und die WR-Leitung des Controllers invertiert und zur Ansteuerung des Enable-Signals verwendet, so ist das Timing des Anzeigemoduls erfüllt. Jetzt kann das Modul allerdings nur mehr beschrieben werden.

Eine andere Möglichkeit ist, die R/W-Leitung des Anzeigemoduls auf eine eigene Portleitung (z.B. P1.0) zu legen und die beiden Signale RD und WR des Controllers zum Enable-Signal (E) für das Anzeigemodul zu verknüpfen (NOR-Gatter). Jetzt wird die R/W-Leitung (P1.0) einen Befehl vor dem Schreib-/Lesezugriff gesetzt, womit das Timing erfüllt wird. Das Anzeigemodul kann nun sowohl beschrieben als auch gelesen werden.

Bild 6.61 zeigt das Timing des HD44780-Controllers bei einem Schreib-/Lesezugriff und das Timing des 8051-Controllers bei einem Schreibbefehl mit dem MOVX-Befehl.

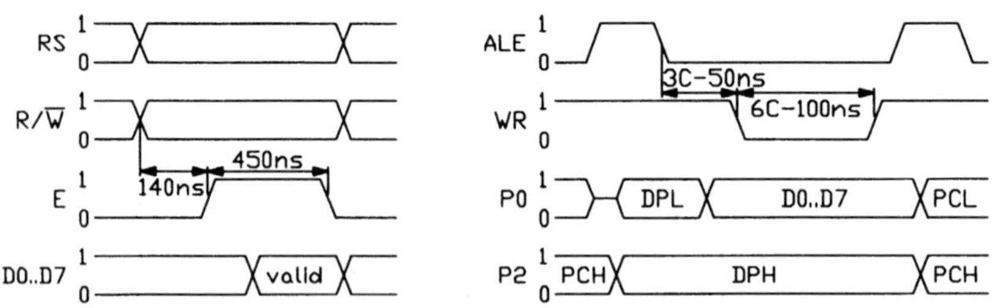

Bild 6.61: Timing des HD44780 (**links**) bei einem Schreib-/Lesezugriff (Hitachi), Timing des 8051-Controllers (**rechts**) bei einem Schreibbefehl mit MOVX-Befehl (Roth 1990)

Bild 6.62 zeigt eine Schaltung, bei welcher nur das Beschreiben des Anzeigemoduls möglich ist, während beim Lesen der Tastenzustand an den Bus gelegt wird. IC1 bildet den Zwischenspeicher für die Adreßleitungen A0...A7. Über das NAND-Gatter IC6 werden die Torschaltungen IC2 und IC3 nur dann freigeschaltet, wenn die Adresse bei FF00...FFFFh liegt. Mit IC2 und dem WR-Signal wird das Anzeigemodul ausgewählt, während mit IC3 und dem RD-Signal der Bustreiber IC4 angesteuert wird. Zusätzlich wird mit dem UND-Gatter IC5 ein Interruptsignal erzeugt, sobald eine Taste betätigt wird.

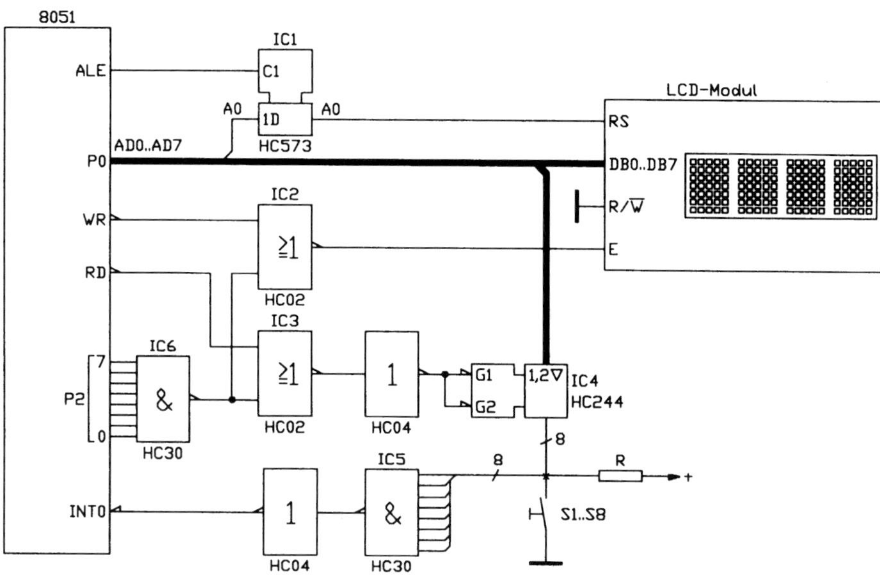

Bild 6.62: Anzeigemodul und Tasten am Daten- und Adreßbus

Bild 6.63 zeigt ein Programm zum Senden von Daten an das Anzeigemodul und zum Lesen der Tasten in Bild 6.62. Nach jedem Befehl an das Anzeigemodul muß eine vom Hersteller vorgegebene Wartezeit eingehalten werden, bis ein neuer Befehl abgearbeitet werden kann.

```
;#### Anzeigemodul und Tasten am Datenbus des 8051-Controllers ####
;
;---- Daten-Segment ----
            DSEG
Tasten:     DS     1                 ;Ergebnis Tastencode
;
;---- Code-Segment ----
            CSEG
;---- Befehl zum Modul senden - Befehl im Akkumulator ----
Snd_Cmd:    MOV    DPTR,#FF00h       ;Anzeigeadresse laden, Befehle bei FF00h
```

```
            MOVX  @DPTR,A          ;Befehl zum Anzeigemodul schicken
            MOV   R0,#70           ;70 Schleifendurchläufe ergeben
Lcd_Loop:   DJNZ  R0,Lcd_Loop      ;140 µs Verzögerung bei 12 MHz
                                   ;siehe Befehlsbeschreibung des Moduls
            RET
;
;---- Zeichen zum Anzeigemodul senden - Zeichen im Akkumulator ----
Snd_Data:   MOV   DPTR,#FF01h      ;Anzeigeadresse laden, Zeichenregister bei
FF01h
            MOVX  @DPTR,A          ;Daten zum Anzeigemodul schicken
            MOV   R0,#70           ;70 Schleifendurchläufe ergeben
Lcd_Loop:   DJNZ  R0,Lcd_Loop      ;140 µs Verzögerung bei 12 MHz
                                   ;siehe Befehlsbeschreibung des Moduls
            RET
;
;---- Interruptroutine zur Tastenabfrage ----
INT0:       PUSH  PSW              ;Register retten
            PUSH  ACC
            PUSH  DPL
            PUSH  DPH
            MOV   A,#00            ;ACC für Warteschleife löschen
Key_Loop:   DJNZ  ACC,Key_Loop     ;für Tastenentprellung (512 µs)
            MOV   DPTR,#FF00h      ;Tastenadresse laden
            MOV   A,@DPTR          ;Tasten lesen
            MOV   Tasten,A         ;Tasten in Variabler „Tasten“ speichern
            POP   DPH              ;Register zurückschreiben
            POP   DPL
            POP   ACC
            POP   PSW
            RETI                   ;Interrupt-Ende
```

Bild 6.63: Beispielprogramm zu Anzeigemodul und Tasten am Datenbus der 8051er

6.6 Steuerknüppel (Joystick)

Der PC-Steuerknüppel, auch „Joystick“ genannt, dient zur gleichzeitigen Eingabe von zwei Analogwerten, was der Bewegung vor/zurück und links/rechts entspricht. Neuere Modelle erlauben die Eingabe von drei Analogwerten, wodurch zusätzlich die Bewegung auf/ab (niederdrücken/heraufziehen) möglich ist. Der Steuerknüppel wird somit überall dort eingesetzt, wo eine Richtungssteuerung nötig ist. Das können Kräne, Flugzeuge, Greifarme, usw. sein. Viele Computerspiele verwenden ebenfalls den Steuerknüppel.

In diesem Abschnitt werden folgende Punkte betrachtet:

- Anschlußbelegung und Aufbau eines Steuerknüppels

- 8051-Controller mit Steuerknüppel-Interface
- A/D-Umsetzer als Interface zwischen Steuerknüppel und 8051-Controller

6.6.1 Anschlußschema und Funktion

Steuerknüppel. Der Steuerknüppel selber besteht aus zwei Potentiometern, welche um 90 Grad zueinander versetzt angeordnet sind und somit die Eingabe in X-Richtung und in Y-Richtung erlauben. Zusätzlich sind zwei Tasten angebracht. In der Ruhestellung beträgt der Potentiometerwiderstand ca. 60 kΩ und verändert sich bei Bewegung in eine Richtung bis zu Null bzw. bei Bewegung in die andere Richtung bis zu 120 kΩ. Die beiden Potentiometerwiderstände müssen nicht sehr genau sein, da meistens eine Kalibrierung auf Nullstellung und Vollausschlag über das Programm erfolgt. Die beiden Tasten schließen einen Kontakt bei Betätigung und liegen auf einer Seite an +5 V.

Der Steuerknüppel wird am Steuerknüppelanschluß (Joystick-Port) angeschlossen, welcher auf einer Multi-IO-Karte (Harddisk, Floppy, serielle/parallele Schnittstelle), auf einer Soundkarte, auf einer eigenen Interfacekarte oder am Motherboard sitzt. Der Steuerknüppelanschluß hat fünfzehn Kontakte, wodurch über ein Y-Kabel zwei Steuerknüppel, welche ebenfalls einen 15-poligen Stecker haben, angeschlossen werden können. Bild 6.64 zeigt den Anschluß der Potentiometer und Tasten am Steuerknüppelanschluß bzw. am Kabel des Steuerknüppels.

PC-Seite. Vom PC aus bilden die Potentiometer den zeitbestimmenden Widerstand R im RC-Glied eines Timerbausteins. Der Timerbaustein ist im einfachsten Fall ein vierfach „555" (NE558) und als vierfach Monoflop geschaltet, wodurch

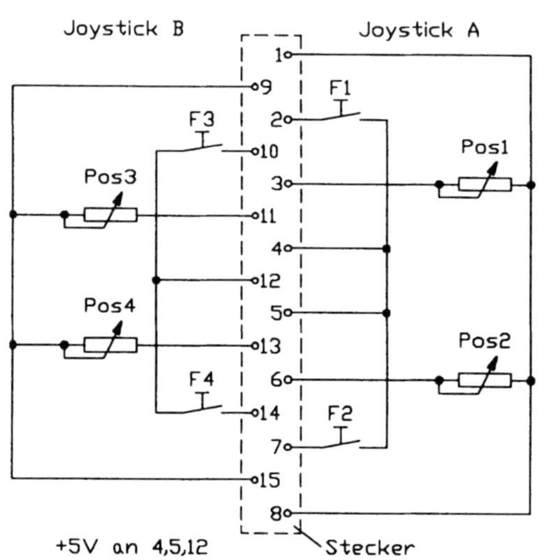

Bild 6.64: Anschlußbelegung des Steuerknüppelsteckers bzw. des Steuerknüppels

vier Potentiometerstellungen verarbeitet werden können. Die vier Ausgänge des Timerbausteins und die vier Tasten sind über einen Tristate-Bustreiber vom Typ 74LS244 an den Datenbus des PCs angeschlossen. Ein Programm ermittelt die Zeit zum Aufladen der Kondensatoren und damit den Digitalwert, indem es den Timer startet und dann die Timerausgänge abfragt.

Bild 6.65 zeigt die Schaltung eines einfachen Steuerknüppel-Interface mit dem vierfach Timer NE558, dem Adreßdecoder 74LS138 und dem Bustreiber 74LS244. Das Interface kann an der IO-Adresse 200...207h angesprochen werden.

Der vierfach Timer 558 wird durch einen Schreibbefehl an Adresse 200...207h getriggert, indem das \IOWR-Signal und die Adreßleitungen A3...A9 mit den Gattern IC2 und IC3 verknüpft werden. Der Zustand der vier Timerausgänge und der vier Tasten wird mit einem Lesebefehl an den Adressen 200...207h ermittelt, indem das \IORD-Signal und die Adreßleitungen A3...A9 mit den Gattern IC1 und IC3 verknüpft werden.

Die zeitbestimmenden Bauteile von 10 nF und 2,2 kΩ an den Eingängen RC1...RC4 des NE558 ergeben bei einem Potentiometerwiderstand null ein Ausgangssignal von ca. 24 µs. Bei einem Potentiometerwiderstand von 130 kΩ ergibt sich eine Ausgangssignal von ca. 1452 µs.

6.6.2 8051-Controller mit Steuerknüppel-Interfacekarte

Bild 6.66 zeigt den Anschluß einer in Bild 6.65 gezeigten Steuerknüppel-Interfacekarte an einen 8051-Controller. Die Karte ist dann an Adresse 200...207h ansprechbar und kann mit den Schreib-/Lesebefehlen für ein externes RAM gelesen und beschrieben werden. Ein Lesebefehl liest dabei den Zustand der Tasten und die Ausgänge des Timerbausteins. Ein Schreibbefehl startet den Timerbaustein bzw. erzeugt den Triggerimpuls für den Timerbaustein, wobei der Datenbus einen beliebigen Wert haben kann.

Bild 6.67 zeigt ein Programm zur Schaltung aus Bild 6.66. Dabei wird die Position der Potentiometer als 16-Bit-Wert im internen RAM an den Adressen POS+0...POS+7 und die Tasten an der Adresse POS+8 abgelegt.

Das Programm triggert den NE558 und startet den Timer0 des Controllers. Anschließend wird in einer Schleife der Zustand des NE558 gelesen und der Wert des Timer0 in TL und TH zwischengespeichert. Anschließend wird Bit0 des NE558 kontrolliert und die Werte in TL und TH werden in die Variablen POS+0 und POS+1 geschrieben, sobald Bit0 Null ist. Bit1, Bit2 und Bit3 werden ebenso behandelt. Erst wenn alle vier Bit auf LOW-Pegel sind, wird die Schleife verlassen und die Bits 4...7 des Bustreibers 74HC244, welche den Zustand der vier Tasten darstellen, werden in die Variable POS+8 geschrieben.

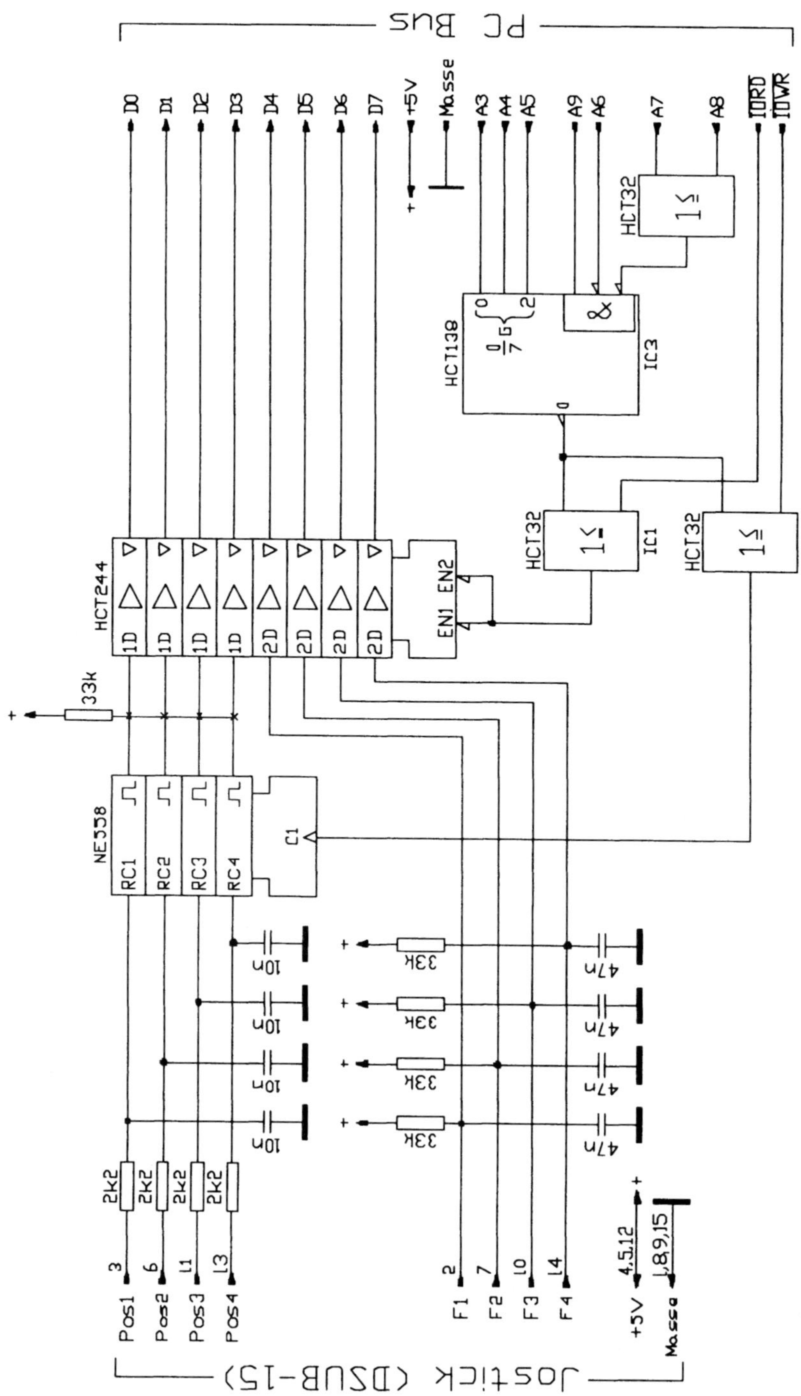

Bild 6.65: Einfaches Steuerknüppel-Interface eines PCs (Elektor 7-8/95)

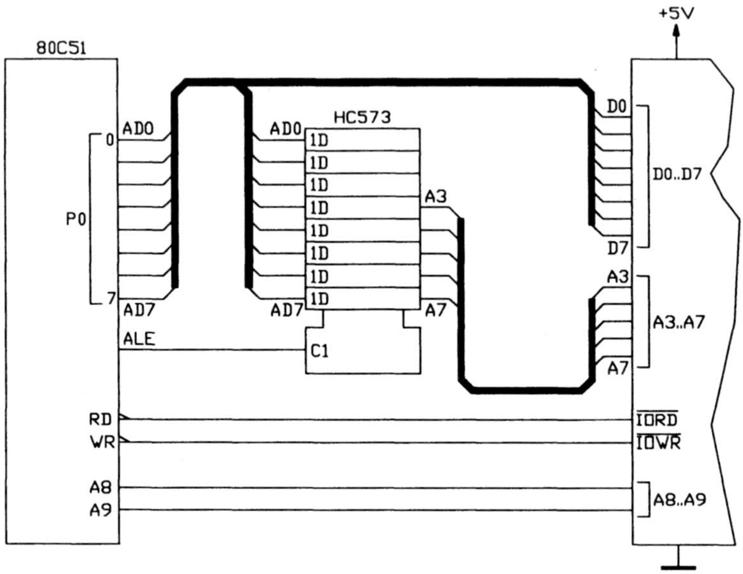

Bild 6.66: Anschluß der Steuerknüppel-Interfacekarte aus Bild 6.65 an einen 8051-Controller

```
;#### Joystick-Interface lesen - Anschluß an Daten und Adreßbus des 8051ers ####
;Speicherbelegung: POS+0 / POS+1    LOW / HIGH Byte Potentiometer 0
;                  POS+2 / POS+3    LOW / HIGH Byte Potentiometer 1
;                  POS+4 / POS+5    LOW / HIGH Byte Potentiometer 2
;                  POS+6 / POS+7    LOW / HIGH Byte Potentiometer 3
;                  POS+8            Tasten, Bit 0-3
;-----------------------------------------------------------------------------------------------
;---- Daten-Segment ----
            DSEG
POS:        DS     9                ;Ergebnisse Potentiometer/Tasten
DL:         DS     1                ;Zwischenspeicher für Timer0 Zustand TL0, TH0
TH:         DS     1
;
;---- Code-Segment ----
            CSEG
;---- Steuerknüppel abfragen ----
READ_JOY:   MOV    TL0,#00          ;Timer 0 löschen
            MOV    TH0,#00
            MOV    DPTR,#0200h      ;Adresse Interface
            MOVX   @DPTR,A          ;NE558 triggern
            SETB   TR0              ;Timer 0 starten
LOOP:       MOVX   A,@DPTR          ;NE558 und Tasten lesen
            MOV    TL,TL0           ;Timerwert sichern
```

```
        MOV   TH,TH0
;-- Potentiometer 0
POT0:   JB    ACC.0,POT1      ;Bit0=1 -> Zeit läuft noch -> Potentiometer 1
lesen
        MOV   POS+0,TL        ;sonst Timerstand in POS0/POS1 sichern
        MOV   POS+1,TH
;-- Potentiometer 1
POT1:   JB    ACC.1,POT2      ;Bit1=1 -> Zeit läuft noch -> Potentiometer 2
lesen
        MOV   POS+2,TL        ;sonst Timerstand in POS2/POS3 sichern
        MOV   POS+3,TH
;-- Potentiometer 2
POT2:   JB    ACC.2,POT3      ;Bit2=1 -> Zeit läuft noch -> Potentiometer 3
lesen
        MOV   POS+4,TL        ;sonst Timerstand in POS4/POS5 sichern
        MOV   POS+5,TH
;-- Potentiometer 3
POT3:   JB    ACC.3,LOOP      ;Bit3=1 -> Zeit läuft noch -> von vorne beginnen
        MOV   POS+6,TL        ;sonst Timerstand in POS6/POS7 sichern
        MOV   POS+7,TH
;-- Tasten
        ANL   A,#0F0h         ;nur Bit 4...7
        SWAP  A               ;Tastenbits nach Bit 0...3
        MOV   POS+8,A         ;und in POS+8 sichern
```

Bild 6.67: Beispielprogramm zur Steuerknüppel-Interfacekarte am 8051-Controller

6.6.3 A/D-Umsetzer als Steuerknüppel-Interface

Die Einheit mit den beiden Potentiometern und dem Knüppel ist auch separat im Fachhandel erhältlich, so daß sämtliche Anschlüsse der beiden Potentiometer zugänglich sind. Hier bietet sich der Einsatz eines integrierten ADUs an, wobei mit einem Zweikanal-ADU beide Potentiometer abgefragt werden können.

Bild 6.68 zeigt eine Schaltung mit einem seriellen Zweikanal, 8-Bit-ADU vom Typ LTC1098. Referenz- und Versorgungsspannung liegen am selben Anschluß; ebenso werden die Potentiometer an diese Spannung angeschlossen.

Bild 6.69 zeigt ein Programm zur Ermittlung der Potentiometerstellungen. Diese werden im internen RAM an den Adressen POT+0 (Kanal 0) und POT+1 (Kanal 1) gespeichert.

```
;#### seriellen 8-Bit, 2-Kanal ADC lesen ####
;ADC_CLK, ADC_Data, ADC_CS als Portanschlüsse (Bit)
;Datenein-/ausgang sind beim ADC zusammengeschaltet
;------------------------------------------------------------------------------------
;Übertragen: 11K1
```

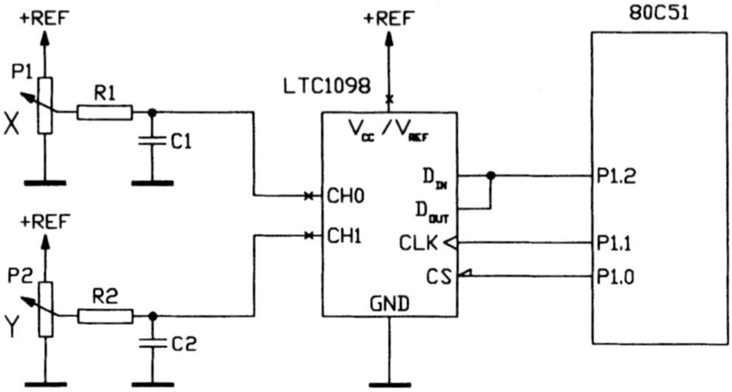

Bild 6.68: Potentiometer eines Steuerknüppels an einem seriellem ADU

```
;              1 Start
;              1 SGL/DIFF (Single ended/Differential mode)
;              K ODD/SIGN (Kanal-0 = 0, Kanal-1 = 1)
;              1 MSBF (MSB-First)
;-------------------------------------------------------------------------------------
;---- Daten-Segment ----
               DSEG
CH:            DS    2                 ;Ergebnisse
                                       ;CH+0 .. Kanal 0; CH+1 .. Kanal 1
;
;---- Code-Segment ----
               CSEG
;---- Messung ----
ADC_Read: MOV   A,#0DFh           ;Kanal 0 (1101xxxx)
          CALL  Messung           ;Messung durchführen
          MOV   CH+0,A            ;Ergebnis speichern
          MOV   A,#0FFh           ;Kanal 1 (1111xxxx)
          CALL  Messung
          MOV   CH+1,A
          RET
;
;--- Messung durchführen ---
Messung:  SETB  ADC_CS            ;Chip aktivieren, CS auf HIGH und dann
          CLR   ADC_CS            ;auf LOW setzen
          MOV   R0,#04h           ;Schleifenzähler setzen
;--- Befehlswort an ADC senden (4 Bits) ---
LOOP_1:   RLC   A                 ;Bit ins Carry schieben
          CLR   ADC_CLK           ;Taktleitung auf LOW
          MOV   ADC_Data,C        ;Bit auf Datenleitung legen
          SETB  ADC_CLK           ;Taktleitung auf HIGH
          DJNZ  R0,LOOP_1         ;alle 4 Bits gesendet ?
;--- Datenleitung konfigurieren, erstes Null-Bit lesen ---
          SETB  ADC_Data          ;Datenleitung als Eingang konfigurieren
```

```
            CLR   ADC_CLK           ;einen Takt ausgeben
            NOP                     ;erstes Bit Null, Bit verwerfen
            SETB  ADC_CLK
;--- Datenleitung lesen (8 Bits vom ADC) ---
            MOV   R0,#08h           ;Schleifenzähler setzen
LOOP_2:     CLR   ADC_CLK           ;Clock LOW --> LT1098 sendet
            MOV   C,ADC_Data        ;Datenleitung lesen
            SETB  ADC_CLK           ;Clock HIGH
            RLC   A                 ;Carry (Datenbit) ins Akku schieben
            DJNZ  R0,LOOP_2         ;alle 8 Bits empfangen ?
            RET                     ;zurück, Ergebnis im Akku
```

Bild 6.69: Beispielprogramm zum seriellen ADU am 8051-Controller

Mikrocontroller mit ADU. Auch hier kann ein Mikrocontroller mit integriertem ADU verwendet werden. So läßt sich einerseits der externe ADU einsparen, andererseits besitzen Mikrocontroller der MCS51-Familie mit integriertem ADU mehrere Kanäle und bieten Auflösungen zwischen 8 und 12 bit.

6.7 Maus und Rollkugel (Trackball)

Im Innern der Maus befindet sich eine Kuststoffkugel, welche bei einer Bewegung der Maus über die Auflagefläche rollt. Zwei um 90° versetzte Reibräder werden von dieser Kugel angetrieben, wobei über zwei Schlitzscheiben die Bewegung der Reibräder fotoelektrisch abgetastet wird. Bei besonders billigen Varianten erfolgt diese Abtastung mechanisch. Beide Fotosensoren sind mit einem Mikrocontroller im Mausgehäuse verbunden, welcher die Bewegung erfaßt und auswertet. Dieser schickt die Bewegungsinformation in Form von Koordinatenangaben über eine serielle Schnittstelle zum PC (meist wird die Maus an COM1 angeschlossen, es gibt aber auch PS/2-Mäuse). Für diese Schnittstelle werden nur 3 Leitungen benötigt; die Leitung RxD (am PC), die Masse und die Leitung RTS oder DTR, welche vom PC auf Mark-Pegel (–12 V) gehalten wird und die Mauselektronik mit Energie versorgt.

Die Übertragung erfolgt mit 1200 Baud, einem Startbit, einem Stopbit, keinem Paritätsbit und 8 Datenbits bei „Mouse Systems"-Mäusen bzw. 7 Datenbits bei „Microsoft"-Mäusen. Die Koordinatenangaben sind Zahlenwerte zwischen –128 und +127, d.h. Schritte (Mickeys) welche zurückgelegt wurden. Ein Micky ist dabei die gerade noch erfaßbare Bewegung und entspricht 1/200 Zoll für PS/2 und Apple bzw. 1/400 Zoll für Microsoft. Dieser Bereich ist nicht sehr groß, aber der Maustreiber im PC muß eine Bereichsüberschreitung entsprechend handhaben. Bild 6.70 zeigt das Datenformat für „Mouse Systems"- und „Microsoft"-Mäuse.

Der Anschluß an einen 8051-Controller erfolgt direkt über die serielle Schnittstelle, wobei von einer „Mouse Systems"-Maus ausgegangen wird, da diese 8

a) Mouse Systems

7	6	5	4	3	2	1	0	Byte
1	0	0	0	0	L	M	R	1.
X7							X0	2.
Y7							Y0	3.
X7							X0	4.
Y7							Y0	5.

b) Microsoft

7	6	5	4	3	2	1	0	Byte
1	1	L	R	Y7	Y6	X7	X6	1.
0	0	X5	X4	X3	X2	X1	X0	2.
0	0	Y5	Y4	Y3	Y2	Y1	Y0	3.

Koordinatenangaben

X7	X0
Y7	Y0

Start	Datenbits						Stop
(0)	0	1	2	3	4	5	6	(1)

→ Übertragungsrichtung

Bild 6.70: Übertragene Information bei seriellen Mäusen
(L) linke Taste, **(M)** mittlere Taste, **(R)** rechte Taste, **(X0...X7)** Bewegung in X-Richtung, **(Y0...Y7)** Bewegung in Y-Richtung; X7/Y7=0 für positive Werte oder Bewegung nach rechts/unten, X7/Y7=1 für negative Werte oder Bewegung nach links/oben; Tastenzustände 0 für losgelassen, 1 für gedrückt

Datenbits überträgt. Bild 6.71 zeigt ein Programm zum Lesen der Bewegungsinformation. Da nur Werte zwischen –128 und +127 übertragen werden, addiert das Programm die erhaltenen Bewegungskoordinaten in den Variablen XM und YM zu den schon vorhandenen Koordinaten in den Variablen X und Y, welche einen Wertebereich von –32768 bis +32767 erlauben. Bei einer Auflösung von 200 dpi (1/200 Zoll ist die kleinste erfaßbare Bewegung) kann somit ein Bereich von ±163 Zoll oder ±414 mm erfaßt werden. An den Grenzen kommt es zu einem Überlauf bzw. die Koordinaten in X und Y fangen wieder bei Null an.

```
;#### Beispielprogramm „Mouse Systems"-Mause am 8051-Controller ####
;Variablen:  X+0...X+1          X-Koordinate
;            Y+0...Y+1          Y-Koordinate
```

```
;          XM                 X-Bewegungskoordinate der Maus
;          YM                 Y-Bewegungskoordinate der Maus
;          Taste              Tastenbetätigungen
;                             Bit 0 ... rechte Taste
;                             Bit 1 ... mittlere Taste
;                             Bit 2 ... linke Taste
;
;---- Daten-Segment ----
           DSEG
X:         DS    2            ;X-Koordinate
Y:         DS    2            ;Y-Koordinate
XM:        DS    1            ;X-Bewegungskoordinate der Maus
YM:        DS    1            ;Y-Bewegungskoordinate der Maus
Taste:     DS    1            ;Tasten der Maus, Bit 0, Bit 1 und Bit 2
Byte:      DS    1            ;Bytezähler bei der Übertragung
;
;---- Bit-Segment ----
           BSEG
X_NEG:     DBIT  1            ;X-Bewegungskoordinate negativ (Flag)
Y_NEG:     DBIT  1            ;Y-Bewegungskoordinate negativ (Flag)
;
;---- Code-Segment ----
           CSEG
;
;---- serieller Interrupt ---
S0_INT:    PUSH  PSW          ;Register retten
           PUSH  ACC
           MOV   A,Byte       ;Bytezähler laden
BYTE1:     CJNE  A,#1,BYTE2   ;Byte 1 bearbeiten ?
           MOV   Taste,SBUF   ;Tasten lesen
           AND   Taste,#07h   ;Bit 3–7 ausblenden
           INC   Byte         ;Bytezähler erhöhen
           SJMP  End_Int      ;Ende Interruptroutine
BYTE2:     CJNE  A,#2,BYTE3   ;Byte 2 bearbeiten ?
           MOV   XM,SBUF      ;X-Bewegungskoordinate lesen
           MOV   A,XM         ;Abfrage ob negativ
           MOV   C,ACC.7
           MOV   X_NEG,C
           INC   Byte         ;Bytezähler erhöhen
           SJMP  End_Int      ;Ende Interruptroutine
BYTE3:     CJNE  A,#3,BYTE4   ;Byte 1 bearbeiten ?
           MOV   YM,SBUF      ;Y-Bewegungskoordinaten lesen
           MOV   A,YM         ;Abfrage ob negativ
           MOV   C,ACC.7
           MOV   Y_NEG,C
           INC   Byte         ;Bytezähler erhöhen
           SJMP  End_Int      ;Ende Interruptroutine
BYTE4:     INC   Byte         ;keine Verarbeitung, Bytezähler erhöhen
```

```
            SJMP  End_Int          ;Ende Interruptroutine
BYTE5:      MOV   Byte,#01         ;keine Verarbeitung, Bytezähler auf eins setzen
            MOV   A,X+0            ;X+XM -> X
            ADD   A,XM
            MOV   X+0,A            ;zurückspeichern
            JB    X_NEG,Y_ADD      ;Y berechnen
            JNC   Y_ADD            ;kein Überlauf
            INC   X+1              ;X HIGH-Byte erhöhen
Y_ADD:      MOV   A,Y+0            ;Y+YM -> Y
            ADD   A,YM
            MOV   Y+0,A            ;zurückspeichern
            JB    Y_NEG,End_Int    ;fertig
            JNC   End_Int          ;kein Überlauf
            INC   Y+1              ;Y HIGH-Byte erhöhen
End_Int:    POP   ACC              ;Register zurückschreiben
            POP   PSW
            CLR   RI               ;Interrupt Request Flag löschen
            RETI                   ;Ende Interruptroutine
;
;---- Initialisierung Interrupt, Timer, serielle Schnittstelle ----
INIT:       MOV   X,#00            ;X-Koordinate löschen
            MOV   Y,#00            ;Y-Koordinate löschen
            MOV   Byte,1           ;Bytezähler auf 1
            MOV   TMOD,#20h        ;Timer 1 als Auto-Reload-Timer (Baudrate)
            MOV   TH1,#256-52      ;Baudrate: 1MHz/52/16 = 1201,9 Baud
            MOV   TL1,#256-52
            MOV   PCON,#80h        ;SMOD=1 -> 16 als Teilungsfaktor (siehe TH1)
            MOV   SCHON,#50h       ;Serial Control, Mode 1, REN=1
            MOV   IE,#10010000b    ;Interrupt Enable (EA=1, ES=1)
```

Bild 6.71: Beispielprogramm zur Verarbeitung des Sinals einer seriellen Maus („Mouse Systems" Maus)

6.8 Touchscreen

Touchscreens sind berührungsempfindliche Bildschirme und dienen zur Dateneingabe. Dabei wird ein durchsichtiges Tastenfeld vor einer Anzeige montiert und die Tasten werden auf der Anzeige dargestellt, d.h. diese Tasten sind virtuell. Die Betätigung erfolgt durch Druck mit dem Finger oder einem Zeigegerät (Stift mit Kunststoffspitze) auf die Anzeige an der Stelle, an der die Taste dargestellt ist. Daraus folgt, daß jeweils nur die gerade benötigten Tasten dargestellt werden. Die Tasten können die unterschiedlichste Form und Größe haben. Sie sind mit den Menütasten vergleichbar.

Folgende Bauarten von Touchscreens sind möglich:

- optisches Prinzip
- kapazitives Prinzip
- analoges Prinzip
- digitales Prinzip

6.8.1 Digitales Prinzip

Im folgenden soll nur das digitale Prinzip besprochen werden, da es eine ausreichende Genauigkeit bei langer Lebensdauer und großer Zuverlässigkeit bietet.

Bild 6.72 zeigt den Aufbau eines digitalen Touchscreen. Dieser besteht aus zwei Lagen. Die obere Lage besteht aus einem flexiblen Material, meist Polyester mit einer zusätzlich aufgebrachten Schutzschicht gegen Abschürfungen. An der Unterseite sind Leiterbahnen aus Indium-Zinn-Oxid (durchsichtig) angebracht. Die untere Lage besteht aus Polyester oder Glas und hat ebenfalls Leiterbahnen aus Indium-Zinn-Oxid aufgebracht, welche senkrecht zu den Leiterbahnen der oberen Lage verlaufen. Zwischen diesen beiden Lagen ist als Separator Luft oder ein durchsichtiges Isolationsmaterial angebracht. Beide Lagen bilden zusammen ein Feld offener Schalter, wobei bei Betätigung ein oder mehrere Leiterbahnen der oberen Lage mit denen der unteren Lage kurzgeschlossen werden.

Die Eingabe mittels Finger ist recht ungenau, die mit einem Stift wesentlich präziser. Jede Berührung wird unmittelbar akzeptiert, auch als „land on strategy“ bezeichnet, womit dem Benutzer die Möglichkeit der Korrektur nicht gegeben wird. Bei einem Stift kann mit Hilfe eines Kontaktes eine vorgenommene Auswahl bestätigt werden. Der Kontakt kann sich dabei in der Spitze des Stiftes oder

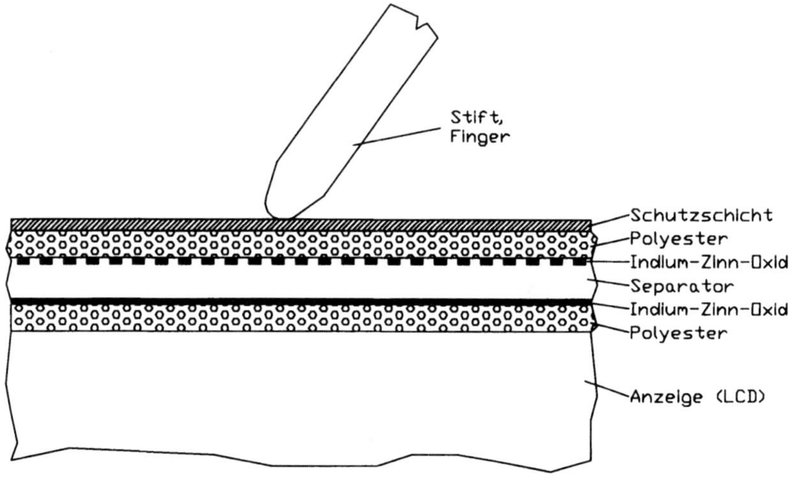

Bild 6.72: Schematischer Aufbau einen digitalen Touchscreen (nach: Serschön 1994)

seitlich befinden (siehe auch Stifte bei Tabletts für CAD-Programme). Eine andere Möglichkeit ist bei Betätigung mit dem Finger gegeben, da bei größerem Druck weitere Kontakte geschlossen werden. Dies kann von einem Programm entsprechend ausgewertet werden.

Anschluß des Touchscreens. Bild 6.73 zeigt den Anschluß eines digitalen Touchscreens mit vierzehn Zeilen und zwölf Spalten an einen Controller vom Typ 80C552.

Dabei können über den 1-aus-16-Decoder IC1 (74HC154) die vierzehn Zeilen nacheinander auf LOW-Pegel gelegt werden. Die Spalten sind über die Inverter an den Porteingängen P1.0...P1.7 und P3.0...P3.3 angeschlossen. Die Inverter sind nötig, da die Porteingänge einen Pull-Up-Widerstand von 20 kΩ haben und somit eine einwandfreie Erkennung der Signale aufgrund der unterschiedlichen Kontaktwiderstände der Schalterfläche nicht möglich ist. Werden mehrere Kontakte

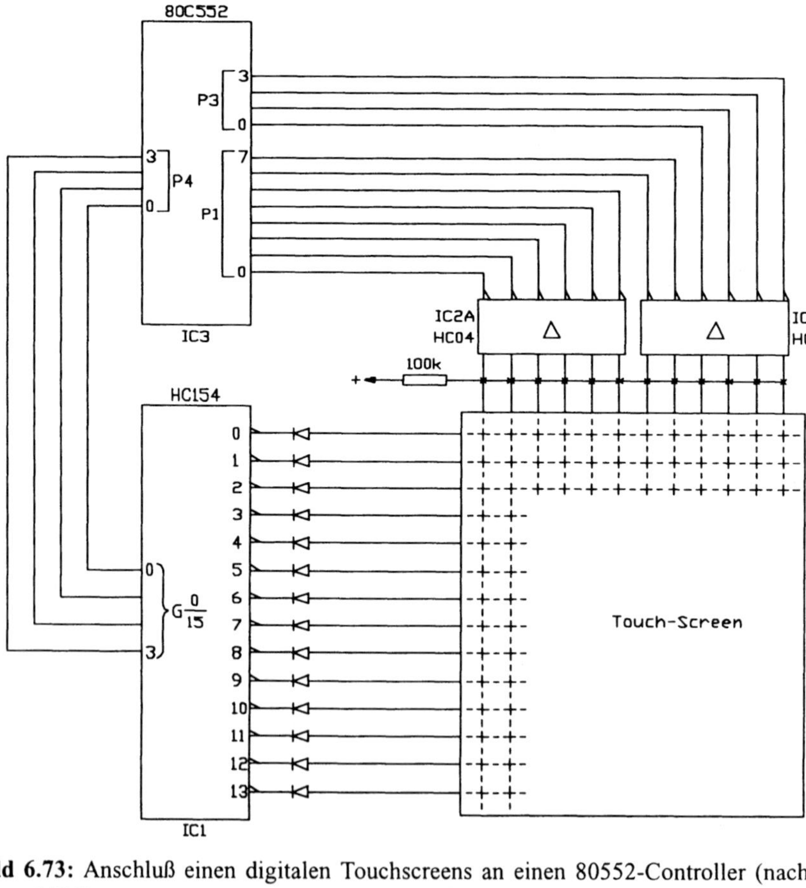

Bild 6.73: Anschluß einen digitalen Touchscreens an einen 80552-Controller (nach: Serschön 1994)

gleichzeitig betätigt, so verhindern die Dioden einerseits einen Kurzschluß auf den Zeilenleitungen und ermöglichen andererseits die Erkennung von mehreren gedrückten Schaltern. Die Verwendung von Open-Collector-Ausgängen am Zeilentreiber statt der Dioden ist ebenfalls möglich.

Software für Touchscreen. Bild 6.74 zeigt ein Programmbeispiel zur Schaltung in Bild 6.66. Das Programm beschreibt 28 Byte des internen RAM, wobei jedes Bit eine Kreuzung im Kontaktfeld darstellt. Das jeweilige Bit ist genau dann auf Eins gesetzt, wenn der entsprechende Kontakt geschlossen ist. Dabei bilden zwei aufeinander folgende Bytes eine Zeile, in der nur die ersten 12 Bit (acht Bit des ersten Byte und vier Bit des zweiten Byte) genutzt werden.

```
;#### Touchscreen am 80552-Controller ####
;Speicher:  KEY+0                     Zeile 1, Spalte 1..8
;           KEY+1                     Zeile 1, Spalte 9..12
;           KEY+2                     Zeile 2, Spalte 1..8
;           ....   ....
;           KEY+26                    Zeile 14, Spalte 1..8
;           KEY+27                    Zeile 14, Spalte 9..12
;
;---- Daten-Segment ----
            DSEG
KEY:        DS     28                 ;Ergebnisse, 28 Byte
;
;---- Code-Segment ----
            CSEG
;---- Leseroutine ----
ReadKey:    MOV    P4,#00h            ;Zeilentreiber mit Null laden
            MOV    R0,#KEY            ;Index für Speicher setzen
Loop:       MOV    @R0,P1             ;Spalte 1..8 lesen und speichern
            INC    R0                 ;Index für Speicher erhöhen
            MOV    @R0,P3             ;Spalte 9..12 lesen und speichern
            INC    R0                 ;Index für Speicher erhöhen
            INC    P4                 ;nächste Zeile
            MOV    A,P4               ;für Vergleich Zeile in den Akkumulator laden
            CJNE   A,#14d,Loop        ;letzte Zeile schon bearbeitet ?
            RET                       ;Funktion beenden
```

Bild 6.74: Beispielprogramm zum Touchscreen am 80552-Controller

7 Schaltungen für Tastaturen

Tastaturen werden heute in den unterschiedlichsten Größen und mit verschiedenster Anzahl an Tasten für Mensch-Maschine-Schnittstellen verwendet. Dabei wird in der Regel nicht jede Taste für sich mit der Elektronik verdrahtet, sondern es werden verschiedenste Methoden verwendet, um die Anzahl an benötigten Leitungen zu verringern.

- Die Tasten können die Kreuzungspunkte bei Zeilen-/Spaltenleitungen bilden,
- die Übertragung der Information kann seriell erfolgen,
- spezielle Tastaturdecoder können verwendet werden,
- zwischen Tastatur und angeschlossener Verarbeitungseinheit kann ein Übertragungsprotokoll zum Einsatz kommen, welches sowohl die Programmierung der Tastatur als auch die Anzeige von Information ermöglichen soll.

Die mit diesen Tastenfeldern eingegebene Information kann mit diskret aufgebauter Elektronik, mit Tastaturdecodern oder mit Mikrocontrollern verarbeitet werden. Da die Anzahl der Tasten meist doch recht umfangreich ist, wird der Einsatz von diskret aufgebauter Elektronik sehr aufwendig. Hier hilft dann nur mehr der Einsatz von speziellen Tastaturdecodern, wenn kein Mikrocontroller verwendet werden soll.

Spezielle Tastaturdecoder sind meist mit mikroprozessorkompatibler Schnittstelle ausgestattet und verlangen nach dem Einschalten der Versorgung die Programmierung der verschiedenen Register, weshalb wieder ein Mikrocontroller nötig ist. Weiters entlastet der Tastaturdecoder den Mikrocontroller, so daß dieser seine eigentlichen Aufgaben besser erledigen kann.

Ein weiterer Bereich ist die Eingabe von Zahlenwerten mittels Richtungstasten, d.h. es werden numerische Größen nicht mit einer Zifferntastatur, sondern mit zwei, vier oder mehr Tasten eingegeben. Charakteristisch ist, daß nicht die einzelnen Ziffern eingegeben werden, sondern daß ein angezeigter Wert um jeweils eine Einheit geändert wird. Der angezeigte Wert kann somit verkleinert oder vergrößert werden, indem entweder alle Ziffern gemeinsam oder jede Stelle für sich beeinflußt wird.

Als Eingabeelement bietet sich auch der Steuerknüppel an, wobei der Zahlenwert sich um so schneller ändert, je weiter der Steuerknüppel aus der Ruhelage bewegt wird oder je länger er betätigt bleibt. Ähnlich wie der Steuerknüppel arbeitet auch das Stellrad. Auch hier soll bei andauernder Drehbewegung die Einstellgeschwindigkeit steigen.

7.1 Zifferntastaturen (12 Tasten)

Zifferntastaturen werden zur Eingabe von Zahlenwerten verwendet. Diese Zahlenwerte können der Steuerung von Maschinen dienen (z.B. Drehzahl, Stückzahl, Füllmenge), der Auswahl eines Zieles (z.B. Telefon, Förderanlage, Sortiereinheit) und mannigfaltig anderen Zwecken. Die Entprellung einzelner Tasten oder ganzer Tastenreihen ist im ersten Kapitel besprochen worden. Hier soll der Anschluß von Tastenfeldern und die Bereitstellung der durch diese Tastenfelder eingegebenen Information besprochen werden. Tastenfelder sind fertig aufgebaut erhältlich, wobei diese entweder einzeln oder matrixförmig verdrahtet sind. Die Tasten bilden dabei die Kreuzungspunkte in einem System von Spalten und Zeilenleitungen.

Im folgenden werden verschiedene Anschlußmöglichkeiten einer Tastatur mit 12 Tasten an einen Mikrocontroller gezeigt:

- Anschluß der Tasten
  - Einzelanschluß der Tasten
  - Matrixförmiger Anschluß
  - Problematik bei gleichzeitigem Betätigen mehrerer Tasten
  - Tastenfeld mit „Shift“ und „Enter“
  - Matrixförmiger Anschluß mit nur 4 Leitungen
  - Anschluß über Schieberegister und serielle Schnittstelle (mit und ohne Interrupt)
  - Tastenanschluß über 1-aus-n-Decoder
  - Verwendung eines Tastaturcontrollers vom Typ 74C922

Ein Beispielprogramm soll für jede Schaltung die Realisierung der Tastaturabfrage, also des Informationsgewinns zeigen.

7.1.1 Anschluß der Tasten

Einzelanschluß der Tasten. Als einfachste Möglichkeit bietet sich der Einzelanschluß der Tasten an einen Mikrocontroller. Beim Anschluß eines Tastenfeldes mit zwölf Tasten sind dreizehn Leitungen nötig. Jeder Taste ist eine eigene Leitung am Port zugeordnet und somit auch ein eigenes Bit im Portregister, womit eine Mehrfachauswahl, d.h. ein gleichzeitiges Drücken von mehreren Tasten, leicht erkannt werden kann. Bild 7.1 zeigt die Beschaltung der Tasten und deren Anschluß an einen Controller vom Typ 80C552.

Bild 7.2 zeigt ein Beispielprogramm zum Abfragen der Tasten. Dabei werden die Tasten als Bitfeld in zwei Registern abgelegt. Durch Verarbeitung der einzelnen Bits ist es möglich, auch das gleichzeitige Drücken von mehreren Tasten zu erkennen.

```
;#### Tastenfeld mit Einzelleitungen ####
;Variablen:   FELD+0        ;Speicher für Tasten 0–7
;             FELD+1        ;Speicher für Tasten 8–9, *, #
```

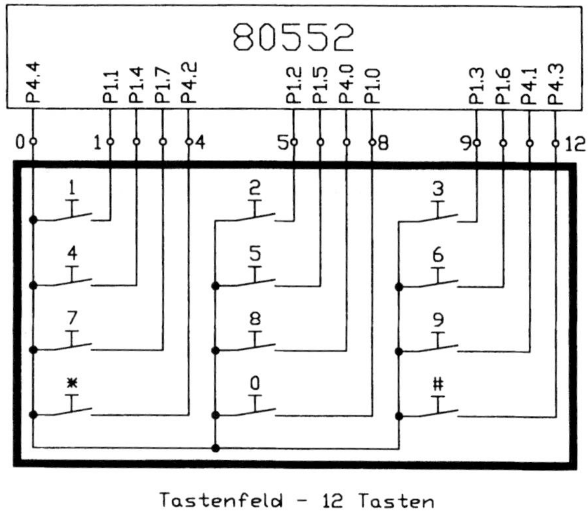

Bild 7.1: Einzelanschluß der Tasten eines Tastenfeldes

```
;
;---- Daten-Segment ----
            DSEG
FELD:       DS      2               ;Ergebnisse, Tasten 0–7, 8–9, *, #
;
;---- Code-Segment ----
            CSEG
;
;---- Routine Tastenabfrage ----
Key_Rd:     CLR     P4.4            ;gemeinsame Tastenleitung auf LOW
            MOV     FELD+0,P1       ;Tasten 0–7 lesen
            MOV     FELD+1,P4       ;Tasten 8–9,*,# lesen
            SETB    P4.4            ;gemeinsame Tastenleitung wieder auf HIGH
            ANL     FELD+1,#0Fh     ;nur untere 4 Bit von P4 wichtig
            RET
;
;---- Initialisierung Ports im Hauptprogramm ----
INIT:       ORL     P1,#FFh         ;Tasteneingänge auf HIGH legen
            ORL     P4,#1Fh         ;liegen nach Reset auf HIGH-Pegel
            RET
```

Bild 7.2: Beispielprogramm zum Einzelanschluß der Tasten eines Tastenfeldes

Matrixförmiger Anschluß der Tasten. Das Schaltbild in Bild 7.1 zeigt, daß 13 Leitungen und somit 2 Ports nötig waren, um die Tasten anzuschließen. Schaltet man die Tasten in die Kreuzungspunkte von Zeilen- und Spaltenleitungen, so kommt man bei 12 Tasten mit 7 Leitungen aus. Man spricht auch von einer ma-

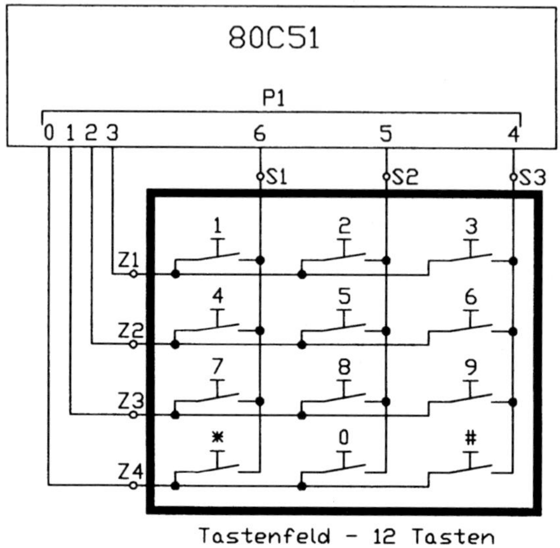

Bild 7.3: Tastenfeld matrixförmig verdrahtet (nach: Roth 1990)

trixförmigen Verdrahtung des Tastenfeldes. Bild 7.3 zeigt die Verdrahtung und den Anschluß eines solchen Tastenfeldes an einen 8051 Controller.

Bild 7.4 zeigt die Zuordnung von Bitmuster und Taste zur Schaltung in Bild 7.3, welche als Grundlage für das Auswerteprogramm in Bild 7.5 dient.

Bild 7.5 zeigt ein Beispielprogramm zur Auswertung der Tastenbetätigungen. Dabei werden die Zeilenleitungen nacheinander auf LOW-Pegel gelegt, also aktiv geschaltet und dabei die Spaltenleitungen an den Porteingängen P1.4...P1.6 gelesen. Liegt dabei ein Porteingang auf LOW-Pegel, so ist eine Taste gedrückt. Das

Taste	Binärmuster	Hexwert
1	1011 0111	B7
2	1101 0111	D7
3	1110 0111	E7
4	1011 1011	BB
5	1101 1011	DB
6	1110 1011	EB
7	1011 1101	BD
8	1101 1101	DD
9	1110 1101	ED
*	1011 1110	BE
0	1101 1110	DE
#	1110 1110	EE

Bild 7.4: Zuordnung der Bitmuster zu den Tasten bei Matrixanordnung nach Bild 7.3 (nach: Roth 1990)

Programm beginnt in der obersten Zeile (Zeile an P1.3) und erkennt somit immer die Taste, welche am weitesten oben liegt bzw. die niedrigste Nummer hat (zuerst „1-2-3“, danach „4-5-6“, „7-8-9“ und zuletzt „*-0-#“). Zugleich werden die Tasten „*“, „0“ und „#“ umgerechnet (0=10, *=16=10h, #=17=11h).

```
;#### matrixförmige Anordnung einer 12er Tastatur ####
;---- Daten-Segment ----
            DSEG
Taste:      DS      1                   ;Zahlenwert der Taste, 1–9,
                                        ;0=10, *=16, #=17
;
;---- Code-Segment ----
            CSEG
;
;---- Tastenfeld abfragen
;Key_Rd:    MOV     R0,#F7h             ;Ausgabewert für Port (Bit 3=0)
            DJNZ
            MOV     Taste,#00h          ;Ergebnis löschen
;---- Zeilen setzen
Loop1:      MOV     P1,R0               ;Portleitung für Zeile auf LOW
            MOV     A,P1                ;Port lesen
            ANL     A,#70h              ;nur Bit 4–6 übriglassen
            RLC     A                   ;Akku rotieren - Bit 4–6 an Position 5–7
            MOV     R1,#00              ;Tastenzähler auf Null
;---- Spalten abfragen
Loop2:      RLC     A                   ;Bit ins Carry schieben; Tastenzähler
            INC     R1                  ;erhöhen; Carry=0 Taste gefunden, sonst
            JC      Loop2               ;weiterschieben
            CJNE    R1,#04h,Found       ;Tastenzähler <> 4 -> Taste gefunden
            SETB    C
            MOV     A,R0                ;R0 schieben für nächste Zeile auf LOW
            RRC     A
            MOV     R0,A
            MOV     A,#03h              ;zu Taste 3 addieren, weil 2. Zeile
            ADD     A,Taste             ;bearbeitet wird (Tasten 4–6)
            MOV     Taste,A
            CJNE    R0,#0FFh,Loop1      ;alle Bit vom Ausgabewert auf 1 ?
            MOV     Taste,#00h          ;Ergebnis löschen, da keine Taste
            SJMP    Ende                ;gedrückt war (Taste=0)
;---- Taste gefunden
Found:      MOV     A,R1                ;zu Taste Spaltenwert addieren
            ADD     A,Taste
            MOV     Taste,A
Key_S:      CJNE    A,#10d,Key_0        ;Umrechnen !! -> *-Taste gedrückt ?
            MOV     Taste,#16d          ;Ja -> Taste = 16d
            SJMP    Ende
Key_0:      CJNE    A,#11d,Key_K        ;Taste 0 gedrückt ?
```

```
          MOV   Taste,#10d        ;Ja -> Taste = 10d
          SJMP  Ende
Key_K:    MOV   Taste,#17d        ;#-Taste gedrückt -> Taste = 17d


;---- Ende Routine
Ende:     RET
```

Bild 7.5: Beispielprogramm zum matrixförmigen Tastenanschluß

Statt der in Bild 7.5 gezeigten Routine kann auch eine Tabelle verwendet werden, wobei als Index der Inhalt von P1 verwendet wird. Die Tabelle muß 128 Werte enthalten, wodurch auch die Ausnahmebehandlung, d.h. der Portinhalt, der entsteht, wenn mehrere Tasten gleichzeitig gedrückt werden, sehr leicht behandelt werden kann.

Mehrere gedrückte Tasten. Werden nun mehrere Tasten gleichzeitig gedrückt, so kann man verschiedene Fälle unterscheiden. Die Schaltung in Bild 7.3 und das Programm in Bild 7.5 sollen dabei als Grundlage dienen. Damit soll die Problematik bei der Tastenabfrage aufgezeigt werden.

Fall 1. Die Tasten liegen so, daß keinesfalls zwei Zeilenleitungen gleichzeitig auf LOW-Pegel liegen. Mögliche Kombinationen sind alle Tasten in einer Zeile (z.B. Tasten „1“, „2“ und „3“) oder Tasten in zwei Zeilen, aber unterschiedlichen Spalten (z.B. Tasten „1“, „3“ und „5“). Die Taste mit dem niedrigsten Wert wird als gedrückt erkannt, die anderen werden ignoriert.

Fall 2. Die Tasten liegen so, daß zwei Zeilenleitungen gleichzeitig auf LOW-Pegel gehen, und liegen deshalb in einer Spalte (z.B. 2, 5). Die Taste mit dem niedrigsten Wert wird erkannt, die andere Taste ignoriert. Liegt eine weitere Taste in einer weiteren Spalte/Zeile, die mit den anderen betätigten Tasten nicht verbunden ist, so wird auch diese Taste richtig verarbeitet und erkannt, falls sie den niedrigsten Wert hat, andernfalls ignoriert. Sind beispielsweise die Tasten „1“, „4“ und „8“ gedrückt, so wird Taste „1“ erkannt (Tasten „1“ und „4“ in einer Spalte). Sind die Tasten „1“, „5“ und „8“ gedrückt, so wird ebenfalls Taste „1“ erkannt (Tasten „5“ und „8“ in einer Spalte).

Fall 3. Die Tasten liegen so, daß gleichzeitig zwei Zeilenleitungen auf LOW-Pegel liegen (Tasten in einer Spalte). Zugleich liegt eine dritte betätigte Taste an einer dieser zwei Zeilenleitungen. Nehmen wir an, es wären die Tasten „3“, „4“ und „6“ gedrückt. Sobald die Zeilenleitung an P1.3 auf LOW-Pegel geht, liegt auch die Zeilenleitung an P1.2 an Masse. Über die Tasten „3“, „6“ und „4“ wird die Spaltenleitung P1.6 nach Masse gezogen. Taste „1“ wird fälschlicherweise als gedrückt erkannt, obwohl die Taste „3“ den niedrigsten Wert aller gedrückten Tasten hat. Die wirklich gedrückten Tasten „3“, „4“ und „6“ werden aber nicht erkannt.

Eine Lösung dieses Problems stellen Dioden in Serie mit jeder Taste dar. Wenn nur der Kurzschluß an den Portausgängen beseitigt werden soll, so schaltet man einfach Dioden in Serie mit den Portausgängen. Der Kurzschlußstrom liegt nur bei einigen µA, da der interne Pull-Up-Widerstand durch drei Transistoren gebildet wird und der davon normalerweise leitende Transistor bei Null-Pegel am Port ausgeschaltet wird.

Tastenfeld mit Shift und Enter. Bild 7.6 zeigt ein Programm zur Schaltung in Bild 7.4, welches die Mehrfachbelegung von Tasten erlaubt. Hier werden die Tasten „0...9" als Zifferntasten verwendet, die *-Taste dient als Shift-Taste und ermöglicht somit eine Doppelbelegung der Tasten „0...9". Die #-Taste dient als Enter-Taste, während die */#-Tasten (gleichzeitig gedrückt) den Löschbefehl aktivieren (Roth 1990).

Zuerst werden alle Tasten im Tastenfeld abgefragt. Dabei werden verschiedene Flags gesetzt, um bei der nachfolgenden Auswertung die gedrückten Tasten erkennen zu können. Wird eine Zifferntaste betätigt, so verschiebt das Auswerteprogramm die Zahlenwerte in den Speicherstellen IN+1...IN+5 nach IN+0...IN+4 (Speicherstelle IN+0 geht verloren) und kopiert anschließend den Wert der gedrückten Taste an die Speicherstelle IN+5 (Einerstelle in IN+5, Zehnerstelle in IN+4, sechste Stelle in IN+0). Die Eingabe erfolgt im sogenannten Taschenrechnermodus. Wird die Shift-Taste zusammen mit einer Zifferntaste betätigt, so wird der um zehn höhere Zahlenwert der Zifferntaste eingegeben (z.B. fünfzehn statt fünf). Wird die Shift-Taste zusammen mit der Enter-Taste betätigt, so werden die schon eingegebenen Werte wieder gelöscht (z.B. bei Falscheingabe). Sobald die Enter-Taste betätigt wird, kopiert das Auswerteprogramm die Speicherstellen IN+0...IN+5 (Eingabestellen) in die Speicherstellen OUT+0...OUT+5 (Ausgabestellen). Das Hauptprogramm greift immer nur auf die Speicherstellen OUT+0...OUT+5 zu. Eine entsprechende Tastaturbeschriftung der *-Taste und der #-Taste erleichtert die Bedienung (selbsterklärend).

```
;#### Tastenfeld mit Shift und Enter - Tasten matrixförmig ####
;Tastenbelegung:    *                 Shift
;                   #                 Enter
;                   */#               Delete (Löschen)
;                   0–9               Tasten 0 bis 9
;Ergebnisse:        IN+0...IN+5       Speicher für Eingabe
;                   OUT+0...OUT+5     Eingabewerte aus IN+0...IN+5 nach Enter
;
;Hilfsspeicher:     HILF              Zwischenspeicher für Tastenzähler
;                   R0                Tastenzähler
;                   R1                Reihenzähler
;                   R2                Spaltenzähler
;
;Bitvariablen (Flags)
;ShiftKey                             Shift-Taste gedrückt
;LastKey                              letzte Taste noch gedrückt
```

```
;NumKey                                  Zifferntaste gedrückt
;TwoKey                                  doppelt gedrückte Taste
;
;---- Daten-Segment ----
            DSEG
IN:         DS      6                    ;Speicher für Eingabe
OUT:        DS      6                    ;Speicher für Ausgabe (Ergebnis der Eingabe)
HILF:       DS      1                    ;Hilfsvariable
;
;---- Bit-Segment ----
            BSEG
ShiftKey:   DBIT                         ;Shift-Taste gedrückt
LastKey:    DBIT                         ;letzte Taste noch gedrückt
NumKey:     DBIT                         ;Zifferntaste gedrückt
TwoKey:     DBIT                         ;doppelt gedrückte Taste
;
;---- Code-Segment ----
            CSEG
;---- Initialisierung Variablen/Flags
Rd_Key:     CLR     ShiftKey             ;Flags löschen
            CLR     NumKey
            CLR     TwoKey
            MOV     R0,#0Ch              ;Tastenzähler (12 Tasten)
            MOV     R1,#7Fh              ;Reihenschablone
;---- Zeilen abtasten
Zeilen:     MOV     R2,#03h              ;Spaltenzähler
            MOV     A,R1
            RL      A
            MOV     P1,A                 ;Portpins setzen
            MOV     R1,A
            MOV     A,P1                 ;Portpins lesen
            SWAP    A                    ;HIGH Nibble ist Eingang -> vertauschen
;---- Spalten abfragen - Portwert rotieren
Suchen:     RRC     A
            JNC     Gedrückt             ;Taste gedrückt ?
Continue:   DEC     R0                   ;Nein
            DJNZ    R2,Suchen
            MOV     A,R0
            JNZ     Zeilen               ;Tastenzähler schon Null ?
            SJMP    Auswert              ;Ja
;---- Tastendruck bearbeiten - Flags setzen
Gedrückt:   CJNE    R0,#0A,NoShift       ;Shift ?
            SETB    ShiftKey             ;Ja
            SJMP    Continue             ;weitersuchen
NoShift:    JB      NumKey,D_Key         ;eine Zifferntaste schon gedrückt ?
            SETB    NumKey               ;Nein
            MOV     HILF,R0              ;Tastenzähler zwischenspeichern
            SJMP    Continue             ;weitersuchen
```

```
D_Key:     SETB  TwoKey             ;2 Tasten gedrückt -> TwoKey setzen
           SJMP  Continue           ;weitersuchen
;
;---- Auswertung der gedrückten Tasten ----
Auswert:   JB    LastKey,NewKey     ;Letzte Taste noch gedrückt ?
           JNB   NumKey,Return      ;Zifferntaste/Enter schon gedrückt ?
           SETB  LastKey            ;Ja
           JNB   TwoKey,Auswert2    ;2 Tasten gedrückt ?
Return:    RET                      ;Ja
;---- Taste vom letzten Aufruf noch betätigt
NewKey:    JB    NumKey,Return2     ;Zifferntaste/Enter gedrückt ?
           CLR   LastKey            ;Nein
Return2:   RET
;---- eine Taste betätigt oder Shift mit Taste
Auswert2:  MOV   A,HILF             ;Tastenzähler zurückholen
           CJNE  A,#0Ch,Auswert3    ;Nicht #-Taste ? -> normaler Tastendruck
           JB    ShiftKey,Delete    ;Shift gedrückt ? -> Löschen
           MOV   OUT+0,IN+0         ;Nein
           MOV   OUT+1,IN+1         ;Enter allein -> umkopieren
           MOV   OUT+2,IN+2
           MOV   OUT+3,IN+3
           MOV   OUT+4,IN+4
           MOV   OUT+5,IN+5         ;anschließend Eingabe löschen
;---- Löschen der Eingabe
Delete:    CLR   A                  ;Delete (Enter + Shift)
           MOV   R1,#IN+5           ;Eingabevariablen IN+0...IN+5 löschen
           MOV   R0,#06
DelLoop:   MOV   @R1,A
           DEC   R1
           DJNZ  R0,DelLoop
           RET
;---- normaler Tastendruck - Taschenrechnermodus
Auswert3:  CJNE  A,#0B,NoZero       ;0-Taste ?
           MOV   HILF,#00           ;Ja ->0-Taste = 0
NoZero:    JNB   ShiftKey,ShiftRam  ;Shift ?
           MOV   A,#0A              ;Ja -> Zahlen um 10 größer (5 -> 15)
           ADD   A,HILF             ;Addiere 10d
           MOV   HILF,A
;---- Zahlen verschieben und Tastenwert speichern
ShiftRam:  MOV   IN+0,IN+1          ;Eingabe erfolgt in
           MOV   IN+1,IN+2          ;Taschenrechnermodus
           MOV   IN+2,IN+3          ;IN+0=höchste Stelle, IN+5 niedrigste Stelle
           MOV   IN+3,IN+4
           MOV   IN+4,IN+5
           MOV   IN+5,HILF
           RET
```

Bild 7.6: Beispielprogramm Tastenfeld mit Shift und Enter (nach: Roth 1990)

Tastenmatrix mit 4 Leitungen. Wenn man die Schaltung in Bild 7.4 so modifiziert, daß Zeilen- und Spaltenleitungen zusammengelegt werden, so kann man zwölf Tasten mit nur mehr vier Leitungen ansteuern. Bild 7.7 zeigt die Verdrahtung des Tastenfeldes, wobei die vier Dioden die Verbindung von Zeilen- und Spaltenleitungen ermöglichen. Dabei muß man sich das Tastenfeld als 4×4-Matrix vorstellen, in welcher die Tasten in der Diagonale fehlen. Dadurch wird eine der vier Leitungen als Ausgang benutzt, während die anderen 3 Leitungen die Eingänge bilden (in der schematischen 4×4-Anordnung deutlich zu erkennen).

Bild 7.8 zeigt wieder die Bitzuordnungen zu den einzelnen Tasten. Die unterstrichene Null zeigt dabei das aktuelle Ausgangsbit. Man erkennt, daß jede Bitkombination zweimal vorkommt, und somit das Ausgangsbit zur Unterscheidung herangezogen werden muß.

Geht man vom Programm in Bild 7.6 aus, so läßt es sich mit einigen kleinen Änderungen wiederverwenden. Der einzige logische Unterschied besteht darin, daß nach dem Einlesen des Portzustandes das Bit, welches den Ausgang bildet, zu einer Eins gemacht wird. Der Tastenzähler wird nun mit sechzehn geladen, da vier virtuelle Tasten (die in der Diagonale) hinzukommen. Außerdem entsprechen die Inhalte des Tastenzählers nicht mehr den Tastenbeschriftungen und müssen umgerechnet werden, wozu eine Decodiertabelle benötigt wird. Bild 7.9 zeigt den Zusammenhang zwischen Tastenzähler und Beschriftung.

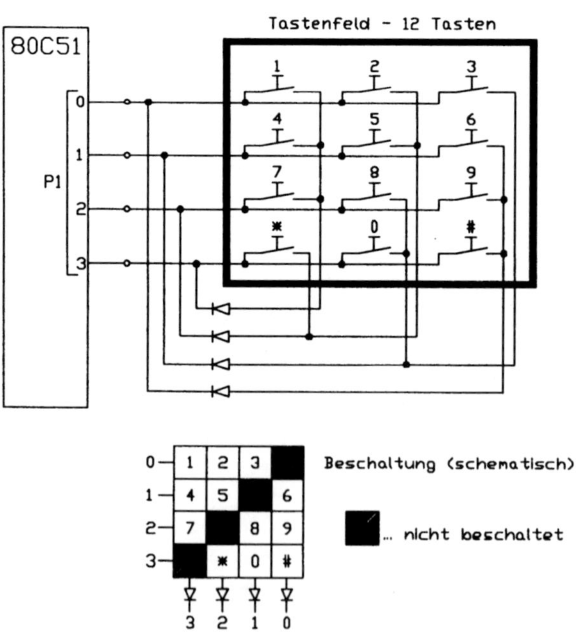

Bild 7.7: Tastenfeld mit 12 Tasten an 4 Leitungen (nach: Roth 1990)

Taste	Binärmuster	Hexwert
1	XXXX 0110	X6
2	XXXX 1010	XA
3	XXXX 1100	XC
4	XXXX 0101	X5
5	XXXX 1001	X9
6	XXXX 1100	XC
7	XXXX 0011	X3
8	XXXX 1001	X9
9	XXXX 1010	XA
*	XXXX 0011	X3
0	XXXX 0101	X5
#	XXXX 0110	X6

Bild 7.8: Zuordnung der Bitmuster zu den Tasten nach Bild 7.7 (nach: Roth 1990)

Die Zählerinhalte „01h“, „06h“, „0Bh“ und „10h“ können dabei nie auftreten, da sie den virtuellen Tasten entsprechen.

Tasten-aufschrift	Zählerinhalt	Tasten-aufschrift	Zählerinhalt	Tasten-aufschrift	Zählerinhalt
0	09	4	03	8	0A
1	04	5	07	9	0E
2	08	6	0F	*	05
3	0C	7	02	#	0D

Bild 7.9: Zusammenhang zwischen Tastenbeschriftung und Tastenzähler (nach: Roth 1990)

Bild 7.10 zeigt das Programm zur Decodierung der Tasten nach der Schaltung in Bild 7.7. Wieder wird die Eingabe in den Registern IN+0...IN+5 zwischengespeichert und bei Betätigung der Enter-Taste in die Register OUT+0...OUT+5 kopiert. Ein Hauptprogramm greift auf die Register OUT+0...OUT5 zu. Als Shift- und Enter-Taste fungieren wieder die *- bzw. #-Taste

```
;#### Tastenfeld mit Shift und Enter - Tastenfeld matrixförmig an 4 Leitungen ####
;Tastenbelegung:    *                 Shift
;                   #                 Enter
;                   */#               Delete (Löschen)
;                   0–9               Tasten 0 bis 9
;Ergebnisse:        IN+0...IN+5       Speicher für Eingabe
;                   OUT+0...OUT+5     Eingabewerte aus IN+0...IN+5 nach Enter
;
;Hilfsspeicher:     HILF              Zwischenspeicher für Tastenzähler
;                   R0                Tastenzähler
```

```
;               R1                      Reihenzähler
;               R2                      Spaltenzähler
;
;Bitvariablen (Flags)
;ShiftKey                               Shift-Taste gedrückt
;LastKey                                letzte Taste noch gedrückt
;NumKey                                 Zifferntaste gedrückt
;TwoKey                                 Doppelt gedrückte Taste
;
;---- Daten-Segment ----
            DSEG
IN:         DS      6                   ;Speicher für Eingabe
OUT:        DS      6                   ;Speicher für Ausgabe (Ergebnis der Eingabe)
HILF:       DS      1                   ;Hilfsvariable
;
;---- Bit-Segment ----
            BSEG
ShiftKey:   DBIT                        ;Shift-Taste gedrückt
LastKey:    DBIT                        ;letzte Taste noch gedrückt
NumKey:     DBIT                        ;Zifferntaste gedrückt
TwoKey:     DBIT                        ;doppelt gedrückte Taste
;
;---- Code-Segment ----
            CSEG
;---- Initialisierung Variablen/Flags
Rd_Key:     CLR     ShiftKey            ;Flags löschen
            CLR     NumKey
            CLR     TwoKey
            MOV     R0,#10h             ;Tastenzähler (12 + 4 virtuelle Tasten)
            MOV     R1,#7Fh             ;Reihenschablone
;---- Zeilen abtasten
Zeilen:     MOV     R2,#04h             ;Spaltenzähler
            MOV     A,R1
            RL      A
            MOV     P1,A                ;Portpins setzen
            MOV     R1,A
            MOV     A,P1                ;Portpins lesen
            XRL     A,R1                ;Ergebnis bilden
;---- Spalten abfragen - Portwert rotieren
Suchen:     RRC     A
            JC      Gedrückt            ;Taste gedrückt ?
Continue:   DEC     R0                  ;Nein
            DJNZ    R2,Suchen
            MOV     A,R0
            JNZ     Zeilen              ;Tastenzähler schon Null ?
            SJMP    Auswert             ;Ja
;---- Tastendruck bearbeiten - Flags setzen
Gedrückt:   CJNE    R0,#05,NoShift      ;Shift ?
```

```
          SETB  ShiftKey          ;Ja
          SJMP  Continue          ;weitersuchen
NoShift:  JB    NumKey,D_Key      ;eine Zifferntaste schon gedrückt ?
          SETB  NumKey            ;Nein
          MOV   HILF,R0           ;Tastenzähler zwischenspeichern
          SJMP  Continue          ;weitersuchen
D_Key:    SETB  TwoKey            ;2 Tasten gedrückt -> TwoKey setzen
          SJMP  Continue          ;weitersuchen
;
;---- Auswertung der gedrückten Tasten ----
Auswert:  JB    LastKey,NewKey    ;Letzte Taste noch gedrückt ?
          JNB   NumKey,Return     ;Zifferntaste/Enter schon gedrückt ?
          SETB  LastKey           ;Ja
          JNB   TwoKey,Auswert2   ;2 Tasten gedrückt ?
Return:   RET                     ;Ja
;---- Taste vom letzten Aufruf noch betätigt
NewKey:   JB    NumKey,Return2    ;Zifferntaste/Enter gedrückt ?
          CLR   LastKey           ;Nein
Return2:  RET
;---- eine Taste betätigt oder Shift mit Taste
Auswert2: MOV   A,HILF            ;Tastenzähler zurückholen
          CJNE  A,#0Dh,Auswert3   ;Nicht #-Taste ? -> normaler Tastendruck
          JB    ShiftKey,Delete   ;Shift gedrückt ? -> Löschen
          MOV   OUT+0,IN+0        ;Nein
          MOV   OUT+1,IN+1        ;Enter allein -> umkopieren
          MOV   OUT+2,IN+2
          MOV   OUT+3,IN+3
          MOV   OUT+4,IN+4
          MOV   OUT+5,IN+5        ;anschließend Eingabe löschen
;---- Löschen der Eingabe
Delete:   CLR   A                 ;Delete (Enter + Shift)
          MOV   R1,#IN+5          ;Eingabevariablen IN+0...IN+5 löschen
          MOV   R0,#06
DelLoop:  MOV   @R1,A
          DEC   R1
          DJNZ  R0,DelLoop
          RET
;---- normaler Tastendruck - Taschenrechnermodus
Auswert3: MOV   A,HILF            ;Tastenzähler zurückholen
          ACALL DecodKey          ;Decodiertabelle
          JNB   ShiftKey,ShiftRam ;Shift ?
          ADD   A,#0A             ;Ja -> Zahlen um 10 größer (5 -> 15)
          MOV   HILF,A
;---- Zahlen verschieben und Tastenwert speichern
ShiftRam: MOV   IN+0,IN+1         ;Eingabe erfolgt in
          MOV   IN+1,IN+2         ;Taschenrechnermodus
          MOV   IN+2,IN+3         ;IN+0=höchste Stelle, IN+5 niedrigste Stelle
          MOV   IN+3,IN+4
```

```
            MOV    IN+4,IN+5
            MOV    IN+5,HILF
            RET
;---- Decodiertabelle lesen - Tabellenwerte laut Zuordnung
DecodKey:   MOV    A,@A+PC              ;Tabellenwert lesen
            RET                         ;A >= 2, weshalb MOV- und RET-Befehl
                                        ;nie gelesen werden
;---- Decodiertabelle
DecodTab:   DB     FFh, 07h, 04h, 01h, FFh, FFh, 05h, 02h
            DB     00h, 08h, FFh, 03h, FFh, 09h, FFh, FFh
```

Bild 7.10: Beispielprogramm zum matrixförmigen Tastenfeld an vier Leitungen (nach: Roth 1990)

Tastenanschluß über Schieberegister. Eine weitere Möglichkeit ist die Verwendung von Schieberegistern. Dabei wird die Tasteninformation parallel ins Schieberegister geladen und dann vom Controller seriell ausgelesen. Bild 7.11 zeigt einen 8051-Controller mit einem 8-Bit-Schieberegister mit acht Tasten.

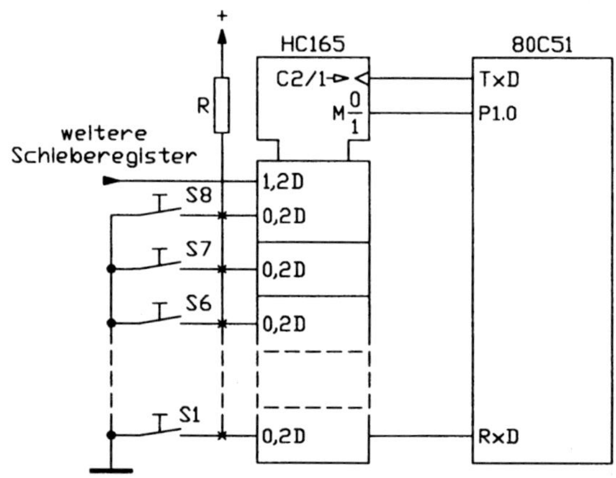

Bild 7.11: Tastenfeld am Schieberegister (nach: Roth 1990)

Wird zum Einlesen der Information der serielle Port des Controllers verwendet, so läuft das Einlesen vollautomatisch ab. Dazu betreibt man den seriellen Port in Modus 0. Dabei wird am TxD-Pin ein Takt ausgegeben und am RxD-Pin werden die Daten gelesen. Nach dem Start der Übertragung stehen die Bits erst nach neun Maschinentakten zur Verfügung. Entweder wartet man diese ab oder verwendet den seriellen Interrupt, um das Übertragungsende zu erkennen.

Ohne seriellen Interrupt. Bild 7.12 zeigt ein Programm zum Einlesen von acht Tasten bei Verwendung eines 8-Bit Schieberegisters, wobei durch Abfrage des RI-Bits das Übertragungsende erkannt wird.

```
;#### Tasten über Schieberegister am seriellen Port lesen ####
;---- Code-Segment ----
            CSEG
;---- Tasten einlesen ----
Rd_Key:     CLR    P1.0              ;Daten ins Schieberegister laden
            SETB   P1.0
            MOV    SCON,#10h         ;Modus 0: RI=0, REN=1
Wait:       JNB    RI                ;warten bis Übertragung fertig
            RET                      ;Ergebnis in SBUF
```

Bild 7.12: Beispielprogramm zum Tastenfeld am Schieberegister

Mit seriellen Interrupt. Bild 7.13 zeigt ein Programm zur Schaltung in Bild 7.11, bei welchem der serielle Interrupt verwendet wird. Weiters sollen zwei Schieberegister angeschlossen sein, d.h. es müssen 16 Bit gelesen werden. Ein weiteres 8-Bit-Schieberegister wird an den seriellen Eingang des ersten Schieberegisters angeschlossen. Das Ergebnis wird in zwei Speicherzellen abgelegt.

```
;#### Tastenfeld an zwei Schieberegistern - Abfrage mit Interrupt ####
;Speicherzellen:   Key+0             Tasten 0...7
;                  Key+1             Tasten 8...15
;                  Flag              Bitvariable, Tasten 0...7 oder 8...15
;
;---- Daten-Segment ----
            DSEG
Key:        DS     2                 ;Tasten 0...7, 8...15
;
;---- Bit-Segment ----
            BSEG
Flag:       DBIT   1                 ;Auswahl Tastengruppe (0...7/8...15)
;
;---- Code-Segment ----
            CSEG
;
;---- Interruptroutine
S_INT:      PUSH   PSW               ;Register retten
            JB     Flag,Key8_15      ;= 1 -> Tasten 8...15
            MOV    Key+0,SBUF        ;Tasten 0...7 speichern
            MOV    SCON,#10h         ;Übertragung wieder starten
            SETB   Flag              ;Flag setzen da 2. Tastengruppe
            SJMP   EndInt
```

```
Key8_15:   MOV   Key+1,SBUF      ;Tasten 8...15 speichern
           CLR   Flag            ;Flag löschen, da zuerst 1. Tastengruppe
EndInt:    POP   PSW             ;Register zurückschreiben
           RETI
;
;---- Initialisierung Hauptprogramm
Init:      MOV   SCON,#00h       ;Kontrollregister serieller Port
           MOV   IE,#90h         ;Interrupt Control, EA=1, ES=1
           RET
;
;---- Übertragung starten
Rd_Key:    MOV   SCON,#10        ;Übertragung starten
           RET
```

Bild 7.13: Beispielprogramm für sechzehn Tasten am Schieberegister

Tastenfeld am 1-aus-n-Decoder. Eine weitere Möglichkeit, die Anzahl an Leitungen zu reduzieren, ist die Verwendung eines Decoderbausteins. Bild 7.14 zeigt eine Schaltung mit dem 1-aus-n-Decoder 74HC154, an welchem maximal sechzehn Tasten angeschlossen werden können (Mikrocontroller Kochbuch, 1990). Die Dioden verhindern dabei einen Kurzschluß, wenn zwei Tasten gleichzeitig gedrückt werden, und ermöglichen zugleich eine Mehrfachbelegung, d.h. den Einsatz einer Taste als Shift-Taste (z.B. der *-Taste).

Hier wird über die Portausgänge P1.0...1.3 ein Bitmuster ausgegeben, welches die entsprechende Ausgangsleitung des Decoders auf LOW-Pegel legt. Zugleich

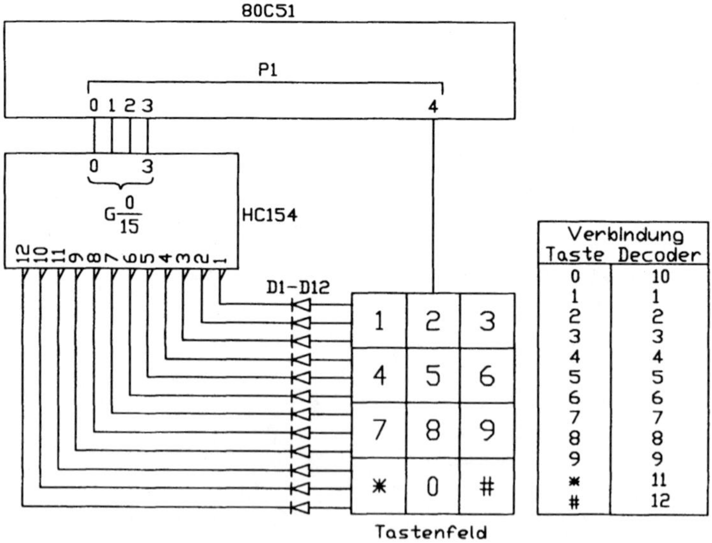

Bild 7.14: Tastenfeld am 1-aus-n-Decoder 74HC154

wird der Porteingang P1.4 abgefragt. Ergibt sich an P1.4 ein LOW-Pegel, so ist die der Ausgangsleitung des Decoders zugeordnete Taste gedrückt, andernfalls nicht. Durch zyklisches Ändern des Bitmusters an den 4 Portausgängen können alle Tasten abgefragt werden. Die Ausgabe des Bitmusters und die Abfrage des Porteingangs erfolgten in einer Interruptroutine, wobei der Interrupt von einem Timer ausgelöst wird. Dadurch wird die Tastatur zyklisch abgefragt und das Ergebnis dem Hauptprogramm in der Variablen „Taste" zur Verfügung gestellt.

Bild 7.15 zeigt das Beispielprogramm mit Timer-Interruptroutine für die Schaltung in Bild 7.14. Dabei wird den Tasten „1...9" der Wert 1...9, der 0-Taste der Wert 10, der *-Taste der Wert 11 und der #-Taste der Wert 12 zugeordnet. Ist keine Taste gedrückt, so enthält das Ergebnisregister „Taste" den Wert 0.

```
;#### Tastenfeld an 1-aus-n-Decoder ####
;Variablen:  TASTE               Ergebnis der Tastenabfrage
;            R0                  Schleifenzähler Tastenabfrage
;
;---- Daten-Segment ----
             DSEG
Taste:       DS     1            ;Ergebnis
;
;---- Code-Segment ----
             CSEG
;
;---- Timer-Interruptroutine
T0_INT:      PUSH   PSW          ;Register retten
             PUSH   R0
             MOV    R0,#0Ch      ;Schleifenzähler setzen (12)
Loop:        ANL    P1,#F0h      ;P1 untere 4 Bit löschen
             ORL    P1,R0        ;P1 Bit 0...3 setzen -> Bitmuster
             JNB    P1.4,Ende    ;Taste gedrückt ?
             DJNZ   R0,Loop      ;Nein -> nächstes Bitmuster
Ende:        MOV    TASTE,R0     ;Ergebnis sichern
             POP    R0           ;Register zurückschreiben
             POP    PSW
             RETI
```

Bild 7.15: Beispielprogramm zum Tastenfeld am 1-aus-n-Decoder 74HC154

Tastenanschluß an Tastaturcontroller. Wird ein Tastaturcontroller eingesetzt, so entfällt das Entprellen, die Tastenabfrage und die Ausnahmebehandlung. Der Decoder übernimmt sämtliche Aufgaben und stellt an seinen Ausgängen die nötigen Informationen zur Verfügung. Den Einsatz des Tastaturcontrollers vom Typ 74C922 zeigt die Schaltung in Bild 7.16. Es können maximal sechzehn Tasten angeschlossen werden. Der Kondensator am OSC-Pin bestimmt die Abtastfrequenz des Tastenfeldes, der Kondensator am KBM-Pin die Entprellzeit. Der Bau-

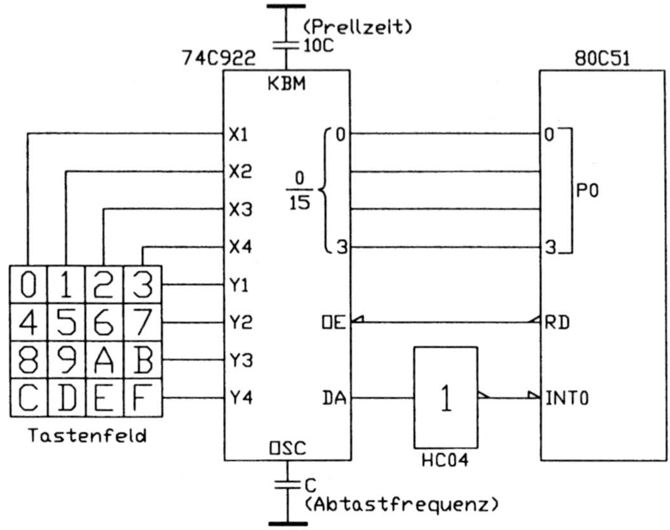

Bild 7.16: Tastenfeld am Tastaturcontroller 74C922

stein wird wie ein Speicher angeschlossen und belegt den gesamten externen Adreßbereich, d.h. es ist kein weiterer Anschluß von Peripheriebausteinen über den Datenbus möglich. Durch Verknüpfung der RD-Leitung und der Adressen an P0 und P2 ist die Beschränkung auf einen bestimmten Adreßbereich möglich.

Wird eine Taste gedrückt, so geht der DA-Pin (data available) auf HIGH-Pegel und signalisiert damit einen Tastendruck. Legt man den OE-Eingang (output enable) auf Masse, so liegt an den Ausgängen 0...3 der Tastencode der gedrückten Taste. Der Baustein stellt aber auch eine „2-Key-Rollover"-Funktion zur Verfügung, wodurch es möglich ist, einen Tastendruck auch dann zu erkennen und auszuwerten, wenn eine zweite Taste gedrückt wird, bevor die schon gedrückte erste Taste losgelassen wird. In diesem Fall geht nach dem Loslassen der ersten Taste der DA-Ausgang kurzzeitig auf LOW-Pegel und zurück auf HIGH-Pegel, wobei dann der neue Tastencode an den Ausgängen 0...3 anliegt. Da der DA-Pin über einen Inverter am INT0-Eingang des Controllers hängt, wird ein weiterer Interrupt ausgelöst. Die „2-Key-Rollover"-Funktion wird vor allem dann benötigt, wenn die Betätigung der Tasten mit mehreren Fingern gleichzeitig sehr schnell hintereinander erfolgt.

Bild 7.17 zeigt ein Programm zur Auswertung der Tastenbetätigungen. Dabei wird in einer Interruptroutine der Tastaturcontroller über den MOVX-Befehl gelesen, also als externer Speicherbaustein angesprochen. Das Ergebnis wird in der Variablen „Taste" gespeichert. Die Adresse ist dabei beliebig, da keine Adreßdecodierung stattfindet (Verknüpfung von RD, P2 und eventuell P0 nötig).

```
;#### Tastenfeld an Tastaturcontroller 74C922 ####
;Variablen:  Taste                    Ergebnis Tastendruck
;Tasten:     0...9   Code 0...9       Codezuordnung
;            A...F   Code 10...15
;
;---- Daten-Segment ----
             DSEG
Taste:       DS     1                 Ergebnis
;
;---- Code-Segment ----
             CSEG
;
;---- Externer Interrupt 0
INT0:        PUSH   PSW               ;Register retten
             PUSH   ACC
             MOVX   A,@DPTR           ;lesen (DPTR beliebig)
             MOV    Taste,A           ;Ergebnis sichern
             POP    ACC               ;Register zurückschreiben
             POP    PSW
             RETI
```

Bild 7.17: Beispielprogramm zum Tastenfeld am Tastaturcontroller 74C922

7.2 Alphanumerische Tastaturen

Alphanumerische Tastaturen haben eine große Anzahl von Tasten und dienen nicht nur der Eingabe von Ziffern, sondern beispielsweise auch der Eingabe von Text oder Steuerzeichen. Diese Tastenfelder können nicht mehr mit einem Controller abgefragt werden, der dies nebenbei erledigen soll, sondern verlangen einen eigenen Tastaturcontroller, der sämtliche Aufgaben bewältigt und somit den zentralen Controller entlastet. Dieser spezielle Tastaturcontroller wird auf die Bedürfnisse des Benutzers programmiert, kommuniziert über eine Schnittstelle mit dem Hostrechner (zentraler Controller) und erlaubt meist auch den Anschluß einer Anzeigeeinheit in Form von einfachen LEDs oder numerischen/alphanumerischen Anzeigeelementen.

Eine weitere Möglichkeit des Einsatzes einer Tastatur ist die Verwendung einer PC-Tastatur. Diese hat einen Controller integriert und kommuniziert mit dem Hostrechner, z.B. mit einem 8051-Controller mittels definiertem Protokoll. Durch entsprechende Software läßt sich dieses Protokoll implementieren. PC-Tastaturen haben den Vorteil der Austauschbarkeit und des günstigen Preises.

Im folgenden werden behandelt:

- Tastatur/Anzeige-Interface-Baustein 8279
  - Beschreibung der wichtigsten Anschlüsse
  - Befehle und Statuswort

  - Anschluß an einen 8051-Controller
- PC-Tastatur am 8051-Controller
  - Datenübertragung vom und zum 8051-Controller
  - Befehle
  - Anschluß an einen 8051-Controller mit Beschreibung der benötigten Software

7.2.1 Tastatur/Anzeige-Interface-Baustein 8279

Beschreibung. Der Baustein 8279 ist ein Tastaturcontroller für den Anschluß von 64 Tasten in einer 8×8 Matrix und zweier Steuertasten, welche mit „Shift“ und „Ctrl“ bezeichnet werden. Alternativ kann ein Sensorfeld mit 64 Kontakten eingesetzt werden. Weiters kann eine gemultiplexte Anzeige mit sechzehn Stellen à acht Bit angeschlossen werden, auf welche hier nicht weiter eingegangen wird. Durch ein integriertes FIFO können bis zu acht Tastenbetätigungen gespeichert werden, wobei ein Interruptausgang die Möglichkeit der Interruptverarbeitung bietet.

Anschlüsse. Im folgenden sollen die wichtigsten Anschlüsse des Bausteins besprochen werden (Roth 1990).

CLK. Über den CLK-Anschluß wird ein Takt zugeführt, welcher mit dem internen programmierbaren Vorteiler so geteilt wird, daß sich eine Systemfrequenz von ca. 100 kHz ergibt. Der Vorteiler kann mit einem Faktor zwischen 1 und 64 programmiert werden. Bei Anschluß an einen 8051-Controller kann das ALE-Signal verwendet werden, statt einen eigenen Oszillator einzusetzen.

Reset. Ein HIGH-Pegel am Reset-Pin setzt den Baustein in einen definierten Anfangszustand. Dabei wird der Anzeigenteil in den 16×8-Bit-Modus mit Linkseintrag, der Keyboardteil in den codierten Abtastmodus mit 2-Tastenausschluß und der Vorteiler auf 31 gesetzt.

Bus, RD, WR, A0. Der 8279 besitzt einen acht Bit breiten Datenbus (D0...D7). Über die beiden Steuerleitungen RD und WR werden Daten und Befehle ausgetauscht. Dabei wird der Baustein wie ein externes RAM angesprochen, wobei über den A0-Pin die Auswahl zwischen Daten- und Befehlsregister erfolgt.

CS. Der CS-Anschluß macht den Baustein für den Controller sichtbar und ermöglicht somit den Anschluß eines Adreßdecoders, um den Adreßbereich einzuschränken.

IRQ. Der IRQ-Ausgang gibt HIGH-Pegel aus, wenn Daten im FIFO-Register liegen, bzw. wenn eine Änderung im Sensorfeld vorliegt. Dadurch kann ein Lesen des FIFOs bzw. des Sensorfeldes in einer Interruptroutine erfolgen, womit eine dauernde Abfrage entfällt. Wird ein FIFO-Eintrag gelesen, so geht die IRQ-Leitung wieder auf LOW-Pegel. Liegen weitere Daten im FIFO, so erfolgen weitere Interrupts, bis alle Daten gelesen wurden.

SL0...SL3. Die Abtastleitungen SL0...SL3 sind für die Abtastung der Tastatur und das Multiplexen der Anzeige zuständig. Entweder sind sie binärcodiert (0...15) oder decodiert (SL0, SL1, SL2, SL3). Im ersten Fall muß für die Tastatur ein 1-aus-8-Decoder nachgeschaltet werden (SL0...SL2), welcher die acht Spaltenleitungen der Tastatur ansteuert (1-aus-16-Decoder mit SL0...SL3 für die Anzeige). Die aktiven Ausgänge SL0...SL2 führen dabei HIGH-Pegel, während der 1-aus-8-Decoder LOW-aktive Ausgänge benötigt. Im zweiten Fall werden die vier Leitungen SL0...SL3 direkt verwendet, wobei die aktiven Leitungen LOW-Pegel führen und nur die ersten vier Zeichen des Anzeige-RAMs angezeigt werden.

RL0...RL7. Die Returnleitungen RL0...RL7 sind über die Tastatur oder die Sensorleitungen mit den Abtastleitungen verbunden. Sie sind intern mit Pull-Up-Widerständen versehen, welche sie an HIGH-Pegel halten, bis eine gedrückte Taste die Leitung nach Masse zieht, falls die entsprechende Spaltenleitung gerade auf Masse liegt. Die Zeit zum Abtasten einer Tastatur beträgt 5,1 ms gefolgt von einer 10,3 ms langen Entprellzeit, innerhalb derer überprüft wird, ob die Taste gedrückt bleibt. Ist das der Fall, so werden die Returnleitungen, die Abtastleitungen, die Shift- und Ctrl-Leitung binärcodiert in das FIFO-Register geschrieben. Daraus resultiert eine Abtastfrequenz von ca. 65 Hz.

Shift- und Ctrl-Tasten. Befindet sich die Tastatur im normalen Modus, so werden die Shift- und Ctrl-Eingänge mit in das FIFO-Register übertragen, d.h. es wird eine Eins eingetragen, wenn eine Taste gedrückt ist. Ist die Tastatur im getakteten Modus (Keyboard-Bits KKK = 110 oder 111), so wird der Zustand der Returnleitungen bei einer positiven Flanke am Ctrl-Pin in das FIFO-Register übernommen.

FIFO. Im FIFO-Register stehen die Informationen über gedrückte Tasten. Dabei enthalten die Bits 0...2 die Returnleitungen, die Bits 3...5 die Abtastleitungen, Bit 6 die Shift-Leitung und Bit 7 die Ctrl-Leitung. Im Sensor-Matrix-Modus ist das FIFO das Sensor-RAM. Dabei wird der Inhalt der acht Returnleitungen für jeden Zustand der Abtastleitungen (acht Zustände) in das Sensor-RAM eingetragen. Bei einer Änderung tritt zusätzlich ein Interrupt auf. Das FIFO-Statuswort beinhaltet die Anzahl der Eintragungen im FIFO und ob es voll ist oder nicht.

Statuswort. Bild 7.18 zeigt die Einteilung des FIFO-Statuswortes. Liest man an der Adresse des Befehlsregisters (A0=1) den Baustein, so erhält man das FIFO-

Bit	Beschreibung
D0...D2	Anzahl der FIFO Eintragungen
D3	FIFO voll
D4	FIFO Unterlauf, zu viele Lesezugriffe
D5	FIFO Overflow
D6	Sensor geschlossen / Fehlerbit „zwei Tasten gleichzeitig gedrückt“
D7	Display-RAM gesperrt

Bild 7.18: FIFO-Statuswort des 8279 (Roth 1990)

Statuswort. Es beinhaltet die Anzahl der FIFO-Eintragungen, zeigt, ob das FIFO voll ist, ob zu viele Lesezugriffe stattgefunden haben, ob ein FIFO-Overflow vorliegt, ob ein Sensor geschlossen bzw. zwei Tasten gedrückt sind und ob das Anzeigen-RAM gesperrt ist.

Befehle. Bild 7.19 zeigt eine Liste der Befehle des 8279. Jeder Befehl besteht aus drei Bit (Bit 5...7) und dem Parameter aus fünf Bit (Bit 0...4).

D7	D6	D5	D4	D3	D2	D1	D0	Beschreibung
0	0	0	D	D	K	K	K	Moduswahl für Tastatur/Anzeige
0	0	1	P	P	P	P	P	Programmierung des Vorteilers
0	1	0	AI	-	A	A	A	Lesen des FIFO/Sensor-RAMs
0	1	1	AI	A	A	A	A	Lesen des Anzeigen-RAMs
1	0	0	AI	A	A	A	A	Beschreiben Anzeigen-RAMs
1	0	1	-	IW-A	IW-B	BL-A	BL-B	Anzeige teilen/löschen
1	1	0	D2	D1	D0	F	A	Löschen des Anzeigen-RAMs
1	1	1	E	-	-	-	-	Interruptsteuerung

Bild 7.19: Liste der Befehle des 8279 (Roth 1990)
Bedeutung der einzelnen Parameter: (**D**) Anzeige-Modus, (**K**) Tastatur-Modus, (**P**) CLK wird durch PPPPP geteilt, (**AI**) Autoinkrement der Anzeigen-/FIFO-Adresse, (**A**) Adresse Anzeige/FIFO, (**IW-A/IW-B**) Anzeigen-RAM im 4-Bit-Modus und gesperrt, (**BL-A/BL-B**) 4-Bit Port gesperrt (Anzeige aus), (**D0...D1**) Füllkonstante beim Löschen des Anzeigen-RAMs, (**D2**) Beschreiben des Anzeigen-RAMs freigeben, (**F**) Löschen FIFO/IRQ/Adresse, (**E**) Interruptfreigabe

Anschluß an einen 8051-Controller. Bild 7.20 zeigt eine mögliche Schaltung mit einem 8051-Controller und dem 8279. In dieser Schaltung wird keine Anzeige angeschlossen, sondern nur ein 8×8 Tastenfeld zusammen mit einer Shift- und Ctrl-Taste verwendet. Letztere liegen nicht im Knotenpunkt einer Spalten- und Returnleitung, sondern werden an Masse angeschlossen. Der Datenbus an P0 wird an die Leitungen D0...D7, die RD- und WR-Leitung an die entsprechenden Leitungen des 8279 und die ALE-Leitung an den CLK-Pin angeschlossen. Durch Verbindung der Leitung P2.7 (A15) mit CS ist der Baustein nur an den Adressen 0000...7FFFh sichtbar, wodurch der Adreßbereich von 8000...FFFFh getrennt genutzt werden kann. Die P2.0-Leitung (A8) wählt zwischen Befehlsregister/Statuswort (A8=1) und Datenregister (A8=0). Bei Verwendung eines Adreßdecoders und der Leitungen A9...A15 zur Erzeugung des CS-Signals kann der Adreßbereich auf zwei Adressen eingeschränkt werden.

Bild 7.21 zeigt ein Beispielprogramm, welches die Initialisierung des Tastaturcontrollers und eine Interruptroutine zum Auslesen des FIFOs zeigt. Werden mehrere Tasten betätigt, so befinden sich auch mehrere Bytes im FIFO. Durch Abfrage des FIFO-Statuswortes ist es möglich, die Anzahl der Eintragungen zu lesen, aber ebenso einen Fehler (FIFO voll, zwei Tasten gedrückt) zu bestimmen. Bei einem

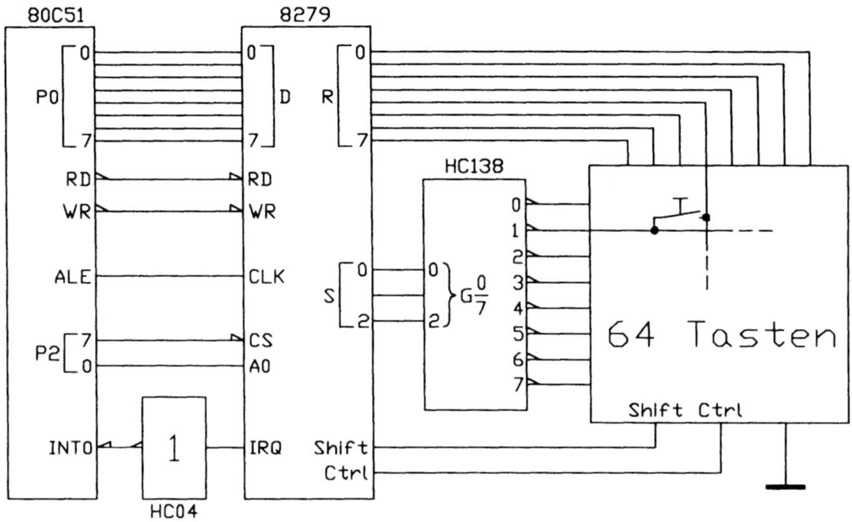

Bild 7.20: Tastaturcontroller 8279 am 8051-Controller

Fehler wird das Fehlerbit im Programm gesetzt. Im Beispielprogramm in Bild 7.21 ist das Interruptprogramm zustandsgetriggert. In der Interruptroutine wird der Interrupt gesperrt, wodurch erst nachdem das Hauptprogramm das Zeichen abgearbeitet und den Interrupt wieder freigeben hat, das nächste Zeichen aus dem FIFO gelesen wird. Somit steht immer nur ein FIFO-Eintrag im Programm in der Variablen KEY zur Verfügung.

Ist ein größerer Zeichenpuffer notwendig oder will man die Zeichen gleich zur Verfügung haben, so kann man einen eigenen FIFO bzw. Puffer programmieren. Dabei werden dann die Worte im FIFO von der Interruptroutine in den Puffer geschrieben und können dann vom Hauptprogramm beliebig gelesen werden. Hier muß ein Überlauf bzw. Unterlauf durch das Programm berücksichtigt werden.

```
;#### 8279 Tastaturcontroller am 8051-Controller ####
;---- Daten-Segment
            DSEG
KEY:        DS      1               ;Ergebnis
                                    ;0–63 .... Taste allein
                                    ;64–127 .... mit Shift-Taste
                                    ;128–191 .... mit Ctrl-Taste
                                    ;192–255 .... mit Shift- und Ctrl-Taste
;
;---- Bit-Segment ----
            BSEG
Fehler:     DBIT    1               ;Fehlerflag 2 Tasten gedrückt
;
```

```
;---- Code-Segment ----
          CSEG
;
;---- Interruptroutine - FIFO lesen ----
INT0:     PUSH  PSW             ;Register retten
          PUSH  DPL
          PUSH  DPH
          PUSH  ACC
          CLR   Fehler          ;Fehlerflag löschen
          MOV   DPTR,#0001h     ;Adresse Befehlsregister
          MOVX  A,@DPTR         ;FIFO-Status lesen
          JB    ACC6,Error      ;Fehlerbit 2-Tasten ?
          JB    ACC3,Error      ;FIFO voll ?
NoErr:    MOV   DPTR,#0000h     ;Adresse Datenregister
          MOV   A,@DPTR         ;FIFO lesen
          MOV   KEY,A           ;Ergebnis sichern
          SJMP  INT0_End
Error:    SETB  Fehler          ;Fehlerflag setzen
INT0_End: POP   ACC             ;Register zurückschreiben
          POP   DPH
          POP   DPL
          POP   PSW
          CLR   EX0             ;Interrupt 0 sperren
          RETI                  ;Ende Routine
;
;---- Initialisierung ----
;8051 mit 12 MHz, CLK vom 8279 an ALE
;Codierte Abtastung, 2-Tastenausschluß, Interrupt zulassen
;
INIT:     MOV   DPTR,#0001h     ;Befehlsregister
          MOV   A,#00000000b    ;Moduswahl (000DDKKK)
          MOV   @DPTR,A
          MOV   A,#00110100b    ;Taktprogrammierung (20d; 001PPPPP)
          MOV   @DPTR,A
          MOV   A,#11000010b    ;Löschen, D2=D1=D0=A=0, F=1
          MOV   @DPTR,A
          SETB  EX0             ;Interrupt 0 zulassen
          SETB  EA              ;Interrupt Enable All=1
          RET
;
;---- Nächste Taste lesen - Interruptfreigabe ----
NextKey:  SETB  EX0             ;Interrupt 0 freigeben
                                ;nächste Taste wird gelesen
          RET
;
```

```
;---- Hauptprogramm ----
MAIN:      LCALL INIT              ;Initialisierung
           ....
           ....
           LCALL NextKey           ;Taste lesen, Ergebnis in KEY
```

Bild 7.21: Beispielprogramm zum Tastaturcontroller 8279 am 8051-Controller

Der 8279 bietet mannigfaltige Möglichkeiten bei der Verwaltung bzw. Abfrage einer Tastatur, wobei eine dreifache Belegung jeder Taste mittels der Shift- und Ctrl-Taste möglich ist. Zusätzlich kann eine Anzeige angesteuert werden, wodurch weitere Bausteine entfallen. Die Programmiermöglichkeiten erlauben sowohl ein 2-Key-Rollover als auch ein N-Key-Rollover, eine decodierte oder codierte Tastaturabfrage und außerdem die Verwendung eines Sensorfeldes. Auch der Anzeigenteil läßt sich in den verschiedenen Modi programmieren, wobei durch die Auswahl zwischen Links- (normaler Modus) und Rechtseintrag (Taschenrechnermodus) die Darstellung mehrerer Zeichen vereinfacht und die steuernde Einheit entlastet wird.

7.2.2
PC-Tastatur am 8051-Controller

Die PC-Tastatur besteht aus einer matrixförmigen Tastenanordnung, drei Anzeigeelementen und einem Tastaturcontroller. Dieser Controller kommuniziert über zwei Leitungen mit einem weiteren Tastaturcontroller im PC. Außer der Übertragung der Zeichen zum PC können auch Befehle sowohl von der Tastatur zum PC als auch vom PC zur Tastatur gesendet werden.

Hier soll der Anschluß an einen 8051-Controller besprochen werden, wobei dieser die Aufgaben des PCs bzw. des PC-seitigen Tastaturcontrollers übernimmt. Da keine einfache serielle Übertragung verwendet wird sondern ein Protokoll, bei welchem die Gegenseite den Empfang bestätigen muß, ist eine Implementierung dieses Protokolls mittels Software nötig.

Die Kommunikation läuft über zwei Leitungen, welche mit DATA und CLK bezeichnet werden. Zusätzlich ist noch die Masseleitung und eine 5 V-Versorgung notwendig. Im Ruhezustand werden beide Leitungen von Widerständen auf HIGH-Pegel gehalten. Sowohl die Tastatur als auch der PC können diese Leitungen nach Masse ziehen und somit Daten und Befehle übertragen. Der PC kann eine laufende Übertragung jederzeit unterbrechen und die Kontrolle über den Bus übernehmen (Schneider 1994).

Übertragung von der Tastatur zum PC. Wird eine Taste auf der Tastatur gedrückt, so überträgt der Tastaturcontroller den Zeichencode an den PC. Dazu legt er zuerst ein Startbit (LOW-Pegel) auf die DATA-Leitung und taktet darauf die CLK-Leitung. Bei jedem HIGH-Pegel auf der CLK-Leitung wird ein neues Bit, beginnend mit Bit 0, auf die DATA-Leitung gelegt. Auf das letzte Bit (Bit 7) folgt ein Paritätsbit und anschließend ein Stopbit. Nach dem Stopbit bleibt die CLK-Leitung auf HIGH-Pegel. Der PC legt seinerseits die CLK-Leitung noch während des Stopbits auf LOW-Pegel, um somit den Empfang der Daten zu signalisieren (Acknowledge). Bild 7.22 zeigt diesen Zusammenhang grafisch.

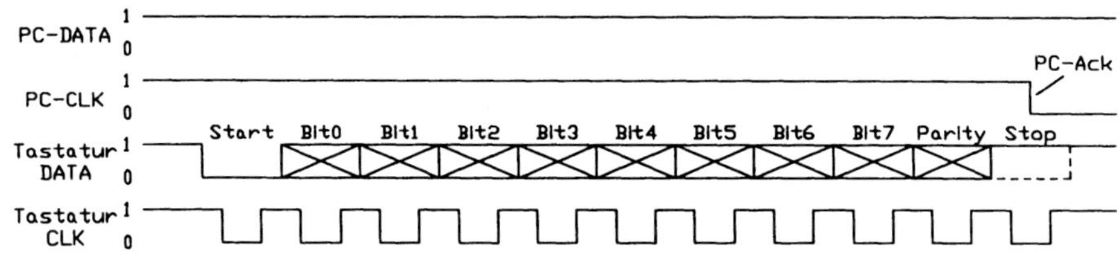

Bild 7.22: Übertragung von der Tastatur zum PC (normale Übertragung) (nach: Schneider 1994)

Übertragung vom PC zur Tastatur. Auch der PC kann Daten an die Tastatur übertragen, um den Tastaturcontroller zu programmieren. Dazu legt der PC die CLK-Leitung kurzzeitig auf LOW-Pegel, um somit die Kontrolle über den Bus zu bekommen. Er kann so auch eine laufende Übertragung von Tastatur zum PC unterbrechen. Gleichzeitig mit der HIGH-Flanke auf der CLK-Leitung legt der PC die DATA-Leitung auf LOW-Pegel (Startbit). Nach einigen Millisekunden beginnt die Tastatur die CLK-Leitung zu takten. Während des LOW-Pegels auf der CLK-Leitung legt der PC nacheinander die Bits auf die DATA-Leitung, beginnend mit Bit 0. Abschließend kommt wieder ein Paritätsbit und ein Stopbit. Noch während des Stopbits und kurz vor dem letzten LOW-Takt der Tastatur legt diese die DATA-Leitung auf LOW-Pegel und signalisiert damit den einwandfreien Empfang der Daten. Dem Tastatur-Acknowledge folgt noch ein PC-Acknowledge auf der CLK-Leitung, indem der PC die CLK-Leitung auf LOW-Pegel legt, nachdem die Tastatur die DATA-Leitung wieder auf HIGH-Pegel gelegt hat. Bild 7.23 soll den Zusammenhang wiederum grafisch veranschaulichen.

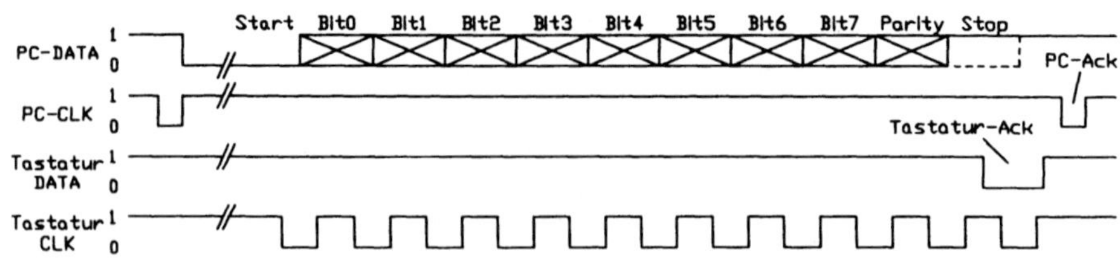

Bild 7.23: Übertragung vom PC zur Tastatur (nach: Schneider 1994)

Die Taktzeiten auf der CLK-Leitung sind von Tastatur zu Tastatur verschieden, können aber mit ≤ 40 µs für die LOW-Phase und ≥ 40 µs für die HIGH-Phase angegeben werden (Schneider 1994).

Befehle. Der PC kann an die Tastatur eine ganze Reihe von Befehlen übertragen, um die Tastatur zu programmieren. Die wichtigsten Werte sind die Einstellung des Codeset, der Wiederholungsrate und der Wiederholungsverzögerung. Bild 7.24 zeigt eine Liste der Befehle.

Genauso kann die Tastatur Befehle an den PC senden. Dazu gehören der Bufferüberlauf, die Identifikationsnummer, der Wiederholbefehl usw. Bild 7.25 zeigt eine Liste der Befehle.

Befehl	Hexcode	Bemerkung	
Reset	FF		
Resend	FE		
Modus	F7...FD	nur für MF-Tastatur und Codeset 3	
Set Default	F6		
Default Disable	F5		
Default Enable	F4		
Set Typematic Rate/Delay	F3+Parameter	Bit 0...4	Wiederholungsrate
		Bit 5...6	Verzögerung
		Bit 7	immer 0
Read ID	F2		
Select alternate Codeset	F0+Parameter	00	liefert aktuellen Codeset
		01	Codeset 1 (PC)
		02	Codeset 2 (AT)
		03	Codeset 3 (nicht bei PCs)
Echo	EE		
Set/Reset Mode Indicators	ED+Parameter	Bit 2	Caps Lock
		Bit 1	Num Lock
		Bit 0	Scroll Lock

Bild 7.24: Befehle vom PC an die Tastatur (nach: c't 6/1988)

Befehl	Hexcode	Bemerkung	
Key Detection/Overrun Error	00/FF	00	für Codeset 2 und 3
		FF	für Codeset 1
Resend	FE		
BAT Failure Code	FD/FC	FD	für AT-Tastatur
		FC	für MF-Tastatur
Acknowledge	FA		
Echo	EE		
BAT Completion Code	AA		
Keyboard	83AB	nur für MF-Tastatur	

Bild 7.25: Befehle der Tastatur an den PC (nach: c't 6/1988)

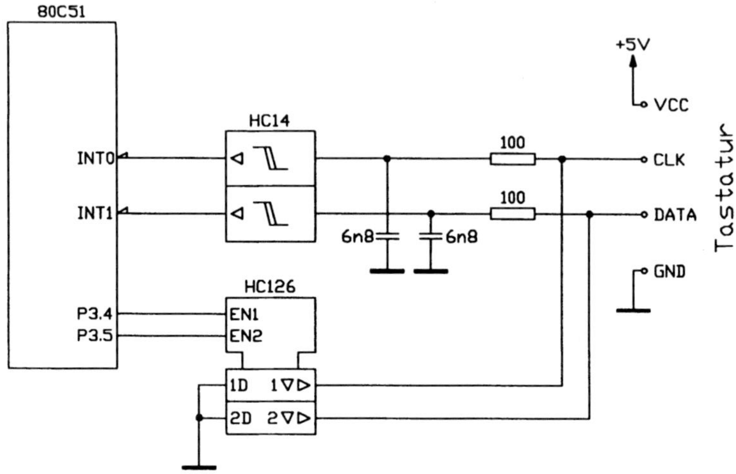

Bild 7.26: Anschluß einer PC-Tastatur an einem 8051-Controller (nach: Schneider 1994)

Schaltung. Bild 7.26 zeigt nun die Schaltung, um die PC-Tastatur an einen 8051-Controller anschließen zu können. Der Schmitt-Trigger 74HC14 erzeugt steile Flanken aus den beiden Signalen auf der DATA- und der CLK-Leitung. Der Treiberbaustein 74HC126 ist so geschaltet, daß die Enable-Anschlüsse am Controller und die Eingänge auf Masse liegen. Dadurch sind seine Ausgänge entweder hochohmig oder liegen an Masse. Die Übertragung vom Controller zur Tastatur wird über die beiden Port-Leitungen P3.4 und P3.5 realisiert. Die Übertragung von der Tastatur zum Controller wird über die beiden Interrupt-Leitungen INT0 und INT1 realisiert. Dadurch ist der Empfang vollkommen interruptgesteuert.

Der Datenfluß vom Controller zur Tastatur wird als „Senden" bezeichnet, während der Datenfluß von der Tastatur zum Controller als „Empfang" bezeichnet wird. Bild 7.27 zeigt zwei Flußdiagramme für die beiden Interruptroutinen. Diese beiden Programme erledigen den gesamten Empfang bzw. das Senden der Daten. Im Ruhezustand ist der DATA-Interrupt immer zugelassen, während der CLK-Interrupt immer gesperrt ist. Während der Übertragung ändert sich dies, wie in Bild 7.27 zu sehen ist.

Datenempfang. Der Empfang entspricht der normalen Datenübertragung oder der meistgebrauchten Datenflußrichtung. Sobald die Tastatur ein Zeichen überträgt, wird die DATA-Leitung auf LOW-Pegel gezogen und somit ein Interrupt ausgelöst. Nach der Initialisierung wird der DATA-Interrupt gesperrt und der CLK-Interrupt zugelassen. Nun übernimmt die CLK-Interruptroutine den Empfang der Zeichen, wobei durch ein Flag in die Empfangsroutine verzweigt wird.

Zuerst werden die Bits 0...7 gefolgt vom Paritätsbit übertragen. Anschließend wird der CLK-Interrupt gesperrt und die CLK-Leitung auf LOW-Pegel gelegt, um somit den Empfang zu bestätigen (Acknowledge). Nach der Kontrolle des Zeichens und dessen eventueller Verarbeitung legt der Controller die CLK-Leitung

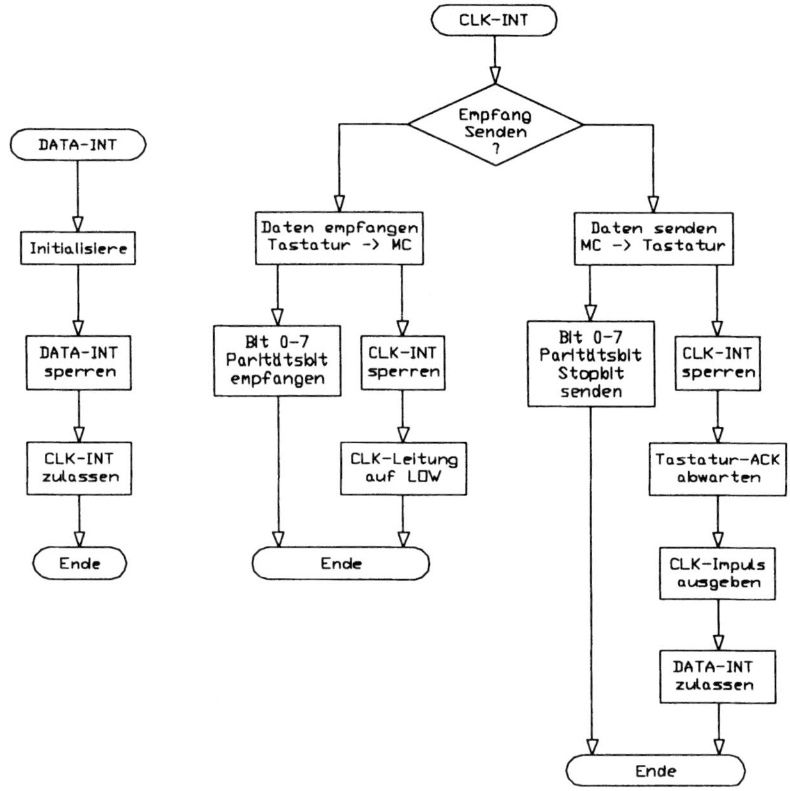

Bild 7.27: Flußdiagramm der Kommunikation der PC-Tastatur mit 8051-Controller (nach: Schneider 1994)

wieder auf HIGH-Pegel und gibt den DATA-Interrupt frei. Danach kann der Controller ein weiteres Zeichen von der Tastatur empfangen. Sind die Daten ungültig, so wird die CLK-Leitung auf HIGH-Pegel gelegt und anschließend ein RESEND Befehl ausgegeben, um die Tastatur zum nochmaligen Senden des Zeichens aufzufordern (beim Senden übernimmt der Controller die Buskontrolle und stoppt somit eine weitere Übertragung).

Daten senden. Das Senden von Daten wird durch einen LOW-Takt auf der CLK-Leitung eingeleitet, womit die Tastatur die Leitungen freigibt (falls eine Übertragung läuft). Dann wird das Startbit auf die DATA-Leitung gelegt, womit die DATA-Interruptroutine ausgelöst wird und die weitere Kontrolle der Übertragung übernimmt. Wie beim Empfang wird der DATA-Interrupt gesperrt und der CLK-Interrupt freigegeben.

Durch ein Flag wird in der CLK-Interruptroutine in die Senderoutine verzweigt. Nach dem Startbit werden die Bits 0…7, das Paritätsbit und das Stopbit übertragen. Dann folgt wieder die Sperrung des CLK-Interrupt. Nun wird auf das

Acknowledge der Tastatur gewartet und anschließend ein CLK-Impuls als Bestätigung ausgegeben. Nach der Freigabe des DATA-Interrupt ist der Bus für eine weitere Übertragung (Senden/Empfangen) bereit.

7.3 Zifferneingabe mit Richtungstasten

Die Zifferneingabe mittels Richtungstasten findet sich in den verschiedensten Geräten. Sie wird beispielsweise für die Zeiteinstellung bei Weckern, Sendereinstellung bei Radios, Füllstands- und Stückzahlvorgabe verwendet. Allen Lösungen gemeinsam ist, daß die Zahlen nicht wie bei einer numerischen Tastatur eingegeben werden, sondern ein angezeigter Zahlenwert verstellt wird. Dabei kann die Einstellung in Richtung größerer Werte (nur in eine Richtung) erfolgen, wobei der Zahlenwert bei einem Überlauf vom Maximal- zum Minimalwert springt. Die Einstellung kann auch in beide Richtungen, gegen kleinere und größere Werte hin erfolgen. Dadurch ist eine größere Flexibilität gegeben.

Bei mehreren Stellen kann jede Stelle einzeln oder es können alle gemeinsam eingestellt werden, wobei bei einer gemeinsamen Einstellung vielfach auch zwei Geschwindigkeiten verwendet werden oder die Geschwindigkeit der Verstellung mit der Betätigungszeit wächst. Wird jede Stelle einzeln eingestellt, so wird mit einer oder zwei Tasten die zu verstellende Ziffernposition (Position) festgelegt und mit einer oder zwei weiteren Tasten der Ziffernwert dieser Stelle eingestellt.

Im folgenden wird immer von mehrstelligen Zahlenwerten ausgegangen, wobei diese in einer Anzeige sichtbar sind. Die Anzeige kann digital oder analog sein, wobei die digitale der analogen vorzuziehen ist, da die Eingabe ja auch digital erfolgt. Weiters wird auch eine Lösung mit einem 8051-Controller gezeigt, wobei die Beschaltung und ein kleines Programm präsentiert werden.

Folgende Varianten werden behandelt:

- Eingabe über Tasten mit
  - 2 Tasten mit Positionswahl und Einstellung
  - 2 Tasten am Mikrocontroller (Positionswahl, Einstellung)
  - n Tasten zur Einstellung (n Stellen)
  - n Tasten am Mikrocontroller (n Stellen)
  - 4 Tasten mit Positionswahl und Einstellung
  - 4 Tasten am Mikrocontroller (Positionswahl, Einstellung)
  - 4 Tasten mit zwei Geschwindigkeiten zur Einstellung
  - 4 Tasten am Mikrocontroller (zwei Geschwindigkeiten)
  - 2·n Tasten zur Einstellung (n Stellen)
  - 2·n Tasten am Mikrocontroller (n Stellen)
- Eingabe über Steuerknüppel
  - analoger Steuerknüppel
  - Steuerknüppel-Interfacekarte am 8051-Controller
  - digitaler Steuerknüppel

– digitaler Steuerknüppel am 8051-Controller
- Eingabe über Drehgeber
  – diskrete Schaltung mit Beschränkung
  – Drehgeber am 8051-Controller

7.3.1 Eingabe über Tasten

Eingabe mit zwei Tasten. Über eine Taste erfolgt die Auswahl der Position und mit einer zweiten Taste die Zifferneinstellung. Bild 7.28 zeigt eine Schaltung dazu.

Der 2-Bit-Zähler IC3 steuert zusammen mit der Taste S1 (Position) den Demultiplexer IC4. Dieser verteilt das Taktsignal der Taste S2 (Einstellung) an jeweils einen der Dezimalzähler CNT1...CNT4, welche die vier Stellen der einzustellenden Zahl darstellen. IC5 zeigt mit den LEDs LD1...LD4, welche Stelle gerade verstellt wird, wobei die LEDs die Dezimalpunkte in einer vierstelligen Siebensegment-Anzeige sein können. Das RC-Glied R3-C3 setzt den Zähler IC3 beim Einschalten zurück, wodurch die Einstellung bei der ersten Stelle beginnt.

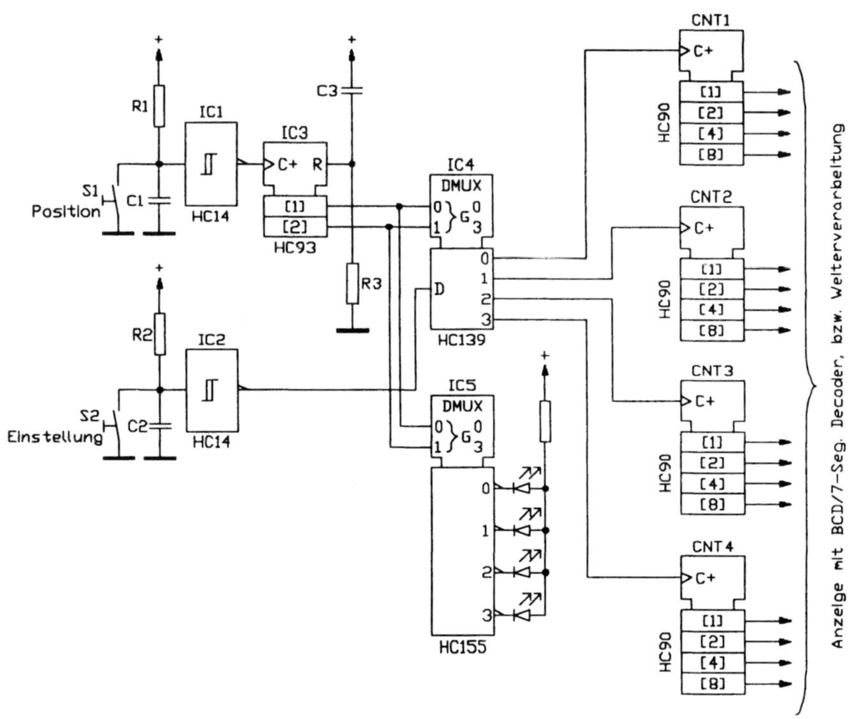

Bild 7.28: Zifferneingabe mit zwei Tasten; eine Taste für die Positionswahl, eine Taste für die Zifferneinstellung

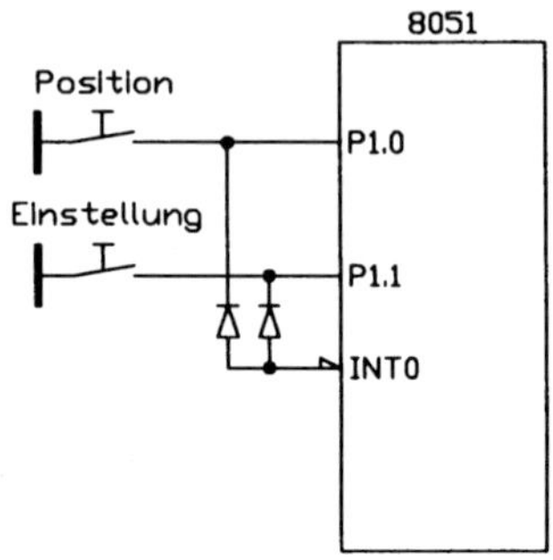

Bild 7.29: 8051-Controller mit zwei Tasten; eine Taste zur Positionswahl, eine Taste zur Ziffereinstellung

Zwei Tasten am Mikrocontroller. Bild 7.29 zeigt die Beschaltung des Controllers vom Typ 8051 mit zwei Tasten. Über die beiden Dioden wird ein Interruptsignal erzeugt, um die Tastenabfrage in einer Interruptroutine zu ermöglichen.

Bild 7.30 zeigt ein Programmbeispiel zur Schaltung in Bild 7.29. Innerhalb der Interruptroutine erfolgt die Entprellung, wobei zur Positionswahl oder Zifferneinstellung verzweigt wird. Die Ziffern der vier Stellen befinden sich in den Variablen STL (4 Byte), wo sie vom Hauptprogramm gelesen und somit verarbeitet werden können. Die Interruptroutine ist flankengetriggert, so daß erst nach nochmaligem Drücken der Taste die Routine gestartet wird. Das Interrupt-Request-Flag IE0 wird nach der Entprellschleife gelöscht, da es beim Prellen der Tasten gesetzt wird und somit die Interruptroutine nach deren Ende wieder gestartet wird.

```
;#### Zifferneingabe mit 2 Tasten (Position, Einstellung) ####
;Variablen:  STL+0...STL+3           Stelle 1...4
;            INDEX                   Auswahl Stelle
;
;---- Daten-Segment ----
             DSEG
STL:         DS    4                 ;4 Byte für 4 Stellen
INDEX:       DS    1                 ;Index
;
;---- Code-Segment ----
             CSEG
;
;---- Interruptroutine - Tastenabfrage und Verarbeitung ---
INT0:        PUSH  PSW               ;Register retten
             PUSH  ACC
             PUSH  R0
             MOV   R0,#10d           ;Entprellung ca. 5 ms
             CLR   A
Entprell:    DJNZ  ACC,Entprell      ;innere Schleife
```

```
          DJNZ  R0,Entprell          ;äußere Schleife
          CLR   IE0                  ;Interrupt-Request-Flag löschen
          JNB   P1.0,Position        ;Positionswahl
          JNB   P1.1,Einstell        ;Einstellung
          LJMP  EndInt0              ;Ende Interrupt
;---- Position wählen
Position: INC   INDEX                ;nächste Stelle
          MOV   A,#04h               ;Kontrolle Bereich
          CJNE  A,INDEX,EndInt0
          MOV   INDEX,#00h           ;1. Stelle
          LJMP  EndInt0
;---- Ziffern verstellen
Einstell: MOV   A,#STL               ;Basisadresse Stellen
          ADD   A,INDEX              ;Index addieren zur Ermittlung der
          MOV   R0,A                 ;Adresse
          INC   @R0                  ;Stelle erhöhen
          CJNE  @R0,#10d,EndInt0 ;Bereichskontrolle
          MOV   @R0,#00h             ;Stelle auf Null setzen
EndInt0:  POP   R0                   ;Register zurückschreiben
          POP   ACC
          POP   PSW
          RETI                       ;Ende
```

Bild 7.30: Beispielprogramm zur Zifferneingabe mit zwei Tasten; eine Taste zur Positionswahl, eine Taste zur Zifferneinstellung

Eingabe mit n Tasten. Es wird für jede Stelle eine Taste zur Einstellung verwedet. Deshalb kann jede Stelle getrennt, aber nur gegen größere Werte hin eingestellt werden. Bei Erreichen des Maximalwertes springt der Zahlenwert jeder Stelle auf Null zurück. Der Maximalwert ist meist neun, kann aber bei der höchstwertigsten Stelle (z.B. Tausenderstelle) auch kleiner sein.

Bild 7.31 zeigt eine Schaltung, wobei nur die ersten zwei Stellen dargestellt sind. Jede weitere Stelle ist identisch aufgebaut. Mittels der Taste S1 (S2) wird dem Dezimalzähler CNT1 (CNT2) ein Taktsignal zugeführt. Das RC-Glied R1-C1 (R2-C2) bildet zusammen mit dem Schmitt-Trigger IC1 (IC2) die Entprellung.

n Tasten am Mikrocontroller. Bild 7.32 zeigt die Schaltung zur Zifferneingabe mit n Tasten bei n Stellen mit einem 8051-Controller. Die Tasten an den Ports P1.0...P1.3 sind den Stellen 1...4 zugeordnet. Über die Dioden wird bei einem Tastendruck der INT0-Pin auf Masse gezogen, wodurch ein Interrupt ausgelöst wird. Die Tastenabfrage und Auswertung erfolgt somit in einer Interruptroutine.

Bild 7.33 zeigt ein Beispielprogramm zur Schaltung in Bild 7.32. Wie schon bei der 2-Tastenlösung werden die Tasten in einer Interruptroutine abgefragt und ausgewertet. Der Interrupt ist flankengetriggert, so daß erst nach dem Loslassen der Tasten und nochmaligem Drücken eine weitere Auswertung erfolgen kann.

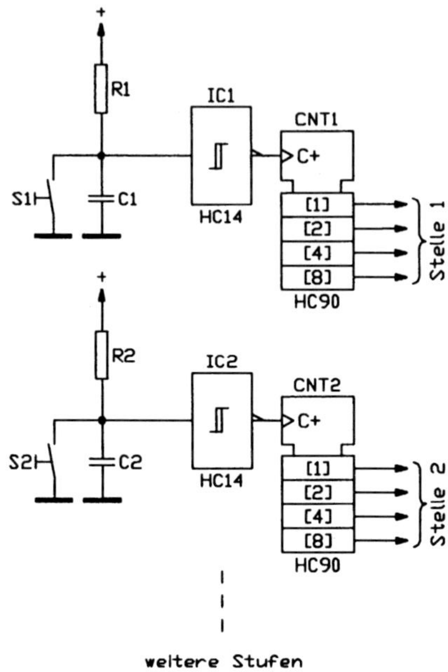

Bild 7.31: Ziffemeingabe mit n Tasten; für jede Stelle (Ziffer) eine Taste zur Einstellung

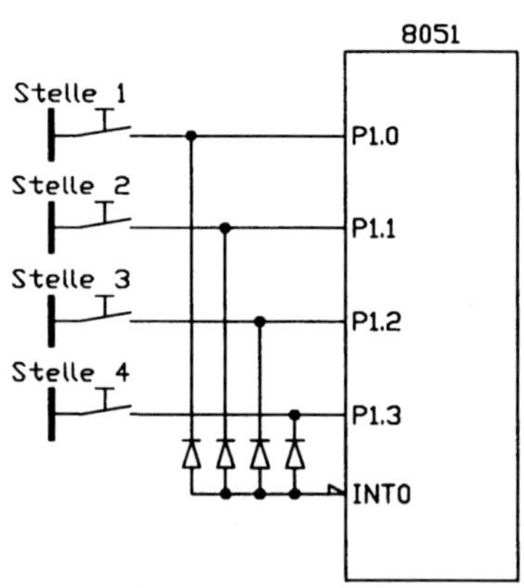

Bild 7.32: 8051-Controller mit n Tasten; für jede Stelle (Ziffer) eine Taste zur Einstellung

```
;#### Zifferneingabe mit n Tasten (hier 4 Tasten bei 4 Stellen) ####
;Variablen:  STL+0...STL+3              Stelle 1...4
;
;---- Daten-Segment ----
             DSEG
```

```
STL:        DS      4                   ;4 Byte für 4 Stellen
;
;---- Code-Segment ----
            CSEG
;---- Interruptroutine - Tastenabfrage und Verarbeitung ---
INT0:       PUSH    PSW                 ;Register retten
            PUSH    ACC
            PUSH    R0
            MOV     R0,#10d             ;Entprellzeit ca. 5 ms
            CLR     A
Entprell:   DJNZ    ACC,Entprell        ;innere Schleife
            DJNZ    R0,Entprell         ;äußere Schleife
            CLR     IE0                 ;Interrupt-Request-Flag löschen
            JNB     P1.0,Stelle1        ;Einstellung Stelle 1
            JNB     P1.1,Stelle2        ;Einstellung Stelle 2
            JNB     P1.2,Stelle3        ;Einstellung Stelle 3
            JNB     P1.3,Stelle4        ;Einstellung Stelle 4
            LJMP    EndInt0             ;Ende Interrupt
;---- Ziffern verstellen
Stelle1:    MOV     A,#00h              ;Index Stelle 1
            SJMP    Einstell
Stelle2:    MOV     A,#01h              ;Index Stelle 2
            SJMP    Einstell
Stelle3:    MOV     A,#02h              ;Index Stelle 3
            SJMP    Einstell
Stelle4:    MOV     A,#03h              ;Index Stelle 4
Einstell:   ADD     A,#STL              ;Basisadresse Stellen addieren für
            MOV     R0,A                ;Adresse
            INC     @R0                 ;Stelle erhöhen
            CJNE    @R0,#10d,EndInt0 ;Bereichskontrolle
            MOV     @R0,#00h            ;Stelle auf Null setzen
EndInt0:    POP     R0                  ;Register zurückschreiben
            POP     ACC
            POP     PSW
            RETI                        ;Ende
```

Bild 7.33: Beispielprogramm zur Zifferneingabe mit n Tasten; eine Taste zur Einstellung für jede Stelle (Ziffer)

Eingabe mit vier Tasten (Positionswahl/Einstellung). Wie bei der Eingabe mit zwei Tasten, gibt es bei dieser Schaltung Tasten für die Positionswahl und Tasten für die Einstellung. Im Gegensatz zur Schaltung in Bild 7.28 sind aber jeweils zwei Tasten für die Positionswahl und zwei Tasten für die Einstellung vorgesehen. Dadurch ist eine höhere Flexibilität gegeben, da Positionswahl und Einstellung in beide Richtungen erfolgen können. Bild 7.34 zeigt die Schaltung zur Eingabe mit vier Tasten.

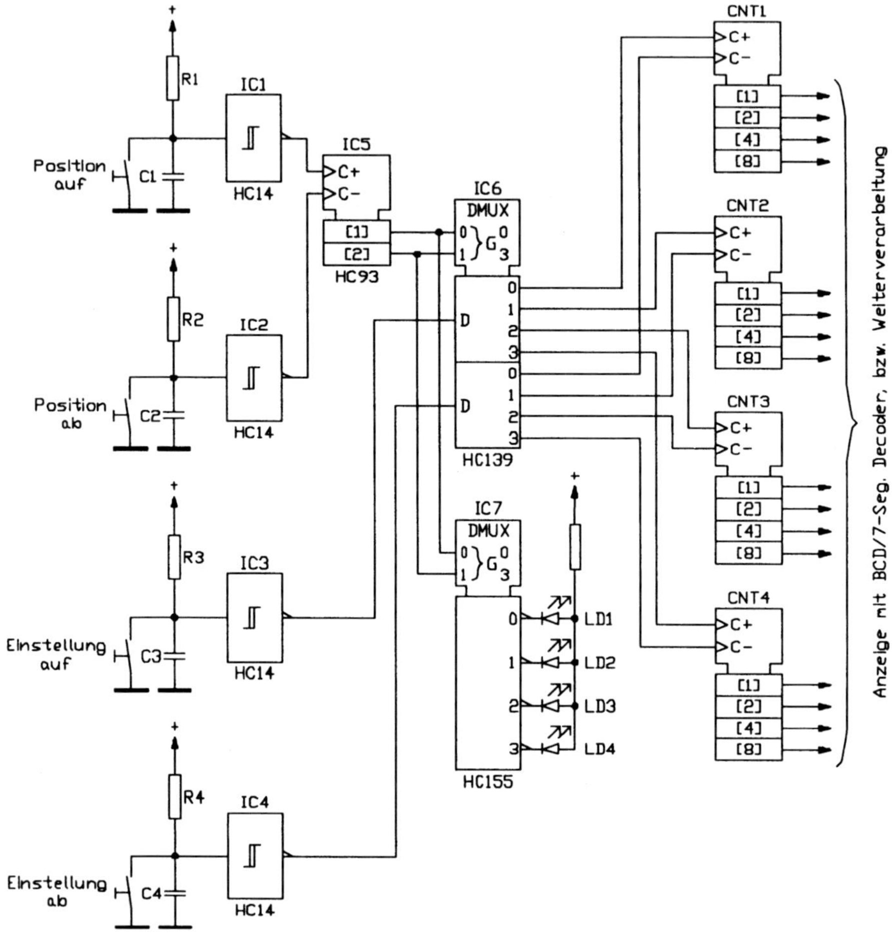

Bild 7.34: Zifferneinstellung mit vier Tasten; zwei Tasten zur Positionswahl, zwei Tasten zur Zifferneinstellung

Mit den Tasten „Position auf“ und „Position ab“ wird der 2-Bit-Zähler IC5 angesteuert. Dieser steuert den Zweikanal Demultiplexer IC6, welcher die Verteilung der Taktsignale für die Dezimalzähler CNT1...CNT4 übernimmt. Der erste Kanal des Demultiplexers IC6 verteilt dabei das Taktsignal „Einstellung auf“, welches mit der Taste „Einstellung auf“ und IC3 erzeugt wird. Der zweite Kanal von IC6 verteilt das Taktsignal „Einstellung ab“, welches mit der Taste „Einstellung ab“ und IC4 erzeugt wird. IC7 zeigt zusammen mit den LEDs LD1...LD4, welche Stelle gerade einstellt wird. Die LEDs LD1...LD4 können beispielsweise die Dezimalpunkte in einer Siebensegment-Anzeige sein. Die RC-Glieder R1-C1...R4-C4 und die Schmitt-Trigger IC1...IC4 werden für die Entprellung der Tasten benötigt.

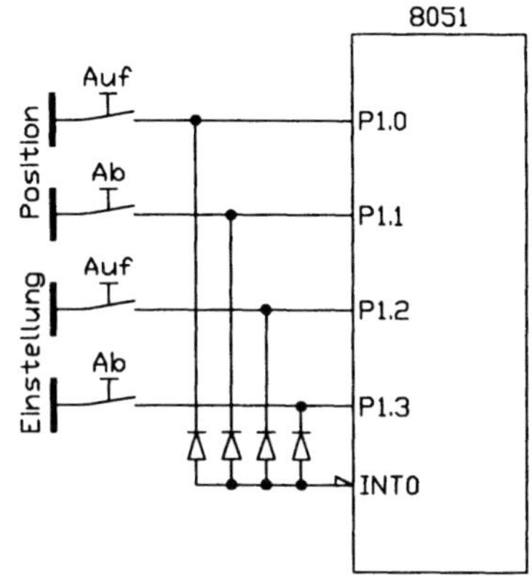

Bild 7.35: 8051-Controller mit vier Tasten; zwei Tasten zur Positionswahl, zwei Tasten zur Zifferneinstellung

Vier Tasten am Mikrocontroller (Position/Einstellung). Bild 7.35 zeigt eine Schaltung zur Verwendung von vier Tasten (2 · Position, 2 · Einstellung) mit einem 8051-Controller. Auch hier kommen wieder Dioden zur Erzeugung eines Interruptsignals zum Einsatz. Die Abfrage und Auswertung der Tasten kann somit in einer Interruptroutine erfolgen.

Bild 7.36 zeigt ein Beispielprogramm zur Schaltung in Bild 7.35. Die Entprellung und Auswertung erfolgt in der Interruptroutine. Dabei wird der Inhalt der Variablen STL (4 Byte) verändert, welche die vier Stellen darstellen. Auf diese Variablen kann das Hauptprogramm zugreifen.

```
;#### Zifferneingabe mit 4 Tasten (2 x Position, 2 x Einstellung) ####
;Tasten für 2 x Position, 2 x Einstellung)
;Variablen:  STL+0...STL+3               Stelle 1...4
;            STL+1                  Stelle 2
;            STL+2                  Stelle 3
;            STL+3                  Stelle 4
;            INDEX                  Auswahl Stelle
;
;---- Daten-Segment ----
             DSEG
STL:         DS     4               ;4 Byte für 4 Stellen
INDEX:       DS     1               ;Index
;
;---- Code-Segment ----
             CSEG
;
;---- Interruptroutine - Tastenabfrage und Verarbeitung ---
INT0:        PUSH   PSW             ;Register retten
             PUSH   ACC
             PUSH   R0
```

```
           MOV   R0,#10d          ;Entprellzeit ca. 5 ms
           CLR   A
Entprell:  DJNZ  ACC,Entprell     ;innere Schleife
           DJNZ  R0               ;äußere Schleife
           CLR   IE0              ;Interrupt-Request-Flag löschen
           JNB   P1.0,PosUp       ;Positionswahl hinauf
           JNB   P1.1,PosDown     ;Positionswahl hinunter
           JNB   P1.2,EinstUp     ;Einstellung hinauf
           JNB   P1.3,EinstDown   ;Einstellung hinunter
           LJMP  EndInt0          ;Ende Interrupt
;---- Position wählen
PosUp:     INC   INDEX            ;nächste Stelle
           MOV   A,#04h           ;Bereichskontrolle
           CJNE  A,INDEX,EndInt0
           MOV   INDEX,#00h       ;1. Stelle
           LJMP  EndInt0
PosDown:   DEC   INDEX            ;vorherige Stelle
           MOV   A,#FFh           ;Bereichskontrolle
           CJNE  A,INDEX,EndInt0
           MOV   INDEX,#03h       ;4. Stelle
           LJMP  EndInt0
;---- Ziffern verstellen
EinstUp:   MOV   A,#STL           ;Basisadresse Stellen
           ADD   A,INDEX          ;Index addieren zur Ermittlung der
           MOV   R0,A             ;Adresse
           INC   @R0              ;Stelle erhöhen
           CJNE  @R0,#10d,EndInt0 ;Bereichskontrolle
           MOV   @R0,#00h         ;Stelle auf Null setzen
           LJMP  EndInt0
EinstDown: MOV   A,#STL           ;Basisadresse Stellen
           ADD   A,INDEX          ;Index addieren zur Ermittlung der
           MOV   R0,A             ;Adresse
           DEC   @R0              ;Stelle verkleinern
           CJNE  @R0,#FFh,EndInt0 ;Bereichskontrolle
           MOV   @R0,#00h         ;Stelle auf Null setzen
EndInt0:   POP   R0               ;Register zurückschreiben
           POP   ACC
           POP   PSW
           RETI                   ;Ende
```

Bild 7.36: Beispielprogramm zur Ziffereingabe mit vier Tasten; zwei Tasten zur Positionswahl, zwei Tasten zur Ziffereinstellung

Vier Tasten (langsam/schnell). Eine weitere Möglichkeit zur Einstellung ist der Verzicht auf die Positionswahl, wobei statt dessen zwei Geschwindigkeiten zur Einstellung verwendet werden. Bei gedrückter Taste ändert sich der eingestellte Wert selbständig und es muß kein Taktsignal mit der Taste erzeugt werden, indem die Taste gedrückt und losgelassen wird. Zwei Tasten dienen dabei zur langsamen Einstellung („Auf langsam", „Ab langsam") und zwei Tasten zur schnellen Einstellung („Auf schnell", „Ab schnell").

Bild 7.37 zeigt die Schaltung mit vier Tasten. Der Zähler IC5 wird mit einem Takt der Frequenz f gespeist und teilt diesen in zwei Frequenzen mit $f1 = f/2$ und $f2 = f/16$ auf. Bei Betätigung der Taste „Ab schnell" wird das NAND-Gatter IC6 freigegeben und der Takt f1 über IC8 dem Dezimalzähler CNT1 zugeführt. Bei Betätigung der Taste „Ab langsam" wird das NAND-Gatter IC7 freigegeben und der Takt f2 ebenfalls über IC8 dem Dezimalzähler CNT1 zugeführt. Die Tasten „Auf langsam" und „Auf schnell" bewirken dasselbe, nur wird der Takt über IC9/IC11 oder IC10/IC11 an den Takteingang von CNT1 gelegt.

Die beiden Anschlüsse CO (Übertrag bei Überlauf) und BO (Übertrag bei Unterlauf) werden mit C+ und C– der zweiten Stufe (CNT2) verbunden. Weitere Stufen werden wieder über CO/BO verbunden. Die Schmitt-Trigger IC1...IC4 bilden zusammen mit den RC-Gliedern R1-C1...R4-C4 die Entprellung der Tasten.

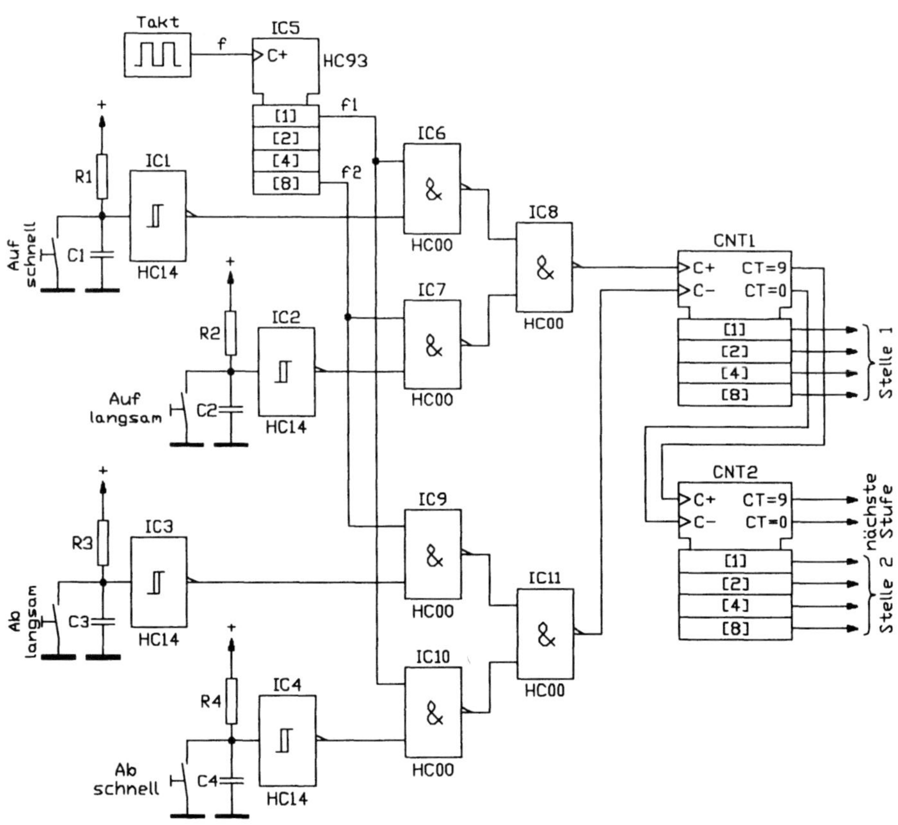

Bild 7.37: Zifferneingabe mit vier Tasten; zwei Tasten zur langsamen, zwei Tasten zur schnellen Zifferneinstellung

Vier Tasten am Mikrocontroller (langsam/schnell). Die Schaltung in Bild 7.38 zeigt die Beschaltung des Controllers bei der Eingabe mit vier Tasten und langsamer oder schneller Einstellung. Es werden keine Dioden für den Tasteninterrupt benötigt, da statt dessen ein Timerinterrupt zur Abfrage und Auswertung der Tasten verwendet wird.

Das Beispielprogramm in Bild 7.39 zeigt eine mögliche Realisierung der Eingabe mit vier Tasten, wobei im Gegensatz zum Programm in Bild 7.36 zwei Tasten für die langsame und zwei Tasten für die schnelle Einstellung verwendet werden. Es wird kein Tasteninterrupt mehr verwendet, sondern ein Timerinterrupt, wobei die Abfrage und Auswertung der Tasten in der Interruptroutine erfolgt. Um zwei verschiedene Geschwindigkeiten zu realisieren, ist der Timer auf die schnelle Geschwindigkeit zu programmieren. Die langsame wird mit einem Softwareteiler erreicht (Variable „TEILER“). Zwei Routinen bewältigen die Änderung der Ziffern (Up, Down).

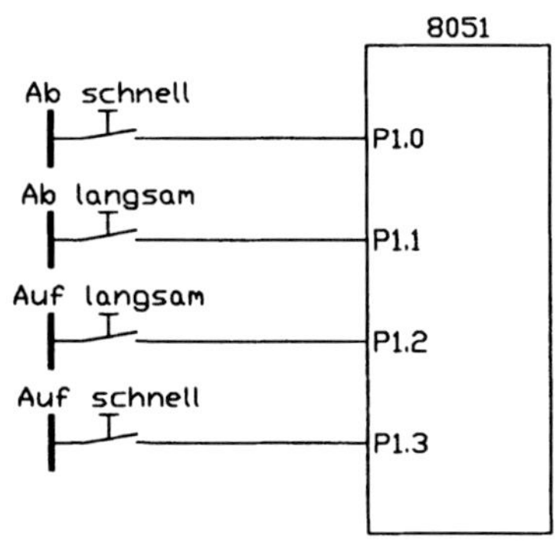

Bild 7.38: 8051-Controller mit vier Tasten; zwei Tasten zur langsamen, zwei Tasten zur schnellen Ziffereinstellung

```
;#### Zifferneingabe mit vier Tasten bei langsamer/schneller Einstellung ####
;Variablen:  STL+0...STL+3          Stelle 1...4
;            TEILER                 Softwareteiler
;
;---- Daten-Segment ----
             DSEG
STL:         DS     4               ;4 Byte für 4 Stellen
TEILER:      DS     1               ;Softwareteiler für f/8
;
;---- Code-Segment ----
             CSEG
;
;---- Timer-Interruptroutine - Tastenabfrage und Verarbeitung ---
T0_INT:      PUSH   PSW             ;Register retten
```

```
            PUSH  ACC
            JNB   P1.0,Down        ;Positionswahl hinauf
            JNB   P1.1,DownSlow    ;Positionswahl hinunter
            JNB   P1.2,Up          ;Einstellung hinauf
            JNB   P1.3,UpSlow      ;Einstellung hinunter
            LJMP  EndInt           ;Ende Interrupt
;---- Ziffern verstellen
DownSlow:   DJNZ  TEILER,EndInt    ;Softwareteiler
            MOV   TEILER,#8        ;nachladen
            SJMP  Down             ;Ziffern verkleinern
UpSlow:     DJNZ  TEILER,EndInt
            MOV   TEILER,#8
            SJMP  Up               ;Ziffern erhöhen
;---- Ziffern erhöhen
Up:         MOV   A,#01h           ;Addition 1. Stelle
            ADD   A,STL+0
            MOV   STL+0,A
            JNC   EndInt           ;kein Übertrag
            CLR   A                ;Addition 2. Stelle
            ADDC  A,STL+1
            MOV   STL+1,A
            JNC   EndInt           ;kein Übertrag
            CLR   A                ;Addition 3. Stelle
            ADDC  A,STL+2
            MOV   STL+2,A
            JNC   EndInt           ;kein Übertrag
            INC   STL+3            ;4. Stelle erhöhen
            SJMP  EndInt           ;Ende Interrupt
Down:       CLR   C                ;Subtraktion vorbereiten
            MOV   A,STL+0          ;Subtraktion 1. Stelle
            SUBB  A,#01
            MOV   STL+0,A
            JNC   EndInt           ;kein Unterlauf
            MOV   A,STL+1          ;Subtraktion 2. Stelle
            SUBB  A,#00
            MOV   STL+1,A
            JNC   EndInt           ;kein Unterlauf
            MOV   A,STL+2          ;Subtraktion 3. Stelle
            SUBB  A,#00
            MOV   STL+2,A
            JNC   EndInt           ;kein Unterlauf
            DEC   STL+3            ;3. Stelle dekrementieren
EndInt:     POP   ACC              ;Register zurückschreiben
            POP   PSW
            RETI                   ;Ende
```

Bild 7.39: Beispielprogramm zur Zifferneingabe mit vier Tasten; zwei Tasten zur langsamen, zwei Tasten zur schnellen Zifferneinstellung

Eingabe mit 2·n Tasten. Wie bei der Eingabe mit n Tasten wird jede Stelle getrennt angesteuert, nur werden im Gegensatz zur n-Tastenlösung (Bild 7.31) nicht eine Taste pro Stelle, sondern zwei Tasten pro Stelle verwendet. Mit einer Taste erfolgt die Einstellung zu größeren Werten, mit der zweiten Taste zu kleineren Werten.

Bild 7.40 zeigt die Schaltung zur Eingabe mit 2·n Tasten bei n Stellen. Dabei werden Zähler mit zwei Takteingängen verwendet (C+, C–). Die RC-Glieder R1-C1 und R2-C2 und die Schmitt-Trigger IC1 und IC2 sind zur Entprellung der Tasten S1 und S2. Es ist nur eine Stelle abgebildet, aber jede weitere Stelle ist identisch aufgebaut.

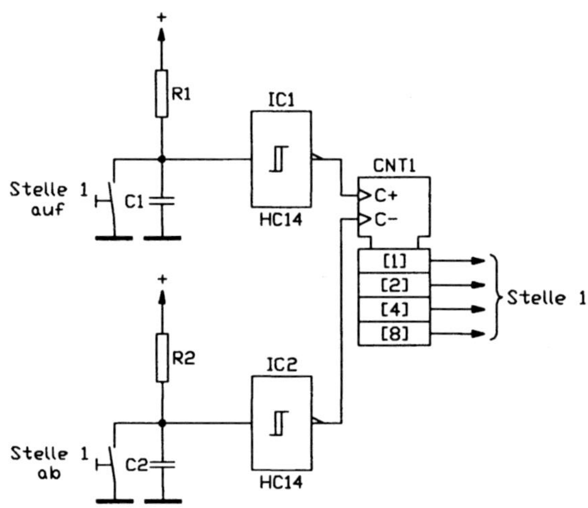

Bild 7.40: Zifferneingabe mit 2·n Tasten bei n Stellen; je zwei Tasten pro Stelle (Ziffer) zur Zifferneinstellung

2·n Tasten am Mikrocontroller. Bild 7.41 zeigt wieder die Beschaltung eines Controllers vom Typ 8051. Da nun sehr viele Tasten vorhanden sind, wird ein Decoderbaustein verwendet. Der Prioritätsdecoder IC1 bewirkt, daß nur der Code der Taste mit der höchsten Wertigkeit ausgegeben wird, wenn mehrere Tasten gleichzeitig gedrückt werden.

In Bild 7.41 sind acht Tasten angeschlossen, wobei deren Wertigkeit von „Ab-1" (niedrigste) nach „Auf-4" (höchste) geht. Da die Tasten an den Anschlüssen 1...8 liegen, wird der Code Null ausgegeben, wenn keine Taste gedrückt ist. Die übrigen Tastencodes entsprechen den Pinbezeichnungen, an denen sie liegen (z.B. Auf-2 hat Code 4). Über das NAND-Gatter IC2 wird ein Interruptsignal erzeugt, wodurch die Tastenabfrage in einer Interruptroutine erfolgen kann.

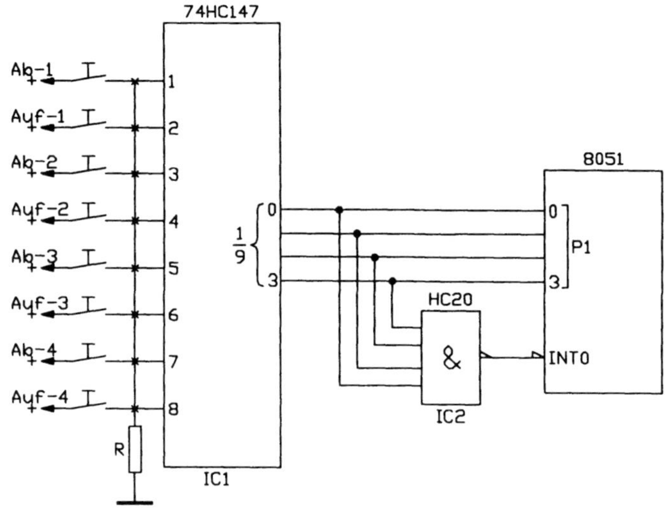

Bild 7.41: 8051-Controller mit 2·n Tasten bei n Stellen; je zwei Tasten pro Stelle (Ziffer) zur Ziffereinstellung

Bild 7.42 zeigt ein Beispielprogramm zur Schaltung in Bild 7.41. Auch hier kommt wieder ein Tasteninterrupt zum Einsatz, wodurch die Abfrage und Auswertung der Tasten interruptgesteuert erfolgt. Durch den an den Portpins P1.0...P1.3 anliegenden Code (0, 1, 2, ..., 8) kann entschieden werden, welche Taste gedrückt ist.

```
;#### Zifferneingabe mit 2·4 Tasten bei 4 Stellen ####
;Variablen:  STL+0...STL+3               Stelle 1...3
;
;---- Daten-Segment ----
            DSEG
STL:        DS    4                      ;4 Byte für 4 Stellen
;
;---- Code-Segment ----
            CSEG
;
;---- Interruptroutine - Tastenabfrage und Verarbeitung ---
INT0:       PUSH  PSW                    ;Register retten
            PUSH  ACC
            PUSH  R0
            MOV   R0,#10d                ;Entprellzeit ca. 5 ms
            CLR   A
Entprell:   DJNZ  ACC,Entprell           ;innere Schleife
            DJNZ  R0,Entprell            ;äußere Schleife
            CLR   IE0
            MOV   A,P1                   ;Portpins lesen
```

```
            ANL     A,#0Fh              ;nur untere 4 Bit wichtig
            JZ      EndInt0             ;Ende Interrupt
            MOV     R0,A                ;Portwert sichern
;---- Position berechnen
;Position = (Portwert-1)/2, davon ganzzahligen Teil nehmen; Index = Basis(STL)+Position
            CLR     C                   ;Carry für Subtraktion löschen
            SUBB    A,#01               ;1 subtrahieren
            RRC     A                   ;durch 2 dividieren --> Ergebnis
            ADD     A,#STL              ;Basisadresse STL addieren --> Index für STL
            XCH     A,R0                ;Portwert in R0 nach A, Index in A nach R0
;---- Einstellung
            JB      ACC.0,Down          ;Bit 0 Portwert zeigt Richtung,
                                        ;Taste Ab 1–4 gedrückt
Up:         INC     @R0
            CJNE    @R0,#10d,EndInt0    ;Bereichskontrolle
            MOV     @R0,#00h            ;Stelle auf Null setzen
            SJMP    EndInt0
Down:       DEC     @R0                 ;Stelle verkleinern
            CJNE    @R0,#FFh,EndInt0    ;Bereichskontrolle
            MOV     @R0,#00h            ;Stelle auf Null setzen
;---- Ende
EndInt0:    POP     R0                  ;Register zurückschreiben
            POP     ACC
            POP     PSW
            RETI                        ;Ende
```

Bild 7.42: Beispielprogramm zur Ziffereingabe mit 2·n Tasten; je zwei Tasten pro Stelle (Ziffer) zur Ziffereinstellung

7.3.2 Steuerknüppel zur Eingabe

Ein Steuerknüppel eignet sich zur Einstellung genauso wie Tasten. Man kann zwischen einem Steuerknüppel mit Tasten (digital) und einem mit Potentiometer (analog) unterscheiden. Ersterer ergibt 2/4-Tastenlösungen, letzterer erfordert die Verarbeitung des analogen Ausgangssignals des Steuerknüppels, welches meist in Form einer Spannung zur Verfügung steht.

Analoger Steuerknüppel. Bild 7.43 zeigt eine Schaltung mit dem Potentiometer eines Steuerknüppel (vollständiger Anschluß möglich).

Der Schleifer von P1 greift eine Spannung zwischen –5 V und +5 V ab, welche dem Impedanzwandler IC1 zugeführt wird. IC2 wird über den Komparator IC3 und den Transistor Q1 zwischen invertierendem und nicht invertierendem Betrieb umgeschaltet und bildet einen Gleichrichter. Somit bekommt der VCO immer eine Spannung zwischen 0 und 5 V, wodurch höhere Frequenzen bei höherer Spannung bzw. größerem Betätigungsweg des Steuerknüppels erreicht werden. Mit IC4 und

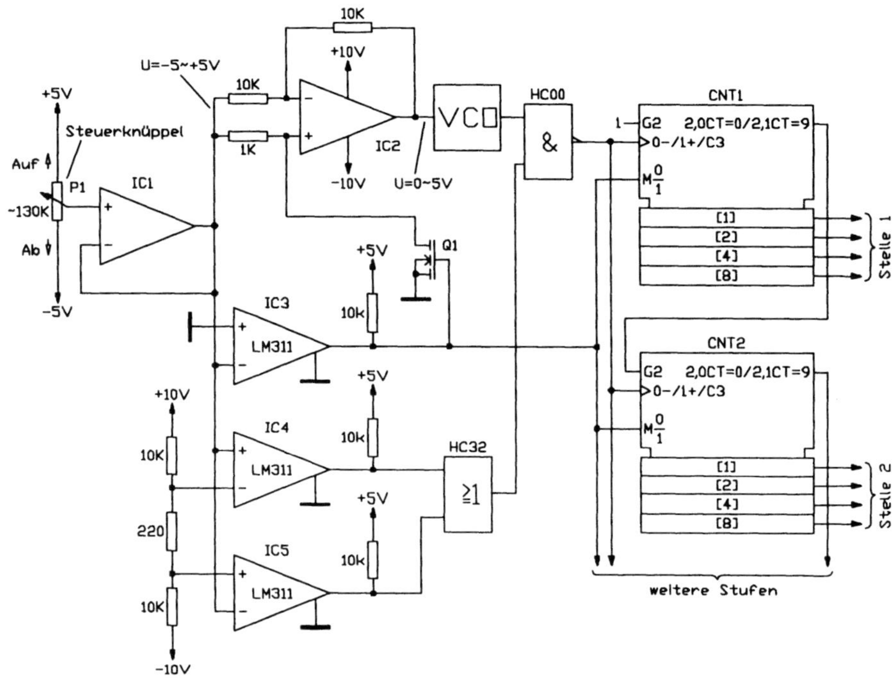

Bild 7.43: Zifferneingabe mit analogem Steuerknüppel

IC5 wird ein Fensterkomparator gebildet, über welchen eine Torschaltung angesteuert wird, die das Ausgangssignal des VCO im Nullbereich nicht zum Zähler durchläßt. Dieser Nullbereich liegt bei der gezeigten Dimensionierung zwischen ±0,1 V. Zugleich steuert der Komparator IC3 den Steuereingang M des Zählers, mit welchem die Zählrichtung umgeschaltet wird. Über den Übertragsausgang und den Steuereingang G2 werden die einzelnen Stufen miteinander verbunden. Der Takt und die Zählrichtungswahl wird synchron an alle Stufen geführt.

Die drei Komparatoren IC3...IC5 vom Typ LM311 haben einen Open-Collector-Ausgang, wodurch der Pull-Up-Widerstand nötig ist. Weiters sind sie an der digitalen Masse angeschlossen und deren Ausgang führt somit LOW-Pegel (0 V) oder HIGH-Pegel (5 V).

Steuerknüppel-Interface mit 8051-Controller. Um den Steuerknüppel an einen Controller anschließen zu können, muß das analoge Signal in ein digitales gewandelt werden. Mögliche Lösungen wurden im 6. Kapitel besprochen. Dabei wurde der Einsatz einer Steuerknüppel-Interfacekarte und die Verwendung eines ADUs gezeigt. Bei der Verwendung einer Steuerknüppel-Interface werden die Positionen der vier Potentiometer als Zahlenwert zwischen 0 und 255 in vier Variablen abgelegt. Beim ADC wird das Ergebnis je nach Auflösung zwischen acht und zwölf Bit betragen und in zwei Variablen abgelegt.

Bild 7.44 zeigt einen Programmteil, welcher einen 8 bit breiten Wert ausliest und diesen zur Steuerung eines Softwarezählers verwendet. Liegt die Position des Steuerknüppels (8 bit) zwischen 0 und 123, so wird der Zähler dekrementiert, also abwärts gezählt. Liegt die Position hingegen zwischen 132 und 255, so wird der Zähler inkrementiert, also aufwärts gezählt. Der Bereich zwischen 124 und 131 ist der Ruheposition des Steuerknüppels zugeordnet und soll Ungenauigkeiten ausgleichen.

Die Schrittweite des Zählers wird einer Tabelle in Abhängigkeit von der Position des Steuerknüppels entnommen. Fünfzehn Tabellenwerte enthalten die Schrittweiten zum Abwärtszählen und fünfzehn Tabellenwerte die Schrittweiten zum Aufwärtszählen. Somit kann jeder beliebige Zusammenhang zwischen der Position des Steuerknüppels und der Zählgeschwindigkeit programmiert werden. Denkbar sind lineare, exponentielle oder beliebige Zusammenhänge, wobei zusätzlich für beide Bereiche (aufwärts und abwärts) verschiedene Kurven möglich sind.

Im Programm in Bild 7.44 wird die Position des Steuerknüppels durch 8 dividiert und das Ergebnis als Index für die Schrittweitentabelle herangezogen. Die Tabellenwerte gehen von 1 bis 100 und folgen einer annähernd quadratischen Funktion.

```
;#### analoger Steuerknüppel zur Zifferneingabe ####
;Variablen: POS                      Position der Steuerknüppels, 0–255
;           STL+0...STL+3            Stelle 1...4
;           B                        B-Register vom 8051'er
;---- Daten-Segment ----
            DSEG
STL:        DS     4                 ;4 Byte für 4 Stellen
POS:        DS     1                 ;Position Steuerknüppel in diesem Programm)
KNÜPPEL     DS     1                 ;Von Leseroutine übergebene Steuerknüppel-
                                     ;Position
;
;---- Code-Segment ----
            CSEG
;---- Routine des Softwarezählers ----
;Die Position des Steuerknüppels wird von einer Routine in der
;Variablen KNÜPPEL abgelegt
ZÄHLER:     MOV    POS,KNÜPPEL       ;Knüppelposition holen
            MOV    DPTR,#TAB         ;Basisadresse Tabelle
            MOV    A,POS             ;Index für Tabelle ermitteln, POS / 8
            MOV    B,#08h
            DIV    AB                ;Index in A
            MOV    C,ACC.4           ;Bit 4 ist Richtung, 0 = abwärts, 1 = aufwärts/Null
            MOVC   A,@A+DPTR         ;Schrittweite lesen
            JNC    Abwaerts          ;abwärts zählen weil C = 0
            JNZ    Aufwaerts         ;Aufwärts zählen weil Tabellenwert != 0
            RET                      ;Nullstellung --> Ende Routine
```

```
;---- abwärts zählen
Abwaerts:  MOV   B,A              ;Schrittweite sichern
           CLR   C                ;Subtraktion vorbereiten
           MOV   A,STL+0          ;Subtraktion 1. Stelle
           SUBB  A,B
           MOV   STL+0,A
           JNC   Ende             ;kein Unterlauf
           MOV   A,STL+1          ;Subtraktion 2. Stelle
           SUBB  A,#00
           MOV   STL+1,A
           JNC   Ende             ;kein Unterlauf
           MOV   A,STL+2          ;Subtraktion 3. Stelle
           SUBB  A,#00
           MOV   STL+2,A
           JNC   Ende             ;kein Unterlauf
           DEC   STL+3            ;3. Stelle dekrementieren
           RET                    ;Ende Routine
;---- aufwärts zählen
Aufwaerts: ADD   A,STL+0          ;Addition 1. Stelle
           MOV   STL+0,A
           JNC   Ende             ;kein Übertrag
           CLR   A                ;Addition 2. Stelle
           ADDC  A,STL+1
           MOV   STL+1,A
           JNC   Ende             ;kein Übertrag
           CLR   A                ;Addition 3. Stelle
           ADDC  A,STL+2
           MOV   STL+2,A
           JNC   Ende             ;kein Übertrag
           INC   STL+3            ;4. Stelle erhöhen
Ende:      RET                    ;Ende Routine
;
;---- Tabelle der Schrittweiten - exponentielle Funktion Index^2.04
TAB:       DB    100,89,78,68,59  ;Tabellenwerte abwärtszählen (Index 0–14)
           DB    50,42,34,27,21,15
           DB    11,6,3,1
           DB    0                ;Tabellenwert Ruhestellung (wird nicht gelesen)
           DB    1,3,6,11,15,21,27 ;Tabellenwerte aufwärtszählen (Index 17–31)
           DB    34,42,50,59,68,78
           DB    89,100
```

Bild 7.44: Beispielprogramm zur Zifferneingabe mit analogem Steuerknüppel

Digitaler Steuerknüppel. Der Steuerknüppel wird im allgemeinen vier Kontakte statt der Potentiometer haben. Zwei Kontakte erfassen die Links-/Rechtsbewegung und zwei Kontakte erfassen die Auf-/Abbewegung. Werden alle vier Kontakte eingesetzt, so wird mit der Links-/Rechtsbewegung die Positionswahl vorgenommen, während mit der Auf-/Abbewegung die Ziffereinstellung erfolgt. Im Unterschied zur Schaltung in Bild 7.34 ist ein Taktgenerator nötig, welcher das Taktsignal für die Zähler zur Verfügung stellt. Der Steuerknüppel gibt nur eine Torschaltung frei.

Bild 7.45 zeigt eine Schaltung mit zwei Kontakten. Zugleich wird mittels der Beschleunigungsschaltung IC6, D3, R3 und C3 die Steuerspannung am VCO erhöht. Dadurch erhöht sich die Einstellgeschwindigkeit, je länger der Steuerknüppel betätigt bleibt. Über die Diode D3 kann sich der Kondensator sofort entladen, wenn der Steuerknüppel losgelassen wird. IC1A und IC1B sind zur Kontaktentprellung, die Dioden D2A und D2B bilden das ODER-Gatter zur Ansteuerung von IC2 und die Torschaltungen werden durch IC5A und IC5B gebildet. Die Zähler CNT1, CNT2 und CNT3 besitzen zwei Zähleingänge und sind jeweils über die Übertragsausgänge miteinander verbunden.

Digitaler Steuerknüppel am 8051-Controller. Wird ein 8051-Controller eingesetzt, so werden die Tasten direkt an den Controller angeschlossen. Bild 7.46 zeigt die Beschaltung. Im Unterschied zur Schaltung in Bild 7.29 erfolgt die Tastenabfrage in einer Timer-Interruptroutine und es entfallen somit die beiden Dioden für den externen Interruptanschluß.

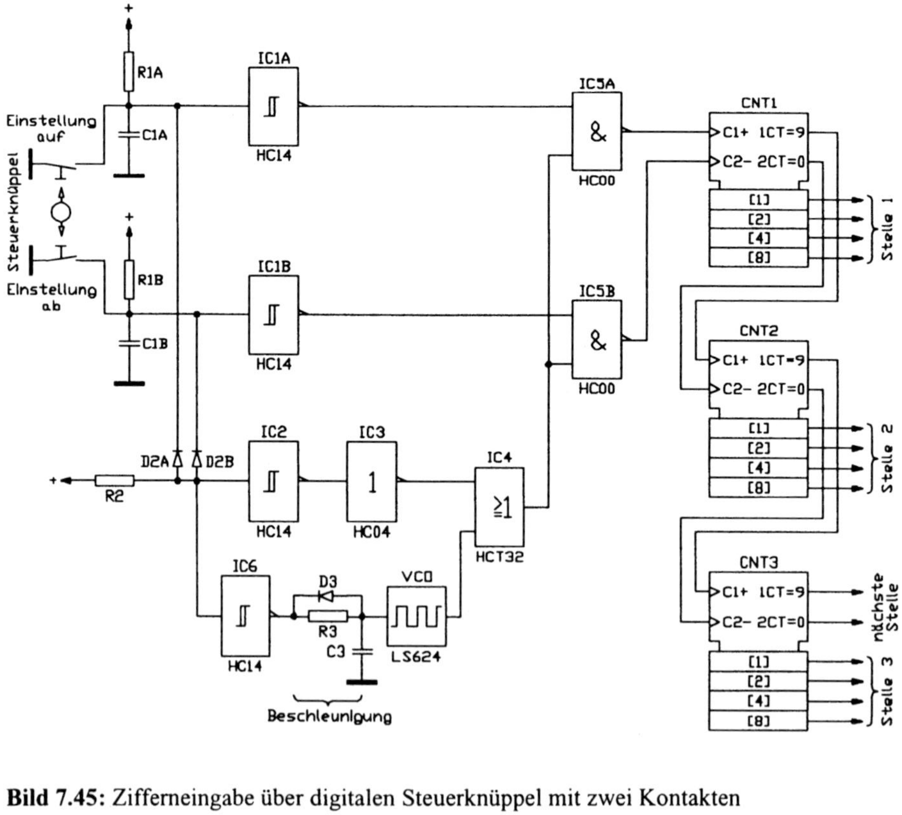

Bild 7.45: Ziffereingabe über digitalen Steuerknüppel mit zwei Kontakten

Bild 7.47 zeigt ein Programmbeispiel zur Schaltung in Bild 7.46. Innerhalb der Timer-Interruptroutine erfolgt dabei die Kontaktabfrage. Mit der Variablen „Teiler" wird ein Softwareteiler realisiert. Nach 8 Durchläufen wird der Tabellenindex „Index" erhöht und die neue Schrittweite „Schritt" der Tabelle entnommen. Durch die fünfzehn Tabellenwerte kann ein beliebiger Zusammenhang zwischen Schrittweite und Betätigungszeit programmiert werden.

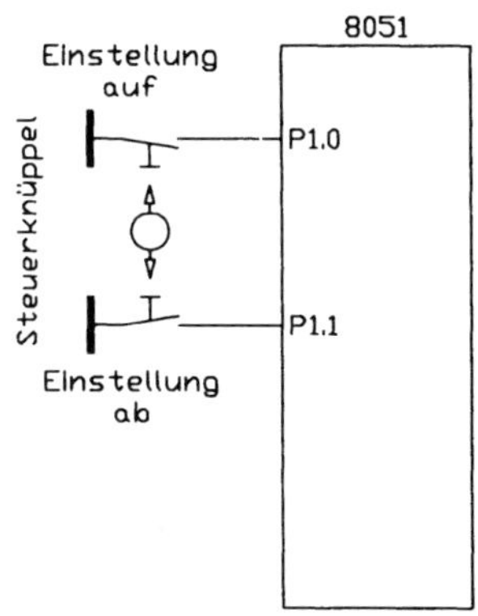

Bild 7.46: digitaler Steuerknüppel mit zwei Kontakten am 8051-Controller

```
;#### digitaler Steuerknüppel mit zwei Kontakten zur Zifferneingabe ####
;Variablen:  STL+0...STL+3          Stelle 1...4
;            Teiler                 Softwareteiler
;            Schritt                Schrittweite
;            Index                  Tabellenindex (0–14)
;---- Daten-Segment ----
             DSEG
STL:         DS     4               ;4 Byte für 4 Stellen
Teiler:      DS     1               ;Softwareteiler
Schritt:     DS     1               ;Schrittweite aus Tabelle
Index:       DS     1               ;Tabellenindex für Tabelle der Schrittweiten
;
;---- Bit-Segment ----
             BSEG
Bit_Auf:     DBIT   1               ;Bit „aufwärts" zählen
;---- Code-Segment ----
             CSEG
;---- Timer-Interruptroutine - Softwarezähler ----
INT_T0:      PUSH   PSW             ;Register retten
             PUSH   ACC
             MOV    C,P1.0          ;Kontakt abwärts abfragen (Kontakte LOW-aktiv)
             MOV    Bit_Auf,C       ;Abwärts betätigt ergibt Bit_Auf = 0, sonst = 1
             ANL    C,P1.1
```

```
            JNC   TEILER              ;ein Kontakt betätigt
            MOV   DPTR,#TAB           ;kein Kontakt -> Anfangswerte lesen
            MOV   A,#00h              ;erster Index
            MOVC  A,@A+DPTR           ;Tabelle lesen -> Schrittweite
            MOV   Schritt,A           ;Schrittweite speichern
            MOV   Index,#00h          ;Index auf erste Position
            SJMP  EndInt              ;Ende
;-- Softwareteiler und Tabellenwert
TEILER:     DJNZ  Teiler,ZAEHL        ;Softwareteiler, normal zählen
            MOV   Teiler,#08h         ;auf Anfangswert
            MOV   A,Index             ;Index prüfen, bei 14 nur lesen
            CJNE  A,#14,TAB_RD
            INC   Index               ;Index erhöhen
            MOV   A,Index
TAB_RD:     MOV   DPTR,#TAB           ;Basisadresse Tabelle
            MOVC  A,@A+DPTR           ;Schrittweite lesen
            MOV   Schritt,A           ;und speichern
ZAEHL:      JB    Bit_Auf,Aufwaerts   ;Aufwärts zählen
;---- abwärts zählen
Abwaerts:   CLR   C                   ;Subtraktion vorbereiten
            MOV   A,STL+0             ;Subtraktion 1. Stelle
            SUBB  A,Schritt
            MOV   STL+0,A
            JNC   EndInt              ;kein Unterlauf
            MOV   A,STL+1             ;Subtraktion 2. Stelle
            SUBB  A,#00
            MOV   STL+1,A
            JNC   EndInt              ;kein Unterlauf
            MOV   A,STL+2             ;Subtraktion 3. Stelle
            SUBB  A,#00
            MOV   STL+2,A
            JNC   EndInt              ;kein Unterlauf
            DEC   STL+3               ;3. Stelle dekrementieren
            SJMP  EndInt              ;Ende Interruptroutine
;---- aufwärts zählen
Aufwaerts:  MOV   A,Schritt           ;Addition 1. Stelle
            ADD   A,STL+0
            MOV   STL+0,A
            JNC   EndInt              ;kein Übertrag
            CLR   A                   ;Addition 2. Stelle
            ADDC  A,STL+1
            MOV   STL+1,A
            JNC   EndInt              ;kein Übertrag
            CLR   A                   ;Addition 3. Stelle
            ADDC  A,STL+2
            MOV   STL+2,A
            JNC   EndInt              ;kein Übertrag
            INC   STL+3               ;4. Stelle erhöhen
```

```
EndInt:     POP   ACC              ;Register zurückschreiben
            POP   PSW
            RETI                   ;Ende Routine
;
;---- Tabelle der Schrittweiten - exponentielle Funktion Index^2.04
TAB:        DB    1,3,6,11,15,21,27  ;Tabellenwerte (Index 0–14)
            DB    34,42,50,59,68,78
            DB    89,100
```

Bild 7.47: Beispielprogramm zum digitalem Steuerknüppel am 8051-Controller

7.3.3 Eingabe über Drehgeber

Zur Eingabe eignet sich ein Drehgeber genauso, wie Tasten oder Steuerknüppel. Verschiedene Lösungen wurden schon im 1. Kapitel besprochen. Bild 7.48 zeigt eine Schaltung mit zwei Zählerbausteinen, welche über den Übertragsausgang CO miteinander verbunden sind. Der Zähler CNT1 gibt den Zähler CNT2 über den Anschluß G2 frei, sobald beim Aufwärtszählen der Zähler CNT1 die Zahl Neun erreicht hat bzw. beim Abwärtszählen die Zahl Null erreicht hat. Zugleich steuert der Zähler CNT2 über den Übertragsausgang das NAND-Gatter IC2, welches den

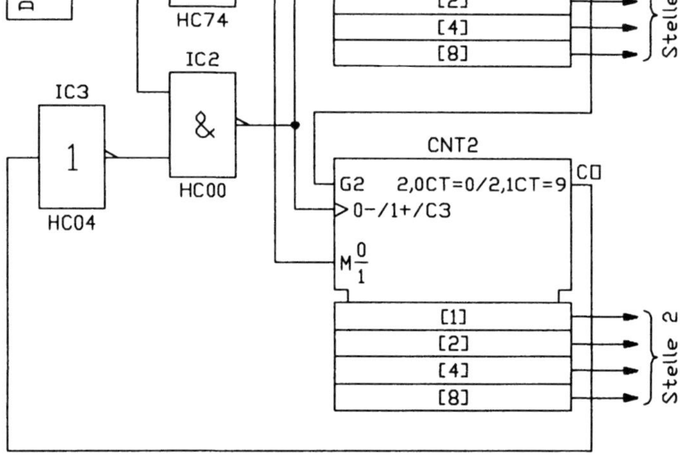

Bild 7.48: Zifferneingabe über Drehgeber mit Anschlag

Takt somit sperren kann. Beim Erreichen des Maximalwertes stoppt der Zähler. Nach einer Drehrichtungsumkehr wird der Übertragsausgang von Eins auf Null wechseln und somit den Takt wieder freigeben.

Um bei dieser Schaltung eine Änderung der Schrittweite zu erreichen, müßte mit einem Multiplexer eine Umschaltung auf eine Zählstufe mit höherer Wertigkeit erfolgen. Diese Umschaltung müßte dabei in Abhängigkeit von der Drehgeschwindigkeit des Drehgebers erfolgen.

Drehgeber am 8051-Controller. Bei Verwendung eines Controllers werden sämtliche Probleme wieder auf die Software verlagert. So kann wiederum eine Tabelle mit Schrittweiten verwendet werden, um eine Änderung der Zählgeschwindigkeit zu erreichen. Hier soll bei schneller Betätigung des Drehgebers sich die Zählgeschwindigkeit überproportional ändern. Dazu wird der Tabellenindex in der Zählroutine zyklisch inkrementiert und in einer Timer-Interruptroutine dekrementiert. Bei langsamer Betätigung wird der Index bei Null liegen, während bei schneller Betätigung der Index beim Maximalwert liegen wird.

Bild 7.49 zeigt die Beschaltung des Controllers mit einem Drehgeber. Durch die Verwendung des Interrupteingangs erfolgt die Auswertung in einer Interruptroutine, wobei das Taktsignal durch den Anschluß B des Drehgebers gebildet wird, während das um 90° phasenverschobene Taktsignal des Anschlusses A zur Erkennung der Drehrichtung herangezogen wird.

Bild 7.50 zeigt das Beispielprogramm. In der Interruptroutine für den INT0-Anschluß wird der Zähler, gebildet durch die vier Stellen STL, inkrementiert oder dekrementiert. Die Schrittweite wird der Tabelle „TAB" entnommen, wobei der Index nach jeweils acht Durchläufen erhöht wird. In der Timer-Interruptroutine „T0_INT" wird der Index hingegen jedesmal dekrementiert, um den vorhin beschriebenen Effekt zu erzielen. Dabei muß der Timer und die Anzahl der Durchläufe vor der Änderung des Index so programmiert werden, daß sich ein vernünftiges Verhältnis zwischen Betätigungsgeschwindigkeit und Erhöhung der Schrittweite ergibt.

Ohne Kenntnis der Impulszahl pro Umdrehung oder pro Zeiteinheit bei einer

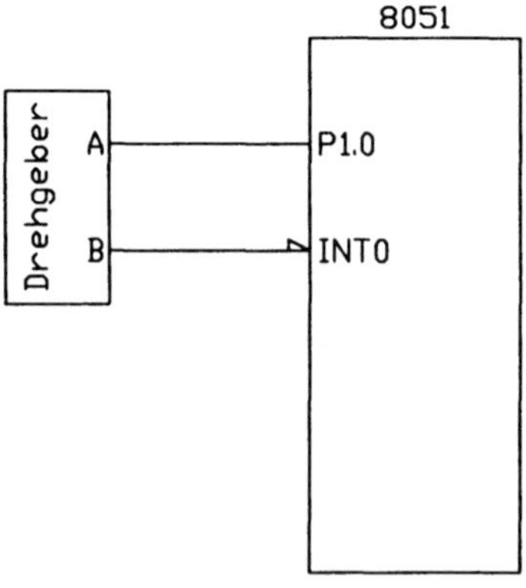

Bild 7.49: 8051-Controller mit Drehgeber zur Ziffereingabe

bestimmten Umdrehungsgeschwindigkeit des Drehgebers kann der Timer nicht vernünftig programmiert werden. Eine Messung dieser Impulszahl bei verschiedenen Umdrehungsgeschwindigkeiten sollte aber Klarheit darüber schaffen.

Im Programmbeispiel wird eine Tabelle mit 15 Werten verwendet, d.h. der Tabellenindex kann von 0–14 gehen. Die Tabellenwerte gehen von 1 bis 100 und folgen einer annähernd quadratischen Funktion (Index hoch 2,04).

```
;#### Zifferneingabe mit Drehgeber ####
;Variablen:  STL+0...STL+3            Stelle 1...4
;            Teiler                   Softwareteiler, Zähler für Durchläufe
;            Schritt                  Schrittweite
;            Index                    Tabellenindex (0–14)
;---- Daten-Segment ----
             DSEG
STL:         DS     4                 ;4 Byte für 4 Stellen
Teiler:      DS     1                 ;Softwareteiler
Schritt:     DS     1                 ;Schrittweite aus Tabelle
Index:       DS     1                 ;Tabellenindex für Tabelle der Schrittweiten
;
;---- Bit-Segment ----
             BSEG
Bit_Auf:     DBIT   1                 ;Bit „aufwärts" zählen
;---- Code-Segment ----
             CSEG
;---- Timer-Interruptroutine - Index dekrmentieren ----
T0_INT:      PUSH   PSW               ;Register retten
             PUSH   ACC
             MOV    A,Index
             JZ     T0_End            ;bei Null Ende
             DEC    Index
T0_End:      POP    ACC               ;Register zurückholen
             POP    PSW
             RETI                     ;Ende Timer0 Interrupt
;
;---- Externer Interrupt 0 - Abfrage, Auswertung, Zähler ----
INT0:        PUSH   PSW               ;Register retten
             PUSH   ACC
             MOV    C,P1.0            ;Richtung lesen, P1.0=1 ist aufwärts
             MOV    Bit_Auf,C         ;und sichern
;---- Teiler und Tabelle lesen
             DJNZ   Teiler,ZAEHL      ;Softwareteiler, Anzahl Durchläufe
             MOV    Teiler,#08h       ;Anfangswert setzen
             MOV    A,Index           ;Index prüfen, bei 14 nur lesen
             CJNE   A,#14,TAB_RD
             INC    Index             ;Index erhöhen
             MOV    A,Index
TAB_RD:      MOV    DPTR,#TAB         ;Basisadresse Tabelle
```

```
            MOVC  A,@A+DPTR        ;Schrittweite lesen
            MOV   Schritt,A        ;und speichern
ZAEHL:      JB    Bit_Auf,Aufwaerts ;Aufwärts zählen
;---- abwärts zählen
Abwaerts:   CLR   C                ;Subtraktion vorbereiten
            MOV   A,STL+0          ;Subtraktion 1. Stelle
            SUBB  A,Schritt
            MOV   STL+0,A
            JNC   INT0_End         ;kein Unterlauf
            MOV   A,STL+1          ;Subtraktion 2. Stelle
            SUBB  A,#00
            MOV   STL+1,A
            JNC   INT0_End         ;kein Unterlauf
            MOV   A,STL+2          ;Subtraktion 3. Stelle
            SUBB  A,#00
            MOV   STL+2,A
            JNC   INT0_End         ;kein Unterlauf
            DEC   STL+3            ;3. Stelle dekrementieren
            SJMP  INT0_End         ;Ende Interruptroutine
;---- aufwärts zählen
Aufwaerts:  MOV   A,Schritt        ;Addition 1. Stelle
            ADD   A,STL+0
            MOV   STL+0,A
            JNC   INT0_End         ;kein Übertrag
            CLR   A                ;Addition 2. Stelle
            ADDC  A,STL+1
            MOV   STL+1,A
            JNC   INT0_End         ;kein Übertrag
            CLR   A                ;Addition 3. Stelle
            ADDC  A,STL+2
            MOV   STL+2,A
            JNC   INT0_End         ;kein Übertrag
            INC   STL+3            ;4. Stelle erhöhen
INT0_End:   POP   ACC              ;Register zurückschreiben
            POP   PSW
            RETI                   ;Ende Routine
;
;--- Tabelle der Schrittweiten - exponentielle Funktion Index^2.04
TAB:        DB    1,3,6,11,15,21,27 ;Tabellenwerte (Index 0–14)
            DB    34,42,50,59,68,78
            DB    89,100
```

Bild 7.50: Beispielprogramm zur Zifferneingabe mit Drehgeber

8 Schaltungen für Anzeigeelemente

Die Anzeigeelemente sind derjenige Bereich der Mensch-Maschine-Schnittstelle, mit dem die Maschine dem Benutzer Information (Meßergebnisse, Hinweise und Betriebszustände) anzeigen kann.

Die klassische Anzeige besteht aus Signallampen, welche immer öfter durch LEDs abgelöst werden, da deren Lebensdauer weit höher ist.

Eine Erweiterung stellen numerische Anzeigen dar. Diese sind sehr robust und können somit auch in rauher Umgebung eingesetzt werden. Statt der numerischen Anzeigen werden auch Band- und Punktanzeigen verwendet, welche zusätzlich das Verhältnis von Meßwert zu Skalenendwert zeigen. Wenn außer Zahlen auch Buchstaben angezeigt werden sollen, werden 16-Segment-Anzeigen verwendet.

Anzeigemodule. Anzeigemodule sind eigenständige Einheiten, welche die gesamte Ansteuerlogik bereits enthalten. Sie sind aus einzelnen Matrixflächen mit 5×7 oder 5×9 Leuchtpunkten aufgebaut. Es können somit nicht nur numerische Werte, sondern auch Zahlen, sämtliche Groß- und Kleinbuchstaben und eine Reihe von Sonderzeichen dargestellt werden. Dazu muß der Zeichencode in die entsprechenden Speicherstellen geschrieben werden. Grafikfähige Anzeigen ermöglichen zusätzlich die Darstellung von Diagrammen und Bildern. Diese Anzeigen bestehen aus einer einheitlichen Fläche von Leuchtpunkten, wobei jeder Leuchtpunkt auch einzeln angesteuert werden kann.

Intelligente Anzeigemodule ermöglichen neben der Zeichendarstellung auch die Ausführung von speziellen Befehlen, wie beispielsweise das Verschieben des Anzeigeninhalts oder die Programmierung eigener Zeichen.

LED oder LCD. Alle LED-Anzeigen haben den Vorteil, selbst Licht auszusenden, und kommen deshalb ohne weitere Lichtquelle aus. Doch sie brauchen recht viel Strom, weshalb sie für batteriebetriebene Geräte nur schlecht geeignet sind. Die LC-Anzeigen hingegen brauchen eine Lichtquelle, damit man die Anzeige ablesen kann. Diese Lichtquelle ist in den meisten Fällen das Tageslicht, kann aber auch eine Hintergrundbeleuchtung sein. Der große Vorteil der LC-Anzeigen ist der geringe Stromverbrauch, welcher sie für batteriebetriebene Geräte geradezu ideal macht.

Das Multiplexverfahren, Temperaturschwankungen und sinkende Betriebsspannung verschlechtern den Kontrast bei LC-Anzeigen. Eine manuelle Kontrasteinstellung sollte deshalb vorgesehen werden.

Bildschirme. Wird ein Bildschirm als Anzeige verwendet, so setzt man einen Video-Interface-Controller ein. Dieser liest die darzustellende Information aus einem Speicher und erzeugt die Signale für ein normgerechtes Videosignal (BAS).

Akustische Anzeigen (Ausgabe). Die akustische Anzeige dient meist zur Ausnahmebehandlung, wenn beispielsweise eine falsche Eingabe erfolgte, ein kritischer Zustand oder ein Fehler vorliegt. Hier wird bei kleinen Leistungen oder batteriebetriebenen Geräten ein Piezoelement eingesetzt. Sind höhere Lautstärken erforderlich, so kommt ein Verstärker mit Lautsprecher zum Einsatz.

8.1 Analoge Anzeigen

Analoge Anzeigen sind meist Drehspulinstrumente. Sie sind leicht anzusteuern und in verschiedensten Bauformen erhältlich. Im folgenden soll nicht die einfache Anzeige mit einem Drehspulinstrument dargestellt, sondern es sollen folgende Fälle behandelt werden:

- Spannungslupe zur Streckung des Anzeigebereichs
- Automatische Bereichswahl
- Leuchtband- und Leuchtpunkt-Anzeige

8.1.1 Spannungslupe

Oftmals soll bei der Anzeige eines Analogwertes ein bestimmter Bereich herausgehoben werden. Dieser Bereich beginnt aber nicht bei Null, sondern bei einem Wert größer als Null, geht also beispielsweise von 10–16 V. Dazu wird das Instrument auf einer Seite an eine Referenzspannung und auf der anderen Seite an die zu messende Spannung gelegt. Die Referenzspannung ist dabei die niedrigste zu messende Spannung, z.B. 10 V.

Bild 8.1 zeigt eine Schaltung, bei welcher die Referenzspannung mittels eines Potentiometers eingestellt wird. Dabei soll der Querstrom I_Q durch das Potentiometer zehnmal größer als der Strom I_M durch das Drehspulinstrument sein, um die Spannungsänderung am Schleifer so gering wie möglich zu halten. Die Diode D1 parallel zum Drehspulinstrument soll dieses vor zu hohen negativen Spannungen

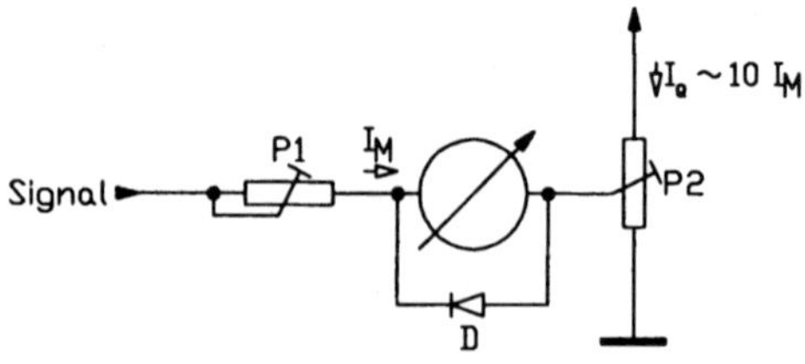

Bild 8.1: Spannungslupe mit Potentiometer

schützen. Das Instrument soll bei Vollausschlag einen Spannungabfall deutlich höher als 0,6 V haben, damit die Diode ihre Funktion erfüllen kann. Mit P1 wird der Vollausschlag, mit P2 die Referenzspannung und somit der Nullpunkt eingestellt.

Diese Schaltung ist auch für digitale Anzeigen geeignet, wobei statt des Drehspulinstruments die digitale Anzeige angeschlossen wird. Steht keine Versorgungsspannung zur Verfügung, sondern nur die beiden Anschlüsse für das Instrument, so muß die Referenzspannung aus dem Meßsignal gewonnen werden. Dies kann mit einer Zehnerdiode, welche über eine Konstantstromquelle gespeist wird, geschehen. Voraussetzung ist allerdings, daß das Meßsignal genügend Energie liefern kann.

8.1.2 Automatische Bereichswahl

Die automatische Bereichswahl ist hauptsächlich von digitalen Multimetern her bekannt. Bei Einsatz eines Mikrocontrollers ist dies kein Problem, da sich beispielsweise beim 80C515/80C517 die obere und die untere interne Referenzspannung auf eine von sechzehn Stufen einstellen läßt.

Den diskreten Aufbau einer automatischen Bereichswahl für zwei Meßbereiche zeigt die Schaltung in Bild 8.2. Es sollen die Meßbereiche 1 V (3 V) und 10 V zur

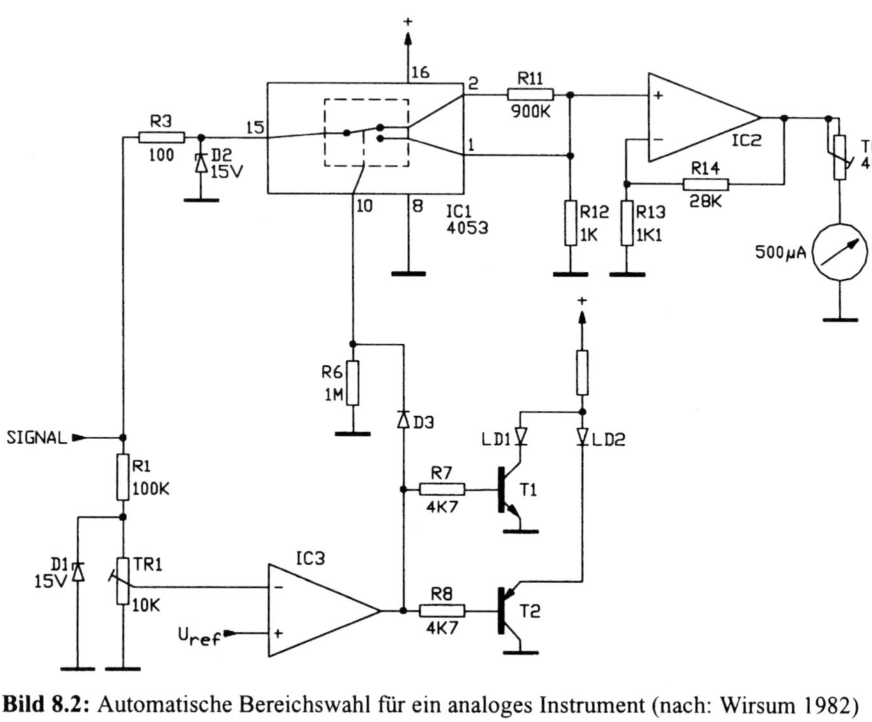

Bild 8.2: Automatische Bereichswahl für ein analoges Instrument (nach: Wirsum 1982)

Verfügung stehen. Der Umschalter ist mit dem Analogmultiplexer IC1 vom Typ 4053 realisiert. Über dieser Umschalter wird das Meßsignal entweder über den Spannungsteiler R11/R12 oder direkt dem Operationsverstärker IC2 zugeführt. IC3 steuert als Komparator Analogmultiplexer IC1. Über die beiden LEDs LD1 und LD2 wird der gewählte Meßbereich angezeigt.

Über TR1 kann die Schaltschwelle so eingestellt werden, daß bei einer Meßspannung von 1 V (3 V) der Komparator IC3 umschaltet. Mit TR4 erfolgt der Abgleich auf Vollausschlag des Instruments.

8.1.3 Leuchtband-/Leuchtpunkt-Anzeige

Für eine analoge Band- oder Punktanzeige stehen zahlreiche integrierte Bausteine zur Verfügung. Bild 8.3 zeigt eine Liste mit integrierten Treibern für Band- und Punktanzeigen. Einige davon können auch umgeschaltet werden. Für LCD-Elemente sind ebenfalls einige Treiber aufgelistet.

Typ	Hersteller	Anzahl der Elemente	Punkt/Band	Strombegrenzung LCD
U237	Telefunken	5	Band	ja
TL490	Texas Instruments	10	Band	
LM3914	National	10	Punkt/Band	ja
UAA180	Siemens	12	Band	ja
UAA170	Siemens	12	Punkt	ja
U1096B	Telefunken	30	Punkt	ja
HEF4754V	Valvo	18	Punkt/Band	LCD
TSC827	Teledyne	101	Band	LCD
ICL7182	Intersil	101	Band	LCD

Bild 8.3: Leuchtpunkt-/Leuchtband-Anzeigentreiber mit Analogeingang (Tietze-Schenk 1989)

Bild 8.4 zeigt eine Schaltung mit dem Baustein LM3914, welcher zehn LEDs ansteuern kann. Die größte und kleinste anzuzeigende Spannung kann durch Beschaltung der beiden Pins RHI (größte Spannung, U_{MAX}) und RLO (kleinste Spannung, U_{MIN}) gewählt werden. Wird der Spannungsbereich klein gewählt, ergibt sich ein springender Verlauf beim Wechsel von einer LED auf die nächste. Bei einer großen Spannungsdifferenz zwischen RHI und RLO ergibt sich ein fließender Verlauf.

Der LM3914 verfügt über eine interne Referenzspannung, welche zwischen den Pins REF_{OUT} und REF_{ADJ} anliegt und 1,25 V beträgt. Mit den drei Widerständen R1, R2 und R3 können damit die Spannungen U_{MIN}, U_{MAX} und der LED-Strom I_D eingestellt werden. Sämtliche Formeln sind in Bild 8.4 angegeben. Über den MODE-Pin kann zwischen Punkt- oder Bandanzeige gewählt werden.

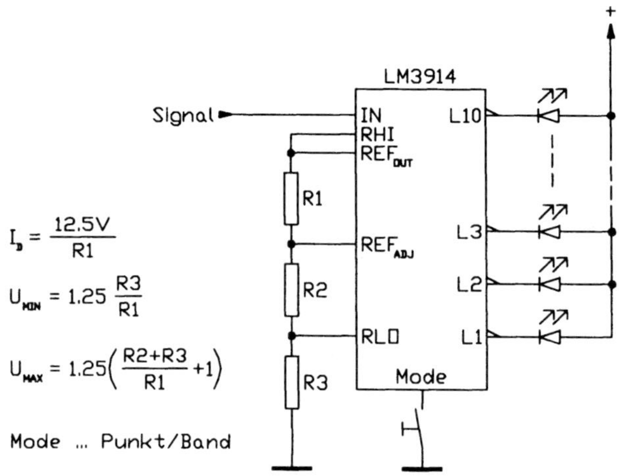

Bild 8.4: Analoge Leuchtpunkt-/Leuchtbandanzeige mit LM3914

Statt die Verdrahtung von Baustein und LED- oder LCD-Segmenten selbst zu übernehmen, kann man auch ein Modul einsetzten. Hersteller wie AEG oder Hewlett-Packard stellen Module mit 5–100 Elementen her, welche die gesamte Logik bereits enthalten. An diese braucht nur mehr die Versorgungsspannung und die anzuzeigende Spannung angeschlossen werden.

8.2 Digitale Anzeigen

Digitale Anzeigen verarbeiten das Digitalsignal direkt und brauchen kein Analogsignal als Zwischenwert. Sie bieten eine feste Zahl von Darstellungen, d.h. es kann nur eine bestimmte Anzahl von Symbolen angezeigt werden (z.B. Siebensegment-Anzeige). Zwischen aufeinanderfolgenden Symbolen besteht immer der gleiche Abstand, d.h. es ändert sich nur ein Bit oder die Wertigkeit der Bitfolge um eins. Es können mehrere Anzeigen nebeneinander angeordnet werden, um den Anzeigebereich zu erweitern (z.B. vier Siebensegment-Anzeigen nebeneinander).

Anzeigen können aus LED- oder LCD-Elementen aufgebaut sein, wobei erstere selbst leuchten und einen hohen Stromverbrauch haben, während LC-Anzeigen mit geringer Leistung auskommen, dafür aber eine Lichtquelle benötigen.

Folgende Anzeigen werden besprochen:

- Alternierende Anzeigen
  - Leuchtpunkt-Anzeige
  - Leuchtband-Anzeige
  - Zwei- und Dreifarben-Anzeige
- Numerische Anzeigen
  - Siebensegment-Anzeige

  - Decoder für einstellige Siebensegment-Anzeigen
  - mehrstellige Siebensegment-Anzeige mit Dual-BCD-Decoder
  - Universeller Decoder zur Multiplexansteuerung einer mehrstelligen Siebensegment-Anzeige
  - Integrierte Schaltungen zur Ansteuerung mehrstelliger LED-Anzeigen im Multiplexverfahren
  - Integrierte Schaltungen zur Ansteuerung mehrstelliger LC-Anzeigen im Multiplexverfahren
- Alphanumerische Anzeigen
  - Ein- und mehrstellige 16-Segment-Anzeigen
  - Prinzip der Ansteuerung einer Punktmatrix-Anzeige
  - LED-Punktmatrix-Anzeigen mit integrierter Logik
  - Intelligente LC-Punktmatrix-Anzeigemodule
  - LC-Punktmatrix-Anzeigemodul am Port eines 8051-Controllers
  - LC-Punktmatrix-Anzeigemodul am Datenbus eines 8051-Controllers
- Grafikfähige Anzeigen
  - Intelligente LC-Punktmatrix-Anzeigemodule
- Bildschirm-Anzeigen
  - Prinzip der Video-Anzeige
  - Video-Timing-Controller
  - Erläuterungen zum Zeichengenerator, BAS-Generator, 2-Tor-Speicher

8.2.1 Alternierende Anzeigen

Die alternierende Anzeige besteht aus einzelnen Anzeigeelementen, welche entweder nur einzeln oder in mehr oder weniger großer Zahl aufleuchten. Werden mehrere dieser Elemente zu einer Gruppe zusammengefaßt, so kann man eine Punkt- oder Bandanzeige verwenden. Diese benötigt kein analoges Signal, wie dies in Bild 8.4 der Fall war, sondern verarbeitet das digitale Signal direkt. Daraus ergibt sich, daß die Anzahl der Anzeigeelemente gleich der Zustandsmöglichkeiten des digitalen Signals ist.

Leuchtpunktanzeigen. Für eine Leuchtpunktanzeige wird lediglich ein 1-aus-n-Decoder benötigt. Bild 8.5 zeigt die Verwendung eines 74HC154, an welchen maximal sechzehn LEDs angeschlossen werden können. Da immer nur eine LED leuchtet, wird nur ein Widerstand (R) zur Strombegrenzung benötigt.

Leuchtbandanzeigen. Bei der Leuchtbandanzeige müssen zusätzlich zur aktiven LED auch alle LEDs mit niedriger Wertigkeit aufleuchten. Dazu wird an den Ausgängen eines 1-aus-n-Decoders eine zusätzliche Logik aus Gattern angeschlossen. Bild 8.6 zeigt eine solche Schaltung.

Liegt am 1-aus-n-Decoder 74HC138 die Bitfolge „000“ an, so ist Ausgang 0 aktiv, also auf LOW-Pegel. Der Ausgang des UND-Gatters IC1 wird deshalb auf LOW-Pegel sein und LED D0 wird aufleuchten. Alle anderen LEDs bleiben dunkel, da beide Eingänge der UND-Gatter IC2...IC7 auf HIGH-Pegel liegen und

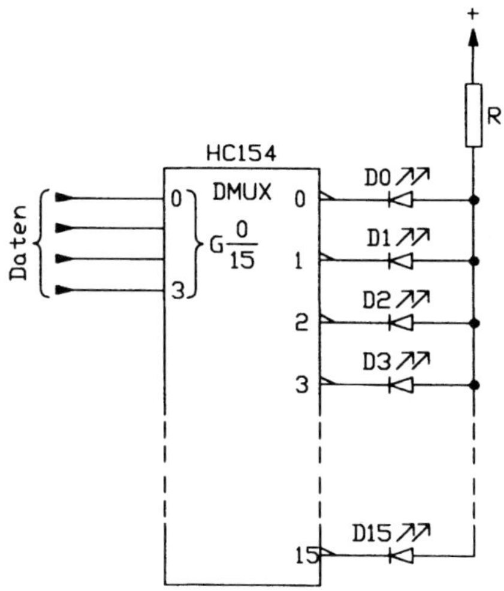

Bild 8.5: Digitale Leuchtpunktanzeige mit 1-aus-n-Decoder

somit auch deren Ausgänge auf HIGH-Pegel liegen. Geht nun der Ausgang 1 des 74HC138 auf LOW-Pegel (Bitfolge 001), wird der Ausgang von IC2 auf LOW-Pegel gehen und somit LED D1 aufleuchten. Zugleich liegt an einem Eingang des UND-Gatter IC1 LOW-Pegel, womit LED D0 ebenfalls aufleuchten wird.

Geht Ausgang 7 des 74HC138 auf LOW-Pegel, so leuchtet LED D7. Über das UND-Gatter IC7 wird auch LED D6 aufleuchten. Dies setzt den Ausgang des UND-Gatters IC5 (nicht eingezeichnet) auf LOW-Pegel und LED D5 leuchtet. Dieser Vorgang setzt sich bis zu LED D0 fort, womit sich ein Leuchtband ergibt.

Da bei der Schaltung in Bild 8.6 die aktiven Signale durch LOW-Pegel dargestellt werden, spricht man auch von negativer Logik. Bei negativer Logik wird die ODER-Funktion durch UND-Gatter realisiert, weshalb die Zusatzlogik in Bild 8.6 aus UND-Gattern aufgebaut ist.

Zweifarben-Anzeigen. Eine weitere Möglichkeit der alternierenden Anzeige ist die Verwendung eines Zweifarben-LEDs. Verwendet man LEDs mit nur zwei Anschlüssen, so ist die Spannung an den LED-Anschlüssen umzupolen, um die jeweils andere Farbe zu erhalten. Bild 8.7 zeigt eine Schaltung dazu.

Das Zweifarben-LED wird dabei zwischen die beiden Gatter IC1 und IC2 geschaltet. Liegt am Eingang LOW-Pegel, so leuchtet die obere rote LED. Liegt am Eingang HIGH-Pegel, so leuchtet die untere grüne LED.

Dreifarben-Anzeigen. Bei der Dreifarben-Anzeige wird ebenfalls eine LED mit zwei Farben verwendet. Im Gegensatz zur Schaltung in Bild 8.7 sind die einzelnen LEDs aber nicht antiparallel verdrahtet, sondern es sind die beiden Kathodenanschlüsse verbunden und die beiden Anodenanschlüsse herausgeführt. Es sind somit die Farben Rot (nur rote LED leuchtet), Grün (nur grüne LED leuchtet) oder Orange (rote und grüne LED leuchten) möglich.

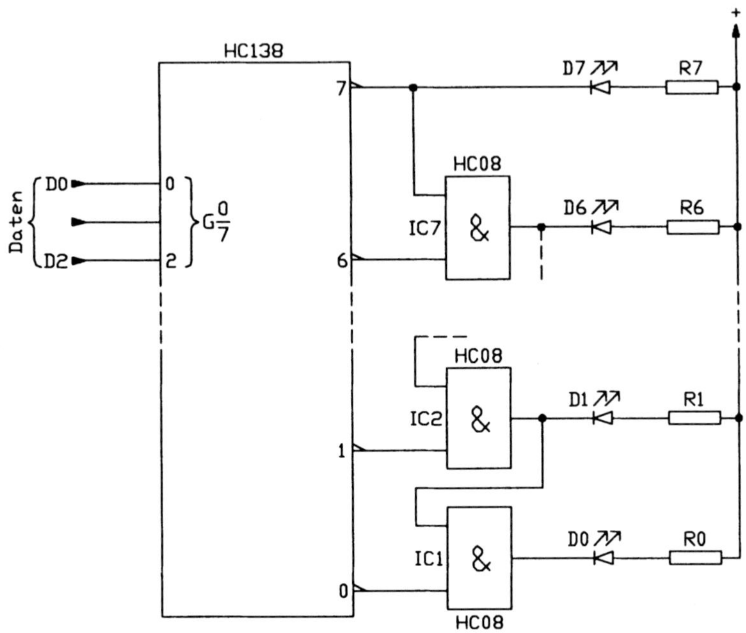

Bild 8.6: Digitale Leuchtbandanzeige mit 1-aus-n-Decoder und Zusatzlogik (nach: Tietze-Schenk 1989)

Es gibt nun verschiedene Möglichkeiten ein solches LED anzusteuern, wobei die vorhandenen Signale so aufbereitet werden müssen, daß sich die gewünschte Anzeige ergibt. Dabei können drei einzelne Signale für die drei Farben vorliegen, zwei Signale für rot und grün, welche zusammen orange ergeben, aber auch ein Signal für rot/grün (HIGH-/LOW-Pegel) und ein Signal für die Farbe orange.

Bild 8.8 zeigt eine Schaltung zur Ansteuerung einer solchen LED. Das Signal „Rot/Grün“ bestimmt durch seinen Pegel, ob die LED rot (LOW-Pegel) oder grün (HIGH-Pegel) leuchten soll. Dabei wird bei LOW-Pegel über den Inverter IC1 und das ODER-Gatter IC2 die rote LED angesteuert. Bei HIGH-Pegel wird über das ODER-Gatter IC3 die grüne LED angesteuert. Das zweite Signal „Orange“ soll bei HIGH-Pegel das LED orange leuchten lassen, unabhängig vom Eingangssignal „Rot/Grün“. Hier werden über die ODER-Gatter IC2 und IC3 beiden LED angesteuert.

8.2.2 Numerische Anzeigen

Numerische Anzeigen bestehen aus Siebensegment-Anzeigen in LED- oder LCD-Technologie. Werden mehrere Stellen gebraucht, so können die einzelnen Stellen einzeln oder im Multiplexverfahren angesteuert werden, wobei das Multiplexverfahren bei einer hohen Stellenanzahl den Verdrahtungsaufwand drastisch vermin-

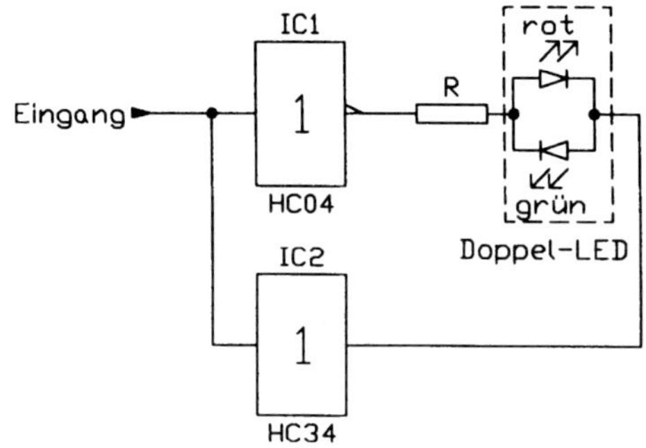

Bild 8.7: Alternierende Anzeige mit Zweifarben-LED

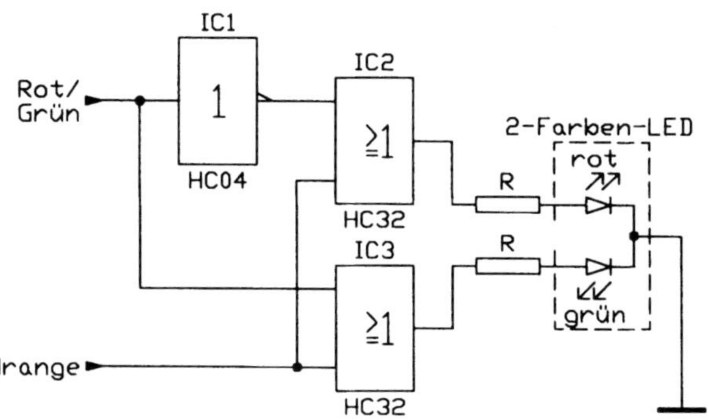

Bild 8.8: Alternierende Anzeige mit Dreifarben-LED und zwei Steuersignalen „Rot/Grün" und „Orange"

dert. Der Decoder zur Ansteuerung der einzelnen Segmente ist meist separat vorhanden, aber es gibt auch Anzeigen mit integriertem Decoder. Auch zur Anzeige von Hexadezimalziffern wird die Siebensegment-Anzeige genützt, wobei aber die Zeichen „A", „C", „E" und „F" in Großbuchstaben und die Zeichen „B" und „D" in Kleinbuchstaben angezeigt werden.

Siebensegment-Anzeigen. Die einfachste Möglichkeit zur Realisierung einer numerischen Anzeige stellt die Verwendung eines BCD-Siebensegment-Decoders zusammen mit einer Siebensegment-Anzeige dar. Bild 8.9 zeigt die Verwendung eines 74LS46. Die angeschlossene Siebensegment-Anzeige LD1 muß eine gemeinsame Anode besitzen, da der 74LS46 über Open-Collector-Ausgänge verfügt.

Die Ziffern „6" und „9" werden dabei von Decoder zu Decoder unterschiedlich dargestellt. Die Zahlenwerte 10...15 ergeben eine Anzeige nach dem BCD-Code B. Dieser ergibt das Zeichen „–" für 10, „E" für 11, „H" für 12, „L" für 13, „P"

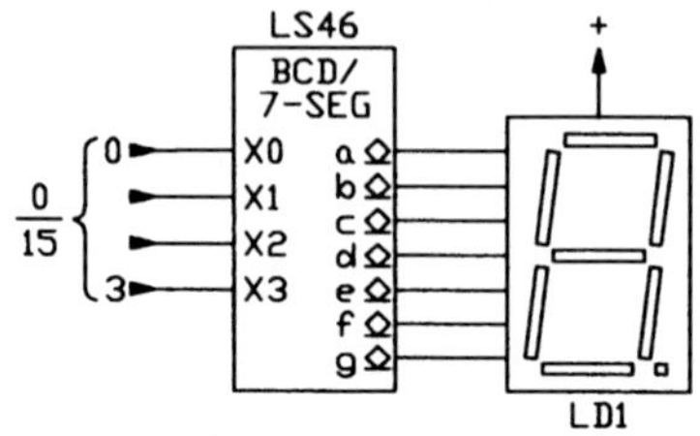

Bild 8.9: Siebensegment-Decoder und LED-Anzeige

für 14 und „ " (Leerzeichen) für 15. Einige Decoder können auch die Zeichen „A" bis „F" darstellen, wodurch eine Hexadezimal-Anzeige möglich ist.

Bei LC-Anzeigen erfolgt die Ansteuerung der Segmente mit Wechselstrom. Am einfachsten geschieht dies mit EXOR-Gattern vor jedem Segment, wobei ein Eingang des EXOR-Gatters am BCD-Siebensegment-Decoder und der andere an einem Taktgenerator hängt. Der gemeinsame Anschluß der LC-Anzeige (backplane) hängt ebenfalls am Taktgenerator. Soll nun das Segment aufleuchten, braucht nur der entsprechende Anschluß des BCD-Siebensegment-Decoders auf HIGH-Pegel gehen, wodurch das Segment vom EXOR-Gatter genau phasenverkehrt zur backplane angesteuert wird.

Decoder für einstellige Siebensegment-Anzeigen. Bild 8.10 zeigt eine Reihe von BCD-Siebensegment-Decodern für LED- und LC-Anzeigen. Einige davon sind mit einem Datenspeicher ausgestattet und haben die Möglichkeit zur Anzeige von Hexadezimalziffern.

Typ	TTL/ CMOS	Anode/ Kathode	$I_{OUT\text{-}MAX}$ [mA]	Strombe-grenzung	Bemerkung
LED-Anzeigen:					
74LS47	TTL	Anode	24	nein	
74LS247	TTL	Anode	24	nein	
9368	TTL	Kathode	20	ja	Speicher, hexadezimal
9370	TTL	Anode	40	nein	Speicher, hexadezimal
9374	TTL	Anode	15	ja	Speicher
NE587	TTL	Anode	5...50	ja	Speicher
NE589	TTL	Kathode	5...50	ja	Speicher, hexadezimal
CA3161	TTL	Anode	25	ja	Speicher
4511	CMOS	Kathode	25	nein	Speicher
LC-Anzeigen:					
4055	CMOS				
4056	CMOS				Speicher
4543	CMOS				Speicher
4544	CMOS				Speicher

Bild 8.10: BCD-Siebensegment-Decoder für LED- und LC-Anzeigen (Tietze-Schenk 1989)

Werden mehrere Ziffern gebraucht, so bieten sich verschiedene Möglichkeiten der Ansteuerung. Vor allem muß dabei unterschieden werden, in welcher Form die darzustellende Zahl vorliegt. Ist eine Dualzahl mit mehr als 4 Bit vorhanden, so muß diese erst in eine BCD-Zahl umgesetzt werden, welche anschließend dargestellt werden kann. Mit dem Dual-BCD-Decoder 74LS485 können bis zu 7 Bit, bei Kaskadierung mehrerer Bausteine auch mehr Bits umgesetzt werden.

Mehrstellige Siebensegment-Anzeigen mit Dual-BCD-Decoder. Bild 8.11 zeigt eine Schaltung zur Darstellung von Dualzahlen von 0–127. Der Dual-BCD-Decoder 74LS485 wandelt dabei die Bits 1–6 um, Bit 0 wird direkt verwendet. Die so erhaltenen Signale werden in Gruppen von 4 Bits zwei BCD-Siebensegment-Decodern vom Typ 74LS46 zugeführt, welche zwei Siebensegment-Anzeigen ansteuern. Das höchstwertige Bit am Ausgang Y8 des LS485 steuert über einen invertierenden Treiber die zwei Segmente B und C der Siebensegment-Anzeige LD3, um eine Eins darzustellen.

Sind noch mehr Stellen vorhanden, so wird der Aufwand bei Verwendung eines Dual-BCD-Decoders recht groß. So sind für 8 Bit zwei 74LS485 nötig, für 16 Bit bereits acht 74LS485. Programmiert man selbst ein EPROM zur Umsetzung der Dualzahlen in BCD, so kann man wesentlich mehr Bits verarbeiten und zugleich die Multiplexansteuerung der Anzeige realisieren. Da EPROMs über acht Aus-

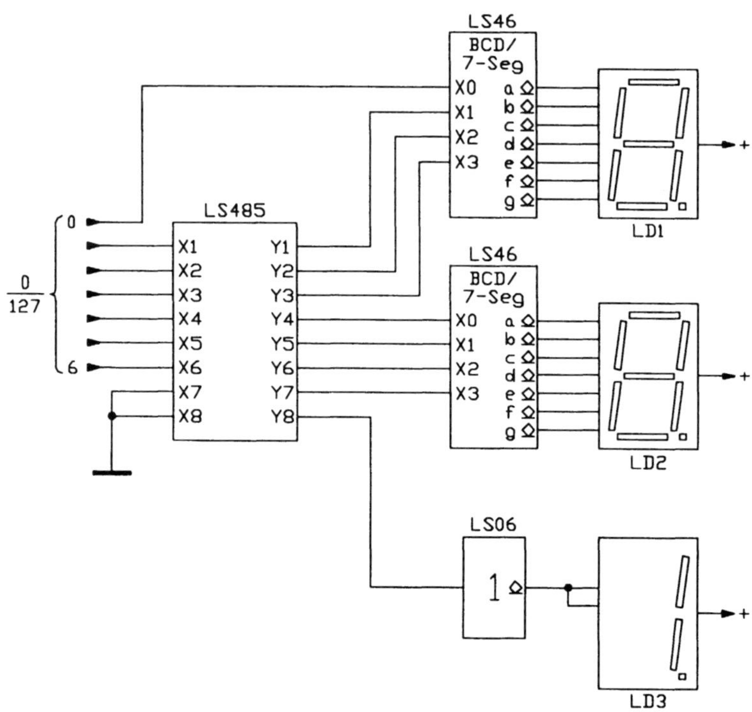

Bild 8.11: Dual-BCD-Decoder zur Umsetzung von Dualzahlen

gänge verfügen, kann sogar der BCD-Siebensegment-Decoder entfallen, da die Segmente einzeln angesteuert werden können.

Universeller Decoder für eine mehrstellige Siebensegment-Anzeigen. Bild 8.12 zeigt eine Schaltung zur Ansteuerung von vier Stellen bzw. zur Darstellung von Dualzahlen mit 12 Bit oder dem Bereich von 0–4095.

Die untersten zwei Adressen des EPROMs werden zyklisch vom Zähler IC4 verändert. Zugleich wird jeweils einer der vier Transistoren Q1...Q4 über den 1-aus-n-Decoder IC3 angesteuert und versorgt somit die Anode einer der vier Siebensegment-Anzeigen LD1...LD4. Die darzustellende Dualzahl wird an die Adressen A2...A13 des EPROMs IC1 gelegt. Somit ist in jeweils vier aufeinanderfolgenden Adressen im EPROM das Abbild einer Dualzahl zu finden, wobei ein Einser-Bit das entsprechende Segment aufleuchten und ein Null-Bit das entsprechende Segment dunkel läßt. Die Adresse X+0 enthält die Information für LD1 (Einerstelle), die Adresse X+1 die Information für LD2 (Zehnerstelle), die Adresse X+2 die Information für LD3 (Hunderterstelle) und die Adresse X+3 die Information für LD4 (Tausenderstelle).

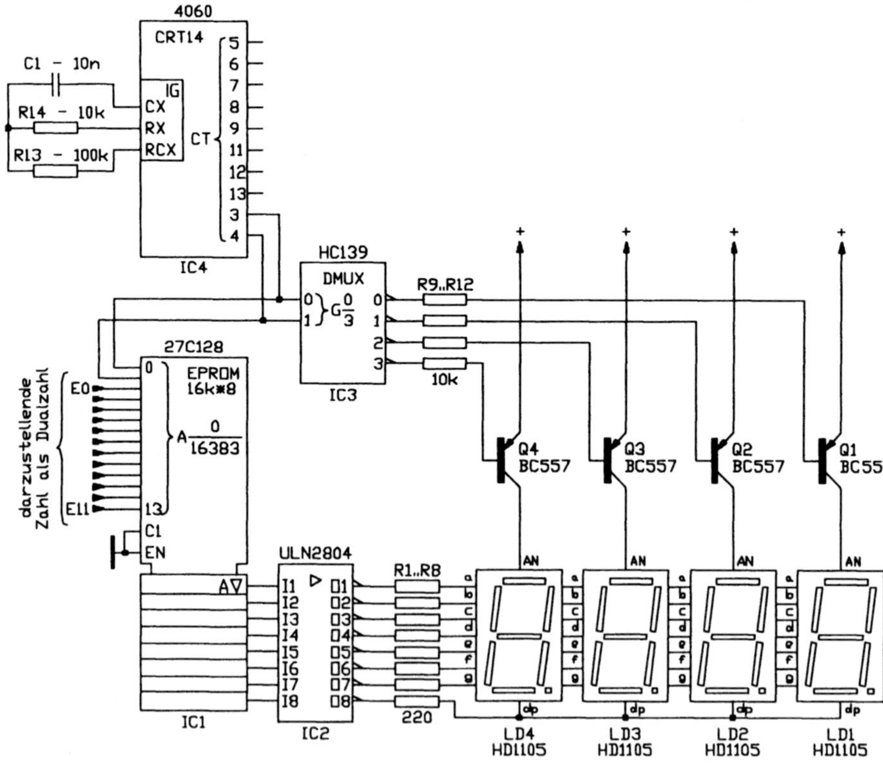

Bild 8.12: Universeller Dual-Siebensegment-Decoder mit vierstelliger LED-Siebensegment-Anzeige (nach: Elektor 7-8/93)

Die Widerstände R1...R8 sind zur Strombegrenzung der Segmente von LD1...LD4, die Widerstände R9...R12 die Vorwiderstände der Transistoren Q1...Q4. Der Zähler IC4 hat einen integrierten RC-Oszillator, welcher durch die Bauteile C1, R13 und R14 beschaltet ist. Für eine flackerfreie Anzeige muß die Scanfrequenz höher als 100 Hz sein, damit jede Stelle LD1...LD4 mehr als 100 Mal in der Sekunde angesteuert wird. Die in Bild 8.12 gezeigte Schaltung eignet sich aber auch zur Darstellung beliebiger Bitkombinationen, wie es beispielsweise bei einem RC5-Fernsteuersignal oder einem x-beliebigen Code vorkommt.

Bild 8.13 zeigt einen Speicherausschnitt des EPROMs, um den Inhalt einzelner Bytes zu verdeutlichen. Vier aufeinanderfolgende Stellen enthalten dabei die vier Stellen einer Dualzahl. Für die 4096 darstellbaren Zahlen sind also genau 16384 Bytes nötig. Die Dualzahl 500h (1280d) befindet sich an den Adressen 1400...1403h (500·h4=1400h).

Liegt die Zahl bereits im BCD-Code vor, so kann jede Stelle einzeln über einen BCD-Siebensegment-Decoder angesteuert werden. Dazu ist einfach die Schaltung in Bild 8.9 für jede Stelle zu verwenden. Bei vier Stellen wird diese Schaltung somit vier mal gebraucht. Eine andere Möglichkeit ist die Verwendung eines Bausteins mit integrierter Multiplex-Logik.

Dualzahl E0...E11	Adresse A0...A13	Inhalt D0...D7	Beschreibung
000h	0000h	00111111b	0 anzeigen, Einerstelle von 0
000h	0001h	00000000b	Anzeige leer, Zehnerstelle von 0
000h	0002h	00000000b	Anzeige leer, Hunderterstelle von 0
000h	0003h	00000000b	Anzeige leer, Tausenderstelle von 0
001h	0004h	00000110b	1 anzeigen, Einerstelle von 1
001h	0005h	00000000b	Anzeige leer, Zehnerstelle von 1
...	...	...	...
7A2h	1E88h	01100110b	4 anzeigen, Einerstelle von 1954 (7A2h)
7A2h	1E89h	01101101b	5 anzeigen, Zehnerstelle von 1954
7A2h	1E8Ah	01101111b	9 anzeigen, Hunderterstelle von 1954
7A2h	1E8Bh	00000110b	1 anzeigen, Tausenderstelle von 1954

Bild 8.13: Speicherausschnitt des EPROMs in Bild 8.12

Integrierte Schaltungen für mehrstellige LED-Anzeigen. Diese integrierten Schaltungen haben einen Daten- und einen Adreßeingang und verfügen über ein internes RAM, in welchem die darzustellenden Ziffern gespeichert werden. Dazu legt man die Adresse an den Adreßbus und den anzuzeigenden Wert als BCD-Zahl oder als Binärzahl – jedes Bit repräsentiert ein Segment – an den Datenbus. Anschließend wird ein Schreibimpuls gesendet, wodurch das Datum in die interne Speicherstelle geschrieben wird.

Solche Bausteine eignen sich besonders zum Anschluß an einen Mikrocontroller, wobei ein Programm die einzelnen Speicherstellen des Anzeigebausteins mit den anzuzeigenden Ziffern beschreibt. Der Mikrocontroller selbst braucht die Segmente nicht zu steuern und kann sich somit seinen eigentlichen Aufgaben widmen.

Bild 8.14 zeigt eine Liste mit Treiberbausteinen für LED-Anzeigen. Bei einem 1-Bit-Dateneingang erfolgt die Übertragung seriell. Bei 4 Bit können nur BCD- oder Hexadezimal-Zahlen übertragen werden, während bei 8 Bit meist jedes Segment einzeln angesteuert oder der interne Decoder verwendet wird.

Typ	Hersteller	Stellen	Segmente je Stelle	gemeinsamer Anschluß	Dateneingang [bit]
ICM7212	Intrersil, Maxim	4	7	Anode	4
MM74C911	National	4	7	Kathode	8
MC14499	Motorola	4	7	Kathode	1
MM74C912	National	6	7	Kathode	5
ICM7218	Intersil, Maxim	8	7	Anode/ Kathode	8
MAX7219	Maxim	8	7	Kathode	8
ICM7243	Intersil	8	16	Kathode	6
10937	Rockwell	16	16	Kathode	1

Bild 8.14: Treiber für mehrstellige LED-Anzeigen mit Multiplexansteuerung (Tietze-Schenk 1989)

Anzeigecontroller MAX7219. Der MAX7219 ist eine Anzeigecontroller für maximal achtstellige LED-Anzeigen. Der Baustein wird seriell mit Daten versorgt und benötigt nur drei Portpins eines Mikrocontrollers. Die Helligkeit der Anzeige läßt sich über einen Widerstand und zusätzlich softwaremäßig in 16 Stufen programmieren. Der Baustein ist beliebig kaskadierbar, da das Datensignal über DIN zugeführt und über DOUT zum nächsten Baustein geführt wird. Verwendet werden Anzeigen mit gemeinsamer Kathode.

Bild 8.15 zeigt eine Beschreibung der einzelnen Register. Acht Register enthalten die darzustellenden Zeichen und weitere acht Register sind für spezielle Funktionen reserviert. Es werden 16 Bit übertragen, wobei die Übertragung mit D15 beginnt und mit D0 endet. Die Bits D0...D7 enthalten den Datenwert, die Bits D8...D11 die Registeradresse und die Bits D12...D15 sind unbenutzt. Die Bits werden mit der steigenden Flanke am CLK-Pin in das interne Schieberegister übernommen. Mit einer steigenden Flanke am LOAD-Pin wird das Datum in eines der sechzehn Register geschrieben.

Bild 8.16 zeigt den Anschluß des MAX7219 an einen 8051-Controller. Die Portpins P1.0, P1.1 und P1.2 steuern dabei den seriellen Bus und den LOAD-Pin des MAX7219. Die Leitungen SEG-A...SEG-DP steuern die Segmente der acht

Adresse	Register	Beschreibung	Registerinhalt
X0	NOP	keine Operation, bei Kaskadierung mehrerer MAX7219 verwendet	beliebig
X1	Digit 0	Anzeigenspeicher Stelle 1 (Einerstelle)	X0...XFh .. BCD-Zahl 00...FFh .. Segmente
X2	Digit 1	Anzeigenspeicher Stelle 2 (Zehnerstelle)	- " -
X3	Digit 2	- " -	- " -
X4	Digit 3	- " -	- " -
X5	Digit 4	- " -	- " -
X6	Digit 5	- " -	- " -
X7	Digit 6	- " -	- " -
X8	Digit 7	- " -	- " -
X9	Decoder ein/aus	Decoder für jede Stelle ein- oder ausschalten, jedes Bit gibt eine Stelle an	X0h .. aus X1h .. ein
XA	Intensität	Intensistät der Anzeige einstellen, 16 Stufen sind möglich, 1/32 bis 31/32	X0...XFh
XB	Stellenzahl	Anzahl der angeschlossenen Siebensegment-Anzeigen	X0...X7h Stellenzahl 1...8
XC	Shut-Down	Anzeige ein- oder ausschalten	X0h .. aus X1h .. ein
XF	Anzeigentest	Alle Segmente aller Anzeigen einschalten	X0h .. Normalbetrieb X1h .. Anzeigentest

Bild 8.15: Register des Anzeigecontrollers MAX7219 (Feger 1993)

Siebensegment-Anzeigen. Die Leitungen DIG-0...DIG-7 werden an die Kathodenanschlüsse der acht Siebensegment-Anzeigen angeschlossen.

Bild 8.17 zeigt ein kleines Programm für einen 8051-Controller. Es überträgt die BCD-Zahlen in den Speicherstellen BCD+0...BCD+7 zum MAX7219. In der Initialisierungsroutine wird die Anzeige auf maximale Helligkeit programmiert, die Decoder werden für jede Stelle eingeschaltet und der SHUT-DOWN-Modus beendet.

```
;#### MAX7219 über 8051-Controller mit Daten versorgen ####
;Speicherstellen:
;           BCD+0...BCD+7         Speicher für BCD-Zahlen
;           R0, R1, R2            Schleifenzähler und Adresse der BCD-Zahlen
;           A, B                  Datum und Adresse für MAX7219
;
;---- Memonics ----
CLK         EQU    P1.0           ;Clockleitung des MAX7219
DATA        EQU    P1.1           ;Datenleitung DIN des MAX7219
LOAD        EQU    P1.2           ;LOAD-Pin des MAX7219
;
;---- Daten-Segment ----
            DSEG
BCD:        DS     8              ;8 Speicherstellen für BCD-Zahlen
```

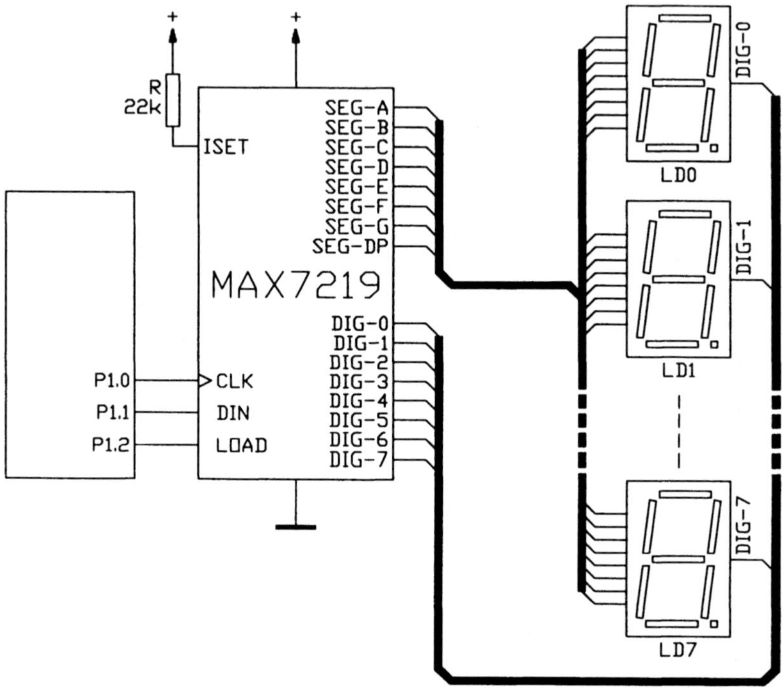

Bild 8.16: Anzeigecontroller MAX7219 für acht LED-Siebensegment-Anzeigen (nach: Feger 1993)

```
;
;---- Code-Segment ----
            CSEG
;---- Initialisierung Anzeigebaustein MAX7219 ----
INIT_7219:  CLR   CLK          ;CLK, DATA und LOAD löschen
            CLR   DATA
            CLR   LOAD
            MOV   A,#01h       ;SHUT-DOWN-Modus beenden,
            MOV   B,#0C        ;D0 = 1, Adresse = 0Ch
            CALL  SEND7219     ;Senderoutine
            MOV   A,#0F        ;Intensität programmieren (maximal)
            MOV   B,#0Ah       ;Intensität = 0Fh, Adresse = 0Ah
            CALL  SEND7219
            MOV   A,#0FFh      ;Decoder einschalten (alle Stellen)
            MOV   B,#09h       ;Decoder = FFh, Adresse = 09h
            CALL  SEND7219
            RET                ;Ende Initialisierung
;
;---- BCD-Zahlen in BCD+0..BCD+7 übertragen ----
```

```
BCD_Send:  MOV   R1,#08h        ;Schleifenzähler, beginnt bei Stelle 8
           MOV   R0,#BCD+8      ;Adresse Speicherstelle BCD+8
Loop_BCD:  MOV   A,@R0          ;BCD-Zahl ins Akku
           MOV   B,R1           ;Adresse 7219 ins B-Register
           CALL  SEND7219
           DEC   R0             ;nächste BCD-Zahl
           DJNZ  R1,Loop_BCD    ;Schleifenzähler, bei Null fertig
           RET                  ;Ende Übertragung
;
;---- Byte zum MAX7219 übertragen - Befehl in A, Adresse in B ----
SEND7219:  XCH   A,B            ;Akku und B-Register tauschen
                                ;Adresse übertragen
           MOV   R2,#08h        ;Schleifenzähler 8 Bit übertragen
Loop_BIT1: RLC   A              ;Bits ins Carry schieben und
           MOV   DATA,CLK       ;Bit ausgeben
           SETB  CLK            ;Taktimpuls ausgeben
           NOP
           CLR   CLK
           DJNZ  R2,Loop_BIT1   ;nächstes Bit übertragen (8 Bit)
           XCH   A,B            :Akku zurückholen um Datum zu übertragen
           MOV   R2,#08h        ;Schleifenzähler wieder laden
Loop_BIT2: RLC   A              ;und Bits übertragen
           MOV   DATA,CLK
           SETB  CLK
           NOP
           CLR   CLK
           DJNZ  R2,Loop_BIT2   ;alle 8 Bit übertragen ?
           SETB  LOAD           ;LOAD-Impuls geben
           NOP
           CLR   LOAD
           RET
```

Bild 8.17: Programmbeispiel zur Übertragung von BCD-Zahlen zum MAX7219

Integrierte Schaltungen für mehrstellige LC-Anzeigen. Genauso wie für LED-Anzeigen existieren auch für LC-Anzeigen integrierte Schaltungen mit Speicher und Logik für mehrere Stellen. Dabei muß zwischen der einzelnen Ansteuerung der Segmente und dem Multiplexverfahren unterschieden werden. Werden alle Segmente einzeln angesteuert, so werden wie bei den Decodern in Bild 8.10 die Segmente mit Wechselstrom versorgt. Bei einem dunklen, also eingeschalteten Segment ist deren Signal um 180° phasenverschoben zum Backplane-Anschluß. Bei einem hellen, also ausgeschalteten Segment ist deren Signal in Phase zum Signal am Backplane-Anschluß. Für jede Stelle wird ein BCD-Siebensegment-Decoder verwendet.

Werden die Stellen im Multiplexverfahren angesteuert, so sind allerdings drei Spannungspegel (außer Masse) notwendig, was auch als Triplex-Verfahren be-

Typ	Hersteller	Stellen	Segmente je Stelle	gemeinsamer Anschluß	Dateneingang [bit]
ICM7211	Intersil, Maxim	4	7	stat.	4
ICM7233	Intersil, Maxim	4	16	mux.	6
MSM58292	Oki	5	7	stat.	1
ICM7234	Intersil, Maxim	5	7	mux.	1
ICM7231	Intersil, Maxim	8	7	mux.	6
HD6103	Hitachi	8	7	stat.	4
ICM7232	Intersil, Maxim	10	7	mux.	1
HD6102	Hitachi	25	8	mux.	8
HD66100	Hitachi	beliebig	80	stat.	1
MSM5265	Oki	beliebig	80/160	stat./mux.	1

Bild 8.18: Treiber für mehrstellige LC-Anzeigen mit und ohne Multiplexansteuerung (Tietze-Schenk 1989)

zeichnet wird. Diese drei Pegel werden vom Ansteuerbaustein zur Verfügung gestellt, wobei die Segmente eingeschaltet sind, wenn die Spannungsdifferenz groß ist. Bei einer kleinen Spannungsdifferenz sind die Segmente ausgeschaltet.

Bild 8.18 zeigt eine Liste von integrierten Bausteinen zur Ansteuerung von mehrstelligen LC-Anzeigen. Die Spalte „gemeinsamer Anschluß“ gibt an, ob die Ansteuerung der Segmente einzeln (stat.) oder im Multiplexverfahren erfolgt (mux.).

Treiber mit 80 und mehr Segmenten (HD66100, MSM5265) werden für Punktmatrix-Anzeigen verwendet, während Treiber mit sechzehn Segmenten je Stelle für 16-Segment-Anzeigen verwendet werden (ICM7233). Bei einem 1-Bit-Dateneingang erfolgt die Programmierung seriell. Der Anschluß und die Ansteuerung durch den Mikrocontroller erfolgt in ähnlicher Weise wie in Bild 8.16 und Bild 8.17.

8.2.3 Alphanumerische Anzeigen

Alphanumerische Anzeigen sollen neben Ziffern auch das gesamte Alphabet und Sonderzeichen darstellen können. Dabei sollen Groß- und Kleinbuchstaben unterstützt werden. Es kann zwischen 16-Segment-Anzeigen und Punktmatrix- Anzeigen unterschieden werden.

Bei 16-Segment-Anzeigen wird meist ein Zeichensatz mit 64 Zeichen verwendet, welcher das gesamte Alphabet in Großbuchstaben, die Ziffern „0“...„9“ und einige Sonderzeichen enthält.

Punktmatrix-Anzeigen bestehen aus 35 einzelnen Leuchtpunkten, welche in einer 5×7 Matrix angeordnet sind. Seltener werden andere Matrixgrößen verwendet. Mit ihnen lassen sich die Groß- und Kleinbuchstaben des Alphabets, die Ziffern „0“...„9“ und eine Reihe von Sonderzeichen darstellen. Mit handelsüblichen Zeichengeneratoren sind 96 ASCII-Zeichen und 32 Sonderzeichen darstellbar. Da sehr viele Elemente vorhanden sind, werden diese Anzeigen nur im Multiplexverfahren angesteuert.

Ein- und mehrstellige 16-Segment-Anzeigen. Die 16-Segment-Anzeige besteht aus sechzehn einzeln ansteuerbaren Segmenten und ermöglicht somit neben der Zifferndarstellung auch die Anzeige der Großbuchstaben des Alphabets und einiger Sonderzeichen. Bild 8.19 zeigt eine solche Anzeige und die Bezeichnung der einzelnen Segmente. Meist sind zwei Anoden- oder Kathodenanschlüsse vorhanden.

16-Segment-Anzeigen gibt es als LED- oder LCD-Typen. Ein für den LED-Typ geeigneter Decoder ist der AC5947 von Texas Instruments. Die Anzeige wird wie eine Siebensegment-Anzeige an den Decoder angeschlossen.

Bei einer mehrstelligen 16-Segment-Anzeige kommen wieder integrierte Bausteine zum Einsatz. Bild 8.14 und Bild 8.18 zeigen einige Typen für LED- und LC-Anzeigen, wobei wiederum das Multiplexverfahren zur Ansteuerung verwendet wird. Geeignete Treiber für LED-Anzeigen mit gemeinsamer Kathode sind der ICM7243 von Intersil oder der „10937" von Rockwell. Für LC-Anzeigen kann der ICM7233 von Intersil verwendet werden (Tietze-Schenk 1989).

Weiters existieren Anzeigen mit bereits integrierter Ansteuerlogik, wodurch diese wie ein Speicherbaustein zu verwenden sind. Ein Beispiel dafür ist die achtstellige LED-Anzeige PD2816 von Siemens.

Punktmatrixanzeigen. Punktmatrixanzeigen besitzen die höchste Flexibilität bei der Darstellung von Zeichen. Die gebräuchlichste Form ist die 5×7 Punktmatrix, die in LED- und LCD-Technologie gefertigt wird. Die Leuchtpunkte befinden sich in den Kreuzungspunkten der Zeilen- und Spaltenleitungen, weshalb die Ansteue-

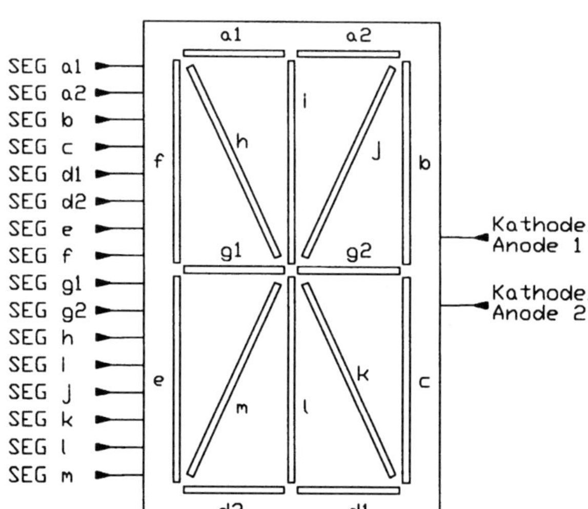

Bild 8.19: Segmente einer 16-Segment-Anzeige (nach: Tietze-Schenk 1989)

rung immer im Multiplexverfahren erfolgt. Die meisten Anzeigen sind schon mit ASCII-Zeichengenerator, Speicher und Ansteuerlogik ausgestattet, weshalb nur mehr der entsprechende Zeichencode gesendet werden muß, um eine Anzeige zu erhalten.

Anzeigen für Werbungs- oder Informationszwecke werden oft aus einzelnen Dreifarben-LEDs aufgebaut. Die verwendeten LEDs enthalten in einem Gehäuse eine LED für rotes und eine LED für grünes Licht. Leuchten beide LEDs auf, so ergibt sich die Farbe orange/gelb. Einzelne Zeichen oder ganze Zeichenfolgen können so hervorgehoben werden. Vor allem Laufschriftanzeigen bei Messe- oder Informationsständen werden so aufgebaut.

Prinzip der Ansteuerung einer Punktmatrix-Anzeige. Bild 8.20 zeigt ein Blockschaltbild zur Ansteuerung von Punktmatrix-Anzeigen. Der Dualzähler steuert den 1-aus-8-Decoder und die Adreßleitungen a0...a2 des Zeichengenerators. Über den Anodentreiber werden nacheinander die Leitungen r1...r7 an die Versorgungsspannung gelegt.

Der Zeichengenerator ist ein maskenprogrammiertes ROM, in welchem die Spalteninformationen gespeichert sind. Acht aufeinanderfolgende Adressen enthalten die Spalteninformation für ein Zeichen, wovon eine Adresse aber nicht benutzt wird (es gibt nur sieben Zeilen). Ein Eins-Bit im ROM läßt dabei die LED im Kreuzungspunkt von Spalten- und Zeilenleitung aufleuchten, während ein Null-Bit das entsprechende LED dunkel läßt. Über den Kathodentreiber werden diejenigen Spalten auf Masse gelegt, in welchen eine LED aufleuchten soll. Über die Adreßleitungen a3..a9 wird der Zeichencode des darzustellenden Zeichens angelegt.

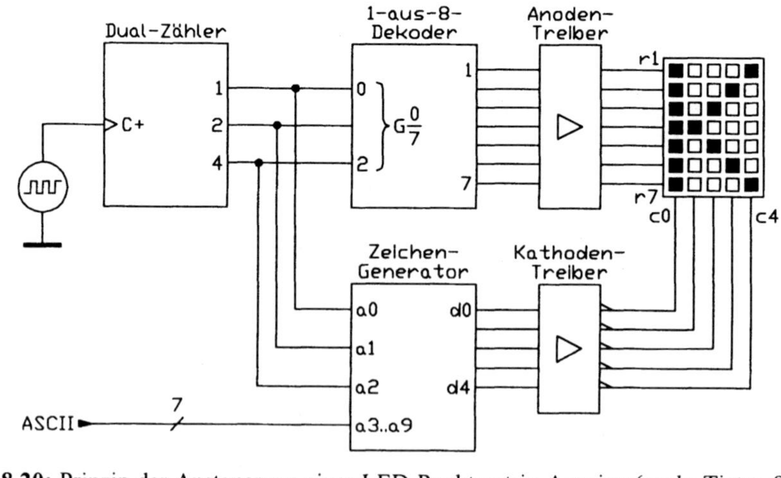

Bild 8.20: Prinzip der Ansteuerung einer LED-Punktmatrix-Anzeige (nach: Tietze-Schenk 1989)

LED-Punktmatrix-Anzeigen mit integrierter Logik. Bild 8.21 zeigt eine Liste mit verschiedenen integrierten LED-Punktmatrix-Anzeigen. Diese Anzeigen haben eine oder mehrere Stellen und enthalten bereits die gesamte Ansteuerlogik. Bei einem 1-Bit-Dateneingang erfolgt die Übertragung seriell. Bei 8-Bit-Dateneingängen wird der Zeichencode direkt angelegt. Über einen Schreibimpuls können die internen Speicherstellen beschrieben werden. Ein direkter Anschluß an einen Mikrocontrollerbus ist deshalb möglich.

Die Schaltung in Bild 8.22 zeigt den Anschluß einer LED-Punktmatrix-Anzeige mit integrierter Logik vom Typ LDR1414 an einen 8051-Controller.

Da die Ansteuerung wie bei einem Speicherbaustein erfolgen kann, wird diese an den Daten-, Adreß- und Steuerbus angeschlossen. Die Datenleitungen D0...D7 werden direkt mit Port0 (AD0...AD7) verbunden. Damit die Anzeige nur einen bestimmten Speicherbereich belegt, wird das WR-Signal mit den Adreßleitungen an Port2 über die Gatter IC2 und IC3 so verknüpft, daß nur bei Adressen von

Typ	Hersteller	Stellen	Segmente je Stelle	Dateneingang [bit]
PD1165	Siemens	1	8 × 8	8
PD3435	Siemens	4	5 × 7	8
HDSP2382	Hewlett-Packard	4	5 × 7	1
HDSP2112	Hewlett-Packard	8	5 × 7	8
DLR1414	Siemens	4	5 × 7	8
DLR2416	Siemens	4	5 × 7	8

Bild 8.21: LED-Punktmatrix-Anzeigen mit integrierter Ansteuerlogik (Tietze-Schenk 1989)

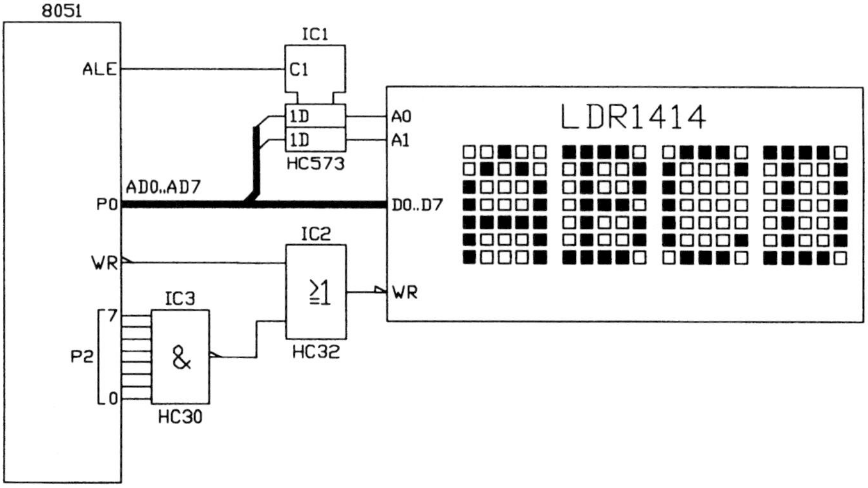

Bild 8.22: LED-Punktmatrix-Anzeige mit integrierter Ansteuerlogik am 8051-Controller

FF00...FFFFh die Anzeige angesteuert werden kann. Die beiden Adreßleitungen A0 und A1 werden dem Adreßzwischenspeicher IC1 entnommen. Mit ihnen wird eine der vier Stellen ausgewählt.

Intelligente LC-Punktmatrix-Anzeigemodule. LC-Punktmatrix-Anzeigen werden meist als Module ausgeführt, welche die gesamte Ansteuerung bereits enthalten. Sie sind mit einer oder mehreren Zeilen und verschiedensten Zeilenlängen erhältlich. Weiters gibt es Anzeigen mit und ohne Hintergrundbeleuchtung, so daß die Anzeige auch im Dunkeln abgelesen werden kann. Diese Module sind sogenannte intelligente Anzeigen, da sie neben dem Datenspeicher, welcher die anzuzeigenden Zeichen enthält, auch ein Befehlsregister haben. Über dieses sind verschiedenste Darstellungsmöglichkeiten programmierbar und Spezialfunktionen ausführbar. Beispielsweise kann die Anzeige im „Taschenrechnermodus" mit Rechtseintrag und automatischem Shift, im „Textmodus" mit Linkseintrag oder mit blinkenden Zeichen betrieben werden. Spezialfunktionen sind beispielsweise das automatische Verschieben der Anzeige, das Löschen der Anzeige oder die Programmierung eigener Zeichen.

Ein verbreiteter Anzeigecontroller bei LC-Anzeigemodulen ist der HD44780 (oder Äquivalente). Bild 8.23 zeigt eine Liste von Hitachi LCD-Modulen mit diesem Anzeigecontroller.

Bild 8.24 zeigt eine Liste der Befehle des HD44780-Controllers. Mit dem Befehl „Anzeige löschen" wird der gesamte Inhalt der Anzeige gelöscht und der Cursor auf die obere linke Ecke bzw. der Adreßzähler auf Null gesetzt. Der Befehl „Home-Position" setzt den Adreßzähler (Cursor) auf Null, ohne die Anzeige zu löschen. War der Inhalt der Anzeige verschoben, so daß die obere linke Ecke nicht die Speicherstelle Null angezeigt hatte, so wird die Anzeige ebenfalls verschoben und die Darstellung beginnt bei Adresse Null.

Durch den Befehl „Eintragungsmodus" kann man bestimmen, ob der Adreßzähler nach jedem Zeichen dekrementiert oder inkrementiert wird. Weiters kann durch das S-Bit das gleichzeitige Verschieben der Anzeige gesteuert werden. Dieser Befehl wird gebraucht, wenn man die Anzeige in den Taschenrechnermodus oder Textmodus umschalten möchte. Mit dem Befehl „Cursor/Anzeige-Shift" kann der Cursor oder die Anzeige verschoben werden, ohne den Adreßzähler zu verändern. Der Adreßzähler bestimmt, wo das nächste Zeichen angezeigt wird.

Zeilenzahl	Typenbezeichnung
1	LM054, LM015, LM568, H2570, LM020L, LM087LN, LM070L, LM038, LM027, H2571, LM058
2	LM052L, LM016L, LM016XML, LM086ALN, LM093LN, LM032L, LM091LN, LM060L, LM017L, LM107XML, LM018L, LM092LN
4	LM041L, LM044L

Bild 8.23: Verschiedene Hitachi LCD-Module mit dem Anzeigecontroller HD44780 (Hitachi)

Befehl	RS	R/W	DB7	DB6	DB5	DB4	DB3	DB2	DB1	DB0	Beschreibung
Anzeige löschen	0	0	0	0	0	0	0	0	0	1	Anzeige löschen, Cursor auf Home-Position (Adresse 0)
Home Position	0	0	0	0	0	0	0	0	1	X	Cursor auf Adresse 0, Anzeige auf Orginalposition (bei Shift)
Eintragungsmodus	0	0	0	0	0	0	0	1	I/D	S	Cursor Bewegungsrichtung, Anzeige-Shift ein /aus
Anzeige ein/aus	0	0	0	0	0	0	1	D	C	B	Anzeige ein/aus (D), Cursor ein/aus (C), Zeichen blinken ein/aus (B)
Cursor/Anzeige Shift	0	0	0	0	0	1	S/C	R/L	X	X	Cursor-/Azeige-Shift ohne Adreßänderung
Funktion setzen	0	0	0	0	1	DL	N	F	X	X	4/8-Bit-Modus (DL), Zeilenzahl(N),Zeichensatz (F)
CG-RAM Adresse setzen	0	0	0	1	A_{CG}						Schreib-/Lesebefehl beeinflußt Zeichengenerator-RAM
DD-RAM Adresse setzen	0	0	1	A_{DD}							Schreib-/Lesebefehl beeinflußt Anzeige-RAM
Busy-Flag lesen	0	1	BF	AC							Busy-Flag (BF) zeigt an, ob Controller beschäftigt ist
CG- oder DD-RAM schreiben	1	0	Daten								Schreibt Daten ins Anzeige- oder Zeichengenerator-RAM
CG- oder DD-RAM lesen	1	1	Daten								Liest Daten aus dem Anzeige- oder Zeichengenerator-RAM

I/D=1 .. Inkrement (+1), I/D=0 .. Dekrement (–1)
S=1 .. zusätzlich Shiften der Anzeige aktiv
S/C=1 .. Anzeige shiften, S/C=0 .. Cursor shiften
R/L=1 .. nach rechts shiften, R/L=0 .. nach links shiften
D/L=1 .. 8-Bit-Modus, DL=0 .. 4-Bit-Modus (Datenbusbreite)
N=1 .. Zeichensatz 5×10 Punkte, N=0 .. Zeichensatz 5×7 Punkte
BF=1 .. nicht bereit, BF=0 .. Anzeige für Befehl bereit
DD-RAM .. Anzeige-RAM
CG-RAM .. Zeichengenerator-RAM
A_{CG} .. Adresse CG-RAM
A_{DD} .. Adresse DD-RAM, gleichzeitig Cursoradresse
AC .. Adreßzähler für CG/DD-RAM

Bild 8.24: Befehle des Hitachi LC-Anzeigecontrollers HD44780 (Hitachi)

Der Befehl „Funktion setzen“ wird als erster Befehl gesendet. Er bestimmt die Busbreite für nachfolgende Befehle, d.h. ob der Datenbus im 4-Bit- oder im 8-Bit-Modus betrieben wird.

Durch den Befehl „DD-RAM setzen“ kann der Adreßzähler auf jede beliebige Zeichenposition gesetzt werden. Mit dem Befehl „CG-RAM setzen“ kann der Adreßzähler auf eine der acht programmierbaren Zeichen im Zeichengenerator-RAM gesetzt werden. Das Anzeige-RAM und das Zeichen-RAM kann gelesen und beschrieben werden. Wird das Befehlsregister gelesen, so erhält man das Statuswort, welches den Adreßzähler und das Busy-Flag enthält.

Der Anschluß der Module an einen Mikrocontroller kann entweder an einen Port oder an den Daten- und Adreßbus erfolgen.

LCD-Modul am 8051er-Port. Der Portanschluß erfolgt über sieben Leitungen, da das Modul im 4-Bit-Modus betrieben wird. Dabei werden zuerst die Bits 4...7 und anschließend die Bits 0...3 übertragen. Dadurch reicht ein 8-Bit-Port zum Anschluß des Moduls aus, weil nur vier Datenleitungen und drei Steuerleitungen benötigt werden.

Bild 8.25 zeigt ein Anzeigemodul am Port P1 des 8051-Controllers. Über die Portleitungen P1.4...P1.6 werden die drei Steuerleitungen R/W (Read/Write), RS (Register Select) und E (Enable) angesteuert, über die Portleitungen P1.0...P1.3 die vier Datenleitungen DB4...DB7. Mit dem Potentiometer P1 kann der Kontrast der Anzeige eingestellt werden.

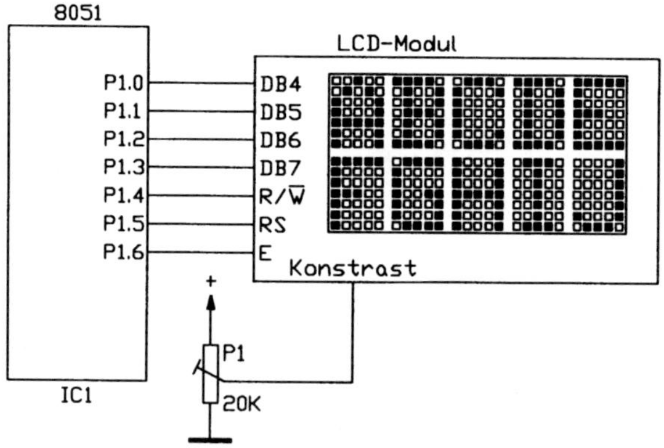

Bild 8.25: Anzeigemodul am Port des 8051-Controllers

Bild 8.26 zeigt ein Beispielprogramm mit zwei Routinen zur Ansteuerung der Anzeige. Die Schreibroutinen „Snd_Cmd“ und „Snd_Data“ fragen vor dem Senden des Befehls bzw. des Datums das Busy-Bit BF ab. Ist dieses auf Eins, so ist der Mikrocontroller gerade beim Abarbeiten eines Befehls. Erst wenn das BF-Bit auf Null ist, wird die Unterroutine „Rd_Busy“ verlassen und der Sendebefehl fortgesetzt.

```
;#### LC-Anzeigemodul am Mikrocontrollerport eines 8051er ####
;---- Variablen ----
;           A       Akkumulator, Befehls- und Datenübergabe
;                   Rückgabe des Statuswortes
;           C       Carry-Bit, Busy-Flag
;
;---- Code-Segment ----
            CSEG
;---- Befehl ans Anzeigemodul senden, Befehl im Akkumulator ----
Snd_Cmd:    CALL    Rd_Busy         ;Busy abfragen
            PUSH    ACC             ;Befehl sichern
            SWAP    A               ;HIGH/LOW-Byte tauschen
                                    ;(DB4...DB7 zuerst senden)
            ANL     A,#00001111b    ;nur Bit DB4..DB7 übrig lassen
            MOV     P1,A            ;Befehl schicken (RS=0, R/W=0)
            SETB    P1.6            ;Enable-Impuls senden
            CLR     P1.6
            POP     ACC             ;gesicherten Befehl zurückholen für DB0..DB3
            ANL     A,00001111b     ;nur Bit DB0..DB3 übrig lassen
            MOV     P1,A            ;Befehl schicken (RS=0, R/W=0)
            SETB    P1.6            ;Enable-Impuls senden
            CLR     P1.6
            MOV     P1,#10111111b   ;alle Portpins auf HIGH setzen, Enable auf Null
            RET                     ;Ende Routine
;
;---- Daten ans Anzeigemodul senden, Datum im Akkumulator ----
Snd_Data:   CALL    Rd_Busy         ;Busy abfragen
            PUSH    ACC             ;Datum sichern
            SWAP    A               ;HIGH/LOW-Byte tauschen
                                    ;(DB4..DB7 zuerst senden)
            ANL     A,#00001111b    ;nur Bit DB4..DB7 übrig lassen
            ORL     A,#00100000b    ;RS=1 setzen
            MOV     P1,A            ;Datum schicken (RS=1, R/W=0)
            SETB    P1.6            ;Enable-Impuls senden
            CLR     P1.6
            POP     ACC             ;gesichertes Datum zurückholen für DB0..DB3
            ANL     A,00001111b     ;nur Bit DB0..DB3 übrig lassen

            ORL     A,#00100000b    ;RS=1 setzen
            MOV     P1,A            ;Datum schicken (RS=0, R/W=0)
            SETB    P1.6            ;Enable-Impuls senden
            CLR     P1.6
            MOV     P1,#10111111b   ;alle Portpins auf HIGH setzen, Enable auf Null
            RET                     ;Ende Routine
```

```
;
;---- Statuswort des Anzeigemoduls lesen, Statuswort in Akkumulator ----
RD_Status: MOV  P1,#1001111b     ;RS=1, R/W=1 setzen
           SETB P1.6             ;Enable auf HIGH
           MOV  A,P1             ;DB4..DB7 lesen
           CLR  P1.6             ;Enable auf LOW
           MOV  P1,#1001111b     ;RS=1, R/W=1 setzen (DB0..DB3 lesen)
           SETB P1.6             ;Enable auf HIGH
           MOV  B,P1             ;DB0..DB3 lesen
           CLR  P1.6             ;Enable auf LOW
           MOV  P1,#10111111b    ;alle Portpins auf HIGH setzen, Enable auf Null
           ANL  A,#00001111b     ;nur Bits 0..3 wichtig (DB4..DB7)
           SWAP A                ;DB4..DB7 an richtige Stelle
           ANL  B,#00001111b     ;nur DB0..DB3 übrig lassen
           ORL  A,B              ;HIGH- und LOW-Nibble zusammensetzen
           RET                   ;Ende Routine, Statuswort in A

;---- Unterprogramm zur Abfrage des Busy-Bits, Warteschleife ----
Rd_Busy:   MOV  P1,#10011111b    ;BF-Flag lesen (RS=0, R/W=1)
           SETB P1.6             ;Enable-Impuls
           MOV  C,P1.3           ;BF-Flag in Carry sichern
           CLR  P1.6
           MOV  P1,#10011111b    ;Bit DB0..DB3 holen, sind unwichtig
           SETB P1.6             ;Enable-Impuls
           CLR  P1.6
           JB   C,Rd_Busy        ;BF=1, Mikrocontroller arbeitet noch
           RET                   ;Ende Unterroutine
```

Bild 8.26: Beispielprogramm zum Anschluß eines LC-Anzeigemoduls am Mikrocontrollerport

LCD-Modul am Mikrocontrollerbus. Ein Busanschluß des Anzeigemoduls ist ebenso möglich. Dabei wird das Modul wie ein externer Speicher mit zwei Adressen angesprochen. Wegen der Problematik des Timings ist die direkte Verwendung des WR-Signals des 8051-Controllers zur Steuerung des R/W-Anschlusses und des Enable-Anschlusses nicht möglich (siehe auch Bild 6.61 und Bild 6.62).

Bild 8.27 zeigt die Schaltung zum Anschluß des Anzeigemoduls an den Mikrocontrollers. Die Portleitung P1.0 ist mit dem R/W-Anschluß des Anzeigemoduls verbunden. Sie wird vor dem Schreib- oder Lesezugriff gesetzt, womit die Problematik des Timings gelöst wird. Bei einem Schreibzugriff wird P1.0 auf LOW-Pegel gesetzt, wodurch nur IC4 freigegeben wird. Bei einem Lesezugriff wird nur IC5 freigegeben. Alle Eingangsleitungen der Gatter IC4 oder IC5 müssen LOW-Pegel führen, damit der Ausgang HIGH-Pegel hat und somit über das ODER-Gatter IC6 ein Enable-Signal zustande kommt. Eine Buskollision durch falsches Setzen der Leitung P1.0 wird durch die getrennte Verarbeitung des WR-Signals mit IC4 und des RD-Signals mit IC5 verhindert.

Mit dem NAND-Gatter IC2 wird der Adreßbereich auf FF00...FFFFh eingeschränkt. Die Adreßleitung A0 wird mit IC1 zwischengespeichert und an den RS-Pin angeschlossen. Mit ihr wird zwischen Befehlsregister (RS=0) und Datenregister (RS = 1) gewählt. Über das Potentiometer P1 kann der Kontrast der Anzeige eingestellt werden.

Bild 8.28 zeigt ein Beispielprogramm zur Schaltung in Bild 8.27. Vier einzelne Routinen werden gezeigt. Bevor ein Befehl oder ein Zeichen zum Anzeigemodul gesendet wird, fragt das Programm mit Hilfe des Unterprogramms „Rd_Busy" das Busy-Flag BF ab. Dort verweilt es so lange, bis BF auf Null ist. Mit der Funktion „Rd_Status" kann das Statuswort abgefragt werden. Bei allen Funktionen wird der Parameter im Akkumulator übergeben (Snd_Cmd, Snd_Data) oder dort bereitgestellt (RD_Status).

```
;#### Anzeigemodul am Bus des 8051-Controllers, Lesen und Schreiben ####
;
;---- Code-Segment ----
            CSEG
;
;---- Befehl zum Modul senden - Befehl im Akkumulator ----
Snd_Cmd:    CALL    Rd_Busy          Busy-Flag abfragen
            CLR     P1.0             ;R/W-Leitung auf LOW (Write)
            MOV     DPTR,#FF00h      ;Anzeigeadresse laden (RS=A0=0)
            MOVX    @DPTR,A          ;Befehl zum Anzeigemodul schicken
            RET                      ;Ende Routine
;
```

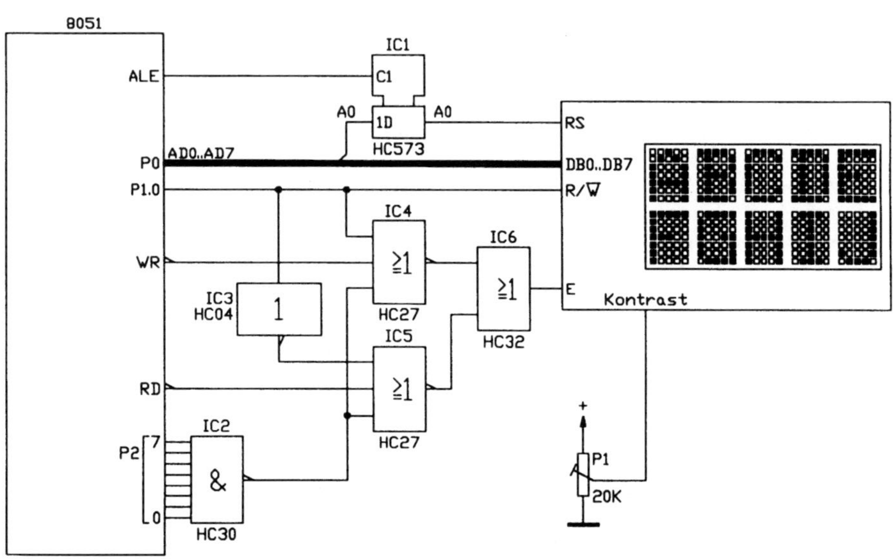

Bild 8.27: Anzeigemodul am Daten- und Adreßbus des 8051-Controllers

```
;---- Daten zum Anzeigemodul senden - Datum im Akkumulator ----
Snd_Data:   CALL  Rd_Busy         Busy-Flag abfragen
            CLR   P1.0            ;R/W-Leitung auf LOW (Write)
            MOV   DPTR,#FF01h     ;Anzeigeadresse laden (RS=A0=1)
            MOVX  @DPTR,A         ;Datum zum Anzeigemodul schicken
            RET                   ;Ende Routine
;
;---- Satuswort lesen, Statuswort im Akkumulator ----
Rd_Status:  SETB  P1.0            ;R/W-Leitung auf HIGH (Read)
            MOV   DPTR,#FF00h     ;Statuswort bei Befehlsadresse (RS=A0=0)
            MOVX  A,@DPTR         ;Statuswort vom Anzeigemodul lesen
            CLR   P1.0            ;R/W-Leitung wieder in WRITE-Modus setzen
            RET                   ;Ende Routine
;
;---- Busy-Flag abfragen und Warteschleife ----
Rd_Busy:    PUSH  A               ;Befehl/Datum sichern
            SETB  P1.0            ;R/W-Leitung auf Lesen
            MOV   DPTR,#FF00h     ;Statuswort bei Befehlsadresse
Loop:       MOVX  A,@DPTR         ;Statuswort lesen
            JB    ACC.7,Loop      ;Bit7 = Busy-Flag, 1 = LCD-Controller nicht bereit
            CLR   P1.0            R/W-Leitung wieder auf Schreiben setzen
            POP   A               ;Befehl/Datum zurückholen
            RET                   ;Ende Busy-Flag abfragen/Warteschleife
```

Bild 8.28: Beispielprogramm zum Anschluß eines LC-Anzeigemoduls an einen Mikrocontrollerbus

Man kann auf die gesamte Logik für das Enable-Signal verzichten, indem der R/W-Anschluß des Anzeigemoduls auf Masse gelegt und das Enable-Signal über zwei NAND-Gatter aus dem WR-Signal und den Adreßleitungen an P2 gewonnen wird (nur IC2 und IC4). Dann kann das Busy-Bit nicht mehr gelesen werden, weshalb nach jedem Befehl eine Wartezeit eingelegt werden muß. Diese Wartezeit kann dem Datenblatt des Anzeigemoduls entnommen werden.

8.2.4 Grafikfähige Anzeigen

Die grafikfähigen Anzeigen gehören zu den intelligenten LC-Punktmatrix-Anzeigen. Sie sind ebenfalls als Module ausgeführt, unterscheiden sich aber im Aufbau der Anzeigefläche. Alphanumerische Anzeigen haben einzelne Felder aus einer 5×7 Punktmatrix. Diese Felder haben untereinander einen fixen Abstand, welcher zugleich der Zeichenabstand ist. Es ergibt sich also keine einheitliche Fläche, wodurch grafische Anzeigen nicht möglich sind.

Grafikfähige Anzeigen haben eine geschlossene Fläche von Punkten, wodurch beispielsweise eine geschlossene Linie über die gesamte Fläche dargestellt werden kann. Solche Anzeigen sind in unterschiedlichsten Größen erhältlich. Der Anzeigecontroller erlaubt die Ansteuerung jedes einzelnen Punktes, wodurch beliebige Darstellungen möglich sind. Zusätzlich ist auch ein Zeichengenerator integriert, womit Texte nicht selbst durch Aktivieren der entsprechenden Punkte dargestellt werden müssen, sondern der Zeichencode verwendet werden kann. Es muß nur der Startpunkt angegeben werden. Der Spaltenzähler wird nach jedem Zeichen vom Anzeigecontroller erhöht. Verschiedene Zeichengrößen sind ebenfalls möglich.

Der Anschluß an den Mikrocontroller ist meist nur mehr im 8-Bit-Modus möglich, wodurch elf Portleitungen benötigt werden (acht Leitungen für den Datenbus, drei Leitungen für die Steuerleitungen). Der Busanschluß kann gleich wie bei einem alphanumerischen Anzeigemodul erfolgen.

8.2.5 Bildschirm-Anzeigen

Die Ausgabe auf einen Bildschirm erlaubt die Darstellung vieler Zeichen bei hoher Auflösung und geringen Kosten. Die Kosten für die Anzeige werden vor allem dann gering sein, wenn man mit einem Videosignal nach der Fernsehnorm arbeitet. Es können dann die billigen Komponenten der Fernsehgeräte verwendet werden. man kann zwischen alphanumerischer und grafischer Ausgabe auf einen Bildschirm unterscheiden.

Prinzip. Bild 8.29 zeigt das Blockschaltbild einer alphanumerischen Videoausgabe. Auf der einen Seite wird der Zweitorspeicher vom Mikrocontroller oder Mikroprozessor gelesen oder beschrieben. Dieser Speicher enthält praktisch den gesamten Bildschirminhalt. Auf der anderen Seite wird der Zweitorspeicher vom Videointerface ständig ausgelesen.

Video-Timing-Controller. Zur Erzeugung der Synchronisationssignale wird ein Video-Timing-Controller, wie der MC6845 von Motorola verwendet (Timing-Controller in Bild 8.29). Die Zeichen sind von oben links nach unten rechts durchnumeriert und liegen an aufeinanderfolgenden RAM-Adressen. Zur Darstel-

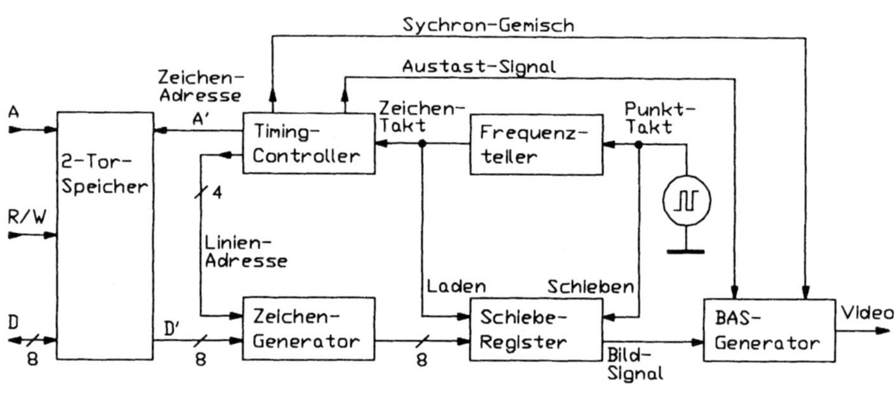

Bild 8.29: Alphanumerisches Videointerface (nach: Tietze-Schenk 1989)

lung eines Zeichens sind mehrere Linien erforderlich, ähnlich den Punktmatrix-Anzeigen. Es wird jeweils eine Linie aller Zeichen einer Zeile dargestellt. Dazu wird die Zeichenadresse A′ laufend erhöht und die Linien-Adresse konstant gehalten. Für die darauffolgende Linie wird die Linienadresse erhöht und wieder werden die gleichen Zeichenadressen A′ verwendet. Erst wenn alle Linien einer Zeile abgearbeitet sind, wird die folgende Zeile dargestellt. Dazu wird die erste Zeichenadresse um die Anzahl der Zeichen einer Zeile erhöht.

Der Zeichengenerator wird mit dem Inhalt D′ des Zweitorspeichers und der Linienadresse gesteuert. Mit einem Schieberegister wird das parallel ausgegebene Intensitätsmuster eines Zeichens in ein serielles Bildsignal gewandelt. Dazu wird das Schieberegister mit dem Zeichentakt geladen und mit dem Punkttakt ausgelesen (schieben). Der BAS-Generator bildet aus dem Bildsignal, dem Austastsignal und dem Synchrongemisch das Videosignal, welches dem Bildschirm zugeführt wird.

Zeichengenerator. Zeichengeneratoren sind beispielsweise der MCM6674 mit 5×7 Punktmatrix und der MCM66710...66790 mit 5×12 Punktmatrix. Es gibt auch Zeichengeneratoren mit integriertem Schieberegister und solche, die Attributbits wie Blinken, Unterstreichen und Invertieren verarbeiten können (Tietze-Schenk 1989).

BAS-Generator. Der BAS-Generator kann als ein 2-Bit-DAU aufgebaut werden. Wegen der geringen Auflösung können einfach die TTL-Signale verwendet werden. Bild 8.30 zeigt einen solchen BAS-Generator, bei welchem über die Widerstände das Bildsignal und die Synchronisationssignale gewichtet addiert werden. Über das UND-Gatter 74HC08 wird das Bildsignal bei aktivem Austastsignal gesperrt.

Zweitorspeicher. Der Zweitorspeicher kann einfach mit einem normalen RAM und einem Multiplexer realisiert werden. Sobald der steuernde Mikrocontroller in das RAM schreibt, kommt es zu einem Bildfehler, da für ein bis zwei Zeilen kein Zeichencode D′ für den Zeichengenerator zur Verfügung steht. Falls dies stört,

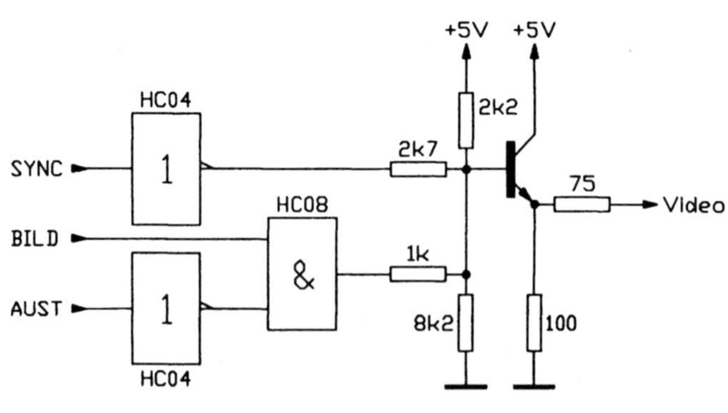

Bild 8.30: BAS-Generator mit 1 V_{ss} Ausgangsspannung an 75 Ω (nach: Tietze-Schenk 1989)

muß der Zugriff in den Bildrücklauf oder die nicht dargestellten Bereiche verlegt werden. Es werden nur 42 µs von 64 µs einer Zeile und 512 von 625 Zeilen genützt, womit mehr als die Hälfte der Zeit zur Verfügung steht (Tietze-Schenk 1989).

Da das Auslesen des Zweitorspeichers durch den Video-Timing-Controller zyklisch erfolgt, können auch billige dynamische RAMs eingesetzt werden.

8.3 Akustische Anzeigen

Signalgeber. Akustische Anzeigen sollen dem Benutzer besondere Situationen signalisieren. Einerseits können dies Ausnahmesituationen sein, in denen Warntöne signalisieren sollen, daß ein manueller Eingriff dringend erforderlich ist (z.B. stehen gebliebene Maschine). Es kann aber auch vor einer Gefahr akustisch gewarnt werden, damit jede Person erhöhte Vorsicht walten läßt (z.B. Hebebühne, rückwärts fahrender Lastwagen, ...).

Andererseits wird ein akustisches Signal auch zur Bestätigung verwendet. Beispielsweise kann jeder Tastendruck auf einer numerischen Tastatur durch einen Signalton begleitet werden. Genauso kann aber auch nur das „Enter" durch einen Ton begleitet werden, um dem Benutzer die erfolgte Eingabe zu signalisieren.

Sprache. Die Sprachausgabe ist ein sehr umfangreicher und komplexer Bereich. Hier macht die Technik sehr schnelle Fortschritte.

Die folgenden Schaltungen werden gezeigt:

- Piezoelement und Lautsprecher
  - Ansteuerung eines Piezoelementes über einen Mikrocontrollerpin
  - Piezoelement mit eigenständiger Tonabgabe
  - größere Lautstärken mit Lautsprechern

8.3.1 Piezoelement und Lautsprecher

Piezoelement. Piezoelemente können direkt angesteuert werden, da sie nur eine geringe Leistungsaufnahme haben und sich ähnlich einer Kapazität verhalten.

Bild 8.31 zeigt den Anschluß eines Piezoelementes an den Portpin P1.0 des 8051-Controllers. Ein Widerstand von 6,8 kΩ liegt parallel zum internen Widerstand von ca. 20 kΩ, wodurch sich der HIGH-Pegel am Mikrocontrolleranschluß nach dem Abschalten des internen Transistors schneller aufbaut. Dies ergibt eine höhere Lautstärke im Gegensatz zur Schaltung ohne Widerstand.

Bild 8.32 zeigt ein Beispielprogramm zur Ansteuerung des Piezoelementes. Der Portpin P1.0 wird abwechselnd HIGH- und LOW-Pegel führen. Die Zeit für HIGH- und LOW-Pegel bestimmt die Frequenz und wird durch eine Verzögerungsschleife realisiert. Bei einer Ausgangsfrequenz von 5 kHz beträgt die HIGH-

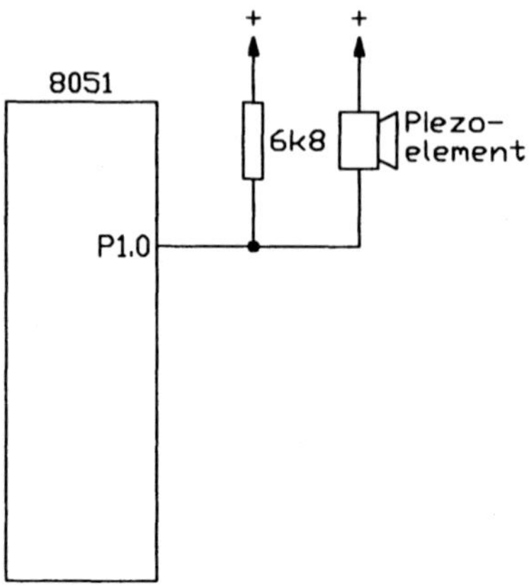

Bild 8.31: Piezoelement am Portpin des 8051-Controllers

oder LOW-Phase an P1.0 genau 100 µs. Die zwei Variablen Zeit+0 und Zeit+1 bewirken 10 000 Durchläufe, womit sich eine Signaldauer von ca. 1 s ergibt.

```
;#### Signalausgabe über Piezoelement am Portpin P1.0 ####
;---- Variablen ----
;          Zeit                     Zeitschleife für 1 Sekunde Ton
;          R0                       Register für Warteschleife zwischen Pegelwechsel
;
;---- Daten-Segment ----
           DSEG
Zeit       DS    2
;
;---- Code-Segment ----
           CSEG
;---- Routine zur Tonausgabe, 5 kHz, 1 Sekunde Dauer ----
;- Systemtakt 12 MHz, HIGH/LOW-Phase dauern 100 µs -
Signal:    MOV   Zeit+0,#100d      ;Zeitzähler laden
Loop1:     MOV   Zeit+1,#100d
Loop0:     CPL   P1.0              ;Portpin invertieren (1 µs)
           MOV   R0,#47d           ;Zyklen: 1+1+X*2+2 = 100 -> X=47; (1 µs)
Wait:      DJNZ  R0,Wait           ;Verzögerungsschleife (47*2 µs =94 µs)
           DJNZ  Zeit+0,Loop0      ;Zeit vorbei ? (2 µs)
           DJNZ  Zeit+1,Loop1
           SETB  P1.0              ;spannungslos schalten
           RET
```

Bild 8.32: Beispielprogramm zur Signalausgabe mit Piezoelement am Portpin

Selbständige Signalausgabe. Es gibt auch Piezoelemente mit integriertem Tongenerator. Diese brauchen nur an die Versorgungsspannung angeschlossen werden, damit sie einen Ton abgeben. Dazu legt man den Minusanschluß des Signalgebers an einen Portpin und den Plusanschluß an die Versorgungsspannung. Setzt man nun den Portpin auf LOW-Pegel, so erhält man einen Signalton.

Hohe Lautstärke. Um größere Lautstärken zu erhalten, muß ein Lautsprecher verwendet werden. Der dazu nötige Verstärker wird am besten mit einer integrierten Schaltung aufgebaut. Diese stehen für unterschiedlichste Leistungen zur Verfügung.

8.3.2 Sprachausgabe

Die Sprachausgabe wird mit integrierten Schaltungen realisiert, welche schon recht kostengünstig zur Verfügung stehen. Diese Bausteine verfügen über einen Festwertspeicher, der vom Hersteller programmiert wird. In diesen sind Samples (Signalfolgen) von Silben gespeichert, mit denen ganze Worte gebildet werden können. Weiters enthalten diese integrierten Bausteine den nötigen A/D-Umsetzer und einen passenden Tiefpaßfilter dritter oder vierter Ordnung. Je höher die Abtastfrequenz gewählt wurde, desto mehr Speicher wird benötigt, aber desto besser ist die Qualität der ausgesprochenen Silben. Über Adreßleitungen kann die benötigte Silbe ausgewählt werden und durch einen Startimpuls wird die Ausgabe gestartet. Bei der Zeitansage werden nur Zahlen benötigt, was die Zusammenstellung der Silben sehr vereinfacht. Ein Mikrocontroller wählt je nach vorhandenem Zahlenwert die Silben aus und gibt nacheinander die entsprechenden Adressen an den Baustein.

9 Ausgabe eines Signals

Die Schaltungen zur Signalausgabe können notwendig sein, um das Ausgangssignal der bisher besprochenen Eingabeschaltungen für die Weiterverarbeitung geeignet aufzubereiten. Dabei kann auch eine Umsetzung in eine andere Größe, wie z.B. einen Strom, stattfinden.

Die Signalausgabe kann in digitaler oder analoger Form erfolgen, wobei die Schaltung alle eingestellten Zahlenwerte digital zur Verfügung stellt. Zur Digitalausgabe genügen meist Treiberbausteine, wobei eventuell ein Codeumsetzer vorgeschaltet wird. Die Analogausgabe kann auf verschiedene Arten erfolgen. Spannung, Strom oder Frequenz sind als Ausgangsgröße möglich.

Folgende Signale werden behandelt:

- digitales Signal
  - einfache Ausgabe (codiert, unverändert)
  - Ausgabe mit Decodierung
- analoges Signal
  - Ausgabe einer Spannung
  - Ausgabe eines Stromes
  - Ausgabe einer Frequenz mit Rate-Multiplier oder VCO

9.1 Digitales Signal

Einfache Ausgabe. Die Bits des zur Verfügung gestellten Signals werden einzeln einem Treiber zugeführt und verstärkt. Nachgeschaltete Bauelemente können somit keinen Einfluß auf die Schaltung nehmen. Bild 9.1 zeigt eine Schaltung mit dem Treiber 74LS244, welcher den Strom $I_{OH} = -15$ mA und $I_{OL} = +24$ mA liefern kann.

Ausgabe mit Decodierung (Binärcode). Das zur Verfügung gestellte digitale Signal wird in einem 1-aus-n-Decoder auf n Ausgangsleitungen verteilt, so daß immer nur eine Ausgangsleitung aktiv ist. Bild 9.2 zeigt die Schaltung eines 1-aus-n-Decoders mit nachgeschaltetem Treiber. Der 1-aus-8-Decoder 74HCT138 kann maximal drei Bit verarbeiten und stellt somit acht Ausgänge zur Verfügung. Da das Ausgangssignal des 74HCT138 invertiert ist, wird ein invertierender Treiber vom Typ 74LS241 verwendet.

Um einen beliebigen Zusammenhang zwischen dem codierten Signal der Eingabeschaltung und der Schaltung, welche das Signal weiterverarbeitet, zu erhal-

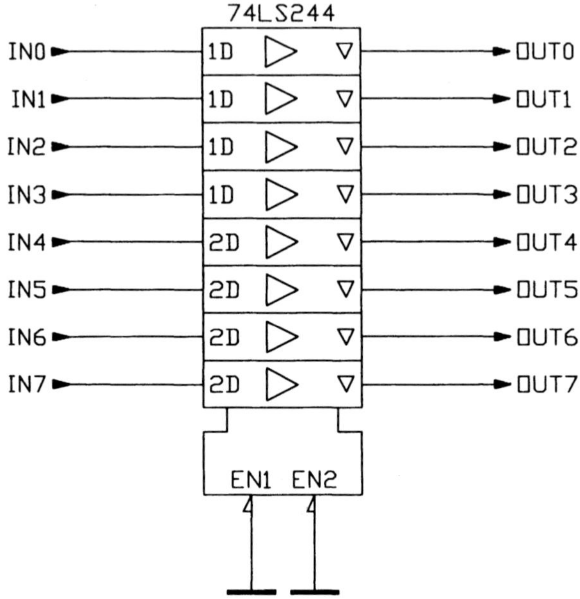

Bild 9.1: Treiberbaustein für einfaches digitales Ausgangssignal

ten, kann ein programmierbarer Baustein verwendet werden. Dazu können beispielsweise EPROMs oder programmierbare Logikbausteine verwendet werden.

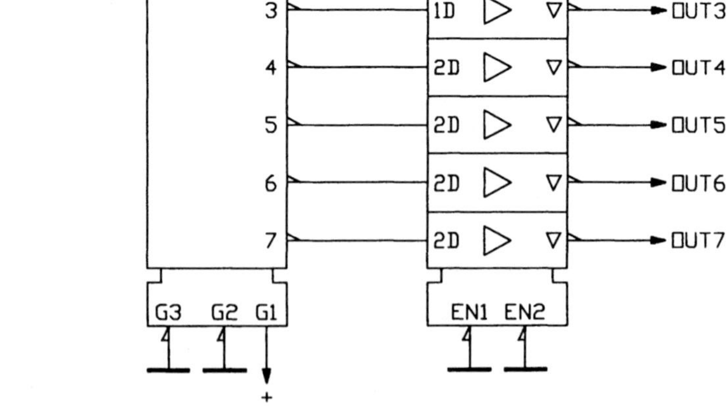

Bild 9.2: 1-aus-8-Decoder mit Treiber für digitales decodiertes Ausgangssignal

9.2 Analoges Signal

Die Ausgabe eines Analogsignals kann in Form einer Spannung, eines Stroms oder einer Frequenz erfolgen. Bei Spannungen werden meist DAUs eingesetzt, welche das digitale Signal der Eingabeschaltung in eine Spannung umsetzen. Mit Zusatzschaltungen im analogen Teil der Schaltung kann der Spannungsbereich verändert werden.

Wenn ein Strom als Ausgangssignal zur Verfügung stehen soll, wird einem DAU ein U/I-Umsetzer nachgeschaltet. Die Last kann einseitig an der Versorgungsspannung, an der Masse oder frei angeschlossen sein.

Eine Frequenz kann prinzipiell auf zwei verschiedene Arten erzeugt werden. Die erste Möglichkeit ist die direkte Verwendung des digitalen Signals der Eingabeschaltung. Dies wird bei Rate-Multipliern oder programmierbaren Teilern (Zählern) der Fall sein. Die andere Möglichkeit ist die Verwendung eines DAUs, welcher einen VCO ansteuert. Der VCO gibt das gewünschte Signal aus.

Ausgabe einer Spannung. Bild 9.3 zeigt eine Schaltung zur Spannungsausgabe. Über einen 8-Bit-DAU vom Typ ZN428 wird eine analoge Spannung ausgegeben. Der Umsetzer verwendet die interne Referenzspannung von 2,5 V (Verbindung von $V_{REF\,OUT}$ und $V_{REF\,IN}$), womit 256 Stufen zu je ca. 10 mV möglich sind. Der EN-Eingang liegt auf Masse, wodurch die Ausgangsspannung des DAUs dem Digitalwert folgt, weil der interne Pufferspeicher transparent geschaltet ist. Durch den Verstärker IC1 wird der DAU entlastet und das Signal kann auf größere Werte als die Referenzspannung von 2,5 V gebracht werden.

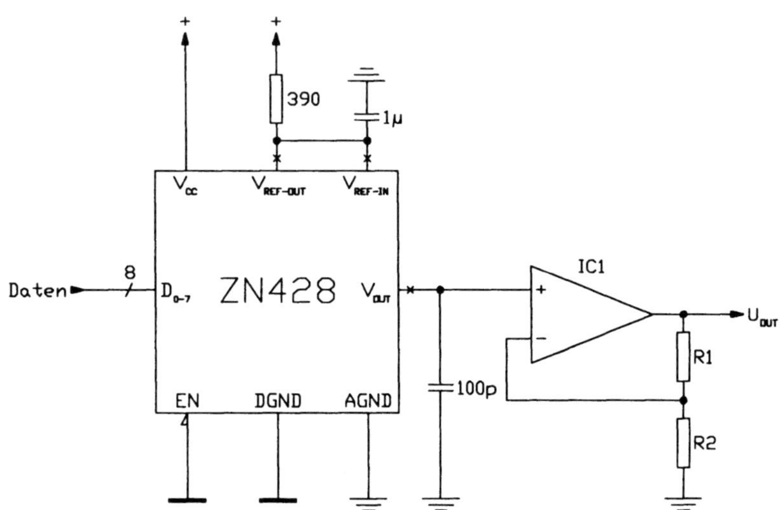

Bild 9.3: Ausgabe einer Spannung über einen DAU und Operationsverstärker

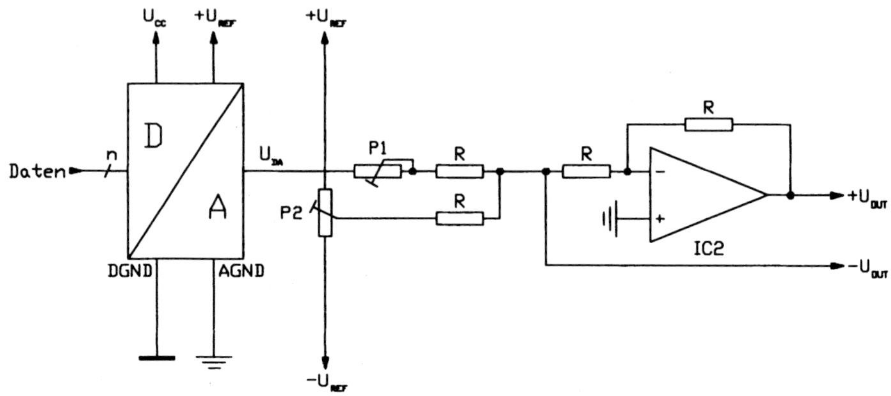

Bild 9.4: DAU mit Zusatzschaltung zur Einstellung des Nullpunkts

Bild 9.4 zeigt einen DAU mit Zusatzschaltung zur Einstellung des Nullpunkts. Über P1 kann das Signal des DAUs abgeschwächt und über P2 eine konstante Spannung addiert werden. Mit dem Operationsverstärker IC1 und P3 wird die Addition mit gleichzeitiger Verstärkung durchgeführt. IC1 stellt $-U_{OUT}$ und IC2 nach der Invertierung $+U_{OUT}$ zur Verfügung. Der Operationsverstärker IC1 aus Bild 9.3 kann entfallen, wenn P1 und R groß genug gewählt werden, bzw. ein DAU mit integriertem Spannungsfolger verwendet wird.

Zur höheren Stromergiebigkeit können Transistoren am Ausgang des Operationsverstärkers in Bild 9.3 und Bild 9.4 angeschlossen werden. Die Schaltung in Bild 9.5 zeigt einen DAC mit nachgeschaltetem Operationsverstärker und zwei Transistoren Q1 und Q2. Die beiden Transistoren stellen einen Emitterfolger im

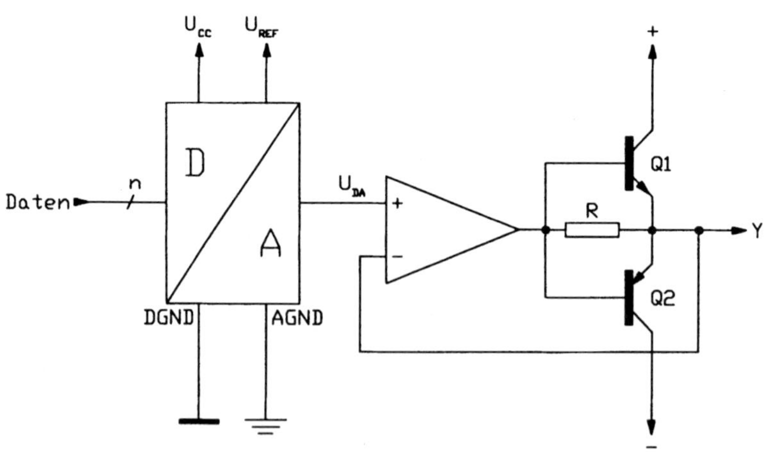

Bild 9.5: Erhöhung der Stromergiebigkeit des Ausgangssignals (nach: Tietze-Schenk 1989)

B-Betrieb dar. Um die Übernahmeverzerrungen zu reduzieren, wird der Widerstand R eingesetzt, welcher in Nullpunktnähe den Emitterfolger überbrückt.

Ausgabe eines Stromes. Bild 9.6 zeigt eine Schaltung mit einem Strom als Ausgangsgröße. Ein DAU stellt eine Spannung U_{DA} zur Verfügung, welche in einem U/I-Umsetzer in einen proportionalen Strom umgesetzt wird. Der U/I-Umsetzer ist aus IC1, Q1 und R1 aufgebaut. Der durch die Last R_L und durch den Widerstand R1 fließende Strom bewirkt an R1 einen Spannungsabfall, welcher durch die Steuerung des MOSFET-Transistors gleich groß wie U_{DA} ist. Durch den Einsatz des MOSFET-Transistors können auch größere Ströme gesteuert werden.

Werden kleinere Ströme gebraucht, kann einerseits der Transistor ganz entfallen, wodurch der Operationsverstärker den Strom zur Verfügung stellt, andererseits kann auch ein Bipolartransistor eingesetzt werden.

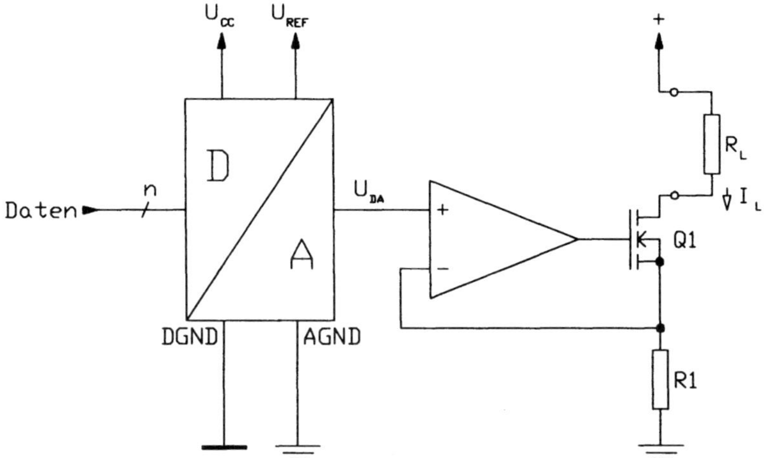

$$I_L = \frac{U_{DA}}{R1}$$

Bild 9.6: Ausgabe eines Stromes über DAC und U/I-Umsetzer (nach: Tietze-Schenk 1989)

Ausgabe einer Frequenz. Einleitend wurde bereits auf die beiden Möglichkeiten zur Erzeugung einer Frequenz als Ausgangssignal hingewiesen. Auf die Verwendung eines programmierbaren Teilers wird nicht eingegangen, da der Zusammenhang zwischen Eingangs- und Ausgangssignal eine $1/x$-Funktion ist.

Ausgabe einer Impulsfolge (Frequenz) mit einem Rate-Multiplier. Hier ergibt sich ein linearer Zusammenhang zwischen dem digitalen Eingangssignal (Digitalzahl) und der Ausgangsfrequenz. Wird ein binär programmierbarer Rate-Multiplier mit der Zahl „5" programmiert, so gibt dieser bei sechzehn Eingangsimpulsen genau fünf Ausgangsimpulse ab. Bild 9.7 zeigt eine Schaltung mit

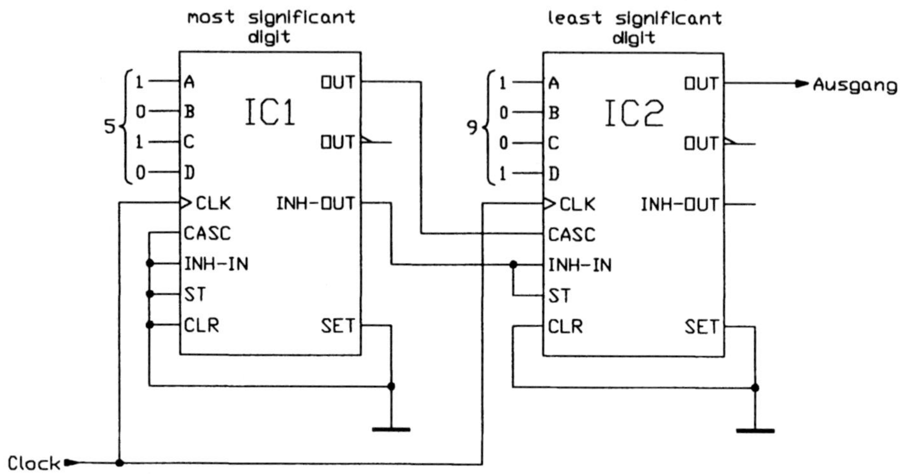

Two CD4089B's cascaded in the 'add' mode with a preset number of 59h (89d)

$$\frac{5}{16} + \frac{9}{256} = \frac{59}{256}\text{h} \quad \left(\frac{89}{256}\text{d}\right)$$

Bild 9.7: Mit Rate-Multipliern erzeugte Frequenz als Ausgangssignal (nach: National 1986)

zwei binär programmierbaren Rate-Multipliern IC1 und IC2 vom Typ 4089. Dabei werden diese im „Additionsmodus" zusammengeschaltet, wodurch beim ersten Baustein die programmierten Zahlenwerte mit sechzehn und beim zweiten Baustein mit eins multipliziert werden müssen. Bild 9.7 zeigt auch ein Beispiel für die Berechnung.

Wird der erste Rate-Multiplier IC1 mit Null programmiert, so bleibt sein Ausgang dauernd auf LOW-Pegel. Der INH-OUT-Ausgang geht immer für eine Taktperiode auf LOW-Pegel (Takt 15 bis Takt 0) und gibt somit den zweiten Rate-Multiplier für einen Takt frei, wodurch je nach programmiertem Wert von IC2 im Lauf von sechzehn Takten an INH-IN die programmierte Anzahl von Impulsen am Ausgang erscheint. Somit ergeben sich während 256 Impulsen am Clock-Eingang zwischen null und fünfzehn Impulse am Ausgang.

Wird IC1 nicht auf Null programmiert, so werden die Signale am OUT-Ausgang von IC1 über den CASC-Eingang von IC2 zum Ausgang von IC2 durchgeschleift, wodurch sich entsprechend mehr Ausgangsimpulse ergeben. Es sind somit bei Impulsen am Clock-Eingang zwischen null und 255 Impulsen am Ausgang möglich.

Werden IC1 und IC2 mit Null programmiert, so ergibt sich kein Ausgangssignal am Ausgang, d.h. der Ausgang bleibt dauernd auf LOW-Pegel.

Bild 9.8 zeigt das Ausgangssignal an OUT und INH-OUT eines binär programmierbaren Rate-Multipliers für verschiedene Werte an den Programmiereingängen A…D (National 1986).

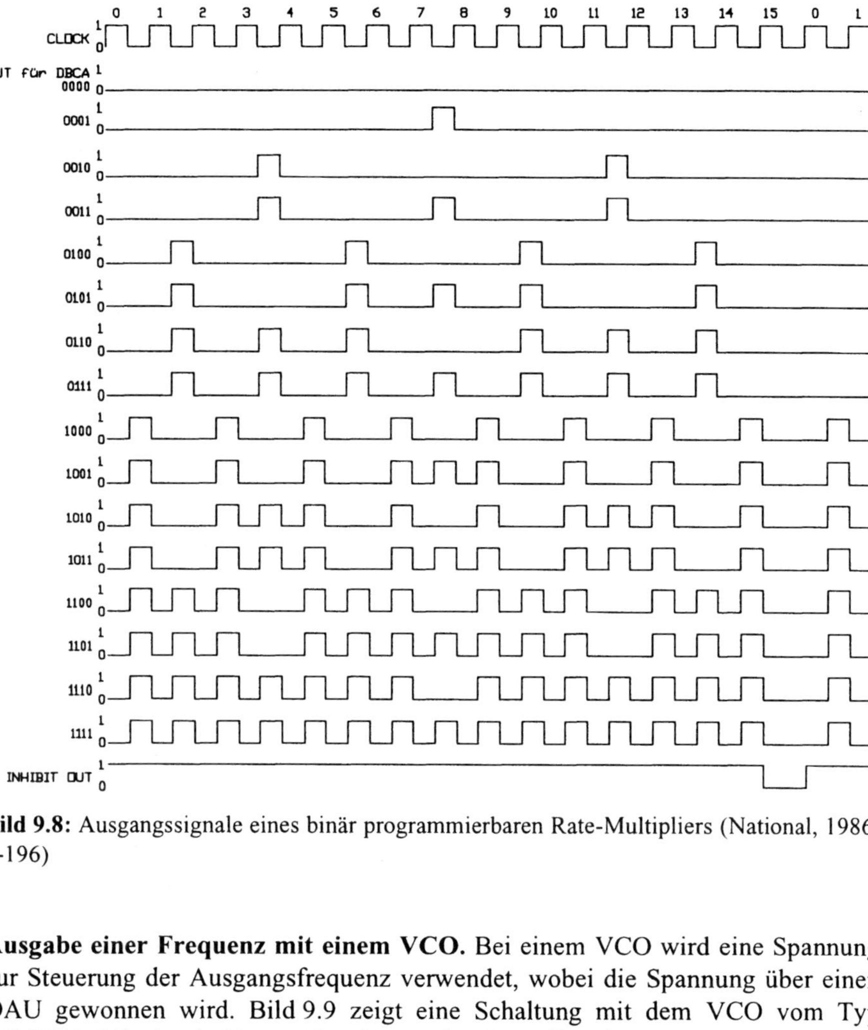

Bild 9.8: Ausgangssignale eines binär programmierbaren Rate-Multipliers (National, 1986, 5-196)

Ausgabe einer Frequenz mit einem VCO. Bei einem VCO wird eine Spannung zur Steuerung der Ausgangsfrequenz verwendet, wobei die Spannung über einen DAU gewonnen wird. Bild 9.9 zeigt eine Schaltung mit dem VCO vom Typ 74LS624. Mit den beiden zeitbestimmenden Bauteilen C1 und R1 wird der Frequenzbereich festgelegt. Am Ausgang Y und Z kann die Frequenz entnommen werden, wobei die beiden Ausgänge zueinander um 180° phasenverschoben sind.

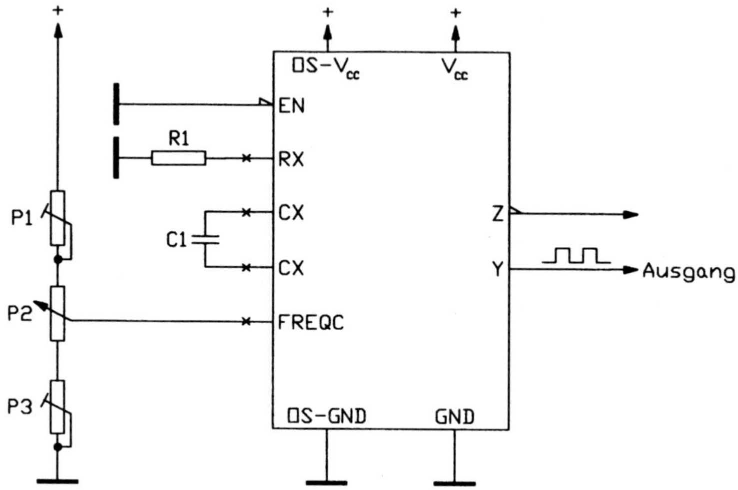

Bild 9.9: Mit einem VCO erzeugte Frequenz als Ausgangssignal

10 Anhang

10.1 Richtlinien für den Entwurf von Mensch-Maschine-Schnittstellen

Sich ein Bild von den Benutzern machen

Versuchen Sie vor Beginn der Entwicklung, den späteren Benutzerkreis genau zu definieren und wenn möglich einzuschränken.

Auf gute Kommunikation achten

Orientieren Sie sich an der fachspezifischen Sichtweise der Anwender und an ihrer Fachsprache.

Denken Sie beim Entwurf von Mensch-Maschine-Schnittstellen (MMS) immer an die späteren Anwender, ihre Probleme und die Art, wie Sie ihnen durch die Gerätefunktionen bei der Problemlösung behilflich sein wollen.

Simulation und Prototypen

Verwenden Sie die Simulation zum Testen der MMS in einem möglichst frühen Stadium der Entwicklung, um gegebenenfalls noch Korrekturen am Konzept der MMS anbringen zu können.

Lassen Sie die MMS als Konzept, Simulation oder Prototyp von 5 bis 10 Experten kritisch beurteilen (heuristische Evaluation).

Grundregeln der Dialoggestaltung

Der Mensch-Maschine-Dialog soll einfach sein und in natürlicher Sprache geführt werden. Keine irrelevante Information darf vermittelt werden.

Die Gedächtnisbelastung des Benutzers soll so gering wie möglich sein.

Die MMS soll konsistent sein. Gleiche Begriffe, Darstellungsformen und Aktionen müssen immer das selbe bedeuten und bewirken.

Das Verlassen des aktuellen Systemzustands bzw. Dialogschritts muß jederzeit möglich sein. Alle Aktionen müssen reversibel sein.

Fehlermeldungen sollen höflich, genau und konstruktiv sein.

Fehlervermeidung ist besser als Fehlerbehandlung.

Aufgabenorientierung statt Funktionsorientierung

Gehen Sie bei der Gestaltung des Dialoges und bei der Benennung von Bedienelementen von Benutzeraufgaben und nicht von Gerätefunktionen aus.

Automatisierung darf kein Rückschritt sein

Die MMS prozessorgesteuerter Geräte muß denselben ergonomischen Anforderungen (z.B. Vermittlung eines Systembilds, Selbsterklärungsfähigkeit) genügen wie die MMS ihrer Vorgängermodelle.

Selbsterklärungsfähigkeit (Analogiebildung, Kompatibilität, Systembilder)

Strukturieren Sie die MMS so, daß sie ein leicht erfaßbares Systembild vermittelt (innere Kompatibilität).

Suchen Sie mögliche Analogien zwischen den Funktionen der Ein- und Ausgabegeräte und machen Sie diese erkennbar (äußere Kompatibilität).

Rückmeldung

Jeder einzelne Betätigungsvorgang durch den Benutzer muß eine unmittelbare Rückmeldung durch das Gerät hervorrufen.

Für die Rückmeldung verwendet man am besten den selben Informationskanal (taktil, akustisch, visuell), über den der dazugehörige Steuervorgang erfolgt.

Alle Bedienelemente, besonders aber solche für Steuer- und Regelvorgänge, sollen taktile Rückmeldung aufweisen, z.B. einen Druckpunkt oder ein spürbares Steuergefühl. Akustische Signale als Rückmeldung müssen abschaltbar sein.

Reaktionszeit

Die Reaktionszeiten des Systems sollen für Dateneingabe unter 0,1 s, für Berechnungen zwischen 1 s und 3 s liegen. Bei längeren Reaktionszeiten müssen Aktionszeichen oder Zwischenstandsmeldungen angezeigt werden.

Ordnung statt Komplexität

Reduzieren Sie die Komplexität der MMS durch

- Einschränkung des Funktionsumfanges auf das Notwendige,
- Organisation und Modularisierung der Bedienelemente und Anzeigeelemente sowie
- Automatisierung von Gerätefunktionen.

Abstraktion und Anforderungsanalyse

Definieren Sie die benötigten Funktionen und Elemente zuerst auch abstrakt, also in Form von Variablen mit bestimmten Eigenschaften.

Wenden Sie am Beginn der Entwicklung abwechselnd kreative und analytische Methoden an.

Qualität

Qualität läßt sich am besten anhand von Prozessen definieren. Optimieren Sie die Entwicklungsprozesse. Überprüfen Sie die Qualität einer MMS anhand des Prozesses der Mensch-Maschine-Kommunikation (MMK).

Psychologische Aspekte der MMK

Die Zufriedenheit des Benutzers und die Harmonie der MMK lassen sich durch die psychologischen Größen Motivation, Feldabhängigkeit und Kontrollüberzeugung beschreiben und überprüfen.

Man muß davon ausgehen, daß jeder Bedienungsfehler, der gemacht werden kann, auch gemacht wird. Möglichkeiten für Benutzerfehler sollen bei der Entwicklung von MMS daher aufgespürt und ausgeschaltet werden.

Analog oder digital – eine Grundsatzfrage

Zwischen analoger und digitaler Codierung besteht keine Konkurrenz. Für jeden Anwendungsfall gibt es ein Prinzip, das eindeutig besser geeignet ist als das andere.

Bedienelemente

Nutzen Sie die Vielfalt der existierenden Formen von Bedienelementen, um die MMS unverwechselbar zu machen.

Verwenden Sie für jede MMS mindestens ein Bedienelement, das keine Taste ist, also etwa einen Drehknopf oder eine Rollkugel. Der Benutzer erhält dadurch einen Hinweis auf den Zweck des Gerätes und auf die Art der Bedienung und merkt sich diese auch leichter.

Virtuelle Bedienelemente

Gerade weil virtuelle Bedienelemente neu sind und sehr viel Freiheit bei der Gestaltung erlauben, ist bei ihnen die Einhaltung von Standards und Konventionen wichtig, um den Benutzern das Gefühl der Vertrautheit zu geben.

Erlauben Sie bei virtuellen Bedienelementen möglichst mehrere Arten der Bedienung als Alternativen. (Beispiele: Bedienung eines Menüs mit Cursor und Maus / mit Tastaturkürzel / mit Richtungstasten; digitale / analoge Steuerung einer virtuellen Stellscheibe.)

Verwenden Sie auf einem grafikfähigen Bildschirm möglichst Symbole und direkte Manipulation anstelle von Namen und Befehlen.

Menüs und Menübäume

Verwenden Sie Menüs, sobald die MMS wegen der Vielzahl von Funktionen unübersichtlich zu werden droht.

Die Menütiefe soll zwischen 2 und 4 liegen. Häufig gebrauchte Optionen sollen in Ebene 2, seltene in Ebene 3 und nur extrem seltene in Ebene 4 stehen.

Die Menübreite soll zwischen 4 und 20 liegen.

Jedes Menü soll eine Zusammenfassung inhaltlich zusammengehöriger Optionen darstellen und einen aussagekräftigen Überbegriff als Namen besitzen.

Bei mehr als vier Optionen in einem Menü sollen diese sinnvoll gruppiert werden. Häufig verwendete Gruppen sollen oben stehen. Häufige Optionen sollen in ihrer Gruppe oben stehen. (Keine alphabetische Anordnung.)

Die Auswahl von Optionen soll je nach MMS durch Anklicken mit dem Cursor, Antippen mit dem Finger oder Anwählen mit Cursortasten erfolgen. Alternativ dazu soll es für häufige Optionen ein Tastaturkürzel, eine Wiederholmöglichkeit oder ein frei konfigurierbares permanentes Menü geben.

Lernen, Fehler und Hilfe bei Menüs

Kennzeichnen Sie die momentan sinnvollen Optionen und lassen Sie nur diese aktiv sein (betriebsphasenabhängige Filterung).

Um das Ausprobieren durch den Benutzer zu ermöglichen und als sinnvolle Fehlerbehandlung müssen alle Aktionen problemlos rückgängig gemacht werden können.

Implementieren Sie eine der vier Arten von Hilfe: Fußzeile mit Kurzinformation, Hilfe-Text mit Taste, Hilfe-Datenbank, selbsttätige und selbstlernende Hilfe-Funktion.

Tastaturen

Für die Eingabe größerer Mengen von Text verwenden Sie die herkömmliche Schreibmaschinentastatur, also insbesondere keine alphabetisch angeordnete Tastatur.

Für die Eingabe geringerer Mengen von Text und bei Platzmangel verwenden Sie eine häufigkeitszentrierte Tastatur, wie sie in Kapitel 2 beschrieben wird.

Eingabe von Ziffern mit Richtungstasten

Für die Einstellung eines beliebigen Wertes dürfen maximal rund 10 Sekunden benötigt werden.

Um die Variable optisch ruhiger zu machen, sollen Dezimalstellen mit einer Änderungsfrequenz von mehr als 5 Hz nicht ständig aufgefrischt bzw. auf den Wert 0 gesetzt werden. Frequenzen von mehr als 5 Hz können nicht mehr mitgelesen werden.

Analoge Bedienelemente (Steuerknüppel, Wippe, Stellscheibe) anstelle binärer Tasten rechtfertigen den höheren Aufwand durch bessere ergonomische Eigenschaften.

Wiederholfunktionen

Die anfängliche Wiederholfrequenz sofort nach der Betätigung soll rund 2 Hz betragen.

Bei mehrstufigen Wiederholfunktionen soll die jeweils nächsthöhere Frequenz nach rund 4 s auftreten. Die zweite Frequenz soll zwischen 4 Hz und 10 Hz, optimal bei 5 Hz liegen. Eine mehrstufige Wiederholfunktion soll einer quadratischen Kurve ähnlich sein.

Analoge Anzeigeelemente

Für die Gestaltung von Skalen und Zeigern gibt es sehr genau definierte Standards, die unbedingt eingehalten werden sollen (Bild 4.4).

Zwischen zwei bezifferten Hauptteilstrichen liegen entweder ein mittelgroßer oder ein mittelgroßer und acht kleine Teilstriche. Andere Skalenteilungen werden nicht empfohlen.

Die Höhe der Hauptteilstriche H wird aus der Ableseentfernung A und dem Proportionalitätsfaktor P mit $90 < P < 150$ berechnet: $H = A / P$.

Der Zeiger darf die Skalenteilstriche und die Ziffern nicht überdecken.

Der Beginn der Skala von runden Anzeigeelementen soll zwischen der 6 Uhr- und der 9 Uhr-Position liegen.

Anzeigeelemente sollen auch abgelesen werden können, wenn der Benutzer nicht senkrecht auf ihre Oberfläche blickt.

Digitale Anzeigeelemente

Binäre Anzeigeelemente, die verschiedenartige Variablen anzeigen, sollen sich in mindestens einem Merkmal deutlich unterscheiden. Merkmale sind: Größe, Form, Farbe, Helligkeit, Blinkfrequenz.

Bei numerischen Anzeigeelementen soll zwischen Gruppen von je drei Ziffern ein etwas größerer Abstand sein.

Ein alphanumerisches Anzeigeelement muß aus einer Matrix von mindestens 5×7 Punkten bestehen. Einen Vorschlag für einen Zeichensatz auf 5×7 Punkten zeigt Bild 4.15 und 4.16. Zur Hervorhebung eignet sich hier nur Großschreibung.

Beim Übergang zu 5×8 oder 5×9 Punkten wird die Verwendung von Unterlängen möglich und die Lesbarkeit stark verbessert.

Eine $N \times M$-Matrix ($N > 25$, $7 > M > 9$) eignet sich zur Darstellung von Proportionalschrift und Laufschrift. Proportionalschrift ist leserlicher, schöner und braucht weniger Platz.

Laufschrift soll punktweise nach links oder nach oben verschoben werden. Der Lauf soll nicht schneller als die halbe maximale Lesegeschwindigkeit sein oder einmal pro Zeile angehalten werden.

Gruppierung

Grafische Elemente erscheinen zusammengehörig und werden als Einheit wahrgenommen, wenn zwischen ihnen zumindest eine der folgenden Relationen besteht: Nähe, gute Fortsetzung, Ähnlichkeit, Geschlossenheit.

Bei der Gruppierung müssen auch die folgenden Kriterien beachtet werden: Einfachheit, Regelmäßigkeit, Symmetrie, Gleichgewicht.

Fenster

Fenster sollen verwendet werden, wenn der verfügbare Platz nicht für die übersichtliche Darstellung der notwendigen Information ausreicht.

Fenster sollen auch besonders zur Analogiebildung verwendet werden, wenn dadurch „Einblicke in andere Räume“ (Ebenen, Dateien, Prozesse...) veranschaulicht werden können.

Fenster besitzen einen Rahmen, der mit einem Schatten (rechts und unten), einer Titelleiste (oben), einem Schließfeld (links oben), ein oder zwei Rollbalken (rechts / unten) und einem virtuellen Griff zur Größenveränderung (rechts unten) ausgestattet werden kann (Bild 4.26).

Symbole

Symbole können viel schneller erfaßt werden als Text. Sie sollen Begriffe ersetzen, die häufig vorkommen. Dadurch wird die Komplexität der Darstellung reduziert.

Alle Symbole einer MMS sollen gleich groß sein. Der Großteil von ihnen soll einen gleichartigen, annähernd quadratischen Umriß haben, in Grautönen und einheitlich gestaltet sein.

Nur wenige, sehr wichtige Symbole einer MMS sollen sich in Farbe und Form von den anderen wesentlich unterscheiden.

Virtuelle Anzeigeelemente

Virtuelle analoge Anzeigeelemente können nach denselben Kriterien wie reale gestaltet und bewertet werden. Ebenso wie diese sind sie zum schnellen Überprüfen und Überwachen mehrerer Variablen gut geeignet.

Virtuelle digitale Anzeigeelemente können nach denselben Kriterien wie reale gestaltet und bewertet werden. Ebenso wie diese sind sie zum genauen Ablesen von Werten gut geeignet.

Virtuelle Anzeigeelemente in Form von Diagrammen sind für die geeignete Aufbereitung von Variablen geeignet, so daß der Benutzer die relevante Information (z.B. Größenverhältnisse, zeitliche Abläufe) leichter erfassen kann.

Diagramme sollen nicht genauere Skalen besitzen als unbedingt notwendig. Für das Ablesen von Werten können sie mit einem digitalen Anzeigeelement kombiniert werden (Bild 4.30).

Säulen-, Balken- und Profildiagramme müssen immer bei 0 beginnende Skalen auf der Ordinate besitzen, so daß die Länge bzw. Fläche der Säulen proportional zum Wert der Variablen ist.

Die Anwendungsbereiche von analogen, digitalen und diagrammförmigen Anzeigeelementen überschneiden sich nicht. Für jeden Anwendungsfall gibt es meist genau eine am besten geeignete Lösung.

Zur Vorverarbeitung von Information vor ihrer Darstellung sind unter anderem geeignet: Maßstabsveränderung, Nullpunktsverschiebung, Ableitung, Integration, Filterung.

Akustische Anzeigeelemente

Akustische Anzeigeelemente sind besonders dann geeignet, wenn der visuelle Informationskanal bereits überlastet oder inaktiv ist. Beispiele sind akustische Warnsignale, Sprachausgabe im Auto und akustische Codierung der Flugrichtung im Flugzeug.

10.2 Literatur

10.2.1 Software-Ergonomie und Mensch-Maschine-Kommunikation

Andrews, Keith: Constructing Cyberspace: Virtual Reality and Hypermedia. VR Vienna '93, Proceedings.

Baecker, Ronald M., William A. S. Buxton (Hrsg.): Readings in Human-Computer-Interaction: A Multidisciplinary Approach. Morgan-Kaufmann 1987.

Baecker, Ronald M., et al.: Readings in Human-Computer-Interaction: Toward the Year 2000 (Second Edition). Morgan-Kaufmann 1994.

Balzert, Helmut: Einführung in die Software-Ergonomie.

Charwat, Hans-Juergen: Lexikon der Mensch-Maschine-Kommunikation. Oldenbourg 1992.

Dix, Alan, et al.: Human-Computer-Interaction. Prentice-Hall 1993.

Fischer, Gerhard: Methoden und Werkzeuge zur Gestaltung benutzergerechter Computersysteme. de Gruyter 1986.

Geiser, Georg: Mensch-Maschine-Kommunikation. Oldenbourg 1990.

Gunzenhäuser, Rul: Prototypten benutzergerechter Computersysteme. de Gruyter 1988.

Helander, Martin: Handbook of Human-Computer-Interaction. Elsevier 1988, 1991.

Herrmann, Thomas: Zur Gestaltung der Mensch-Computer-Interaktion. Systemerklärung als kommunikatives Problem. Niemeyer 1986.

Heuser, Karl Christian: Freihändig zeichnen und skizzieren. Lehr- und Arbeitsbuch. Bauverlag 1976.

Hix, Deborah, H. Rex Hartson: Developing User Interfaces: Ensuring Usability Through Product and Process. John Wiley 1993.

Kahn, Paul, Krzysztof Lenk: Designing for the Computer Screen. Information Technology Quarterly, Winter 1991/92.

Koch, Manfred: Software-Ergonomie. Springer 1991.

Koenig, Andrea: Desktop als Mensch-Maschine-Schnittstelle. Springer 1989.

Lauter, Barbara: Software-Ergonomie in der Praxis. Oldenbourg 1987.

Lichty, Tom: Design Principles for Desktop Publishers. Second Edition. Wadsworth.

Oppermann, Reinhard: Software-ergonomische Evaluation. Der Leitfaden EVADIS II. de Gruyter 1992.

Perlman, Gary: User Interface Development. Vorlesungsmanuskript, Carnegie-Mellon-University 1989. erhältlich über anonymes FTP von: archive.cis.ohio-state.edu in: /pub/hci/SEI/

Perlman, Gary, Jean Gasen: HCI Education Survey. Ohio State University 1993. erhältlich über anonymes FTP von: archive.cis.ohio-state.edu in: /pub/hci/Education/

Preece, Jenny, et al.: Human-Computer-Interaction. Addison-Wesley 1994.

Schmitt, A.: Dialogsysteme, Software-Ergonomie. BI 1983.

Shneiderman, Ben: Designing the User Interface: Strategies for Effective Human-Computer Interaction. Addison-Wesley 1986, 2. Auflage 1992.

Tognazzini, Bruce: Tog on Interface. Apple.

Tschichold, Jan: Erfreuliche Drucksachen durch gute Typographie. Maro 1960.

Wandmacher, Jens: Software-Ergonomie. de Gruyter 1993.

Wiklund, Michael E. (Hrsg.): Usability in Practice: How Companies Develop User-Friendly Products. Academic Press 1994.

10.2.2
Hardware-Ergonomie und Produktgestaltung

Burandt, Ulrich: Ergonomie für Design und Entwicklung. Schmidt 1986.

Bocher, R.: Kommunikationsergonomie: Benutzerfreundlichkeit in der Bürokommunikation. TÜV 1989.

Böcker, Heinz D.: Mensch-Maschine-Kommunikation. Benutzergerechte Systeme auf dem Weg in die Praxis. Springer 1993.

Boff, Kenneth R., Janet E. Lincoln (Hrsg.): Engineering Data Compendium: Human Perception and Performance. Harry G. Armstrong Aerospace Medical Research Laboratory 1988.

Budde, R., K. Kautz, K. Kulenkamp., H. Züllighoven: Prototyping. An Approach to Evolutionary System Development. Springer 1992.

Bürdek, Bernhard E.: Design. Geschichte, Theorie und Praxis der Produktgestaltung. DuMont 1991.

Gilmore, Walter E.: User-Computer Interface in Process Control. Academic Press 1989.

Grandjean, Étienne: Physiologische Arbeitsgestaltung. Leitfaden der Ergonomie. 4. ergänzte und erweiterte Auflage, Ott 1993.

Helm, Leopold: Elektronische Hilfsmittel für Unterricht, Therapie und Umfeldkontrolle. Eigenverlag (Hainerstraße 18, A-3130 Herzogenburg) 1994.

Heufler, Gerhard: Produkt-Design – von der Idee zur Serienreife. Veritas 1987.

Johannsen, Gunnar: Mensch-Maschine-Systeme. Springer 1993.

Kantowitz, Barry H., Robert D. Sorkin: Human Factors: Understanding People-System Relationships. John Wiley 1983.

Kloecker, Ingo: Produktgestaltung. Springer 1981.

Leitherer, Eugen: Industriedesign. Entwicklung – Produktion – Ökonomie. Poeschel 1991.

Loebach, Bernd: Industrial Design. Grundlagen der Industrieproduktgestaltung. Thiemig 1976. (E)

McCormick, Ernest J., M. S. Sanders: Human Factors in Engineering and Design. McGraw-Hill 1987.

Pfurtscheller, Gert, Doris Flotzinger, Joachim Kalcher: Brain-Computer-Interface – a new communication device for handicapped persons. Journal of Microcomputer Applications (1993) 16, 293–299.

Pfurtscheller, Gert: Bewegungssteuerung mit Hilfe des EEG: Grundlagen für ein Brain-Computer-Interface. TW Neurologie und Psychiatrie 6, 834–841, Dezember 1992.

Risak, Veith: Mensch-Maschine-Schnittstelle in Echtzeitsystemen. Springer 1986.

Salvendy, Gabriel (Hrsg.): Handbook of Human Factors. John Wiley 1987.

Seeger, Hartmut: Design technischer Produkte, Programme und Systeme. Springer 1992.

Seeger, Hartmut: Industrie-Design. Basiswissen über das Entwickeln und Gestalten von Industrie-Produkten. Expert 1983.

Schmidtke, Heinz: Ergonomie. Hanser 1993.

Spinas, Philipp: Leitfaden zur Einführung und Gestaltung von Arbeit mit Bildschirmsystemen. Verlag Industrielle Organisation 1983.

v. d. Veer: Readings on Cognitive Ergonomics. Springer 1984.

Woodson, Wesley E.: Human Factors Reference Guide for Electronics and Computer Professionals. McGraw-Hill 1987.

Zankl, Gustav, Gerhard Heufler: Lehrerhandbuch Produktgestaltung. Veritas 1985.

Zühlke, Detlef: Mensch-Maschine-Kommunikation – heute, in: D. Zühlke (Hrsg.): Menschengerechte Bedienung technischer Geräte. Tagungsbericht. VDI-Bericht Nr. 1303, 1996.

10.2.3 Psychologische Aspekte der Mensch-Maschine-Kommunikation

Baudrillard, Jean: Das System der Dinge: Über unser Verhältnis zu den alltäglichen Gegenständen. Campus 1991.

Card, Stuart K., Thomas P. Moran, Allen Newell: The Psychology of Human-Computer-Interaction. Lawrence Erlbaum 1983.

Flusser, Vilém: Ins Universum der technischen Bilder. European Photography 1990.

Heinbokel, Torsten: Hausgeräte für den Menschen, in: D. Zühlke (Hrsg.): Menschengerechte Bedienung technischer Geräte. VDI-Bericht Nr. 1303, 1996.

Herber, Hans-Jörg: Motivationsanalyse, Theorie und Praxis. Expert 1985.

Köndle, Hermann: Mensch-Computer-Interaktion: Psychologische Aspekte des Umgangs mit komplexen technischen Systemen. Deutscher Uni-Verlag 1993.

Mehrabian, Albert: Räume des Alltags: Wie die Umwelt unser Verhalten bestimmt. Campus 1987.

Norman, Donald A.: Dinge des Alltags: Gutes Design und Psychologie für Gebrauchsgegenstände. Campus 1989.

Norman, Donald A.: The Design of Everyday Things. Doubleday 1988.

Norman, Donald A.: The Psychology of Everyday Things. Basic Books 1988.

Norman, Donald A.: Cognitive Engineering. In: D. A. Norman and S. W. Draper: User Centered Systems Design: New Perspectives in Human Computer Interaction. Lawrence Erlbaum 1986.

Peschanel, Frank: Sind Linkshänder besser? – Durch gezieltes Training beider Gehirnhälften Kreativität und Rationalität fördern. Universitas 1990, Goldmann Ratgeber 1993.

Pirsig, Robert M.: Zen und die Kunst ein Motorrad zu warten. Fischer 1978.

Pötter, Godehard: Die Anleitung zur Anleitung. Leitfaden zur Erstellung technischer Dokumentationen. Vogel 1994.

Schweizer, Peter: Systematische Produkt-Entwicklung mit Mikroelektronik – Technische und psychosoziale Erfolgsstrategien. Ott 1989.

Trimmel, Michael: Auswirkungen der Mensch-Computer-Interaktion: Psychologische Aspekte. Informatik Forum 6. Jg. Heft 4/92.

Trimmel, Michael, et al.: Psychological and Psychophysiological Effects of Working with Computers: Experimental Evidence. in: Luczak, Holger: Work With Display Units 92, Selected Proceedings. North-Holland 1993.

Tufte, Edward R.: The Visual Display of Quantitative Information. Graphics Press 1984.

Vester, Frederic: Wissen: Wege aus dem Datenfriedhof. in: Neuland des Denkens: Vom technokratischen zum kybernetischen Zeitalter. dtv 1984.

Zapf, D., F. C. Brodbeck, J. Prümper: Handlungstheoretische Fehlerklassifikation in der Mensch-Computer-Interaktion, in: Zeitschrift für Arbeits- und Organisationspsychologie 33/1989.

Zühlke, Detlef: Menschliches Versagen – Analyse, Gründe, Vermeidungsansätze, in: D. Zühlke (Hrsg.): Menschengerechte Bedienung technischer Geräte. VDI-Bericht Nr. 1303, 1996.

10.2.4 Leitfäden für Software-Anwendungen

Apple Computer, Inc.: Human interface guidelines: The Apple desktop interface. Addison Wesley 1989.

Apple Computer, Inc.: Hyper Card Stack Design Guidelines. Addison Wesley 1989.

Commodore, Inc.: Amiga User Interface Style Guide. Addison Wesley 1991.

GO Corp.: PenPoint User Interface Design Reference. Addison Wesley 1992.

Hewlett-Packard, IBM, Sunsoft Inc., USL: Common Desktop Environment: Functional Specification. X/Open Company Ltd. 1993.

Hewlett-Packard, Company: Corporate Human Factors Engineering. 1990.

IBM: Object-Oriented Interface Design: IBM Common User Access Guidelines. Que 1992.

Microsoft Corp.: The Windows Interface: An Application Design Guide. Microsoft Press 1992.

National Instruments: LabVIEW User Manual, 1997.

Open Software Foundation: OSF/Motif Style Guide. Prentice Hall 1993.

NeXT Computer, Inc.: NeXTSTEP User Interface Guidelines (Release 3). Addison-Wesley 1992.

Sun Microsystems, Inc.: OPEN LOOK Graphical User Interface Application Style Guidelines. Addison Wesley 1989.

Sun Microsystems , Inc.: OPEN LOOK Graphical User Interface Functional Specification. Addison Welsey 1989.

10.2.5 Methoden zur Planung und Bewertung von Mensch-Maschine-Schnittstellen

Dumas, Joseph S., Janice C. Redish: A Practical Guide to Usability Testing. Ablex 1993.

Lewis, Clayton, et al.: Testing a Walkthrough Methodology for Theory-Based Design of Walk-Up-and-Use Interfaces. CHI '90 Proceedings, ACM April 1990.

Molich, Rolf, Jakob Nielsen: Improving a Human-Computer Dialogue. in: Communications of the ACM, Vol. 33, Nr. 3, März 1990.

Nielsen, Jakob: Usability Engineering. Academic Press 1993.

Nielsen, Jakob, Robert L. Mack (Hrsg.): Usability Inspection Methods. John Wiley 1994.

Nielsen, Jakob, Rolf Molich: Heuristic Evaluation of User Interfaces. in: CHI '90 Proceedings, ACM April 1990.

Reichert, Günther W.: Kompendium für technische Anleitungen. Girardet 1987.

Wilson, James, Daniel Rosenberg: Rapid Prototyping for User Interface Design. in: Helander, M: Handbook of Human-Computer Interaction. North-Holland 1988.

Wohinz, Josef W., Hartwin Hagen: Kreativitätstechniken. IBL Induscript, TU Graz 1991.

10.2.6 Elektronik und Schaltungstechnik

Feger, Otmar: MC-Tools 13, Applikationen zur 8051-Familie. Feger 1993.
Koch, Jürg: PC-XT-AT-Kompendium. Markt & Technik 1989.
Nührmann, Dieter: Optoelektronik, Fernsteuerschaltungen, Steuer- und Regeltechnik (Reihe Profesionelle Schaltungstechnik, Teil 3). Franzis 1984.
Ohsmann, Martin: 8051-Mikrocontroller- und Assembler-Kursus. Elektor 1993.
Roth, Andreas: Das Mikrocontroller-Kochbuch. IWT 1990.
Schneider, Reinhard: Programmierbare PC-Zusatztastatur. Laborarbeit L-1236, Institut für Elektronik der TU Graz, 1994.
Serschön, Christian: Touchscreen-Display. Laborarbeit L-1248, Institut für Elektronik der TU Graz, 1994.
Steinbuch, Rupprecht: Nachrichtentechnik.
Tietze, Ulrich, Ch. Schenk: Halbleiter-Schaltungstechnik. 9. neu bearbeitete und erweiterte Auflage, Springer 1989.
Tischer, Michael: PC intern 3.0, Systemprogrammierung. Data Becker 1992.
Wirsum, Siegfied: Praktizierte Elektronik. Franzis 1982.

10.2.7 Zeitschriften

Applied Ergonomics: IPC Science & Technology Press Ltd.
c't magazin für computertechnik: Heinz Heise GmbH
Elektor Elektronik & Computertechnik: Elektor GmbH
Elektronik: Franzis
Elektronik Industrie: Hüthig
Ergonomics, Ergonomics Abstracts: Taylor & Francis Ltd.
Human Factors: The Johns Hopkins University Press
Markt & Technik: MagnaMedia GmbH

10.2.8 Datenbücher von Software- und Halbleiterherstellern

Hitachi: How to use Hitachi's Built-In Controller Driver: LCD-II (HD44780) Liquid Crystal Character Display.
Linear Technology: 1994 Linear Databook: Volume III.
National Semiconductor: Datenbuch 1986.
Texas Instruments: Digital Logic Circuits: Data Bank for Windows (elektronisches Datenbuch) 1994.

10.2.9 Normen

DIN 2137 Teil 6: Büro- und Datentechnik – Tastaturen.
DIN 2137 Teil 10: Büro- und Datentechnik – Tastaturen
DIN VDE 0199: Codieren von Anzeigen und Bedienteilen durch Farben und ergänzende Mittel; identisch mit IEC 16(Sec)302 und EN 60 073.
DIN ISO 4 136: Anwendung von Pfeilen.

DIN 19 227: Graphische Symbole und Kennbuchstaben für die Prozeßleittechnik.
DIN 19 235: Meldung von Betriebszuständen.
DIN 30 600 Teil 2: Bildzeichen; Übersicht.
DIN 33 414 Teil 4: Ergonomische Gestaltung von Warten; Gliederungsschema, Anordnungsprinzipien.
DIN 40 100: Bildzeichen in der Elektrotechnik.
DIN 66 234 Teil 1: Bildschirmarbeitsplätze; Geometrische Gestaltung der Schriftzeichen.
DIN 66 234 Teil 8: Bildschirmarbeitsplätze; Grundsätze ergonomischer Dialoggestaltung.
EN 61 310 Teil 1: Sicherheit von Maschinen; Anzeigen Kennzeichen und Bedienen, Anforderungen an sichtbare, hörbare und tastbare Signale.
EN 60 073 (entspricht IEC 60 073): Grund- und Sicherheitsregeln für die Mensch-Maschine-Schnittstelle, Kennzeichnung

Normen können bezogen werden bei:
DIN Deutsches Institut für Normung e.V. / Beuth-Verlag, Burggrafenstraße 6, D-10787 Berlin.
Österreichisches Normungsinstitut (ON), Heinestraße 38, A-1021 Wien.

10.3
Literatur, Auswahl mit Kommentar

– **Apple Computer, Inc.:** Human interface guidelines: The Apple desktop interface. Addison Wesley 1989.

Die Firmen Xerox und Apple haben die grafische Benutzeroberfläche für Computer erfunden und bis zur Serienreife entwickelt. Die einheitliche Dialoggestaltung, die in diesem Buch für Apple-Programmierer genau beschrieben wird, ist in allen Anwendungsprogrammen wiederzufinden. Wenn ein Benutzer mit einem einzigen Programm vertraut ist, erscheinen ihm somit auch alle anderen nicht mehr fremd. Das ist ein Hauptgrund für den Erfolg dieser MMS und ein Beispiel dafür, wie sich sinnvolle industrielle Standards durchsetzen können. Heute wird das Prinzip der grafischen MMS nicht nur von sämtlichen Softwareherstellern angewendet, sondern Apple wird auch in vielen Fachbüchern über Software-Ergonomie zitiert (Lauter 1987, Schmidtke 1993, Norman 1989, Helander 1991).

– **Baudrillard, Jean:** Das System der Dinge: Über unser Verhältnis zu den alltäglichen Gegenständen. Gallimard 1968 (frz.), Campus 1991 (dt.).

Der Autor ist ein bekannter französischer Philosoph. Seine Gedanken zur Umwelt des heutigen Menschen und zur Technik erscheinen oft etwas weit hergeholt, liefern aber dennoch oder gerade wegen des radikal anderen Blickwinkels manchen Denkanstoß auch für den Techniker.

– **Burandt, Ulrich:** Ergonomie für Design und Entwicklung. Schmidt 1986.

Dies ist ein praxisorientiertes, übersichtliches und umfassendes Buch, das viele Fallbeispiele enthält und sich somit gut als Nachschlagewerk für Industriedesigner eignet. Der Großteil des Buches besteht aus Tabellen, Diagrammen und Skizzen.

– **Bocher, Rolf:** Kommunikationsergonomie: Benutzerfreundlichkeit in der Bürokommunikation. Verlag TÜV Rheinland 1989.

Dieses Buch ist nicht eindeutig dem Bereich der Hard- oder Software zuzuordnen, sondern berücksichtigt beide. Es ist vor allem eine knappe, gut verständliche Aufbereitung der anwendbaren Normen für die Praxis. Die komprimierte Darstellung des Stoffgebietes eignet sich besonders für den Einsteiger.

– **Geiser, Georg:** Mensch-Maschine-Kommunikation. Oldenbourg 1990.

Dieses verständlich formulierte Buch behandelt gleichermaßen Aspekte der Hardware- und Software-Ergonomie. Es vermittelt einen Überblick über verschiedene Dialogformen, Benutzermodelle und die Eigenschaften der verschiedenen Dateneingabetechniken.

– **Gilmore, Walter E.:** User-Computer Interface in Process Control. Academic Press 1989.

Dieses Buch beschäftigt sich mit der Gestaltung von Steuerzentralen von Atomkraftwerken. So wie Flugzeughersteller haben Betreiber von Atomkraftwerken durch schlechte Ergonomie große Unglücke und finanzielle Verluste zu befürchten und sind daher bereit, viel Geld für diesen Forschungsbereich auszugeben. Das vorliegende Buch enthält eine lange Checkliste und dürfte geeignet sein, bei bestehenden Anlagen Schwachstellen systematisch aufzuspüren.

– **Grandjean, Étienne:** Physiologische Arbeitsgestaltung. Leitfaden der Ergonomie. 4. erweiterte und ergänzte Auflage, Ott 1991.

Hier werden die medizinischen Aspekte der menschlichen Arbeit behandelt. Der Autor ist Mediziner und an der ETH Zürich tätig. Siehe besonders Kapitel 9 über Mensch-Maschine-Systeme.

– **Helander, Martin (Hrsg.):** Handbook of Human-Computer-Interaction. Elsevier 1988, 1991.

Dieses umfassende Werk enthält ausführliche wissenschaftliche Artikel über sämtliche Teilbereiche der MMK. Siehe besonders die Kapitel 18.2 (Screen Design), 19.2 (Windowing), 21.4 (Keys and Keyboards), 22.2 (Input Devices) und 39 (Rapid Prototyping for User Interface Design).

– **Helm, Leopold:** Elektronische Hilfsmittel für Unterricht, Therapie und Umfeldkontrolle. Eigenverlag (Hainerstraße 18, A-3130 Herzogenburg) 1994.

Hinter dem schwer verständlichen Titel verbirgt sich eine umfassende Marktübersicht aller Hard- und Softwareprodukte für Behinderte. Da dieser Zweig der Medizintechnik sicher noch an Bedeutung gewinnen wird, ist auf ein Erscheinen in Buchform zu hoffen.

– **Heufler, Gerhard:** Produkt-Design – von der Idee zur Serienreife. Veritas 1987.

In diesem Buch wird der Entwicklungsprozeß für das Design von Industrieprodukten anschaulich dargestellt. Es enthält viele farbige Abbildungen und konkrete Fallbeispiele und ist dadurch besonders einprägsam.

– **Heuser, Karl Christian:** Freihändig zeichnen und skizzieren; Lehr- und Arbeitsbuch. Bauverlag 1976.

Einführungslehrbuch für Grafiker und Architekten. Sehr gute Aufbereitung des Lehrstoffs.

– **Johannsen, Gunnar:** Mensch-Maschine-Systeme. Springer 1993.

Dieses Lehrbuch vermittelt mit wissenschaftlicher Genauigkeit die Grundlagen der Mensch-Maschine-Systeme. Der Mensch wird in seiner Funktion als Regler im regelungstechnischen Sinn beschrieben. Besondere Beachtung finden daher Nachführaufgaben wie die Steuerung eines Flugzeuges. Viele andere Aspekte und Anwendungen der Theorie werden in eigenen Kapiteln kurz erwähnt.

– **Koch, Manfred:** Software-Ergonomie. Springer 1991.

Dieses Buch bietet in der ersten Hälfte eine Übersicht über Dialogformen und Ergonomie-Kriterien. Es bietet eine gut lesbare Aufbereitung der anwendbaren Normen (Liste auf Seite 109). Im zweiten Teil werden allgemeine Prinzipien des Software-Engineering beschrieben.

– **Lauter, Barbara:** Software-Ergonomie in der Praxis. Oldenbourg 1987.

Dieses leicht lesbare, praxisorientierte Buch ist eine Sammlung von kommentierten Beispielen und Regeln zur Dialoggestaltung. Es ist für Programmierer geeignet, die nicht viel Zeit investieren und trotzdem gute und einfache interaktive Anwendungen schreiben wollen.

– **Lichty**, Tom: Design Principles for Desktop Publishing. Wadsworth 1994.

Eine Einführung in das Schriftsetzen sollte für Benutzer von Textverarbeitungsprogrammen zum Grundwissen zählen. Jeder kann unter Anleitung dieses Buches eine Textseite, einen Brief oder ein Plakat mit wenigen Mitteln wesentlich ansprechender gestalten. Das Buch hat in den USA den "How-To Book of the Year"-Preis bekommen.

– **Mehrabian, Albert:** Räume des Alltags: Wie die Umwelt unser Verhalten bestimmt. Campus 1987.

Der Autor lehrt Psychologie an der University of California (L.A.). Dieses Buch ist eine Einführung in das Gebiet der Umweltpsychologie und richtet sich vor allem an Architekten und andere Gestalter von Wohnumwelten. Für den Techniker ist es leichter lesbar als andere psychologische Bücher, weil die Umweltpsychologie die Wechselwirkung zwischen Menschen und zwischen Menschen und Umwelt quasi "technisch", nämlich in Form von drei Variablen definiert. Das Buch ist darüberhinaus sehr anregend und spannend geschrieben.

– **Norman, Donald A.:** Dinge des Alltags. Campus 1989.

– Norman, Donald A.: The Design of Everyday Things. Doubleday 1988.

– Norman, Donald A.: The Psychology of Everyday Things. Basic Books 1988.

Hier handelt es sich um drei inhaltlich fast identische Ausgaben eines Buches. Das Buch nimmt in der Literatur über MMK eine Sonderstellung ein. Es ist eine sehr eigenwillige und von persönlicher Erfahrung des Autors geprägte Darstellung der uns umgebenden Industrieprodukte und deren Vor- und Nachteile für den Benutzer. Die behandelten Begriffe wie Sichtbarkeit, Mapping, Feedback und Standardisierung werden nirgends sonst so konsequent auf das Produktdesign angewandt. Das Buch ist wesentlich umfangreicher, als zur Darstellung der Kernaussagen notwendig wäre, besitzt dafür aber auch echte literarische Qualität.

–**Pirsig, Robert M.:** Zen und die Kunst ein Motorrad zu warten. Fischer 1978.
Dies ist ein Kultbuch aus den USA. Es beschäftigt sich mit der Frage, warum Wissenschaft und Technik oftmals so "unmenschliche" Züge angenommen haben und daher von vielen Menschen abgelehnt werden. Obwohl das Buch den Geist des Jahres 1968 in sich trägt, bietet es doch positive und optimistische Perspektiven an, was zu seinem Erfolg beigetragen haben mag. Es wird darin ein umfassender Qualitätsbegriff auf philosophischer Basis definiert, der in Ansätzen das Konzept der ISO 9000-Norm vorwegnimmt. In der ersten Hälfte des Buches wird anhand des Beispiels der Motorradwartung das Verhältnis des Menschen zur Technik erörtert.

– **Risak, Veith:** Mensch-Maschine-Schnittstelle in Echtzeitsystemen. Springer 1986.
Unter Echtzeitsystem wird hier eine industrielle Steuerung verstanden, für die eine anwenderspezifische Software benötigt wird. Das Buch behandelt auch den Softwareentwicklungsprozeß.

– **Schmidtke, Heinz (Hrsg.):** Ergonomie. Hanser 1993.
Dieses Buch betrachtet die Arbeit aus medizinischer Sicht. Es ist vom Aufbau und vom Umfang her mit Grandjean vergleichbar. Siehe besonders Teil 5 (Systemergonomie), Kapitel 5.4 (Schnittstellen in MMS) und 5.5 (Mensch-Maschine-Dialog). Kapitel 5.1 bis 5.3 enthält eine detaillierte regelungstechnische Beschreibung des Mensch-Maschine-Systems.

– **Seeger, Hartmut:** Design technischer Produkte, Programme und Systeme. Springer 1992.
Dieses Buch über Produktgestaltung bietet eine besonders genaue Analyse der unterschiedichen Typen von Benutzern und der für sie geeigneten Designvarianten. Es gewährt einen interessanten Einblick in die Eigenschaften des Anwenders, der für den Entwickler oft genug ein unbekanntes Wesen darstellt.

– **Shneiderman, Ben:** Designing the user interface: Strategies for effective human-computer interaction. Addison-Wesley 1986, 2. Auflage 1992.
Dies ist ein Standardwerk der Software-Ergonomie. Die wichtigen psychologischen Grundlagen werden behandelt. Trotz des großen Umfanges wirkt das Buch sehr übersichtlich, weil der Stoff häufig in Regeln oder Punkten zusammengefaßt wird.

– **Spinas, Philipp:** Leitfaden zur Einführung und Gestaltung von Arbeit mit Bildschirmsystemen. Verlag Industrielle Organisation 1983.

Dieses komprimierte Buch ist besonders deshalb so gut lesbar, weil an jedes Kapitel eine Checkliste angeschlossen ist.

– **Tognazzini, Bruce:** Tog on Interface. Apple.
Der Autor ist leitender Software- und User Interface-Designer bei Apple. Er hat schon immer den Kontakt zu Computerbenutzern gepflegt. Dieses Buch ist eine Sammlung seiner salopp geschriebenen Artikel aus Zeitschriften und beantworteter Leserbriefe. Das Buch ist vor allem für Insider interessant.

– **Tufte, Edward R.:** The Visual Display of Quantitative Information. Graphics Press.
In dem ästhetisch gestalteten Buch werden verschiedene Arten der Visualisierung von Daten miteinander verglichen. Viele großformatige Abbildungen machen auch dem Laien schnell die Unterschiede deutlich.

– **Vester, Frederic:** Wissen: Wege aus dem Datenfriedhof, in: Neuland des Denkens: Vom technokratischen zum kybernetischen Zeitalter. dtv 1984.
Der Autor ist ein bekannter Biochemiker und Umwelt- und Systemwissenschaftler. In seinem populären Buch „Unsere Welt – ein vernetztes System" hat er die Kurzlebigkeit eines nur auf Wachstum basierenden Wirtschaftssystems eindrucksvoll dargestellt. „Neuland des Denkens" ist sein wissenschaftliches Hauptwerk, das viele Detailfragen ausführlich behandelt, so auch den des explosiven Anwachsens von Informationsspeicherung und -übertragung.

– **Wandmacher, Jens:** Software-Ergonomie. de Gruyter 1993.
Der Autor lehrt Psychologie an der Technischen Hochschule Darmstadt. Er analysiert in diesem Buch sehr detailliert alle Aspekte der MMK. Das Buch bietet eine ähnlich komplette Übersicht über den Stoff wie Shneiderman.

– **Wohinz, Josef W.:** Kreativitätstechniken. IBL-Induscript 1991.
Dieses Vorlesungsmanuskript vom Institut für Industriebetriebslehre der TU Graz beschreibt Methoden zur Problemlösung, die besonders für den Einsatz bei der technischen Entwicklung geeignet sind.

–**Woodson, Wesley E.:** Human Factors Reference Guide for Electronics and Computer Professionals. McGraw-Hill 1987.
Anhand von vielen Abbildungen macht es dieses Buch auch Elektronik-Entwicklern leicht, wichtige ergonomische Anforderungen zu verstehen und anzuwenden. Die Skizzen haben hier nicht nur Beispielcharakter, sondern versuchen einen kompletten Überblick über die Lösungsmöglichkeiten für jedes Detailproblem zu geben.

10.4 Marktübersichten für elektronische Bauelemente

Die folgenden Marktübersichten sind dem Magazin „Markt & Technik" entnommen und werden mit freundlicher Genehmigung der MagnaMedia GmbH, Haar, wiedergegeben. Diese und weitere Marktübersichten sind auch erhältlich über: http://www.magnamedia.de/m&t/aktuell/aktuell.html

10.4.1
Marktübersicht: Schalter und Tasten

Hersteller / Exklusivdistributor, PLZ, Ort	Schalter für Gehäuse und Bedientableaus					Vorwahlschalter			Tasten							spezielle Schalter					Leiterplattenschalter							Serviceleistungen						
																														Bedienknöpfe				
	Wippschalter	Druckschalter	Schiebeschalter	Zugschalter	Drehschalter	Drehschalter	Hebelradschalter	Tastendrehschalter	Folientaste	Piezotaste	Drucktaste	Eingabetaste	Leuchttaste	Tastenschalter	Tastenstreifen	Fußschalter	Sicherungsschalter	Schloß- und Schlüsselschalter	Kfz-Schalter	vandalensichere Schalter und Tastaturen	Kippschalter	Tastenschalter	Drehschalter	Drehcodierschalter	Schiebeschalter	DIP-Schalter	Subminiaturschalter	Gravur von Schaltergehäusen	Bedrucken von Schaltergehäusen	gravieren	bedrucken	kundenspez. Farbe	Sonderfertigung von Tasten und Schaltern	Fertigung kompletter kundenspezifischer Tastaturen und Bedienfelder
AB Elektronik, 59368 Werne					●	●																	●	●		●								
Airpax Protector / Willburger System, 82418 Seehausen																	●																	
Alcatel SEL, Bauelemente, 90441 Nürnberg		●			●	●		●			●	●	●	●								●	●	●	●	●	●						●	
Alps Electric Europa, 40549 Düsseldorf	●	●	●		●	●		●	●		●	●	●	●					●		●	●	●	●	●	●	●						●	●
Apem Bauelemente, 81613 München	●	●	●								●	●					●	●		●	●	●			●	●	●						●	●
Arcolectric Switches, GB-West Molesey, Surrey	●	●	●								●																				●			
ARE / Emtron electronic, 64569 Nauheim																								●		●								
Aries Electronics / Dema Electronic, 80333 München																										●								
Assmann Electronic, 58513 Lüdenscheid	●		●		●	●											●				●	●	●	●	●	●	●							
Augat Components, 85540 Haar	●	●	●		●	●					●			●				●			●	●	●	●	●	●	●							
BI Technologies, 81476 München																										●								
Buchholz, Klaus, 90542 Eckental		●				●			●						●											●		●	●	●	●	●	●	●
Bulgin / Engelking, 78609 Tuningen	●	●									●						●			●	●	●				●	●							
Carlingswitch, GB-Clyst Honiton	●	●			●												●		●		●	●							●			●		
Cherry Mikroschalter, 91275 Auerbach												●		●					●					●			●				●	●	●	●
Copal Electronics, 60528 Frankfurt			●																				●	●		●								
Columbus-Contact, 78467 Konstanz					●									●								●	●										●	
Crameda, CH-4501 Solothurn		●			●	●	●			●	●	●	●					●		●			●	●			●							●
Crouzet, 40702 Hilden					●	●											●							●			●		●					
CTS Corp. / Tabula-Tronic, 81929 München	●	●	●								●								●			●	●	●	●	●	●		●		●	●	●	

C & K Components, 82061 Neuried	●	●	●			●			●	●	●	●	●	●				●		●	●	●	●	●	●	●	●							●
Danielson Deutschland, 72108 Baisingen									●											●														●
Danprint / Merten,22848 Norderstedt									●				●		●														●		●	●	●	●
ddm hopt + schuler, 78628 Rottweiler					●						●		●	●				●			●	●	●	●	●	●	●		●				●	
Deltec Electronic, 41564 Kaarst									●						●					●						●		●						
Dialog, 61259 Neu-Anspach		●			●						●		●			●		●																
Digitron / Kuhn, 67105 Schifferstadt					●	●	●																	●										
Diptronics Manufacturing, Taipei-Hsien, Taiwan		●				●		●			●	●			●						●	●	●	●		●	●						●	
DS Keyboard Technic, 78345 Radolfzell									●		●	●	●		●															●	●	●	●	●
Dyna Systems, 88175 Scheidegg									●	●	●	●	●	●	●					●								●	●	●	●	●	●	●
EAE electronics, 55129 Mainz									●			●	●							●														●
EAO Lumitas, 45277 Essen		●			●				●		●	●	●	●	●			●		●		●						●		●	●		●	●
Eaton- Arrow Products, 88677 Markdorf	●	●	●								●	●	●	●		●	●		●		●	●				●	●	●	●	●	●	●	●	
EBE Elektro-Bau-Elemente, 70771 Leinfelden-Echterdingen			●		●	●		●			●			●				●					●	●	●	●	●		●				●	●
ECE, 80999 München	●	●									●		●	●			●	●			●													
EECO-Transico / CompoTEK, 80377 München	●								●		●													●										
Elan Schaltelemente, 35429 Wettenberg		●			●						●	●	●					●				●	●							●	●	●	●	●
Elektrosil, 22525 Hamburg											●													●		●								
Elma Electronic, 75181 Pforzheim		●				●	●		●		●		●	●				●		●	●	●	●	●			●			●	●	●	●	●
Emcos, 63322 Rödermark									●						●																		●	●
EMI-tec, 12277 Berlin									●		●	●	●	●	●																		●	●
ERG / Recom, 63128 Dietzenbach																								●	●	●								
E-TEC / Simos, 70507 Stuttgart																							●		●	●	●							
Excel CEL Electronic / Rykom, 82178 Puchheim	●																							●		●	●							
Fela Management, CH-8512 Thundorf									●				●																					●
Feme / Maluska, 36043 Fulda					●															●	●	●	●	●		●	●					●		
Flexo-Print, 33154 Salzkotten									●				●									●												●
Gavazzi, Carlo, 64320 Weiterstadt	●	●			●																●	●	●											
Grayhill / Data Modul, 80687 München		●	●		●						●			●	●			●				●	●	●	●	●								
Eduard-Hartmann-Gesellschaft, 73614 Schorndorf																			●								●							
Fritz Hartmann Gerätebau, 91083 Baiersdorf					●	●		●						●								●		●					●		●	●		
HE Electronics, 66538 Neukirchen											●	●	●																				●	●
Hoffmann + Krippner, 74711 Buchen									●		●	●	●							●														●
Honeywell, 63067 Offenbach	●	●											●			●	●	●			●						●							
IDEC Elektrotechnik, 20537 Hamburg		●		●							●		●				●	●																
ITT-Cannon, 71384 Weinstadt						●			●		●	●	●	●	●							●	●	●	●	●					●	●	●	●
ITW-Switches / Tabula-Tronic, 81929 München	●	●	●		●	●		●	●		●	●	●	●	●	●			●	●	●	●	●		●		●	●	●	●	●	●	●	●
Jay-El Products, Inc. USA / Acal, 81739 München		●									●		●	●																			●	●
KEL Corporation / Getronic, 22525 Hamburg																								●										
Klöckner-Moeller, 53105 Bonn	●	●			●	●		●			●	●	●	●		●		●				●	●							●	●			●
Knitter-Switch, 85593 Baldham	●	●	●		●						●	●	●	●				●			●	●	●	●	●	●	●							

Hersteller / Exklusivdistributor, PLZ, Ort	Schalter für Gehäuse und Bedien-tableaus					Vor-wahl-schal-ter			Tasten							spezielle Schalter					Leiterplatten-schalter							Serviceleistungen		Be-dien-knöpfe				
	Wippschalter	Druckschalter	Schiebeschalter	Zugschalter	Drehschalter	Drehschalter	Hebelradschalter	Tastendrehschalter	Folientaste	Piezotaste	Drucktaste	Eingabetaste	Leuchttaste	Tastenschalter	Tastenstreifen	Fußschalter	Sicherungsschalter	Schloß- und Schlüsselschalter	Kfz-Schalter	vandalensichere Schalter und Tastaturen	Kippschalter	Tastenschalter	Drehschalter	Drehcodierschalter	Schiebeschalter	DIP-Schalter	Subminiaturschalter	Gravur von Schaltergehäusen	Bedrucken von Schaltergehäusen	gravieren	bedrucken	kundenspez. Farbe	Sonderfertigung von Tasten und Schaltern	Fertigung kompletter kundenspezifischer Tastaturen und Bedienfelder
Kohlstädt, 32602 Vlotho									●				●																					●
Kundisch Electronic, 78056 VS-Schwenningen									●			●	●							●														●
LCD-Mikroelektronik, 76187 Karlsruhe																																	●	●
Leonhardy, 91244 Reichenschwand					●									●							●	●	●		●		●		●				●	
Lorlin / C & K Components, 82061 Neuried			●		●	●					●							●																
Maagtechnic, CH-8600 Dübendorf		●									●	●	●	●					●															
Marquardt, 78604 Rietheim-Weilheim	●	●	●		●						●	●	●	●		●		●	●		●	●	●	●	●		●						●	●
Maruwa / A-Switch, 85599 Parsdorf																										●								
Matsukyu / Mechatronic, 71065 Sindelfingen		●	●		●	●					●											●	●	●	●	●	●							
Matsushita Automation Controls, 83607 Holzkirchen	●	●									●	●	●	●				●	●		●	●					●							
MEC, DK-2750 Ballerup	●	●									●	●	●	●							●	●						●	●	●	●	●		●
Meierhofer, CH-5507 Mellingen									●		●	●	●		●							●												●
Mekoprint, DK-9530 Støvring									●																								●	●
Mentor, 40699 Erkrath		●	●	●	●						●	●	●	●				●	●		●	●	●	●	●	●	●						●	
Metaliso / Sonntag, 72786 Pfullingen									●																									
Molex, 74078 Heilbronn-Biberach									●																						●	●	●	●
Molveno / Kautt & Bux Schalter, 66740 Saarlouis	●	●	●		●											●			●				●		●				●			●	●	
Motoco, 70565 Stuttgart		●		●	●						●	●	●	●	●			●												●	●	●	●	●

Noble-Teikoku Tsushin / Mechatronic, 71065 Sindelfingen		●			●	●					●												●	●		●	●							
Odenwälder Kunststoffwerke, 74722 Buchen					●																										●	●		
Omron Electronics, 40724 Hilden		●									●	●	●	●			●	●	●			●	●	●	●	●	●							
Otto Controls / UV-Electronic Consulting, 60437 Frankfurt	●	●							●		●			●					●		●	●						●	●	●	●	●		●
Panasonic, 85630 Grasbrunn		●	●						●		●	●							●			●	●		●		●							●
Preh-Werke, 97616 Bad Neustadt/Saale		●	●		●						●			●						●		●		●	●									●
Püschel Elektronik, 68309 Mannheim	●	●	●		●	●			●	●	●	●	●	●						●	●	●	●	●	●	●	●	●	●				●	●
Rafi, 88190 Ravensburg		●			●				●		●	●	●	●	●			●	●	●	●	●	●	●			●						●	●
Rockwell Automation, 70771 Leinfelden-Echterdingen		●			●	●					●	●	●	●		●		●													●			
Ruf, 85635 Höhenkirchen		●			●						●																							
SAIA-Burgess Electronics, 26127 Oldenburg																		●	●								●							
Salecom / A-Switch, 85599 Parsdorf	●	●	●		●						●	●		●							●				●		●							
Sansei Electric / Mechatronic, 71065 Sindelfingen		●	●		●								●	●								●	●		●		●							
Sasse Elektronik, 91126 Schwabach		●			●						●	●	●	●		●		●		●		●							●		●	●	●	●
Schaltbau, 81677 München		●		●													●				●													
Schlegel, Georg, 88525 Durmentingen					●		●	●	●		●		●	●	●		●	●	●	●		●	●					●	●	●	●	●	●	●
Schurter, 79346 Endingen									●	●	●	●	●	●						●														●
Secme, 82024 Taufkirchen		●	●		●						●	●	●	●						●	●	●	●		●	●	●	●	●	●	●	●	●	●
Seuffer, Robert , 75353 Calw					●	●	●				●	●	●	●					●			●	●	●	●						●	●	●	●
Shin-Etsu / MH & W, 82110 Germering																																	●	●
Shin Yang / Elbinger, 38259 Salzgitter	●	●			●						●	●	●			●		●			●	●	●		●	●	●							
Siemens ASI12 SV VM, 91052 Erlangen		●		●	●	●		●	●		●	●	●	●	●	●	●	●										●	●		●	●	●	●
Siemens EC, 81359 München											●	●		●				●				●	●	●	●	●							●	
Stacoswitch / Kuhn, 67105 Schifferstadt											●		●	●						●														
Sunmulon, Tokio, Japan		●											●	●												●								
Tabula-Tronic, 81929 München		●	●	●							●			●		●		●	●				●		●	●	●	●	●	●	●	●	●	●
Taiwan Alpha Electronics / Mechatronic, 71065 Sindelfingen	●	●	●		●						●			●								●	●	●			●							
Taiway / Tiede Electronic, 50259 Puchheim	●	●	●		●	●		●	●		●	●	●	●							●	●	●	●	●	●	●							●
Takamisawa, 81829 München		●	●								●											●			●		●							
Temic, 74025 Heilbronn		●	●						●																									●
TES Frontdesign, 16816 Neuruppin									●																					●	●	●	●	●
Tschudin & Heid, CH-4153 Reinach		●			●					●	●		●	●	●			●												●	●			
Vellemanswitch / SEI-Elbatex, 65555 Limburg		●							●		●	●	●		●		●		●	●												●	●	●
Weidmüller, 33058 Paderborn	●													●																				
Weiler high-tech electronics, 22844 Norderstedt														●	●						●	●	●	●	●	●	●							
Widmaier, Hans, 81320 München											●	●	●	●	●		●				●	●					●							
Wunder, 22761 Hamburg									●		●		●	●	●																		●	●
Zabel Technik, 47800 Krefeld	●	●		●	●	●			●		●	●		●						●	●	●	●	●			●						●	●
Zippy / Engelking, 78609 Tuningen		●									●	●									●					●	●							

10.4.2 Marktübersicht: Schalter, Tasten, Folientastaturen

	Schalter für Gehäuse und Bediensysteme						Schalter und Tasten																	Folientastaturen							Silikonschaltmatten						
							Tasten							Leiterplattenschalter										Schaltprinzipien							Tastenart				Tastenoberfläche		
Hersteller / Exklusivdistributor, PLZ, Ort	Wippschalter	Druckschalter	Schiebeschalter	Zugschalter	Drehschalter	Schnappschalter	Folientaste	Piezotaste	Drucktaste	Eingabetaste	Leuchttaste	Tastenschalter	Tastenstreifen	Kippschalter	Tastenschalter	Drehschalter	Drehcodierschalter	Schiebeschalter	DIP-Schalter	Subminiaturschalter	nur als Standardversion	kundenspezifisch modifizierbar	Kfz-Schalter	Sicherungsschalter	ohne Druckpunkt	mit Druckpunkt	mit Folienschalter	mit Metallkontakt	mit Kurzhubtasten	flacher Typ	gewölbter Typ	doppelt gewölbter Typ	Kegeltyp	Silikon	Two-Shore-Technik	mit Plastik beschichtet
Alcatel SEL, Bauelemente, 90441 Nürnberg					●										●	●	●	●	●	●		●														
Alco-Switch / Dynamic Electronic, 82211 Herrsching	●	●	●		●		●		●	●			●	●	●	●	●	●	●	●		●	●							●				●		●
Alps Electric Europa, 40549 Düsseldorf	●	●	●		●		●		●	●	●	●		●	●	●	●	●	●	●		●	●			●		●								
Apem, 81613 München	●	●	●						●	●	●			●	●			●	●	●					●	●		●								
APR / Mors, 81613 München	●	●	●						●		●	●		●	●			●	●	●	●	●														
Arcolectric Switches, GB-West Molesey, Surrey	●	●	●						●																											
ARE / Emtron Electronic, 64564 Nauheim																			●		●															
Aries / Dema Electronic, 80333 München																			●																	
Augat Components, 53840 Troisdorf	●	●	●		●				●					●	●	●	●	●	●	●		●														
Balluff Gebhard, 73765 Neuhausen						●																														
Barthen Electronic, 85276 Pfaffenhofen			●		●								●				●					●														
Berker, 58567 Schalksmühle	●				●	●			●			●				●						●	●													
Bernstein Hans, 32457 Porta Westfalica				●																																
Buch Elektronik, 31832 Springe												●													●	●	●	●	●	●	●					
Buchholz, Klaus, 90542 Eckental							●			●									●			●				●	●	●	●		●			●		
Carling Switch / Engelking, 78609 Tuningen	●	●												●									●	●												
Cherry Mikroschalter, 91271 Auerbach						●				●							●			●		●	●					●								
Columbus-Contact, 78467 Konstanz					●	●										●	●			●		●														
Copal Electronics, 60528 Frankfurt																●	●		●																	

Crameda / Metallux, 71404 Korb	●	●	●		●			●	●	●	●	●		●	●	●	●	●				●														
Crouzet, 40702 Hilden					●	●											●			●		●		●												
CTS / Tabula-Tronic, 81929 München	●	●	●									●		●	●		●	●	●	●		●	●													
C + K Components, 82061 Neuried	●	●	●		●	●	●	●	●	●	●	●	●	●	●	●	●	●	●	●		●			●	●	●	●	●	●	●	●	●	●	●	●
ddm hopt + schuler, 78628 Rottweil														●	●	●	●	●	●	●																
Deltec Electronics, 41564 Kaarst																			●						●	●	●			●	●	●	●	●	●	●
De Naamplaat, NL 7772 Hardenberg																									●	●	●	●		●	●					
DE.Si.Mo. / Kautt & Bux, 66740 Saarlouis	●	●	●		●																															
Diptronics Manufacturing,Taipei-Hsien, Taiwan													●		●		●		●		●															
DS Keyboard Technic, 78302 Radolfzell									●	●	●											●				●		●		●				●		
Dyna Systems, 88175 Scheidegg						●	●	●	●																	●	●	●	●							
EAE electronics, 55129 Mainz																										●		●	●							
EAO Lumitas, 45277 Essen		●			●		●		●	●	●	●	●	●	●						●					●		●	●	●	●					
Eaton-Arrow Products, 88677 Markdorf	●	●	●			●			●	●	●	●		●	●				●	●		●	●	●		●										
EBE, 70756 Leinfelden-Echterdingen					●											●	●					●														
ECE, 80999 München	●	●							●		●			●	●					●																
EECO Transico / CompoTEK, 80337 München									●			●	●	●			●	●	●	●		●								●	●			●	●	
Esser / Endrich Bauelemente, 72202 Nagold																									●	●	●	●	●							
Elan Schaltelemente, 35435 Wettenberg		●			●				●	●	●	●				●						●														
Elektrosil, 22525 Hamburg									●			●			●		●		●						●	●	●	●	●	●	●	●	●	●	●	
Elma Electronic, 75181 Pforzheim		●			●				●					●		●	●			●		●						●								
ERG Industrial Corporation, GB-Dunstable Bedfordshire																	●	●	●																	
Excel Cell Electronics / Emtron Electronics, 64569 Nauheim																	●		●		●															
Fela Mikrotechnik, CH-8512 Thundorf											●				●					●		●				●	●	●								
Feme / Maluska, 36043 Fulda					●							●		●	●	●	●		●	●																
F & P Electronic, 79183 Waldkirch																						●				●		●	●							
Gavazzi, Carlo, 64320 Weiterstadt	●				●									●	●	●	●																			
GeBE Elektronik u. Feinwerktechnik, 82102 Germering																						●			●	●	●	●	●	●	●					●
GED, 53773 Hennef																										●	●	●	●							
Ghielmetti Bedienungssysteme, 76437 Rastatt						●	●	●	●	●													●	●			●	●	●	●	●	●	●			
Grayhill / Data Modul, 80687 München	●	●	●		●	●			●				●	●	●	●	●	●	●	●		●								●						●
Hartmann-, Eduard-Gesellschaft, 73614 Schorndorf						●																●														
Hartmann, Fritz, Gerätebau, 91083 Baiersdorf					●	●									●	●	●					●														

Hersteller / Exklusivdistributor, PLZ, Ort	Schalter für Gehäuse und Bediensysteme						Schalter und Tasten: Tasten							Schalter und Tasten: Leiterplattenschalter									Folientastaturen: Schaltprinzipien							Silikonschaltmatten: Tastenart				Silikonschaltmatten: Tastenoberfläche		
	Wippschalter	Druckschalter	Schiebeschalter	Zugschalter	Drehschalter	Schnappschalter	Folientaste	Piezotaste	Drucktaste	Eingabetaste	Leuchttaste	Tastenschalter	Tastenstreifen	Kippschalter	Tastenschalter	Drehschalter	Drehcodierschalter	Schiebeschalter	DIP-Schalter	Subminiaturschalter	nur als Standardversion	kundenspezifisch modifizierbar	Kfz-Schalter	Sicherungsschalter	ohne Druckpunkt	mit Druckpunkt	mit Folienschalter	mit Metallkontakt	mit Kurzhubtasten	flacher Typ	gewölbter Typ	doppelt gewölbter Typ	Kegeltyp	Silikon	Two-Shore-Technik	mit Plastik beschichtet
HE Electronics, 66538 Neunkirchen									●	●	●											●														
Henapot, CH-6314 Unterägeri					●												●	●																		
Hetalno / Sonntag, 72766 Pfullingen							●															●			●	●	●	●								
Hoffmann + Krippner, 74711 Buchen						●	●		●	●	●														●	●		●	●							
Honeywell, 63067 Offenbach	●	●				●					●			●					●	●	●	●	●													
IDEC Elektrotechnik, 20537 Hamburg	●	●		●	●				●	●	●			●	●	●																				
idento, 63322 Rödermark							●																		●	●	●	●								
Indat Elektronik, 63660 Nidda							●																		●	●		●		●	●	●	●	●	●	●
ITT Schadow / CED Ditronic, 70597 Stuttgart		●					●		●	●	●	●	●		●	●	●	●	●	●		●				●		●	●							
ITW Switches, GB-Portsmouth, Hampsh.	●	●	●		●	●	●		●	●	●	●	●	●	●	●	●	●		●		●	●	●	●	●	●	●	●	●	●	●		●		
JAY-EL Products / ACAL, 81739 München		●							●		●	●																								
Jungpoong / Mechatronic, 71065 Sindelfingen		●	●						●			●			●			●		●																
Kautt & Bux, 66740 Saarlouis	●	●	●		●				●					●		●		●				●														
KEL Corporation / Getronic, 22525 Hamburg																●	●																			
Keymat / RS Components, 64546 Mörfelden-Walldorf																									●	●		●								
Klöckner-Moeller, 53105 Bonn		●			●				●	●	●	●			●	●					●															
Knitter-switch, 85593 Baldham	●	●	●		●	●			●	●	●	●		●	●	●	●	●	●	●		●														
Kohlstädt, 32602 Vlotho																										●	●	●	●							
Kuhn, 67105 Schifferstadt	●	●			●				●	●	●	●		●	●		●																			
Kundisch, 78056 VS-Schwenningen							●			●	●														●	●	●	●	●	●	●	●				
Leonhardy, 91244 Reichenschwand		●	●		●	●			●			●		●	●	●		●				●							●							

Lorlin / C + K Components, 82061 Neuried					●	●																														
LPT, 22525 Hamburg							●															●			●	●	●	●		●	●	●	●	●	●	●
Lucas Control Systems Products, 73240 Wendlingen							●																		●	●	●	●		●	●	●	●	●	●	●
Maagtechnic, CH-8600 Dübendorf																														●	●	●	●	●	●	●
Marquardt, 78604 Rietheim-Weilheim	●	●	●		●	●			●	●	●	●		●	●	●	●	●		●			●													
Matsukyu / Mechatronic, 71065 Sindelfingen		●	●						●						●		●	●	●	●																
Matsushita Automation Controls, 83607 Holzkirchen	●	●			●				●	●	●	●		●	●					●	●	●														
MEC, DK-2750 Ballerup							●		●	●	●	●			●					●																
Meggitt Electronic / Menges Electronic, 44357 Dortmund									●	●	●	●	●	●	●	●	●	●	●	●	●															
Meierhofer, CH-5507 Mellingen							●		●	●	●		●		●							●			●	●	●	●	●							
Mekoprint A/S, DK-9530 Støvring							●													●			●	●	●	●	●	●	●	●	●	●	●	●	●	
Mentor, 40699 Erkrath		●	●	●	●				●	●	●	●		●	●	●	●	●	●	●		●	●													
MME / Datamega, 85640 Putzbrunn																															●		●	●		
Molex, 74078 Heilbronn-Biberach							●																			●	●			●	●					●
Molveno OEM / Kautt & Bux, 66740 Saarlouis	●	●	●		●				●			●		●				●																		
Motoco, 70565 Stuttgart		●		●	●				●		●	●	●									●			●	●	●	●	●							
Nachtrodt & vom Brocke, 58570 Schalksmühle	●	●		●																																
Noble-Teikoku Tsushin Kogyo / Mechatronic, 71065 Sindelfingen		●			●											●	●			●																
Odenwälder Kunststoffwerke, 74722 Buchen					●											●		●			●															
Omron Electronics, 40427 Hilden	●	●				●			●	●	●	●			●	●	●	●	●	●	●	●														
Panasonic Industrial Europe, 85630 Grasbrunn		●	●	●	●		●		●	●		●			●			●		●		●	●		●	●	●	●	●							
Panel Electronic, 50933 Köln									●	●	●						●					●				●	●	●	●							
Preh-Werke, 97616 Bad Neustadt a. d. S.		●	●		●				●			●			●		●	●								●	●		●							
Pucka / Multi LED EL, 25451 Quickborn							●																		●	●	●	●	●							
Püschel Elektronik, 68309 Mannheim	●		●		●		●		●	●	●	●		●	●	●	●	●	●	●		●	●	●	●	●	●	●	●	●	●	●	●			
Rafi, 88190 Ravensburg		●			●	●	●		●	●	●	●	●	●	●	●	●			●		●	●		●	●	●	●	●							
Rockwell Automation, 70771 Leinfelden-Echterdingen		●		●	●				●	●	●	●																								
Rowland Automation / RS Components, 64546 Mörfelden																									●	●		●								
Ruf Electronics, 85635 Höhenkirchen		●			●				●																											
R & R, 78147 Vöhrenbach									●	●	●		●									●				●			●							
SAIA-Burgess Electronics, 26127 Oldenburg																				●			●													
Salecom / A-Switch, 85599 Parsdorf	●	●	●		●							●		●		●		●		●	●															
Sansei Electric / Mechatronic, 71065 Sindelfingen		●	●		●						●	●			●	●	●	●		●																

Hersteller / Exklusivdistributor, PLZ, Ort	Schalter für Gehäuse und Bediensysteme						Schalter und Tasten																Folientastaturen							Silikonschaltmatten						
							Tasten							Leiterplattenschalter									Schaltprinzipien							Tastenart				Tastenoberfläche		
	Wippschalter	Druckschalter	Schiebeschalter	Zugschalter	Drehschalter	Schnappschalter	Folientaste	Piezotaste	Drucktaste	Eingabetaste	Leuchttaste	Tastenschalter	Tastenstreifen	Kippschalter	Tastenschalter	Drehschalter	Drehcodierschalter	Schiebeschalter	DIP-Schalter	Subminiaturschalter	nur als Standardversion	kundenspezifisch modifizierbar	Kfz-Schalter	Sicherungsschalter	ohne Druckpunkt	mit Druckpunkt	mit Folienschalter	mit Metallkontakt	mit Kurzhubtasten	flacher Typ	gewölbter Typ	doppelt gewölbter Typ	Kegeltyp	Silikon	Two-Shore-Technik	mit Plastik beschichtet
Sasse Elektronik, 91126 Schwabach										●		●			●							●														
Schaltbau, 81677 München		●		●	●	●																														
Schneider Electric, 40832 Ratingen	●	●		●	●				●	●	●	●	●	●	●	●		●			●	●														
Schurter, 79346 Endingen		●					●	●	●	●	●	●			●							●			●	●	●	●	●	●	●					
Secme Electronic, 82024 Taufkirchen		●	●		●		●		●	●	●	●		●	●	●	●	●	●	●		●				●		●	●							
Segno / Infratron, 80973 München																									●	●	●	●	●							
SES Industrie-Elektronik, 42859 Remscheid							●																		●	●		●	●	●	●	●	●	●	●	
Seuffer, Robert, 75353 Calw	●	●	●		●			●	●			●		●	●	●	●	●																		
Shin-Etsu Polymer / MH&W E.-Vertrieb, 82110 Germering																														●	●	●	●	●	●	●
Shin Hien / Karl-Heinz Mauz, 73760 Ostfildern-Nellingen	●	●	●		●									●		●		●	●	●			●				●							●		
Shin Yang / Elblinger Elektronik, 38259 Salzgitter	●	●	●		●				●	●	●	●		●	●	●		●	●	●																
SH Switches / ACC, 83112 Frasdorf	●	●	●		●	●			●	●	●	●		●	●	●	●	●	●	●		●														
Siemens ASI 2 BM 1M, 91052 Erlangen		●			●		●		●	●	●	●			●	●									●	●	●	●	●	●	●	●		●	●	●
Siemens EC, 81359 München					●				●	●		●			●		●	●	●																	
Straschu Industrie-Elektronik, 28816 Stuhr																													●							
Sunmulon, Tokio, Japan		●				●			●	●	●	●	●																							
Taiwan Alpha Electronics / Mechatronic, 71065 Sindelfingen	●	●	●		●				●	●		●			●	●		●		●																
Takamisawa Electric Europe, 81829 München		●	●				●		●			●			●			●								●			●		●			●	●	●

Temic, 74025 Heilbronn																							●		●	●	●				●					●
TES Frontdesign, 16816 Neuruppin																									●	●	●	●	●							
Texas Instruments Holland / Mükra, 73033 Göppingen						●																														
Thorp Albert, 75181 Pforzheim		●										●									●	●	●													
Tschudin & Heid, CH-4153 Reinach		●			●			●	●		●	●	●		●	●																				
Weiler High-Tech Electronics, 22844 Norderstedt												●	●		●	●	●		●	●	●															
Widmaier, Hans, 81379 München									●	●	●	●	●	●	●					●																
Wunder, 22607 Hamburg							●																		●	●	●	●	●	●	●	●	●	●	●	●
Zabel Technik, 47800 Krefeld		●			●		●		●	●		●	●	●	●	●	●			●		●			●	●	●	●	●	●	●	●	●	●	●	●
Zippy / Engelking, 78609 Tuningen		●				●			●	●				●					●	●																

10.4.3
Marktübersicht: Leuchtdioden

Leucht-dioden	Abstrahlwinkel (Grad)		Basishalbleiter							Bauformen		Gehäuse				sichtbarer Bereich			Infrarot-Bereich							
Hersteller / Exklusivdistributor, PLZ, Ort	minimal	maximal	GaAs	GaP	GaAlAs	GaAsP	AL InGaP	SIC	Sonstige	bedrahtet	SMD-Baustein	Metall	Kunststoff	Durchmesser (mm)	Sonderbauformen	Wellenlängenbereich (nm)	max. mögliche Leuchtstärke (mcd) bei 20 mA Stromfluß und Abstrahlwinkel	mehrfarbige Ausführung	Wellenlängenbereich (nm)	Gesamtausgangsleistung (mW)	Sender/Empfänger einzeln	Sender/Empfänger als Paar	Empfänger + Tageslichtfilter	minimale Schaltzeiten (ns)	spektraler Bereich der Fotoempfindlichkeit (nm)	Lieferzeit in Wochen
Bivar /Infratron, 80973 München			●	●		●		●	●	●			●	3-5	Rechteck	470-660	60									2-3
China Semiconductor Corp. / Craft Data, 24559 Kaltenkirchen	8	50	●	●	●	●	●	●		●	●		●	2,9-9,9	Rechteck	470-695	1100	●	880-940		●					2-10
Citizen / Endrich Bauelemente, 72202 Nagold	8	180	●	●	●	●	●	●		●	●	●	●	1,3-20	Rechteck, Dreieck, Tower	430-700	9100	●	800-900	200	●	●	●	20	400-1000	1-8
Dialight Corp. / CompoTEK, 80337 München					●				●	●	●	●	●	2-28	Rechteck, Optopipe	430-660	635	●			●			500	730-1120	12-14
EAO Lumitas, 45277 Essen			●	●		●						●		6-22,5	Symbole	470-635	bis 500	●								
Elcos, 85276 Pfaffenhofen	30	180	●	●	●	●	●	●	●		●		●		SMD-Geh.	430-700	80-1800	●	700-1300	25	●	●	●	6	400-1500	2-8
EM / Menges electronic, 44357 Dortmund	16	140		●	●	●	●		●	●	●		●	1,8-20	Rechteck, Flattop, Dreieck	430-700	5000	●	880-940	100	●					4
Epitaxx / AMS Optotech, 82152 Martinsried									●					2-4					1300	0,1	●			2		3
Eurotec, 13355 Berlin	20	180	●	●	●	●		●		●		●	●	3-10	Rechteck	560-700	1000	●	680-950		●			400		3-5
Eurotroniks / A-Switch, 85599 Parsdorf	30	120	●	●	●	●		●		●			●	1,8-5	Rechteck	470-700	100	●								4-8

Fietje Sensor Optoelektronik, 18055 Rostock	10	140	●		●				●	●	●	●	●	bis 12	Mehrchip-array, SMDs	660	>1cd	●	740-940	bis 1000	●	●	●	10	280-1000	6
Getronic, 22525 Hamburg	±10	±70	●	●	●	●			●	●	●	●	●	1,5-22	div.	570-700	1300	●	700-950	120	●	●	●	3	400-1100	2-8
Hamamatsu Photonics, 82211 Herrsching	5	80	●		●							●	●			660-900	1,8		830-940	1-32	●			1	300-1100	0-1
Haw Shuen / Beckert Electronic, 85051 Ingolstadt			●	●	●	●		●	●	●	●		●		2farbig	700	7000	●	940							
Hewlett-Packard, 61352 Bad Homburg	7	90	●	●	●	●	●	●	●	●	●		●	3-5	Rechteck, R-LED Arrays	480-644	9000	●	850-900	22	●	●		7,5		
Honeywell Optoelectronics, 80807 München	2	180	●		●					●	●	●	●	3-4,8					850-930	5	●		●	700	400-1100	4
IEE / Kuhn, 67105 Schifferstadt	12	130	●	●	●	●			●	●	●		●	1,8-10	Rechteck	567-700	2,016	●								
Kingbright Electronic, 47661 Issum	20	140		●	●	●	●	●	●	●	●		●	1,8-20	Rechteck, Dreieck, Quadrat	470-700	3500	●	880-940	10	●	●	●			1-6
Kodenshi / Getronic, 22525 Hamburg	±10	±70	●		●					●		●	●	2,2-13,2	div.	660-700			830-950		●	●	●		400-1100	4-8
LITE-ON (Europa), CH-6340 Baar-Walterswil	12	180	●	●	●	●	●	●	●	●	●	●	●	1,8-20	div.	470-700	3500	●	840-940	10	●	●	●	50	840-960	
Lumex Opto / First Components, 82054 Sauerlach	4	160	●	●	●	●		●	●	●	●	●	●	1,8-9,6	Rechteck	480-700	30	●	700-1050		●	●		800	450-1000	
Marl / Tabula-Tronic, 81929 München	15	60	●						●	●			●	3-20		470-660	5000	●								3-4
Micropac Ind. Inc., 28359 Bremen	20	180	●	●	●	●	●			●		●		4,8	Panel Mount	570-635	20	●	680-950	6	●	●		500	700-1100	Lager
Mitel AB / HIV, 66787 Wadgassen	10	20			●				●			●		5,4	Doppel-linse				780-1320	7	●	●		0,5	400-1550	1-9
Moririca / Getronic, 22525 Hamburg	±30	±55	●		●					●		●		4-22	div.				900-950		●				400-1100	6-8
Northern Telecom Opto-electronics, 40878 Ratingen							●												1300	0,05	●	●		200 MB/s	1200-1600	6
Optek Technology, 91154 Roth	18	90	●		●					●	●	●	●	1,5-5					850-950	240	●	●	●	250	600-1000	6
Optel / Getronic, 22525 Hamburg	±10	±45	●	●	●					●		●	●	3-5,5	Oval, TO-18	570-660	1200	●	850-940	120	●			10		2-4

Hersteller / Exklusivdistributor, PLZ, Ort	Abstrahlwinkel (Grad) minimal	Abstrahlwinkel (Grad) maximal	Basishalbleiter GaAs	GaP	GaAlAs	GaAsP	AL InGaP	SIC	Sonstige	Bauformen bedrahtet	SMD-Baustein	Gehäuse Metall	Kunststoff	Durchmesser (mm)	Sonderbauformen	sichtbarer Bereich Wellenlängenbereich (nm)	max. mögliche Leuchtstärke (mcd) bei 20 mA Stromfluß und Abstrahlwinkel	mehrfarbige Ausführung	Infrarot-Bereich Wellenlängenbereich (nm)	Gesamtausgangsleistung (mW)	Sender/Empfänger einzeln	Sender/Empfänger als Paar	Empfänger + Tageslichtfilter	minimale Schaltzeiten (ns)	spektraler Bereich der Fotoempfindlichkeit (nm)	Lieferzeit in Wochen
Opto Devices, 24326 Stocksee	10	180	●	●	●	●	●	●		●	●		●	2-20	Rechteck, Dreieck	470-700	2000mcd	●	880-940	25	●	●		200		4-6
Oshino Lamps, 90425 Nürnberg	8	180	●	●	●		●	●		●	●			3-20		470-700	4000	●								
Panasonic Deutschland, 85630 Grasbrunn	30	140	●		●		●		●	●	●		●	2-5	Nur bei SMD LED	470-700	2500	●	860-950	15	●			30	650-1000	6-12
QT-Opto Electronics, 85737 Ismaning	12	180	●	●	●	●	●		●	●	●		●	1,8-10	Rechteck, Side View, PCB, Flat Top	460-660	4000		880-940		●	●	●			6
Rohm Electronics, 47877 Willich	10	140	●	●	●	●	●			●	●		●	2-5	Rechteck	555-660	7500	●	785-950	35	●	●	●	10	750-1100	2-12
Sanyo / Endrich Bauelemente, 72202 Nagold	8	180	●	●	●	●	●	●		●	●	●	●	1,3-20	Rechteck, Dreieck, Tower	430-700	9100	●	800-900	200	●	●	●	20	400-1000	1-8
Sharlight / Beckert Electronic, 85051 Ingolstadt			●	●	●	●		●	●	●	●		●	2,9-10	Rechteck, Quadrat	565-700	bis 700	●	850	3,5	●		●			
Sharp Electronics (Europa), 20097 Hamburg	2	120	●	●	●	●	●	●	●	●	●	●	●	1,8-20	div.	470-700	15cd	●	680-950	22	●	●	●	200	400-1100	4-8

Shian Yih Electronic Ind. / Multi LED Electronic, 25451 Quickborn	±8	±70	●	●	●	●				●	●		●	2-8	Rechteck, seitl. abstrahlend	470-700	5000	●	840-940	60	●	●	●		900	2-4
Siemens HL OCD, 93049 Regensburg	±8	±60	●	●	●	●	●	●	●	●	●	●	●	2,5-5	Zeilen Rechteck, rund, planar	467-660	8cd		880-950	25	●	●	●	10	300-1100	2-6
Stanley / Elite, 85643 Steinhöring	7	160		●	●	●	●		●	●	●		●	1,8-5	Rechteck, Quadrat	430-700	3000	●	850-950	18	●			20	450-1050	
Tabula-Tronic, 81929 München	10	120	●	●	●	●		●	●	●	●	●	●	1,8-20	Rechteck	470-700	5000	●								4
Temic, 74025 Heilbronn	8	170		●	●	●	●		●	●	●			1,8-5	Rechteck	470-660	1000	●	870-950	40	●		●	300	600-1050	a.A.
Three Fife /Neumueller Fenner, 82041 Oberhaching	18	104	●		●					●		●	●	3-9	div.				890/935	10	●	●		500	400-1100	1-9
Toshiba Electronics, 40548 Düsseldorf	4	160	●	●	●	●	●			●	●		●	3-10	Symbole	555-700	25cd	●	680-950	20	●		●	15	400-1100	12
Vincenc / Codico, A-2380 Perchtoldsdorf	16	120		●	●	●	●			●	●		●	2-41,5	Zylinder, Rechteck, Dreieck	555-700	1500	●	800-1050	75	●	●		3000	940	8-10

10.4.4 Marktübersicht: LCDs

LCDs	Gläser							Module									Grafikmodule										Pro-jektion	
	Technologie							Technologie				Hinter-grund					Technologie						Anwendung					
Hersteller / Exklusivdistributor, PLZ, Ort	Twisted Nematic (TN)	STN	FSTN	DSNT	andere	Standard	kundenspezifisch	PCB	Chip-on-Glass	Chip-on-Foil	andere	LED	EL	CCFL	Standard	kundenspezifisch	STN	FSTN	DSTN	aktive Ansteuerung	Direktansicht ohne Hintergrundbeleuchtung	Direktansicht mit Hintergrundbeleuchtung	einfarbig	mehrfarbig	SVGA- / XGA-kompatibel	max. Größe (Zoll)	Large Panel	Polysilizium
Actron, 85599 Parsdorf	●	●	●			●	●	●				●	●	●	●	●	●	●			●	●	●			5,7		
Adkom, 73098 Rechberghausen												●				●												
AEG MIS, 89077 Ulm	●	●	●	●	●	●	●		●	●	●	●	●	●	●	●												
Alps Electric Europa, 40549 Düsseldorf		●	●				●	●					●	●							●	●		●	●			
autronic Melchers, 76229 Karlsruhe	●	●	●	●	●	●	●	●	●	●	●	●	●	●	●	●	●	●	●		●	●	●	●	●	14		
Batron, 80687 München								●	●	●	●	●	●	●	●	●	●	●	●	●	●	●	●	●	●	10,4		
Bolymin / Unitronic, 40472 Düsseldorf	●	●	●			●	●	●				●	●	●	●	●	●	●			●	●	●		●	1/4 VGA		
Callio / Display Devices, 81377 München	●	●				●	●	●				●	●		●	●	●	●	●	●	●	●	●	●				
Casil / Neumüller-Fenner, 82024 Taufkirchen	●	●	●	●	●	●	●																					
Citizen, Langley (GB)	●	●						●				●		●	●	●	●						●	●		10,4		
Clover, Hongkong	●	●	●			●	●	●			●	●	●		●	●	●			●	●	●	●					
EDT / Actron, 85599 Parsdorf								●				●	●	●	●	●	●	●			●	●	●			5,7		
Elec + Eltek / MSC-Gleichmann, 67227 Frankenthal	●	●	●			●	●	●				●	●		●	●	●	●		●	●	●	●					
Epson Europe Electronics, 80992 München	●	●	●	●	●	●	●	●	●	●	●	●	●	●	●	●	●	●	●	●	●	●	●	●		10,2		●
E+E / Adkom Elektronik, 73257 Rechberghausen												●				●												
Everbouquet, Taipei/Taiwan								●			●	●	●		●	●												
Glory / MSC-Gleichmann, 67227 Frankenthal	●	●				●	●	●	●			●	●		●	●	●	●		●	●	●	●					
Goldstar, 47877 Willich														●	●					●		●		●	●	14,1		
Gystaloid / Wyle Ginsbury, 81829 München	●	●	●	●		●	●	●	●	●		●	●		●	●												
Hitachi Europe, 85622 Feldkirchen								●		●	●	●	●	●	●	●	●	●			●	●	●	●	●	15,5		●
Hosiden, 40211 Düsseldorf		●	●	●				●	●	●		●		●			●	●	●	●	●	●	●	●	●	23		
Hyundai, 65479 Raunheim	●	●					●		●			●	●	●	●	●	●	●		●	●	●	●					
ICCMLC-Display, 78052 Villingen-Schwenningen	●	●			●	●	●	●			●	●	●	●	●	●	●				●	●	●	●				
Indat Elektronik, 63660 Nidda	●	●	●			●	●	●	●	●		●	●		●	●	●				●	●	●					

Intech / Display Devices, 81377 München	●	●				●	●	●				●	●		●	●	●				●	●	●					
JIC-VSG / Display Systems, 80992 München	●	●		●	●	●	●	●	●	●		●	●	●	●	●	●			●	●	●	●			5		
Kyocera, 73730 Esslingen									●					●	●		●		●			●		●	●	15		
LG Electronic / Beck Elektronik, 90425 Nürnberg														●	●					●		●		●	●	14,06		
Microsyst, 92637 Weiden	●	●			●	●	●	●			●	●	●			●	●			●	●	●	●	●				
Mitsubishi International, 40476 Düsseldorf	●	●	●	●	●	●	●	●	●	●	●	●	●	●	●	●	●	●	●		●	●	●	●		10,4		
Nanox / Unitronic, 40472 Düsseldorf	●	●	●			●	●	●	●			●	●	●	●	●	●	●			●	●	●		●	1/4 VGA		
Nan Ya / Admatec, 22305 Hamburg		●	●			●	●	●	●	●		●	●	●	●	●	●	●			●	●	●	●	●	10,4		
Optrex Europe, 64832 Babenhausen	●	●	●	●	●	●	●	●	●	●	●	●	●	●	●	●	●	●	●		●	●	●	●	●	13,6		
Ocular LCD, CH-8915 Hausen	●	●	●			●	●	●				●	●		●	●	●	●			●	●	●					
Orion Electric Company, Seoul/Südkorea								●		●		●	●	●	●	●	●	●	●		●		●	●	●	13,3		
Philips Components, 20099 Hamburg	●	●	●	●	●		●	●	●	●		●	●			●				●		●	●	●	●	11,3	●	
Picvue, Taiwan	●	●	●	●		●	●	●	●	●		●	●		●	●	●	●	●		●	●	●			a.A.		
Powertip, Taichung/Taiwan								●				●	●	●	●	●	●	●			●	●	●			5,7		
Rohm Electronics, 47877 Willich	●	●	●	●	●		●	●	●	●	●	●		●	●	●	●	●	●		●	●	●			14		
Samsung Semiconductor, 65843 Sulzbach																				●		●		●	●	21,3	●	
Sanyo Semiconductor, 65760 Eschborn																			●			●	●	●	●	11,3		
Sharp Electronics, 20097 Hamburg	●	●	●	●	●		●	●	●	●	●	●	●	●	●	●	●	●	●	●	●	●	●	●	●	28	●	
Solomon / MSC Gleichmann, 67227 Frankenthal	●	●	●	●		●	●	●			●	●	●	●	●	●	●	●	●	●	●	●	●					
Sony Deutschland, 81241 München					●	●					●		●		●					●		●	●	●	●	5,6		
Standish / Unitronic, 40472 Düsseldorf	●	●	●		●	●	●	●				●	●	●	●	●	●	●			●	●	●			14,2		
Stanley / Elite, 85643 Steinhöring	●	●	●	●	●		●	●				●		●	●	●	●	●	●			●	●	●		5,7		
Torisan / Unitronic, 40472 Düsseldorf																	●	●			●	●	●	●	●	14,1		
Truly Semiconductors, 40210 Düsseldorf	●	●				●	●	●				●	●		●	●	●				●	●	●			5,1		
Unipac / Rein Components, 41304 Nettetal								●			●			●						●				●		5,7		
URT / Rein Components, 41304 Nettetal	●	●					●	●	●			●	●															
U.R.T.C., 76187 Karlsruhe	●	●	●			●	●	●			●	●	●	●	●	●	●	●			●	●	●			14		
Varitronix, 80687 München	●	●	●	●		●	●	●	●	●		●	●	●	●	●	●	●	●		●	●	●	●				
Vikay / Display Elektronik, 63660 Nidda	●	●	●			●	●	●	●	●		●	●		●	●	●				●	●	●					
Wintek / Actron, 85599 Parsdorf	●	●				●	●	●	●			●	●	●	●	●	●				●	●	●			5,7		

10.4.5
Marktübersicht: Mikrocontroller-ICs

	Mikro-controller					Archi-tektur						Span-nungs-bereich			Stromauf-nahme			analoge Funk-tionen				Schnitt-stellen		Spei-cher-blöcke						Support-Tools				
Hersteller / Exklusivdistributor, PLZ, Ort	4 Bit	8 Bit	16 Bit	32 Bit	64 Bit	v. Neumann	Harvard	RISC	kundenspez. Varianten	max. Geschwindigkeit (MHz)	Befehlszyklus (ns)	≤ 3 V	3,3 V	≥ 5 V	aktiv (mA)	Stand-by (µA)	On-Chip-Test	ADC	DAC	PWM	Sonstige	seriell	parallel	RAM	ROM	OTP	Anzahl Interrupt-Level	Anzahl I/O (maximal)	Lieferzeit (Wochen)	Starter-Kit	Fuzzy-Logik	Emulator	C-Compiler	Sonstige
Advanced Risc Machines, 85521 Ottobrunn				●		●	●	●	●	200		●	●	●	20	0,01	●	●	●		●	2		●	●		5		12	●		●	●	●
Arizona Microchip Technology, 81739 München		●					●	●		33	120	●	●	●	2	1	●	●	●	●	●	3	1	●	●	●	12	55	2	●	●	●	●	●
Atmel, 83064 Raubling		●					●	●		16		●	●	●		<1		●	●	●		3		●	●		12	15		●		●	●	●
				●		●		●		40		●	●			2-3		●	●	●	●		2		●		16	32					●	●
Dallas Semiconductor / Atlantik Elektronik, 82152 Planegg		●				●				33	121			●	30	1					●	2	4	●	●	●	14	32	2			●	●	●
EM Microelectronic-Marin SA, CH-2074 Marin	●							●	●	1,2	60000	●		●	0,005	0,5	●	●	●	●		1	1	●	●	●	2	16	20	●		●		
Epson Europe Electronics, 80992 München	●						●		●	4,5	444	●	●		2	1		●			●	1		●	●	●	15	48	12			●		●
		●					●		●	10	200	●	●	●	6	2		●	●		●	2		●	●	●	15	64	12			●	●	
Fincitec / Ultratronic, 82206 Herrsching			●				●		●	20			●					●				2	1	●	●				16					●
Fujitsu Mikroelektronik, 63303 Dreieich-Buchschlag		●				●				10	400	●	●	●	1	0,1		●	●	●	●	2	1	●	●	●	4	69		●		●	●	●
			●			●				16	62,5	●	●	●	8	0,1		●	●	●	●	2	1	●	●	●	8	102		●		●	●	●
				●			●	●		50	20	●		●				●	●	●	●	2	1	●	●	●	16	80				●	●	●
GEC Plessey, 80805 München		●	●	●				●	●	25	22		●	●	30		●			●	●	2	1	●			4	64		●		●	●	●
Harris Semiconductor, 85540 Haar		●				●			●	8	480		●	●	1	1	●				●	1	4	●	●		5	38				●	●	●
Hitachi Europe, 85622 Feldkirchen	●					●					470	●			9	<5		●		●	●	2	1	●	●	●	1	70				●		●
		●				●					125	●			12	<5		●	●	●	●	2	1	●	●	●	1	82		●		●	●	
			●			●			●		50	●			<80	<5		●	●	●	●	3	1	●	●	●	3	95		●		●	●	
				●				●	●		16		●		<100	<5		●		●	●	1	1	●	●	●	16	8		●		●	●	
Holtek Microelectronics / Atlantik Elektronik, 82152 Planegg	●							●		4	1000	●			1	1					●			●	●	●	2	16	8			●		●
		●						●		4	1000	●			0,5	1					●			●	●	●	3	56	8			●		●

Intel, 85622 Feldkirchen		●				●				33			●	●				●				2		●	●	●								
			●							50			●	●				●		●		2		●	●	●								
				●				●		75			●	●										●										
ISSI Scantec, 82152 Planegg		●								40				●	20	50µ						1		●	●	●	2	32						
ITT / Intermetall, 79108 Freiburg		●				●				8	250			●	15	500	●	●	●	●	●	5	7	●	●	●	16	83	a.A.			●	●	
			●			●				10	200			●	20	700	●	●	●	●	●	8	8	●	●	●	16	83	a.A.			●	●	
LG-Semicon / Unitronic, 40472 Düsseldorf				●				●		60	16		●	●	78									●			4			●			●	●
MAZeT, 99099 Erfurt		●					●	●		16	125	●	●					●	●			2	1	●	●		5			●		●		
			●				●	●		16	62	●	●					●	●			2	1	●	●		6			●		●		
Mitsubishi Electric Europe, 40880 Ratingen	●								●	6	500	●	●	●	2	<1		●		●	●	1		●	●	●	1	80	12			●		●
		●				●				12	200	●	●	●	4	<1		●	●	●	●	2	1	●	●	●	1	170	12	●	●	●	●	●
			●			●				40	100	●	●	●	<5	<1		●	●	●	●	5		●	●	●	8	100	12	●		●	●	●
				●					●	66	15	●	●		120	600		●	●	●	●	3		●	●			100	12			●	●	●
					●				●	500																						●	●	●
National Semiconductor,		●					●			10	1000	●	●	●	7	1		●		●	●	- 4		●	●	●	- 14	56	12	●		●	●	●
82256 Fürstenfeldbruck				●						25	40			●			●					2	1				15	29		●		●	●	●
NEC Electronics, 40472 Düsseldorf	●					●			●	6	660	●	●	●	1	1		●	●	●	●	1		●	●	●	2	58	8	●	●	●		●
		●				●				8	240	●	●	●	6	1		●	●			3	1	●	●	●	2	88	8	●	●	●	●	●
			●			●			●	16	125	●	●	●	20	10		●	●	●	●	3		●	●	●	10	86	8	●	●	●	●	●
				●			●	●	●	33	30		●	●	93	50		●	●	●	●	4		●	●	●	8	67	8	●	●	●	●	●
OKI Electric Europe, 41460 Neuss	●					●				2	1000	●	●	●	0,7	3		●			●	1		●	●	●	17	56	a.A.			●		
		●				●				10	400	●	●	●	20	50		●		●	●	2	1	●	●	●	16	65	a.A.			●	●	
			●			●				32	100			●	45	1		●		●	●	2	1	●	●	●	4	110	a.A.			●	●	
Panasonic, 85630 Grasbrunn	●								●	8	1000	●	●	●	4	0,5		●				1		●	●	●	4	56	12		●	●		
		●							●	20	100	●	●	●	30	0,5		●	●	●		3		●	●	●	17	77	12			●	●	
			●						●	20	100	●	●	●	40	1		●	●	●		3		●	●	●	17	108	12			●	●	
				●					●	100	17		●									3		●	●	●	39	90	12			●	●	
Philips Semiconductors, 20097 Hamburg		●					●		●	33		●	●	●			●	●	●	●	●	2		●	●	●	4	56	6	●		●	●	
			●			●	●		●	30		●	●	●								2		●	●	●	32	32	6	●		●	●	
				●				●		75			●				●	●	●		●	2	1	●						●			●	●
Samsung Semiconductor Europe,	●						●			8	150	●		●	0,5	0,1		●	●	●	●	2	1	●	●		10	56	4	●		●		●
65824 Schwalbnach		●					●			18	600	●		●	0,62	0,3		●		●	●	4		●	●	●	128	64	7	●		●	●	●
			●					●		20				●			●	●	●		●	1		●	●				10			●	●	●
				●				●		50	40			●			●	●			●	1		●	●			16	7			●	●	●

Hersteller / Exklusivdistributor, PLZ, Ort	Mikrocontroller					Architektur						Spannungsbereich			Stromaufnahme			analoge Funktionen				Schnittstellen		Speicherblöcke						Support-Tools				
	4 Bit	8 Bit	16 Bit	32 Bit	64 Bit	v. Neumann	Harvard	RISC	kundenspez. Varianten	max. Geschwindigkeit (MHz)	Befehlszyklus (ns)	≤ 3 V	3,3 V	≥ 5 V	aktiv (mA)	Stand-by (µA)	On-Chip-Test	ADC	DAC	PWM	Sonstige	seriell	parallel	RAM	ROM	OTP	Anzahl Interrupt-Level	Anzahl I/O (maximal)	Lieferzeit (Wochen)	Starter-Kit	Fuzzy-Logik	Emulator	C-Compiler	Sonstige
					●			●		500			●	●			●				●	2	1	●	●				3					
Sanyo Semiconductor, 65733 Eschborn	●								●	6	200	●	●	●				●	●	●	●	2		●	●		8	57	12			●		
		●							●	12	500	●	●	●				●	●	●	●	2		●	●		16	91	12			●	●	
SGS-Thomson Microelectronics,		●					●		●	25	200	●		●		10		●	●	●	●	2		●	●	●	16			●	●	●	●	●
85630 Grasbrunn			●			●			●	25	100		●	●				●		●	●	2		●	●		57	77		●		●	●	●
				●		●		●	●	40	25		●				●			●	●	2	1	●			14	40		●			●	●
Sharp Electronics, 20097 Hamburg	●					●				4	1000	●	●	●	1.2	20		●			●	1		●	●	●	5	27	13			●		●
		●				●				8	330	●	●	●	6	1		●	●	●		1		●	●	●	16	84	13			●	●	●
			●			●			●	30	133	●	●	●	65	1		●	●	●	●	2	1	●	●	●	26	88	13				●	●
				●				●		25	40	●	●	●	70	1000	●			●	●	3	1	●			13	24	15			●	●	●
Siemens HL, 81541 München		●					●		●	40	300	●		●	15	50		●		●	●	8	1	●	●	●	4	72	12	●	●	●	●	●
			●			●			●	25	80	●		●	50	100		●		●	●	8	1	●	●	●	64	111	12	●	●	●	●	●
Temic, 74025 Heilbronn		●					●	●		44	-140	●	●	●	10	50	●	●	●	●	●	2	1	●	●	●	4	48	6-8	●		●	●	●
Texas Instruments, 85356 Freising			●			●		●		4	250	●	●	●	0,4	0,1	●	●		●	●	2	4	●	●	●	k.B.	40	12	●		●	●	●
Texas Instruments France,		●				●				20	200			●	15	5		●		●	●	2	1	●	●	●	3	56	12	●		●	●	●
06271 Villeneuve Loubet			●			●				20	100			●	˙25	10	●	●		●	●	2	1	●	●	●	7	41	12			●	●	●
				●				●		40	25	●			30	a.A.	●	●		●	●	2	1	●	●	●						●	●	●
Toshiba Electronics Europe,	●					●				8	1000	●	●	●	4	0,5		●		●	●	1	1	●	●	●	2	56	a.A.	●		●		
40549 Düsseldorf		●				●				16	250	●	●	●	10	0,5		●	●	●	●	3	1	●	●	●	2	90	a.A.	●		●	●	●
			●			●				25	160	●	●	●	25	0,5	●	●	●	●		5	1	●	●	●	7	99	a.A.	●		●	●	●
				●		●	●	●		50	50			●	50	0,5	●	●	●	●		2-4	1	●			7	64	a.A.			●	●	●

VLSI Technology, 81737 München				●				●	●	120	8	●	●	●	- 400	0		●	●		●			●	●					●		●	●	●
Winbond Electronics / Tekteam, 22145 Hamburg		●				●			●	40	25			●	30	50	●	●	●	●	●	2	4	●	●	●	8	40	10	●		●		●
Zilog Europe, 81737 München		●					●			33	360	●		●	7	1	●	●	●	●	●	2		●	●	●	6	52	6	●		●	●	●
			●				●			20	50		●	●	30	10	●	●		●	●	1	1	●	●	●	3	40	6			●	●	●

* Hersteller wollte keine Angaben machen	Marktanteil weltweit (Prozent) 1996				Marktanteil Europa (Prozent) 1996				Umsatzaufteilung im eigenen Hause auf die Märkte 1996 (%)					Welche Schnittstellen werden unterstützt?						Welche Integrationen werden in Ihrem Hause durchgeführt?			Welche maximale Speichergröße wurde integriert?					
Hersteller / Exklusivdistributor, PLZ, Ort	4-Bit-Controller	8-Bit-Controller	16/32-Bit-Controller	64-Bit-Controller	4-Bit-Controller	8-Bit-Controller	16/32-Bit-Controller	64-Bit-Controller	Automotive	Kommunikation	Industrie	Consumer	Computer	CAN	USB	I^2C	SPI	JTAG	sonstige	Power	Analog	sonstige	RAM	Flash	EEPROM	EPROM	Masken-ROM	Unterstützungswerkzeuge
Arizona Microchip, 81739 München		*				*			18	30	10	27	15			●	●		RS232		●	Watchdog, Brown-Out, ISP	1KB		2 KB	32 KB		C-Compiler, Emulator, Simulator, Assembler, Fuzzy-Compiler
AMD, 81671 München																●		●	PCMCIA, EEP,RS232, ISA, VL				32KB					Demo-Boards
Atmel, 83064 Raubling		*	*			*	*								●		●					Watchdog, 32 I/O's, 2 DMA, 2xUSART	512x 32	32x 32K	2 KB			C-Compiler, Assembler, Debugger, ICE, ARM
Epson Europe, 80992 München					10 Mio $					5	25	70											4,5Kx 4				8K x13	
Fujitsu Mikroelektronik, 63303 Dreieich-Buchschlag														●	●	●	●	●	D2B		●	Watchdog, UART, A/D, DTMF, LCD, VFD, Stepper Motor	8KB	256 KB		64 KB	256 KB	C-Compiler, Assembler, Emulatoren, Linker, Simulator, Libraries
Hitachi Europe, 85622 Feldkirchen			40		84	6	23		19	15	20	23	23	●	●	●	●	●	Smart Card I/F, PCI		●	HOLC FIR, ICR Filter, MPEG2, UserLogik	16KB	512 KB			512 KB	C-Compiler, Assembler, Debugger, Emulator, RTOS

ITT Intermetall, 79108 Freiburg		1				3			60			40		●		●	●		IM Bus, I^2M		●		16KB	448 KB			448 KB	komplette Entwicklungsumg.
Mitsubishi Electric Europe, 4088o Ratingen	10	20	25		1	3	8		5	7	1	8		●	●	●	●		USART	●	●		80MB	1MB	4 KB	128 KB	128 KB	Adapter, Converter, C-Compiler, Assembler, Windows-Emulatoren, Fuzzy-Comp.
Motorola 81829 München														●	●	●	●	●	BDM,SCI J1850 TPU,A/D	●	●	Watchdog AD-Wandler LCD-Treiber	2 KB	160 KB	8 KB	56 KB	64 KB	Compiler, Assembler, Emulatoren, RTOS
National Semiconductor, 82256 Fürstenfeldbruck		2				2			49	20	10	11	10	●			●		USART, Microware		●	Watchdog, Clock Monitore, Low EMI, H/W Divide, 16Bit A/D	1KB		6,4 B	32 KB	24 KB	C-Compiler, Assembler (Free), ICE, Simulator (Free) IDE, Evaluation, PRGM unit
NEC Electronics Europe 40472 Düsseldorf					32	6	8		19	30	22	9	22	●	●	●		●	UART, SBI	●	●	diverse	8KB	384 KB	256 KB	256 KB	256 KB	C-Compiler, System Simulator, Assembler, Emulatoren, Fuzzy-Contro Manager, Debugger
Oki Electric Europe, 41460 Neuss					7,8	5,5			15	35		50										PWM, Watchdog, Capture, LCD-Treiber	32KB	768 KB	64 KB	768 KB	768 KB	C-Compiler, Assembler, Emulatoren
Philips Components, Hamburg		8												●	●	●					●		1K	32K	256 KB	32 K	32 K	Compiler, div. Assembler, Emulatoren,
Samsung Semiconductor 65843 Sulzbach															●	●	●		UART, SIO	●	●	PLL, Buzzer, VFD, DTMF, UD	5K		8 K		32 K	Assembler, Emulatoren, C-Compiler, Simulator

* Hersteller wollte keine Angaben machen	Marktanteil weltweit (Prozent) 1996				Marktanteil Europa (Prozent) 1996				Umsatzaufteilung im eigenen Hause auf die Märkte 1996 (%)					Welche Schnittstellen werden unterstützt?						Welche Integrationen werden in Ihrem Hause durchgeführt?			Welche maximale Speichergröße wurde integriert?					
Hersteller / Exklusivdistributor, PLZ, Ort	4-Bit-Controller	8-Bit-Controller	16/32-Bit-Controller	64-Bit-Controller	4-Bit-Controller	8-Bit-Controller	16/32-Bit-Controller	64-Bit-Controller	Automotive	Kommunikation	Industrie	Consumer	Computer	CAN	USB	I^2C	SPI	JTAG	sonstige	Power	Analog	sonstige	RAM	Flash	EEPROM	EPROM	Masken-ROM	Unterstützungswerkzeuge
SGS-Thomson Microelectronics, 85630 Grasbrunn														●	●	●	●	●	UART	●	●		128KB	1MB	4 KB	1 MB	1 MB	Assembler, Emulatoren, C-Compiler,
Sharp Electronics, 20097 Hamburg	16	8	3		4	2	1		5	35	30	25	5				●		IRDA Serial-Asynchron		●	[1]) LCD Contoller [2]) Mew01 Generator	32KB	512 KB	1 KB	256 KB	1 MB	C-Compiler, Assembler, Emulatoren, EVA-Boards
Siemens Halbleiter, 81617 München		45	5			15	20		30	30	22	8	10	●	●	●	●				●		32MB	1MB	96 KB	512 KB	1 MB	
Texas Instruments, Freising					4,5	4,5	4,5	4,5	61	2	30	5	2	●		●	●	●	UART	●	●	Watchdog, ADC, LCD	512KB	64 MB	512 B	124 MB	124 KB	C-Compiler, Assembler, Emulatoren, Linker, Programmer, Evaluation,
Toshiba Electronics Europe, 40221 Düsseldorf	7	7	7	7	15	5	3		13	25	15	38	8			●	●				●	Zero-Cross detection, PWM&Stepper Motor Control, DTMF u.a.	4KB	64 KB	8 Kb	128 KB	256 KB	C- u- C-Lke Compiler, Assembler, Emulatoren, Simulatoren, Starter-Kits
Zilog Europe, 81737 München									15	20	10	55			●	●	●				●	Watchdog, POR	32KB			256 KB	372 KB	C-Compiler, Assembler, Debugger, Emulatoren

10.5
Formular für Anforderungsanalyse, Kopiervorlage

Nr. Datum Autor Art			Kenngrößen							weitere Eigenschaften					
Bedienelement	Anzeigelement	Variablen-name	Dimension	kontinuierlich	diskret	stabile Zustände	Einstellbereich	Zustandsdia-gramm / Kennlinie		Genauigkeit	Geschwindigkeit	Betätigungshäufigkeit	Fehlersicherheit	Preis	spezielle Anforderungen

Sachverzeichnis

Firmenverzeichnis

Bauelementeverzeichnis

27C128	EPROM, 128 kbit
4053	Analogschalter
4060	Zähler mit RC-Oszillator
4089	Rate-Multilier
4516	4 bit Zähler mit umschaltbarer Zählrichtung, Ladeeingängen
555	Timerbaustein
7219	8-stelliger Siebensegment-Anzeigentreiber, ser. programmierbar
74C922	Tastaturcontroller für 12 Tasten
74C923	Tastaturcontroller für 20 Tasten
80552	Mikrocontroller der 8051-Familie
80C51	Mikrocontroller
8279	Tastaturcontroller für 64 Tasten
HC00	NAND-Gatter mit 2 Eingängen
HC02	NOR-Gatter mit 2 Eingängen
HC04	Inverter
HC08	UND-Gatter mit 2 Eingängen
HC12	NAND-Gatter mit 3 Eingängen
HC126	Tristate-Treiber
HC138	Demultiplexer mit 8 Ausgängen
HC139	Demultiplexer mit 2×4 Ausgängen
HC14	Schmittrigger
HC148	Prioritätsdecoder
HC154	Demultiplexer mit 16 Ausgängen
HC155	Demultiplexer mit 2×4 Ausgängen
HC161	4 bit-Zähler mit Ladeeingängen und Enable-Anschluß
HC165	8 bit-Schieberegister, parallel ladbar
HC174	D-Flipflop
HC193	4 bit-Zähler mit 2 Takteingängen, 2 Zählrichtungen
HC197	4 bit-Zähler, parallel ladbar
HC20	NAND-Gatter mit 4 Eingängen
HC21	UND-Gatter mit 4 Eingängen
HC244	8 bit-Tristate-Bustreiber
HC279	RS-Flipflop
HC30	NAND-Gatter mit 8 Eingängen
HC32	ODER-Gatter mit 2 Eingängen
HC34	nichtinvertierender Treiber
HC374	8 bit-D-Flipflop
HC4075	ODER-Gatter mit 3 Eingängen

HC46	Dual-Siebensegment-Decoder
HC485	8 bit-Dual-BCD-Decoder
HC573	8 bit-D-Flipflop, transparent (Latch)
HC74	D-Flipflop mit RS-Eingängen, asynchron ladbar
HC85	4 bit-Komparator
HC86	EXOR-Gatter mit 2 Eingängen
HC90	4 bit-Zähler
HC93	4 bit-Zähler mit 2 Takteingängen, 2 Zählrichtungen
LDR1414	vierstellige LED-Puktmatrixanzeige mit integriertem Treiber
LM311	Komparator
LM3914	LED-Punkt-/LED-Band-Anzeigentreiber für 10 Stellen
LS46	Dual-Siebensegment-Decoder
LS485	8 bit-Dual-BCD-Decoder
LS624	VCO
LTC1098	Zweikanal, serieller 10 bit-ADU
NE558	vierfach-Timerbaustein (555)
ULN2804	8 bit-Treiber
ZN428	D/A-Umsetzer

Druck: Mercedesdruck, Berlin
Verarbeitung: Buchbinderei Lüderitz & Bauer, Berlin